建筑工程质量精细化控制与防治措施

王宗昌　车天勇　编著

中国建筑工业出版社

图书在版编目（CIP）数据

建筑工程质量精细化控制与防治措施/王宗昌，车天勇编著. —北京：中国建筑工业出版社，2013.10
ISBN 978-7-112-15816-4

Ⅰ.①建… Ⅱ.①王… ②车… Ⅲ.①建筑工程-工程质量-质量控制 Ⅳ.①TU712

中国版本图书馆 CIP 数据核字（2013）第 210073 号

质量是建筑产品赖以生存的生命线，本书关注于质量控制、质量精细化控制、质量细部控制，并给出了详细的防治措施。本书主要内容包括：建筑结构设计主控及细部控制，建筑工程施工质量控制，保温节能工程应用质量控制及对策，建筑给水排水技术的施工应用，建筑材料在施工应用中的控制五个方面。在写作中，力求全面系统、通俗易懂，突出实用性、针对性和操作性，紧紧围绕在工序过程中严格按质量标准及规范这条主线。

本书供现场技术人员、工程施工人员、设计人员、监理及质量检查人员、工程监督等人员使用，并可供大中专院校师生参考。

责任编辑：尹珺祥　郭　栋
责任设计：李志立
责任校对：张　颖　陈晶晶

建筑工程质量精细化控制与防治措施
王宗昌　车天勇　编著
*
中国建筑工业出版社出版、发行（北京西郊百万庄）
各地新华书店、建筑书店经销
北京科地亚盟排版公司制版
化学工业出版社印刷厂印刷
*
开本：850×1168 毫米　1/32　印张：16¾　字数：450 千字
2013 年 12 月第一版　　2013 年 12 月第一次印刷
定价：**39.00** 元
ISBN 978-7-112-15816-4
(24566)

前　　言

建筑工程包括新建、改建或扩建房屋建筑物和附属构筑物所进行的规划、勘察、设计和施工、竣工等各项技术工作和完成的工程实体。而建筑工程质量则是反映其满足相关标准规定或合同约定的要求，包括在使用功能、安全及其耐久性能、环境保护等方面所有明显和隐含能力的特性总和。现在，国家加大了对建筑项目的节能环保工程施工和验收的力度，确保建筑节能达到65％的目标。而建筑工程所用的各类材料及成品半成品数以千计，且质量差异离散性大，一个建设项目是将这些互不关联的材料，按一定的工艺方法组合成一个所需的合格建筑实体供人们使用，其施工细部操作过程的科学搭配、协调配合控制是质量监督控制的关键环节。必须要求每一个操作人员具有必备的技术素质和实践经验，切实重视施工过程的工序质量，使所形成的产品达到合格标准。建筑工程具有其他任何产品不可比拟的特殊性，一旦形成则难以改变，更加需要对工程的全方位、全过程的监控，使所形成的产品真正达到节能环保、安全耐久性要求。

现代工程结构用量最大、使用最广泛的钢筋混凝土工程，已发展到高强度和高性能，混凝土外加剂和外掺合料的应用，混凝土的商品化和泵送技术的普及，目前分析其后果是结构裂缝的产生则更加严重，结构耐久性能有所降低；一些中小型工程仍在现场自拌混凝土，从原材料计量拌合到入模的工序环节控制放任；而围护结构的节能保温材料，如膨胀聚苯乙烯板（EPS板）和聚苯颗粒保温材料的应用还存在防火性能低的问题。各种材质的砌块使用在许多地区普及率不高，更需要加大推广力度；建筑、防腐、防水、装饰材料，保温材料的成品、半成品中劣质材料仍有一定市场，需要更进一步加大力度监督规范建筑市场，使建筑产品质量符合现行质量标准的相应要求。

作者在建筑施工现场参与施工已经50年，熟悉并掌握各类工程细部操作控制的工艺方法和技术措施要求，对工序间的合格与否十分清晰。在各类工程应用实践总结的基础上，结合现行的国家标准、规范，建筑行业规程，以施工验收批质量控制和防治可能出现的质量通病为主，分析介绍了经实践证明是符合验收标准行之有效的技术措施。

本书主要内容包括：建筑设计及细部构造措施，建筑工程施工质量控制，保温节能质量问题及对策，建筑给排水应用技术措施，建筑材料在工程中的控制五个方面。在写作中，力求全面系统、通俗易懂，突出实用性、针对性和操作性，紧紧围绕在工序过程中严格按质量标准及规范这条主线。本书适用于现场技术人员、工程施工人员、设计人员，监理及质量检查人员、工程监督、建筑院校等人员学习借鉴，使这些工作繁忙又无大量时间顾及学习标准规范的专业人员，能够尽快熟悉和掌握新的技术规定和建筑保温节能施工细部操作质量控制的正确操作方法和验收规定。

在本书出版发行之际，衷心感谢国家建设部原总工程师许溶烈、姚兵、金德钧三位总工程师，是三位总工的多年鼓励与鞭策，才使得该拙作及早与读者见面。感谢中国建筑工业出版社15年的辛勤帮助和支持关怀，使得有多本拙作得以在贵社出版。同时，感谢《工业建筑》、《石油工程建设》、《建筑技术》、《建筑施工》、《建设科学与监理》、《中华建筑科技》等刊物的支持与帮助。而且，也参考了一些技术专著及文献资料，作者在此深表感谢。由于作者在实践工作中所处地区的局限性和自身技术范围的不够全面，本书难免存在一定的不足，恳请广大读者朋友批评指正，有机会再版时一并纠正。

目　　录

一、建筑结构设计主控及细部控制

1.《混凝土结构设计规范》应用相关问题探讨

《混凝土结构设计规范》已经几次修改更新提高，与原有《混凝土结构设计规范》相比，现行规范更新的内容既有混凝土结构的再设计问题和结构分析方法（弹塑性损伤本构模型、结构计算模型等），同时也有关于温差、收缩等引起的间接作用效应及裂缝控制计算，还有钢筋综合抗力（强度、延性等）及对结构破坏的影响，以及各种配筋构造（并筋、锚固、连接、最小配筋率等）的试验研究等。本文将新混凝土结构设计规范的理解以及工作需要，结合工程实践探讨现行规范的相关问题。

1. 现行规范相对原规范更具提高与完善

（1）现行规范提高了结构安全储备：随着我国经济实力的逐年提升，与原规范对比发现，新规范显然在结构安全储备方面更加严格，所采取的设计措施均体现其目的是有效提高结构的安全储备。主要体现在以下几方面：

1）斜截面受剪承载力公式的修改；

2）调整了混凝土结构构件纵向受力钢筋最小配筋率的要求；

3）调整混凝土柱的轴压比限值，增加了四级抗震等级柱的轴压比限值；

4）调整了混凝土柱的最小截面尺寸要求和最小配筋率的规定，增加了三级抗震等级剪力墙的相关规定，突出体现“强柱弱梁”的设计，增大底层柱，将角柱的配筋增大系数适用于各级框架等等。

（2）高性能、高强度材料的应用方面：为贯彻国家制定的“四节一环保”（节能、节地、节水、节材和环境保护）的要求，提倡应用高强、高性能钢筋，以较少钢材用量。此次规范开始推广 HRB500、HRBF500 钢筋的应用，同时开始淘汰 HPB235 钢筋，限制并逐步淘汰 HRB335 钢筋。这主要是考虑到现阶段欧洲常用的钢筋强度为 500MPa，美国为 550MPa，而我国为 400MPa，通过本次规范的修订目的显然是促进我国结构设计与国际接轨，同时也考虑到使用高强度钢筋来促进我国结构设计体现节能、环保的要求。值得注意的是，通过工程实践，普遍认为虽然此次规范推广具有较好的延性、可焊性、机械连接性能及施工适用性的 HRB 系列普通热轧带肋钢筋，同时也列入了采用控温轧制工艺生产的 HRBF 系列细晶粒带肋钢筋。但是，对于 RRB 系列预热处理钢筋笔者认为应当慎用，毕竟这类钢筋由轧制钢筋经高温淬水、预热处理后提高强度，其延性、可焊性、机械连接性能及施工适应性都有所降低，对于设计变形性能及加工性能要求不高的构件，则可适当采用。

（3）促进技术进步及产业化大生产：从本次规范修改可以看出，新增了“装配式结构”章节，显然该章节的增加是根据节能、减耗、环保的要求及建筑产业化的发展，而更多的建筑工程量将转为以工厂构件化生产产品的形式制作，再运输到现场完成原位安装、连接的施工。混凝土预制构件及装配式结构将通过技术进步、产品升级而得到发展。在这方面主要是住宅在做，其中万科是这方面的“领导者”。万科将这种结构叫作“预制装配式混凝土结构”，是以预制混凝土构件为主要构件，经装配、连接，结合部分现浇而形成的混凝土结构。典型工程是位于丰台区小屯西路的万科假日风景项目。

2. 现行规范中关于裂缝与挠度计算规定

（1）RC 结构中采用高强度钢筋（HRB500、HRBF500），其用钢量一般由裂缝或变形控制，限制了高强度钢筋的应用。新规范规定了裂缝计算按荷载效应的标准组合（PC）或准永久组合（RC）并考虑长期作用影响的最大裂缝宽度（mm）可按下列公式计算：

$$\psi = 1.1 - 0.65\frac{f_{tk}}{\rho_{te}\sigma_s}$$

$$w_{max} = \alpha_{cr}\psi\frac{\sigma_s}{E_s}l_{cr}$$

$$l_{cr} = 1.9C_s + 0.08\frac{d_{eq}}{\rho_{te}}$$

其中，标准组合一般用于不可逆正常使用极限状态；频率组合一般用于可逆正常使用极限状态；准永久组合一般用在当长期效应是决定性因素时的正常使用极限状态。对钢筋混凝土构件：按荷载准永久组合，并考虑长期作用影响的效应计算。对预应力混凝土构件：按荷载标准组合，并考虑长期作用影响效应的计算。

构件受力特征系数　　表 1

类　型	钢筋混凝土构件	预应力混凝土构件
受弯、偏心受压	1.9（2.1）	1.5
偏心受拉	2.4	—
轴心受拉	2.7	2.2

从表 1 可以看出系数是由原来的 2.1 降低到 1.9；而且将标准组合改为准永久组合，由此使得裂缝宽度约减小 30%，显然可适应高强度钢筋的应用。

（2）另外，对于结构挠度计算，新规范调整正常使用极限状态挠度设计的荷载组合，以及预应力构件的验算要求。由原规范 3.3.2 条的“标准组合并考虑荷载长期作用影响”改为新规范中第 3.4.3 条“应按荷载的准永久组合，并应考虑荷载长期作用的影响”。但需注意的是，“预应力混凝土受弯构件的最大挠度应按荷载的标准组合”。

（3）改进钢筋锚固和连接的方式：本次新规范提出了 l_{ab}，即基本锚固长度，取代了原先的 l_a，而从基本锚固长度的计算公式来看，新规范的公式并没有改变，而是改变了 f_t 的取值，新规范提出当混凝土强度等级高于 C60 时，f_t 按 C60 取值；而旧规范则是当混凝土强度等级高于 C40 时，f_t 按 C40 取值。这主要是根据试验研究表明，高强混凝土的锚固性能被低估，原先的最高强度等级取 C40 偏于保守，其实这也是为推广高强度钢筋，如果采用原先的公式计算，高强度钢筋的基本锚固长度有些长。另外，新规范删除了原规范中锚固性能很差的刻痕钢丝，同时还提出了当混凝土保护层厚度不大于 $5d$ 时，在钢筋锚固长度范围内配置构造钢筋的要求。新规范第 8.3.3 条同时补充完善了机械锚固措施的方法，相比原规范增加了末端 90°弯钩、两侧贴焊锚筋以及采用螺栓锚头。第 8 章第 4 节是钢筋的连接，其中第 8.4.2 条搭接钢筋直径的限制较原规范略有减小，说明绑扎的要求严格了。同时在第 8.4.3 条中明确了“当直径不同的钢筋搭接时，按照直径较小的钢筋计算”。此次修改同时对受拉、受压搭接连接区段内箍筋直径、间距提出了构造要求。受拉统一取值而对受压搭接较 02 版规范要求适当严格。原先 02 版规范第 9.4.5 条中规定受压箍筋是受拉的两倍。调查研究表明，箍筋对约束受压钢筋的搭接传力更为重要，故取与受拉相同的间距。这主要是由于汶川地震的时候，柱子钢筋在搭接处破坏的比较严重，柱子虽然是受压，但破坏的还是比较多，这次规范修改就作了统一。

3. 结构构件安全性能有大的提高

新规范考虑配筋特征值调整钢筋最小配筋率，增加安全度，同时控制大截面构件的最小配筋率。从新规范第 8.5.1 条可发现，增加了强度等级为 500MPa 的钢筋，同时对于强度等级为 400MPa 的钢筋，最小配筋率由原先的 0.5%提高到了 0.55%，因此可见还是增加了安全度。同时给出了“对结构中次要的钢筋混凝土受弯构件，当构造所需截面高度远大于承载的需求时，其纵向受拉钢筋的配筋率”，其实这个规范是参照我国水工钢筋混凝土规范而来。同时，新规范还调整柱的轴压比限值、最小截面尺寸、最小配筋率，适当提高了安全储备。对柱的最小截面尺寸进行了调整，要求柱子的构造截面变大，对柱子纵向受力钢筋的最小配筋率进行了调整，这张表是按照 500MPa 钢筋设置的，另外由此也看出国家加大力度推广高强度钢筋的使用范围。同时，现行规范增加了四级抗震等级的各种框架柱、框支柱的轴压比限值（框架结构的柱轴压比限值为 0.9），从表 1 可以看出，显然框架结构的柱轴压比略为加严。

4. 结构构件安全性能提高较大

由于影响混凝土结构材料性能劣化的因素很复杂，规律不确定性很多，目前一般建筑结构的耐久性只能采用经验性的方法解决。根据调查研究及国情，参考现行国家标准《混凝土结构耐久性设计规范》GB/T 50476 的规定，并考虑房屋混凝土结构的特点加以简化和调整，本规范规定了混凝土结构耐久性定性设计的基本内容。混凝土结构的环境类别划分应符合表 3.5.2 的要求，本次修订对影响混凝土结构耐久性的环境类别进行了更为详尽的分类，新规范将原三类环境分为三 a、三 b。环境对混凝土结构耐久性的影响分为：正常环境、干湿交替、冻融循环、氯盐腐蚀四种。按严重程度以表 3.5.2 及附注详细列出了各“环境类别”相应的具体条件。但规范不可能反映出全国各地各工程所有的具体情况，而设计者则应根据实际条件作出正确的判断再应用于项目设计中。

以上通过学习应用，介绍了现行《混凝土结构设计规范》修订的指导原则及变更增加部分内容，以及相关的新增和重大改进的主要关键控制条文。从修订中心指导思想分析，已大幅提高了结构的安全度，同时有效地促进了高强度钢筋的推广应用。

2. 混凝土结构设计规范内容的提高

在 2011 年 7 月国家颁布并施行的《混凝土结构设计规范》（GB 50010—2010，以下简称“新规范”）并同时废止了原《混凝土结构设计规范》（GB 50010—2002，以下简称“老规范”）。本文将通过新老规范的对比，分析新规范修改补充部分的内容，阐述对新规范的理解与问题质疑，提出混凝土结构设计规范尚须补充完善的方面。同旧规范相比增加和强化了一些要求。

1. 补充了结构方案、结构防连续倒塌、既有结构设计和无粘结预应力设计的原则规定

新规范对承载能力极限状态规定：结构或结构构件达到最大承载力，出现疲劳、倾覆、稳定、滑浮等破坏和不适于继续承载的变形，结构在偶然作用下连续倒塌或大范围破坏。设计的原则是在偶尔荷载作用下结构可发生局部破坏，不出现连续倒塌破坏。我国《建筑结构可靠度设计统一标准》GB 50068—2001 中 3.0.6-2 条款中提到过抗连续倒塌设计原则，但旧版的混凝土规范中没有具体的规定。

在唐山地震时，预制楼板被称为“要命板”。很多人都是被倾覆而下的楼板砸中的，我觉得在楼板的设计上，隔层设置加强楼板层或者重要部位连续设置多层加强楼板层，不失为一种思路。同时，倘若楼板加强之后能够承受上层非加强楼板垮塌后产生的荷载作用，其刚度必然加大，从而吸收更多的地震动能，此时楼板还参与不参与抗震计算，以及楼板对中梁和边梁的刚度增大效应大小，需要深入研究。

2. 淘汰使用低强钢筋，纳入高强、高性能钢筋，提出钢筋延性的要求

钢筋修订时作下列改动：增加 500MPa 级高强度钢筋；列入 HRBF 系列细晶粒钢筋；淘汰低强 HPB235 钢筋，代之以 HPB300 钢筋，并规定了过渡方法；列入中强钢丝以增加预应力筋品种，补充中强空档。淘汰锚固性能差的刻痕钢丝；应用极少的热处理钢筋不再列入。当采用直径大于 40mm 的钢筋时，应经相应的试验检验或有可靠的工程经验。

3. 调整部分计算公式与荷载组合方式

新规范调整了斜截面受剪承载力计算，老规范在这方面存在两个公式，国外规范多为一个公式。当集中荷载对支座截面或节点边缘所产生的剪力值占总剪力值的 75％时，两个计算公式不连续，计算结果存在较大差异。与国外规范相比，我国规范的受剪承载力计算值仍偏高。新规范对当仅配置箍筋时，矩形、T 形

和I形截面受弯构件的斜截面受剪承载力计算公式，对混凝土截面受剪承载力系数进行调整，调整如下：对于一般受弯构件 $\alpha=0.7$；对集中荷载作用下的独立梁，取 $\alpha=1.75/(1+\lambda)$。原公式中箍筋项前的系数由1.25改为1.0，用钢量增加约25%。

4. 适当调整了钢筋保护层厚度的规定

根据我国对混凝土结构耐久性的调研及分析，并参考《混凝土结构耐久性设计规范》以及国外相应规范、标准的有关规定，新规范对混凝土保护层的厚度进行了以下调整。混凝土保护层厚度不小于受力钢筋直径（单筋的公称直径或并筋的等效直径）的要求，是为了保证握裹层混凝土对受力钢筋的锚固。从混凝土碳化、脱钝和钢筋锈蚀的耐久性角度考虑，不再以纵向受力钢筋的外缘，而以最外层钢筋（包括箍筋、构造筋、分部筋等）的外缘计算混凝土保护层厚度。因此本次修订后的混凝土保护层实际厚度比原规范时厚度普遍加大。根据第3.5节对结构所处耐久性环境类别的划分，调整混凝土保护层厚度的数值。对一般情况下混凝土结构的保护层厚度稍有增加；而对恶劣环境下的保护层厚度增幅较大。新规范根据混凝土碳化反应的差异和构件的重要性，按平面构件（板、墙、壳）及杆状构件（梁、柱）分两类确定保护层厚度；表中不再列入强度等级的影响，C30以上统一取值，C25以下均增加5mm。

为保证基础钢筋的耐久性，根据工程经验基础底面要求做垫层，基底保护层厚度仍取40mm。当保护层很厚时（例如，配置粗钢筋；框架顶层端节点弯弧钢筋以外的区域等），宜采取有效措施对厚保护层混凝土进行拉结，防止混凝土开裂剥落、下坠伤人。通常，为保护层采取纤维混凝土或加配焊接钢筋网片。为保证防裂钢筋网片不致成为引导锈蚀的通道，应对其采取有效的绝缘和定位措施，此时网片钢筋的保护层厚度可适当减小，但不应小于25mm。

5. 补充并修订了连梁、剪力墙边缘构件的抗震设计相关规定

老版规范缺少对跨高比 L/h 小于2.5的剪力墙连梁抗震受

剪承载力设计的专门规定。目前，在进行小跨高比剪力墙连梁的抗震设计中，通常是采用较大幅度地折减连梁的刚度来降低连梁的作用剪力，以防止连梁过早发生剪切破坏。近年来对混凝土剪力墙结构的非线性动力反应分析以及对小高跨比连梁的抗震受剪性能试验表明，较大幅度人为折减连梁刚度的做法将导致地震作用下连梁过早屈服，延性需求增大，并且仍不能避免发生延性不足的剪切破坏。国内外进行的连梁抗震受剪性能试验表明，通过改变小跨高比连梁的配筋方式，可在不降低或有限降低连梁相对作用剪力（不折减或有限折减连梁刚度）的条件下提高连梁的延性，使梁端屈服后连梁发生剪切破坏时，其延性能力能够达到地震作用时剪力墙对连梁的延性需求。在对试验结果及相关成果进行分析研究的基础上，本次规范修订补充了跨高比小于 2.5 的连梁的抗震受剪设计规定。

跨高比小于 2.5 时的连梁抗震受剪试验结果表明，采取不同的配筋形式，连梁达到所需延性时能承受的最大剪压比是不同的。本次修订给出了 4 种不同配筋形式连梁各自适应的剪压比限制条件以及相应的配筋计算公式和构造措施，各种配筋形式连梁发生破坏时其位移延性能够达到地震作用时对连梁的延性需求。设计时可根据连梁剪压比的适应条件以及连梁宽度要求选择施工更为简便的配筋形式和相应的设计方法。

剪力墙肢和筒壁墙肢的底部在罕遇地震作用下有可能进入屈服后变形状态。该部位也是防止剪力墙结构、框架-剪力墙结构和筒体结构在罕遇地震作用下发生倒塌的关键部位。为了保证该部位的抗震延性能力和塑性耗能能力，通常采用的抗震构造措施包括：对一、二、三级抗震等级的剪力墙肢和筒壁墙肢的轴压比进行限制；对一、二、三级抗震等级的剪力墙肢和筒壁墙肢，当底部轴压比超过一定限值后，在墙肢或筒壁墙肢两侧设置约束边缘构件，同时对约束边缘构件中纵向钢筋的最低配置数量以及约束边缘构件范围内箍筋的最低配置数量做出限制。对剪力墙肢和筒壁墙肢底部约束边缘构件中纵向钢筋最低数量做出规定，除为了保证剪力墙肢和筒壁墙肢底部所需的延性塑性耗能能力外，也是为了对剪力墙肢和筒壁墙肢底部的抗弯能力作必要的加强，以便在联肢剪力墙和联肢筒壁墙肢中使塑性铰首先在各层洞口连梁中形成，而使剪力墙肢和筒壁墙肢底部的塑性铰推迟形成。

通过学习理解国家标准新的《混凝土结构设计规范》GB 50010—2010 实施，更能体现出我国混凝土结构设计理论与国际接轨的严密性，建筑材料的节能性，结构计算理论的安全性、可靠性及合理性。

3. 工业建筑要注重人性化设计内容

工业建筑是生产的大型主体建筑，现在已经进入多元化时期，建筑材料与技术也日新月异，使工业建筑有不同于传统建筑的结构形式。多年来，工业建筑的存在一直依赖于工业生产的发展，其作用是解决生产过程中所带来的各种新的工程问题。本身是为物质生产而服务是其不变的使命之一，这也决定了工业建筑为物而设计的宿命。如果过分强调以物为基础的设计，使得工业建筑进入了误区。在此要分析工业建筑以人为本的人性化设计，通过探讨设计中的各种细腻环节，围绕以人为主题而不是以物为中心考虑设计。对于以人为中心的真正体现出对人的尊敬和关怀，是一种人文精神的体现，要从人的心理，行为层次重视建筑物与人之间的关系。

1. 工业建筑以物为主导的欠缺

以物为向导的设计构思在工业建筑设计中表现为：以物质生产为第一要素，对物质生产的主体即人则放在次要位置，或考虑较少，严重的还不作考虑。现在进入了高科学技术的时间，在工业建筑的设计上，许多建筑师把重点放在对各种新材料的探索方面，对大空间的追逐思维上，由于大空间的实现，可以为当前的工业生产带来比较灵活的空间组织。如果过分强调技术表现，容易忽视生产操作中人的位置。同时在技术上过分倾向还要延伸到生产上，在工业生产中主要是关注生产设备的摆放，工艺技术的可靠和先进性及工艺的合理性，而对于控制生产的主导者的人，在生产过程中的感受和心理变化关注不够，这样基本上不可能调动人的积极性，不可能实现工业建设水平的大幅度提升，反而会影响生产的发展。

伴随着工业建筑经济的发展多元化，现代生产中人的主导地位的强化，因而工业建筑需要确立人性化的设计理念。由于人对生产活动中的重要性越来越明显，逐渐体现到人是生产活动中重要的因素，满足人的生理和心理需要是提高生产效益的重要手段。设计人员特别重视工业建筑空间建筑的多样性，创造适应操作人员舒适的生产环境，增有适当变化的空间活力，切实改变工业建筑过分追求工艺技术，形象呆板冷酷的现状。现在已经进入信息时代，其现代工业形式更多体现为集约型生产，脑力劳动为主导的方式。这种类型的厂房对生产环境的要求也有极大提高。人们已经认识到在生产活动中人的主观能动性，情绪好坏所产生的工业品价值，因而现代工业建筑人性化设计是时代的需要。

2. 工业设计人性化的应对

人性化即把对人的关注放在优先位置。在工业建筑的设计中，要做到以人为本的人性化设计，采取应用人类工程学的知识是不可缺少的。人类工程学是一种研究“人机和环境”的系统应用科学。它以人为中心，研究如何使人机和环境的协调和统一，形成有机的联系，以适应人的生理和心理的需求，达到提高劳动效率，减轻体力和疲劳，提高工作兴趣、最大限度发挥工作热情的目的。这正是工业建筑所要解决的一些重要问题。而人类工程学反对在工业建筑设计中见物不见人的片面观点。所谓见物不见人就是说在设计中只重视机器和物，而忽视了人这最关键的主体。在过去传统的工业建筑设计中，机器和物是最主要的生产设施，其如何安排是设计核心的考虑，而社会发展到今天，作为主导设备的人是一个需要重点考虑的问题。设计人员要注重人的生理与心理，情绪的多种方面需求，当满足了这些基本需求后，才能充分调动人在工作中的积极创造性，达到人们对工作场所的兴趣情感，无疑会提高工作效率。

多年来我国基础工业建筑受苏联的影响，事实上已经很重视人性化的设计了。如在长春一汽的最初设计中，设计人员为员工考虑的比较细致而周到，体现出人性化关怀。考虑到哺乳期女工的需求，在距离厂生产区一定距离会设置哺乳室与婴幼儿托儿所，双职工家庭女工上班前将婴儿交托儿所看护，上班时按一定时间进行哺乳，而且来回时间很短。在生活福利设施方面，一汽厂早期有自己的汽水与冰糕厂，并不盈利是属于福利性质，为铸锻造等高温车间工人提供清凉饮料。在规划早期选址立项时，因考虑汽车厂重体力活以男职工为主，而与一汽紧邻区域规划了长春纺织厂，应该是比较切合人性化的考虑，属于20世纪50年代苏联援建的工业建筑，使性质不同两个厂的男女职工组成了家庭，社会和谐，以人为本。设计人员在半个世纪前以人为导向的设计理念，在当今的工业建筑中仍然有积极的意义。

3. 功能空间布置要体现人性化

工业建筑应该与其他公共建筑有所不同，由于工业生产具有高强度和节奏快的特点，它更需要一种人性化的空间来减轻压力。在舒适度高的工作环境中，操作者的心情放松、反应快而积极性高，热情和心态会自如。而在环境闭塞单调的操作场所，人是很容易疲劳工作不专注的。因此，在工业建筑的空间设计中，可以考虑构思多样性的功能空间，可以考虑在车间中部有内院，回廊及中厅等，可以达到人们可以休息的一定空间，人与人之间，人与自然之间有可交流的空间。

现今的工业建筑越来越向工业综合体发展，这种工业综合体不仅承担着生产的功能，还在承担着生活的功能，具备一定的人性化特点。有的大型工业建筑内部还设有街道，健身中心，餐厅及咖啡厅等建筑，把宽松自由的空间气氛引导到工业建筑中，为员工之间交流提供空间，可以极大激发员工的创造和思维，增加厂内员工凝聚力，强化企业外部形象。例英国丰田公司总部有一条认真设计，光线充足和通风良好的大街，围绕大街布置了餐厅及咖啡厅，展览室和阳台休息区域，这也是在这个空间里，为员工释放压力交流放松的场所。

4. 工业建筑从闭塞向开放

由于传统的工业建筑往往是因单一的生产功能，显得十分单调封闭，造成大量工业建筑的形象呆板，粗鲁笨重，给人以一种冷漠，森严的感受，拒之于人门外之。传统工厂最典型的标语口号即是："生产重地，闲人免进"。也是，由于某些工厂加工产品的性质特殊，确实需要远离人员居住区或市郊区，与人家保持一定的安全距离是必须的。如石油化工厂、造纸厂及有辐射源的各种特殊企业。但是在多元化的工业时代，许多工业建筑设计已经开始打破条条框框，尝试与公众的近距离接触，尝试总结一种开放与人性化的生产方式，这样达到以生产为主导的工业建筑冷漠感得到提升，增加空间的有效活力。

例德国德累斯顿大众透明工厂比较典型。该工厂打破了呆板的功能分区，工业建筑一般都处在城市的外边缘地带，同居住区之间的交通处于"钟摆效应"，使工作人员上下班时间来回奔走疲劳，而且不可能享受城市的公共配套设施。而进入多元化的后工业时代，大众透明工厂作为一个人性化，开放及无污染的高科技工业建筑物，同城市融为一体，不同于传统工业建筑冷漠及刻板非人性化的形式，成为当代多元化工业建筑的典范。

在 2000 年建成的广州羊城晚报印务中心也是典范，在设计时未考虑临街的商业面积，不以经济利益为重点，而是将面积最大重点放在休闲广场供员工和市民使用。中心还把生产车间的临街面设计为透明度极好的玻璃幕墙，主要是考虑在内工作的人员没有压抑和闭塞的感觉，并具有开阔的视野；同时，整个印刷设备和印刷过程展现给观众，印刷车间向市民开放，使有兴趣的市民了解印刷文化，成为一个开放的易于亲近人们的场所。

5. 人性化设计，注重细节

人性化设计体现在注重细节的构思，以人为服务对象多加注意。以一汽轿车二厂为例，注意建筑空间的流动性，空间与空间大多都架空，在设计中尽可能使人流和物流分开，使物流路线最便捷，便于物流的畅通和人流的距离安全。如在焊装车间与总装配车间之间架空安装了为全厂服务的信息交流中心，在装配车间与涂装车间之间架空设施了职工餐厅，两套建筑的构思流通性，便于将全厂系统有机的连接在一起，让所有员工可以方便地进行沟通，方便的工作及就餐，在北方寒冷地区冬季更显得人性化。

同时，在空间布局时尽量的紧凑，生活区块尽可能靠近生产区。例如，在总装配和焊装车间的底层结合门厅布置展示厅，并与二层建有连通的共享空间。在二层布置更衣及休息室、淋浴室。三楼设办公室、会议室及网络机房室等。而涂装车间将门厅、展示厅、接待室、更衣淋浴室及有对外业务的办公室，布置在底层的生活区域，这样有利于缩短工作人员往返生活区的距离，达到方便工作及休息交流的目的。底层展示厅和办公室等使用大片通透玻璃隔断进行分割，形成开放、通透的局限，视野开阔、不闭塞。并且在室内设计色彩设计上，也要重视细部构造，如门窗框的色泽搭配、栏杆扶手及人行道指示色调。尽可能显示人性化观念。

工业建筑的人性化设计体现在建筑的各个环节之中，其实应不同于民用建筑，除了上述一些重要环节外，安全生产也是工业建筑设计中必须重视的重要问题，是人性化设计的基本要求一个方面，在工业建筑设计中要精心考虑，把服务的对象——人放在首要位置，才能设计出符合时代要求的作品。

4. 工业建筑防腐蚀工程设计

建筑防腐蚀工程是针对来自正常生产工艺过程所需要；或因操作不严、管理不善，因受周围环境影响所致；或因工业建筑或构筑物在腐蚀性介质作用下侵蚀频繁，往往达不到其应有的耐久年限。如盐酸、硫酸、碱和盐等介质，致使钢筋混凝土构件受到很大的破坏，钢筋锈蚀、混凝土开裂的现象随处可见，对设备和厂房建筑产生强烈的腐蚀破坏作用，严重的会使地基、基础及上部承重构件损坏，造成厂房下沉、墙身开裂，甚至不同程度地削弱了构件的承载力，危及结构安全，需要进行防腐处理，必要的还要进行加固。因此，有必要从选材和防护措施上、结构构造上考虑侵蚀性介质的影响，按照相应规范进行设计，以保证建筑物和构筑物应有的强度和稳定性；还应从结构布置上、结构构件选型上及结构构造方面，采取有利于防止腐蚀的措施，设计应因地制宜。除了考虑到防腐措施外，还应和工艺、设备、通风、排水等专业一起采取综合措施，才能取得较好的效果。只有多方面配合、协作，才能减少和避免厂房建筑结构的腐蚀。

1. 工业建筑防腐蚀工程的设计

正是由于工业建筑尤其是石油化工建筑物，极容易遭受到生产产品的腐蚀侵害而过早造成破坏或降低承载力影响正常使用，对工业建筑从一开始就要从源头采取预控措施加以防范。

（1）正确选择耐腐蚀材料

防腐蚀工程的设计是龙头，正确选择耐腐蚀材料是防水成败的关键。防腐蚀工程设计人员应熟悉各种防腐蚀材料的主要性能和特点。因为任何一种防腐蚀材料都有其优点和弱点，能抵抗任何腐蚀介质的万能防腐材料是没有的。只有对这些常用的防腐蚀工程材料技术性能有所认识了解，才能正确灵活运用这些防腐蚀材料，保证防腐蚀工程质量。在防腐蚀工程中，由于选材料不当而造成的工程质量事故常有发生，设计人员应引起高度重视。

（2）防腐蚀工程的防渗整体性

在防腐蚀工程的设计中，不仅要求考虑耐蚀性，还应妥善处理防腐蚀工程的整体性和防渗性，否则不能保证防腐蚀工程的使用效果。各种耐腐蚀块材在衬砌和使用中，要考虑采用耐腐蚀的防渗隔离层，以保证防腐蚀工程有可靠的防渗能力。一般多采用沥青材料、橡胶材料和玻璃钢等作防渗隔离层。任何防腐蚀工程，在建筑结构本身设置分开的变形缝，常有设备或管线穿过楼面，槽罐本体上也常设置管道出口。这些部位的节点和缝，都要作妥善的防渗处理，否则防腐蚀工程不能保证使用效果。

（3）潮湿表面适用的涂料及湿固化

现行的《工业建筑防腐蚀设计规范》中第 7.9.4 条规定，“当树脂类材料用于潮湿基层时，应选用湿固化的环氧树脂胶料打底”。这一条归在树脂类材料中的施工设计，实质是涂料技术适应性问题。潮湿表面施工涂料，在涂料研究中应是重点课题的研究，如隧道、矿井以及地下密闭室在高湿环境下耐腐蚀施工解决的技术难题。随着地下及水下施工的特殊要求，水下固化涂料投入工业化生产，为耐腐蚀施工开拓了一个新的使用领域。潮湿表面施工与湿固化的概念不同。涂料中添加了某种表面活性剂以及采取相应的技术措施，使环氧树脂涂料包含环氧树脂固化剂，与潮湿表面的亲和力大于凝露水对材料的亲和力。湿表面施工涂料对涂装面的表面张力小于水的表面张力，使环氧涂料在潮湿状态下有极好的亲和力，并在这特定的环境下固化成膜，而不影响环氧树脂固有的附着力。聚酰胺、酮亚胺类环氧固化剂，可用于潮湿表面施工，但较潮湿表面施工涂料在技术上尚不完善。潮湿表面施工涂料及水下施工涂料的技术关键是在这种特定环境下的良好施工性能以及成膜后的防护效果，能解决水下固化问题而解决不了水下施工问题，就不成为水下施工涂料。酮亚胺类环氧固化剂可以使环氧树脂能在水下固化，但尚不具备水下施工的性能。潮湿表面施工涂料也可以用于一般条件下施工及固化，而不是一定要在特定的湿态下固化，因此，对这类涂料产品还是冠名潮湿表面施工涂料或水下施工涂料较好。

（4）耐腐蚀涂料的配套

涂料防护层的结构分为底涂层、中间漆、面涂层与无颜填料的面层涂料等，它们各具不同的功能。涂料防护设计应选用涂层层间结合良好的品种配套，并以附着力良好为前提，但指导配套的规范附录的实例则值得更进一步探究。

（5）防腐蚀工程的合理设防

防腐蚀工程的合理防设，应以生产实际工程需要为依据。因此，生产厂提供的资料数据要准确。设计人员要周密考虑设计方案，避免减少不必要的损失。一般情况是防腐蚀工程的造价较高，工业建筑的防腐蚀范围，以保护受腐蚀部位为原则，不应任意扩大设防范围。

2. 工业建筑防腐蚀工程构造措施

（1）选择钢筋混凝土和预应力混凝土结构及构件应符合以下要求：

框架结构宜采用现浇式或装配整体式；屋架和屋面大梁宜选用预应力混凝土构件，但不应采用块体拼装的后长法构件；重级、中级工作制吊车梁宜采用预应力混凝土构件；腐蚀性等级为强腐蚀、中等腐蚀时，柱截面宜采用实腹式，不应采用腹板开孔的工字形。同时，对钢筋混凝土结构的构造措施要求是：控制构件的裂缝开裂宽度，增加混凝土的钢筋保护层厚度，提高混凝土的密实度，限制构件的最小截面，加强构件节点和预埋件的保护处理等。

（2）钢筋混凝土结构的裂缝宽度是构件防腐蚀的重点控制范围。构件的横向裂缝宽度对耐久性有一定的影响，宽度过大将导致钢筋的锈蚀。在不同腐蚀性气体和不同相对湿度作用下，构件裂缝宽度按混凝土结构设计规范要求不大于 0.2mm，对钢筋锈蚀基本无影响；腐蚀性等级为弱腐蚀且处于室内的一般钢筋混凝土构件，最大裂缝宽度允许值为 0.3mm。

（3）混凝土对钢筋的保护，除需要混凝土的密实度，还需要一定厚度的保护层。保护层厚度若减小 1/4，则混凝土中性化层到达钢筋表面的时间将缩短一倍。构件的保护层厚度比一般构件厚 15～20mm 比较适合。另外，重要部位的钢筋混凝土构件，其混凝土强度等级不应低于 C35；重要部位的预应力混凝土构件，其混凝土强度等级不应低于 C40。

（4）限制构件的最小截面。厂房框架柱的宽度宜大于 600mm，主梁的宽度宜选用 400mm 以上，现浇屋面板的厚度应大于 100mm。对装配式构件及构件之间的连接要科学，如大型屋面板与屋架或梁的连接节点、屋架与柱的节点，这些属于保证结构整体性的重要构件可以用混凝土或聚合物水泥砂浆包裹。另外，为保证钢筋混凝土板上、梁上与孔洞的距离、刚度及保护措施，限制钢筋混凝土构件伸入承重砖墙内的最小支承长度以及合理选择钢结构、木结构断面和节点形式等，也是其重要组成部分。

（5）根据国内当前实际情况，防腐蚀厂房的结构形式以采用钢筋混凝土为宜，而且要使结构布置简单划一，构件断面规格简化。现浇式框架结构和装配整体式框架结构耐久性较好，但井式楼盖等对排除侵蚀性介质和敷设防护层工作十分不利。从各构件的耐久性角度来说，预应力混凝土构件要比钢筋混凝土构件更具有优越性，由于预应力混凝土构件强度等级高、密实性好、抗裂性好，但也存在不利之处，即预应力混凝土构件中的钢筋采用高强钢材，其对腐蚀较敏感，在高应力工作下易出现混凝土裂缝，容易产生腐蚀，这样预应力混凝土构件要比钢筋混凝土构件腐蚀严重。例如，在化工工厂设计中，除了建筑物外还有很多构筑物，这些构筑物往往是最容易受到腐蚀的结构。比如，污水处理工程用的各种蓄水池、处理腐蚀性液态介质的钢筋混凝土储槽、室外管架、烟囱等，同样也要进行防腐处理。其防腐措施也是从裂缝宽度、混凝土强度等级等各方面来要求。除此之外，还较多地将防腐蚀材料运用于其中。

（6）结构件如何加固处理。由于对腐蚀性介质侵蚀发生构件破坏的工业建筑，业主常常要求不能停产改造，于是，对结构进行处理和加固时，不能卸载，给设计和施工带来较大的麻烦。混凝土表面灌缝处理腐蚀性介质主要是沿着混凝土表面的空隙侵入构件内部的，产生顺筋裂缝后，介质更容易侵入，会加速钢筋的锈蚀，因此，封闭裂缝是首先要采取的措施。对于设计内力较小、钢筋锈蚀不严重的构件，可以将构件表面的裂缝做封闭处理。首先，用磨光机将裂缝两边各 100mm 打磨平整，露出新鲜混凝土表面，清理表面粉尘，用脱脂棉蘸丙酮擦拭裂缝，并用空压机吹干，然后用注射器将 AB 灌缝胶注入裂缝，灌满后应静止 5min，再取下注射器。

(7) 桩基基身混凝土尽可能采用耐腐蚀材料是治本的措施：

1) 抗硫酸盐水泥、抗硫酸盐腐蚀的外加剂、矿物掺合料的混凝土均有一定的抗硫酸盐介质腐蚀的性能；

2) 钢筋阻锈剂可以使钢筋抵抗一定浓度的氯离子腐蚀；

3) 聚合物水泥混凝土耐腐蚀性能较好，但作为桩基材料，尚无工程实践的经验，且价格也较高，不具备普遍使用的条件，在特殊条件下可试用；

4) 预制桩桩身的表面防护材料有涂料、玻璃钢、塑料薄膜等，是一种比较可靠的措施，但施工比较麻烦。采用腐蚀裕量作为防护手段是一种传统的方法，钢桩目前就是采用这种方法。但其量的确定比较困难，规范报批稿提出了最小下限的要求，具体数值可根据工程情况而定。

综上所述，由于工业建筑防腐蚀工程设计所涉及的问题比较繁杂。要做好防腐蚀结构设计，必须认真执行有关规范，总结已经实践过工程的经验，吸取失败教训并参考新的科研成果，采用新材料、新工艺，从而达到技术先进、实用安全、经济合理的目的。

5. 建筑结构体外观造型形式的创新与应用

新材料、新技术、新结构进入信息时代，使得建筑造型有较大的跨越。多少年来，建筑作为一种社会文化产品，紧随着时代前进步伐及精神观念而不断提升、进化，凝结着时代、民族和地域的文化精华。但是在社会进入工业化前，由于农耕时期经济发展缓慢，科学技术很低，人们对社会生活相对单调，观念更是陈旧，所以，传统建筑无论在功能上、空间构思上及建筑外造型上，均处于渐进的量变过程。

1. 建筑的发展进化浅述

多年前，我国建筑以木结构形式为主，建筑所表现的由底座、墙身及大屋顶的三段式构成做法为思维态势。在西方，也仅局限于以石材，后来发明了水泥而用混凝土作为建筑的主要材料，但只徘徊在柱式、穹顶和拱窗的配置与比例不协调的狭小创作空间内。

当国际社会进入到工业时代后，钢筋用于建筑材料，组合成钢筋混凝土，玻璃的大量生产，陶瓷制品、铝制品及现代高分子复合材料，成为建筑结构围护并作为饰面用于广大建筑物中，不仅使建筑功能类型上得到更大扩展，空间的跨度和容量更加灵活多变，建筑结构与造型也在不断提升。

自从进入 20 世纪开始逐渐告别手工工艺时期的建筑创作模式，被现代建筑风格所取代，转向为高空发展的大楼，用钢骨架的玻璃幕墙，以框架-剪力墙结构的不同形式盒子建筑物。追求各种风格的现代建筑流派也应运而生，使现代建筑进入空前繁荣的新时期。同时，也推动了多学科、多领域、多元化全方位的理论与应用热潮。经过 100 多年的应用实践后，人们反思过去，开始认识到，现代工业及现代文明、现代建筑在为人们的现代生活注入新活力的同时，也在很大程度上忽视了人们赖以生存的生态环境和人文环境。因此，必须反思对原有价值观、时空观并综合环境、建筑创作进行重新定位。在确立以人为本、以生态建筑为主线、以实现人居环境可持续发展为指导，达到提高人类健康、幸福生活品质为目标，以创新意识为引导的理念已得到社会的广泛认识。因此，有人在 20 世纪末就说过，21 世纪是以生态建筑学为主导的建筑创作新纪元。

2. 建筑实践过程中认识的发展提升

当人类进入经济社会后，因信息的传播、数字技术及虚拟影像、光影调控和能源利用、结构制作与安装水平均有较大超越，技术的创新与发展极大地提升建筑的科技进步，拓宽创新的途径，为建筑的结构空间造型艺术创造提供足够大的空间设想。特别是 20 世纪西班牙古根海姆博物馆建成后，可以认为这座建筑以其灵活的构造型体和具有奇异光影效果的铝合金外装修，吸引了世界许多人们的目光，开创了以建筑带动旅游的先河，促进建筑造型多样化的新举措。

当今人们提倡生态建筑，也就是把建筑的围护视为生态建筑的突破口，提倡可代替更新，可呼吸调控，智能化可仿生的建筑创作理念。而这些年出版的建筑专著及技术期刊，许多出人意料的建筑造型奇特怪异，使人眼花缭乱。既不乏创新佳作，也夹杂一些为变化而变化、只是为猎奇和表现个人，与城市环境与使用功能、审美及方便生活无联系的作品。

对于上述粗浅认识，由此设想以内在的建筑构架与处置的建筑外观造型，从技术与艺术的有机结合关系层面，分析影响外形变化的因素。建筑上如果没有内在结构作为支撑，外在表皮无法依附。尽管理论上有一种可以将建筑承重与围护分离开，但仍然存在依附关系。可以采取轻重不同情况，使每种构架都发挥其应有功能。

3. 平面结构体系与外体造型

平面结构体系指由梁板柱在平面内按轴向传力的结构体系，如排架、框架及钢构架等，如图1所示。

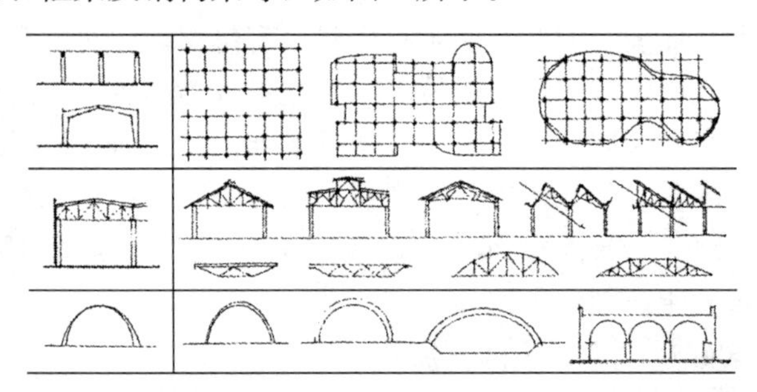

图1　平面结构示意

其结构基线网宜相互对位，大多数呈现规整形。而建筑基线网由于围护结构大多属于自承重或填充、悬挂体系，可与不同承重结构轴线重合，因而可以呈现出曲折、凸凹、切削、镶嵌及倾斜等变化。

4. 空间结构体系与外体造型

空间结构体是指在外力作用下，由建筑承重构架进行内力分配，共同承担各种荷载，是以空间形态传力，常见的有拱、折板、薄壳、悬索、网架、索网及膜结构等，如图2所示。

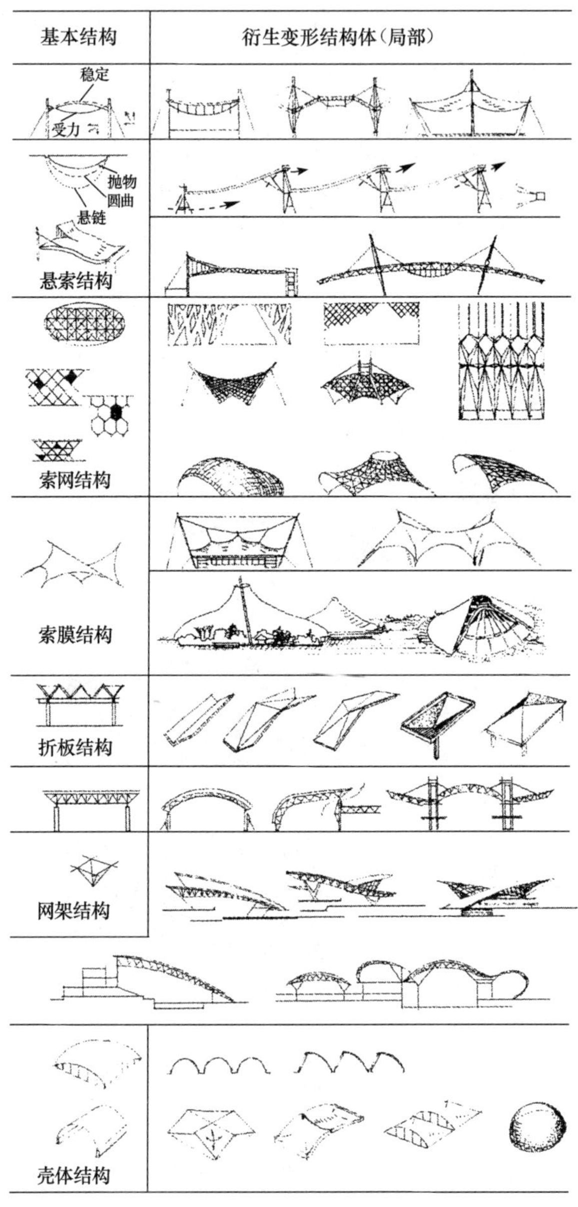

图 2　空间结构体系示意

其中的折板、薄壳及拱结构均属于受压构件，构造上常以钢筋混凝土作为结构用材，其建筑成型受施工条件所限制，因而应用范围比较狭窄。而悬索、网架、索网结构件，属于线形可展开平面。承重结构与围护结构组合很灵活，构件可以定型，且便于工厂化加工制作，方便现场拼装，对建筑外形的变化也有良好的适应性，可直可弯、可曲可折、可镂空也可填实，拆装方便，整体造型轻巧、灵活，其形态有较强的视觉冲击感，也可以表现出简练、清晰、创新的时代风貌，在近年代建造的会展中心、展览馆、美术馆及体育馆等门类齐全的大型公共建筑物，风格个例如图 3 所示。

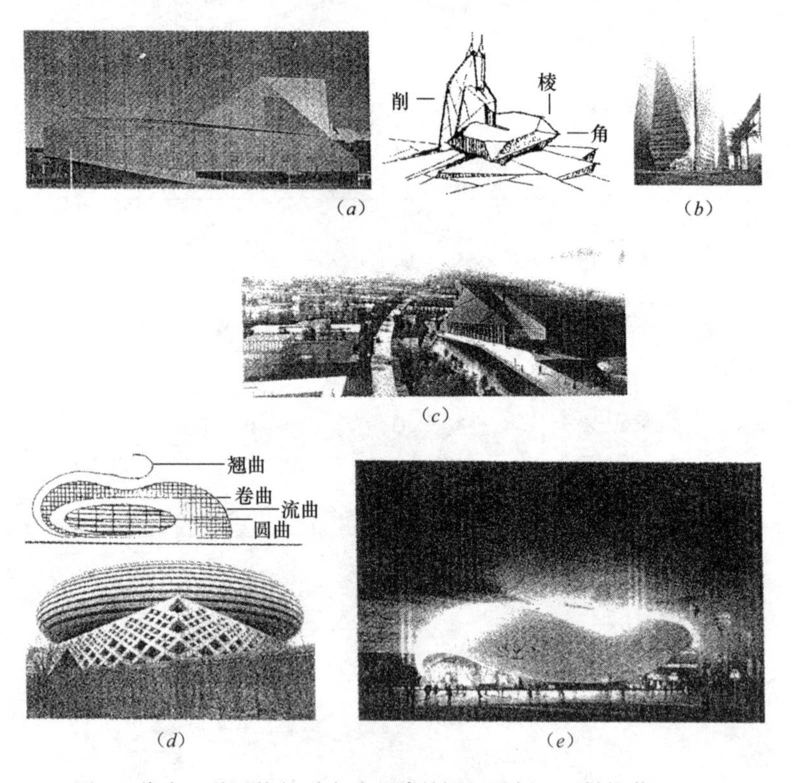

图 3　代表一种风格的时尚造型建筑语汇示例（不做推荐）（一）

(*a*) 荷兰剧院；(*b*) 沙特银行总部大厦；(*c*) 北京妫河建筑创意区；(*d*) 山西地质博物馆；(*e*) 上海世博会中国航空馆

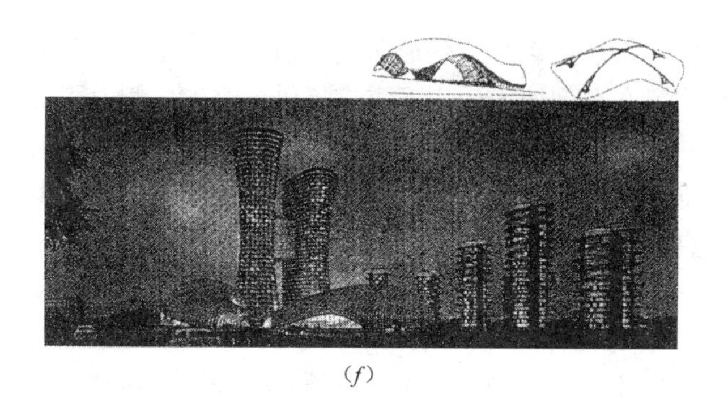

(*f*)

图 3　代表一种风格的时尚造型建筑语汇示例（不做推荐）（二）
（*f*）海尔新总部规划设计方案

正如人们想像的在 21 世纪由现代建筑所创造的立方体和方盒子，会由更加灵活多变与大地相融合的流曲造型而替代。建设实践表明，不拘一格的建筑艺术创作，已经成为广大建筑师追求的目标。

求新、求异、求变，也是普通人的一种正常心理状态。但万变不离根本，追求变化不应是创作者的目的，同时也不应以耗费巨大贵重建筑材料、不考虑建设者的生命安全和对环境的破坏、浪费能源为代价达到。应该将求新、求变建立在科学、理智的基础上，力求可能达到的适当、适度之中。

6. 框架结构中支撑框架形式的分析

单纯的框架亦称为抗弯框架，其优点在于柱网布置灵活、延性好且塑性变形能力强。但是，纯框架属于单一抗侧力体系，抗侧刚度有限。在水平地震作用下易产生较大的侧向变形而导致非结构构件的严重破坏，甚至使结构整体倒塌。汶川地震中这类结构的倒塌，警示人们必须重视框架结构性能的分析研究。但在汶川地震中，一些带柱间支撑框架结构成功抵御特大地震的经验告诉我们，在部分框架柱之间设置竖向支撑，形成若干榀带支撑框架，可以提高框架结构的抗倒塌能力。

支撑体系通过楼板的变形协调与框架共同工作，形成双重抗侧力结构。在遇到地震作用下支撑提供了附加抗侧力刚度，结构水平位移可以得到控制，防止非结构构件的开裂。在特大地震作用下，支撑首先屈服或屈曲，结构整体抗侧刚度降低，但是受拉支撑有良好的延性，使得保持受拉承载力降低，与框架梁、柱共同工作，控制结构的水平变形，从而减轻梁柱的破坏程度，防止结构的整体倒塌。因此，对于不同形式支撑的抗震性能分析研究，对其性能可靠、经济实用的支撑形式用在建筑抗倒塌能力强的带支撑框架结构中，或是加固现有的框架结构件，提高其抗倒塌能力极其必要。

现有支撑形式如下：在现阶段常用的框架结构中的支撑形式有七种，即中心支撑、偏心支撑、斜隅支撑、防屈曲支撑、附设耗能器支撑、自复位支撑和索系支撑。

1. 中心支撑

中心支撑系指支撑斜杆轴线与框架梁柱轴线交汇于一点，或两根支撑斜杆与框架梁轴线交汇于一点，也可与柱子轴线交于一点的支撑形式。中心支撑主要有对角式、交叉式、人字式和 K 式等形式，见图 1。中心支撑的构造原理简单，提供的附加抗侧刚度大，在多遇地震下容易满足规范中框架结构侧移限值的要求。在特大地震下受力杆件易出现屈曲，造成其承载力及刚度会迅速降低。如果框架梁柱的承载力有限，则结构的安全性会严重降低。而交叉式支撑能在两个方向抵抗水平地震作用，建筑立面布置灵活，工程应用相对较多。而现行规范中关于交叉式支撑的

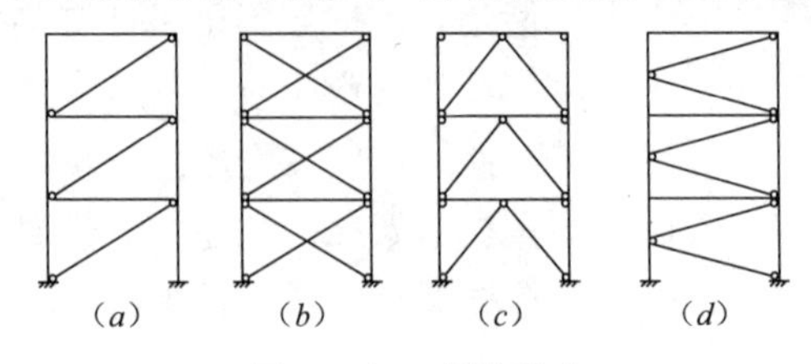

图 1　中心支撑形式

(a) 对角式；(b) 交叉式；(c) 人字式；(d) K 式

条文并不多，尤其是对于交叉支撑中压杆的计算长度取值，还没有明确的具体要求。一些设计人员只考虑交叉支撑中拉杆对压杆平面内的约束作用，而忽视了平面外的约束作用，取支撑全长作为压杆平面外的计算长度取值；也有的则直接把交叉支撑等效成为两个独立的单杆支撑，未考虑拉杆的约束作用；有的则将交叉支撑按拉杆进行计算，不考虑压杆的作用力。

一般情况是交叉式支撑中拉杆对压杆有约束作用的，它将交叉式支撑视为杆系结构，基于大挠度杆理论验证其结果。而拉杆对压杆的约束作用由两者的抗弯刚度比与轴向应力比决定。当拉杆应力不小于60%的压杆应力时，压杆会出现二阶屈曲。如果采取合理的交叉点构造时，拉杆对压杆有显著的约束效果，压杆在平面内外的计算长度系数均可取0.5。

在设计考虑布置支撑时，支撑与横梁的合理夹角为30°～60°。当框架跨度较大而层高较低时，采用人字式支撑布置比交叉式支撑更加适合。但人字式支撑中压杆容易屈曲，在与支撑相交的横梁处会产生竖向不平衡力，可能会出现梁的破坏。此时，可考虑采取跨层X支撑或是在跨层中布置附加竖杆，见图2。如果设计时未考虑这个方案，要验算横梁抵抗跨中不平衡力的大小。

图2　跨层X撑和链式支撑

2. 偏心支撑

偏心支撑是指支撑中至少有一端偏离梁柱节点，或者偏离另一方向的支撑与梁构成的节点，在支撑与柱或两根支撑之间构成耗能梁段的支撑形式，见图3。偏心支撑的设计原则是：多遇地震下偏心支撑提供附加刚度，框架梁柱保持弹性；在特大地震作用下耗能梁段先屈服，通过塑性变形耗能，延缓或阻止支撑斜杆的屈曲，柱和耗能梁

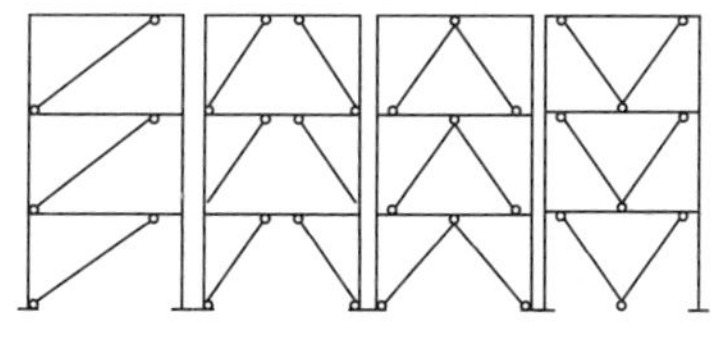

图3　偏心支撑

段外的梁保持弹性，有效延长结构抗震耗能的时间延续。

偏心支撑框架中耗能梁段的性能决定了结构的抗震能力。耗能梁段性能的影响参数包括梁段长度、加劲肋布置、截面高宽比和腹板高厚比等。对于这些参数的作用及合理取值范围，经分析表明：剪切型耗能梁段的耗能能力及延性均优于弯曲型，在设计中应优先选用剪切型。设置加劲肋有利于提高剪切型耗能梁段的耗能能力，而耗能梁段的截面高宽比，腹板高厚比越小，耗能梁段的延性越低，耗能能力则越小。但截面的高宽比太大时，可能会造成腹板的失稳发生。

据介绍，当采用宽翼缘 H 型钢或工字钢作能梁段时，当型钢翼缘与柱的连接焊缝处会产生裂缝，严重降低耗能梁段的转动能力，支撑屈曲先从耗能梁段处屈曲，偏心支撑无法发挥耗能能力。采取的有效焊接方法是增加垫板长度，延长梁柱间焊缝长度或者在梁端腹板位置增加一对平行腹板的加劲肋。

震害后分析可知，耗能梁段及楼板在强震中损坏严重且修复困难。另外，由于钢筋混凝土梁剪切变形能力远小于钢梁，且属于脆性破坏，耗能能力低。对此，图 3 中的偏心支撑布置方式不宜应用于钢筋混凝土框架结构。对此设计人员提供了一种由普通人字式支撑和竖向的剪切单元组成的 Y 形偏心支撑，见图 4。在水平地震作用下，剪切单元先屈服，延缓或阻止支撑的屈曲。由于结构的塑性变形集中在剪切单元，震后便于修复。要通过合理的连接，Y 形偏心支撑也可用于钢筋混凝土结构。

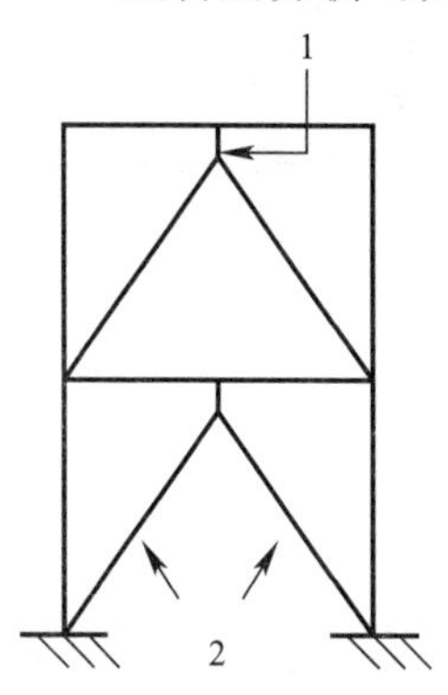

图 4　Y 形偏心支撑
1—剪切单元；2—支撑

3. 斜隅支撑

斜隅支撑系指在框架节点两侧与框架柱、梁连接的短斜杆。支撑构件连接在斜隅的中间，构成斜隅支撑，见图 5。斜隅支撑的工作原理类似于 Y 形偏心支撑，结构的塑性破坏集中在斜隅，延缓或阻止支撑的屈曲，减轻框架横梁的破坏。在地震后只需更换损伤的斜隅，费用低且可以应用于钢筋混凝土结构。

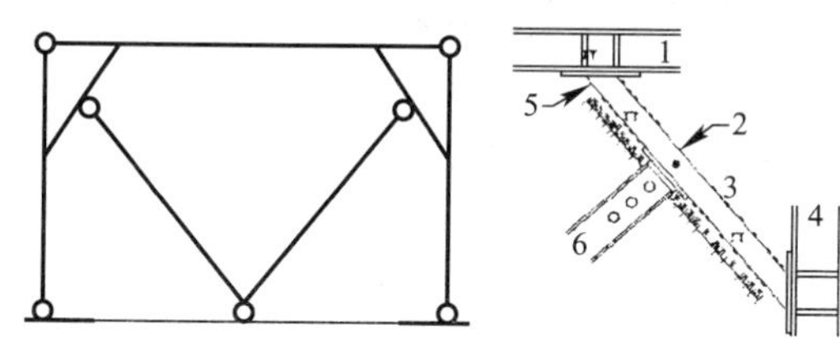

图5　斜隅支撑形式及连结构造

1—梁；2—上翼缘；3—斜隅；4—柱；5—下翼缘；6—支撑

斜隅是决定斜隅支撑框架结构性能的关键因素，弯曲型斜隅的塑性变形仅可集中于局部弯曲塑性铰区；而剪切型斜隅的塑性变形可扩展到斜隅的全长，初期刚度、延性和耗能能力均优于弯曲型斜隅，因而合理布置斜隅，使其成为剪切型单元较合适。而斜隅长度是决定斜隅形成剪切型或弯曲型单元的重要参数。对于斜隅长度与框架对角线的合适比例，现在还没有可以确定的标准。有的资料认为0.2～0.4合适，层高大时取小值；也有的介绍取0.15～0.25较合适，应由设计者自行确定取值。

斜隅的布置方向及截面惯性矩，对斜隅支撑框架的抗震性能也有很大影响。当斜隅平行于框架对角线且支撑的延长线通过梁柱交点时，结构的抗侧刚度得到很大提高。斜隅与柱的截面惯性矩之比取0.2～0.3为宜。为了防止斜隅发生平面外失稳，斜隅要与框架梁柱刚性连接并选择平面外用回转半径较大的方钢管或宽翼缘的H型钢。现在，斜隅支撑的设计一般是借鉴偏心支撑的处理，缺乏理论分析及试验。对于斜隅支撑框架在大地震下各构件的协同工作机理和塑性分析方法、斜隅最优选长度及截面形式、斜隅与支撑、框架梁柱的连接构造，仍然需要深入实践总结。

4. 防屈曲支撑

防屈曲支撑是目前研究较多的支撑形式，防屈曲支撑中心是低屈服点钢材制成的芯材，芯材外侧布置约束单元，约束芯材受压时不发生整体屈曲而产生高阶屈曲，确保芯材受压和受拉时材料均能屈服，通过产生较大塑性变形耗损能量。芯材受压时因泊松效应而膨胀，为减小或是消除芯材传给约束单元的摩擦力，保证芯材能自由伸缩，在芯材和约束单元之间设置一层无粘结性材料或狭小的空气层，典型的防屈曲支撑构造如图 6 所示。

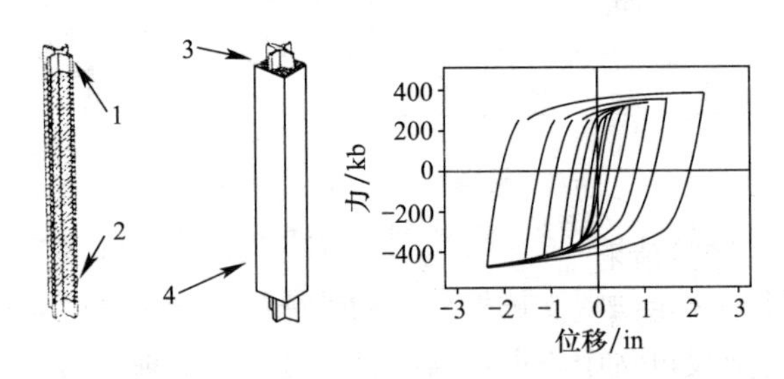

图 6 BRB 构造及典型滞回曲线

1—核心钢支撑；2—无粘结材料；3—内填砂浆；4—钢管

注：图中滞回曲线为引用文献，故坐标计量单位为英制

防屈曲支撑的拉压等强，较好地解决了普通钢支撑受压易屈曲的质量问题，低屈服点高延伸率的钢材料具有良好延性，在反复拉压作用下支撑的滞回曲线饱满且稳定，耗能能力较强，是一种性能比较好的抗侧耗能元件。但是，相对防屈曲支撑制作工艺较复杂，造价也高。震后残余变形大，支撑损伤程度不易确定。防屈曲支撑与框架的连接节点设置不当时，节点失效会使得防屈曲支撑无法充分发挥作用。

为了降低防屈曲支撑造价高并开发出符合建筑市场材料的防屈曲支撑，要利用目前广泛使用的型钢组合成约束构件，无钢材焊接和混凝土浇筑施工，方便工业化生产，图 7 是用 4 个［25c 槽钢装配成的单核支撑和由两个［22b 槽钢与一个 HK260b 的 H 型钢装配成的双核支撑，类似的还有组合热轧角钢防屈曲支撑和全角钢式防屈曲支撑。

防屈曲支撑由低屈服点钢材制成，因此防屈曲支撑框架在地震后容易产生大的残余变形。由于震后防屈曲支撑芯材的破坏程

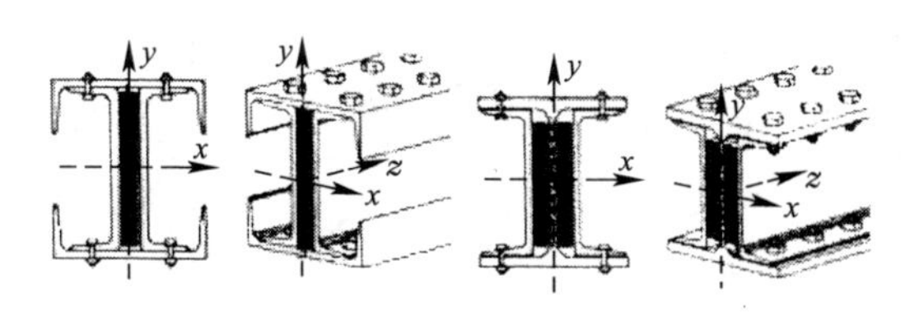

图 7　型钢组合装配式防屈曲支撑

度不可能直接观察到，又缺乏对防屈曲支撑塑性变形能力评估方法，在震后忽略了防屈曲支撑潜在的工作能力而全部更换，造成一定的浪费。目前，对于防屈曲支撑累积塑性变形的研究主要是基于已有的试验结果分析，缺乏深入的理论探索。由于结构的破坏常集中在支撑与梁柱的连接点部位，许多研究人员对防屈曲支撑节点展开试验及研究。

（1）早期的防屈曲支撑节点一般是刚性连接形式，防屈曲支撑节点转动需求较大，易使节点板的屈曲破坏。把节点做成铰接，以允许其端部转动，在防屈曲支撑端部套上套管，并采用短粗的节点板处理。也可以采取硬抗的方法，在节点板自由端上增加劲肋，加强节点抗弯刚度，以限制其端部转动。

（2）当采取加劲肋加强支撑节点时，虽然节点板不可能先于支撑出现局部屈曲，但是在支撑内部会产生较大弯矩，不利于防屈曲支撑的安全使用。如果把防屈曲支撑仅连接到横梁上，与柱之间保持一定距离是可行的。现在考虑的主要是用于不同新型防屈曲支撑构件的性能，对于其与框架间的节点连接形式、防屈曲支撑框架整体结构的性能试验及理论性文献较少。

5. 附设耗能器支撑

附设耗能器支撑主要依靠附着在支撑上的耗能器来耗散地震的能量，其中主要讲究对象是耗能器，并不是支撑。常用的耗能器有摩擦耗能节点、板式摩擦耗能器、筒式摩擦耗能器和复合型摩擦耗能器等。图 8 所示的附设耗能器支撑是在交叉支撑的中间部位，设置用软钢等延性良好的金属材料加工成矩形、圆形或是菱形连接框，依靠连接框的屈服滞回，达到耗能的目的。

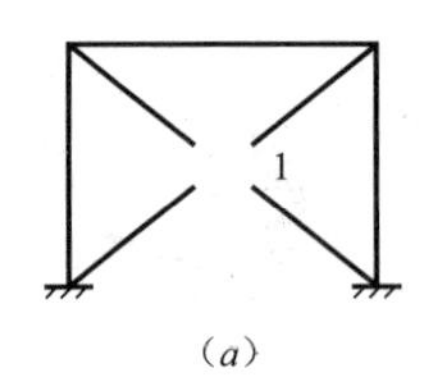

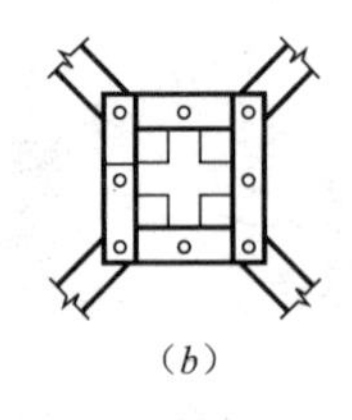
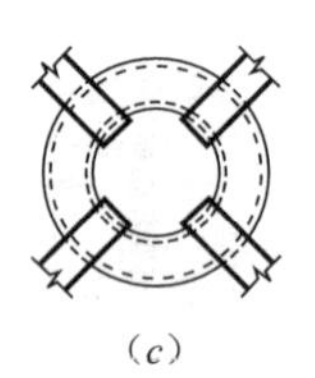

（*a*） （*b*） （*c*）

图 8　附设耗能器支撑

（*a*）耗能框支撑设置；（*b*）矩形框支撑；（*c*）圆形框支撑

1—耗能框位置

6. 自复位支撑和索系支撑

（1）自复位支撑是在强烈地震作用下，各种支撑框架普遍存在残余变形量大，修复困难的不足。近年来，业内专业技术人员研究使用拥有大变形及恢复原始状态能力的高性能材料制作自复位支撑，使框架在地震后可以恢复到原始状态，减少结构残余变形。目前的研究主要是利用超弹性形状记忆合金（SMA）制作自复位支撑，如镍钛诺等。自复位支撑的技术难度比较大，现在还处于研究阶段。

（2）索系支撑是为了解决中心支撑受压屈曲问题，也有的人认为是仅能承担拉力的索系支撑。索系支撑使用钢绞线作为受拉支撑，将对角索支撑连接成为一个封闭回路，在正反向地震作用下，两个对角索支撑均处于受拉状态，提供另外的抗侧刚度。现在，索系支撑结构在实际工程中应用较少。

7. 各种支撑关系及使用范围

根据各种支撑的性能特点及其对支撑框架的作用，总结出上述七类支撑形式的相互关系，如图 9 所示。现在，还缺乏各类支撑形式的性能比较及经济性分析，对于各种支撑在特大地震下的性能优劣并没有可依据的评判标准，因此，只能根据具体工程具体应用的需求，选择适宜的支撑形式。

综上浅述，对现在中外支撑框架结构中的支撑形式进行分析探讨和比较，介绍了中心支撑、偏心支撑、斜隅支撑、防屈曲支撑、附设耗能器支撑、自复位支撑和索系支撑支撑的原理及研究

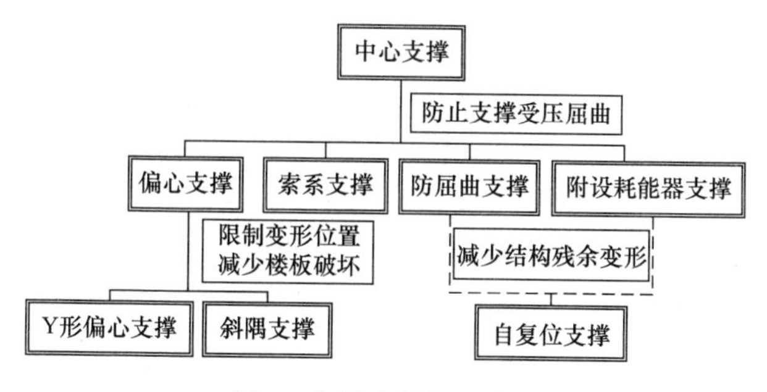

图 9　各类支撑相互关系

现状。目前，相关规范仅涉及中心支撑和偏心支撑、框架的设计和构造措施，对于其他支撑形式介绍得不多。因此，需要展开相关的试验及研究，要研究出性能可靠、经济适用的支撑形式，用以建造抗倒塌性强、带支撑框架结构或是加固既有框架结构房屋，提高抗倒塌能力，保护广大人民的生命及财产安全。

7. 框架结构梁柱节点性能的安全可靠度

钢筋混凝土框架结构的安全可靠性主要是满足抗震的需要，框架结构形式对于抗震具有良好的性能，使得这种结构形式得到广泛应用。现在常见的框架结构有三种体系，即内框架、纯框架和框架—剪力墙结构体系。不论采用何种框架结构，都有框架节点存在。

钢筋混凝土框架节点是框架结构中最重要的组成部分，也是框架结构中很特殊的部位，其受力状态相对复杂。柱既起到向下传递内力的作用，又是梁的支座点，接受本层梁传递过来的弯矩和剪力，有时还可能产生扭矩。框架结构梁柱节点连接处的强度、刚度和稳定性对整体性能及结构的安全承载有着非常重要的影响。对此，有必要对其各项性能进行综合分析考虑，以满足该重要部位达到切实安全、可靠。

1. 节点部位受力机理

（1）不同类型节点受力的特点

按照不同建筑节点部位梁柱数量的不同需要，可以将框架节点分为L形、T形和十字形三个类型，不同类型节点的受力状态有很大的差异性，节点核心区受力比较复杂，极容易产生破坏现象。如顶层边柱节点是一个L形节点。其梁柱内的钢筋都要在核心区域锚固，受到荷载后节点受张开或闭合的弯矩，纵向筋容易出现锚固破坏。顶层的中间柱节点是一个T形节点，梁筋可以直接通过节点区域而未锚固，在水平荷载作用下，柱的抗弯能力比梁的抗弯能力要弱，因此柱端容易产生塑性铰。对于水平向的T形节点，强柱弱梁容易得到保证，但是钢筋的施工锚固很难做到，极易出现梁筋和柱筋位置的移动现象。框架四角角柱的节点受相交成直角的两梁传来的弯矩剪力，会形成角柱双向偏心受压并受力的不利现状。而十字形的中柱节点由于四周有梁的束缚比较安全，如果在遇到强烈地震作用下，节点两侧的梁端可能会受到较大的剪力，极有可能产生核心区域的剪切破坏现象。

（2）节点核心区域受力状况

对于节点核心区域受力，以十字形节点进行分析，表明节点核心区域的受力状态，见图1。其他类型的节点与其基本相似。对于典型的梁柱相交十字形节点，作用在节点的梁端和柱端的弯矩（M_b、M_c）可转化为钢筋拉力（T_s）和受压钢筋压力（C_s）、混凝土受压区压力（C_s）组成的力偶。拉应力通过钢筋粘结应力的方式传入节点核心区，在节点核心区形成正交的斜向压应力场和拉应力场，因而核心区混凝土在反复荷载下容易产生交叉的正交斜裂缝，引起节点的强度、刚度及抗震能力的降低。梁的纵筋通常以连接贯通的形式通过节点，受交变荷载时其一边是拉屈服，而另一边则是压屈服。如此反复循环，使粘结失效后发生贯穿滑移破坏。从而造成节点刚度和耗能下降，并且破坏了节点核心区剪力的正常传递，使核心区受剪承载力降低。在正常情况下，受压力和剪切力双重作用下的混凝土，在压力不高时则抗剪强度随压力的增加而提高。但是，当压力提高到一定程度后，抗剪强度会随压力的增加而降低。

一般情况是在轴压比大于0.6时，抗剪强度随轴压力的增加

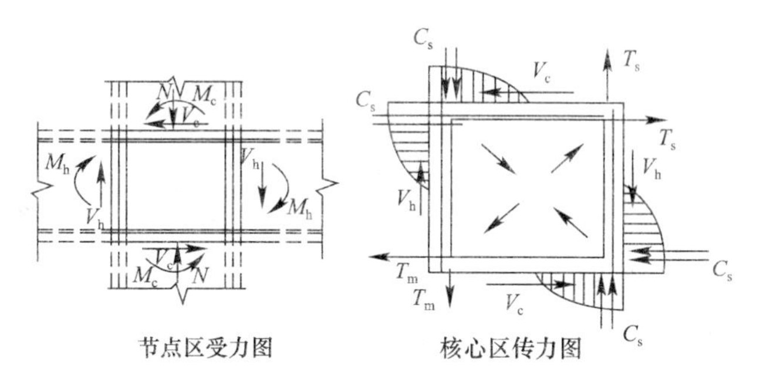

图1　节点受力及核心区传力图

反而降低。混凝土在受拉力和剪力共同作用时，抗剪强度随拉应力的增加而降低。因此，减少核心区混凝土的拉应力是正确的，主要是可以提高其抗剪强度。

（3）节点核心区的传力处置

首先，是斜压杆处置：适用于节点核心区的箍筋较少或没有配置的情况。核心区混凝土的受压区形成斜压杆，梁柱传来的剪力主要由节点核心区的混凝土斜向拉杆承担；其次，对于桁架的处置：适用在箍筋相对密集的情况，节点在反复荷载应力作用下，核心区产生多条剪切裂缝，形成一条又一条的斜压杆，与水平箍筋充当的拉杆一起形成桁架，承担核心区剪切力；再次，约束处置：箍筋与核心区混凝土相互作用形成的约束处置机构，此处置机构虽然不直接参与传递节点剪力，但是可以使节点的抗剪能力维持到节点组合体在达到更大变形时，是确保节点区抗震性能的一种节点受力处置措施。最后，剪摩擦的处置：当水平箍筋受拉屈服时，核心区混凝土遭遇受剪切破坏，沿着对角线的剪切裂缝将核心区分为两个部分。剪力的一部分由箍筋承担；而另一部分由两个部分混凝土在斜裂缝处的滑动摩擦力所抵消。

2. 节点的强度处理

（1）节点的受力特性

按照现代结构力学理论的分析，可以得出的结论是：在竖向荷载作用下，梁柱节点核心区受剪力较小，边柱节点核心区受剪力较大；在水平荷载作用下，节点受水平剪力较大，一般是柱子的5倍左右。在水平剪力和轴向压力的共同作用下，节点核心区会产生很大的斜拉力，使混凝土产生斜向裂缝，易发生剪切破坏。此外，梁的纵向钢筋粘结的应力很大。当出现超过粘结强度时，钢筋会发生位移，形成锚固处的破坏。

（2）节点抗剪强度的影响因素

1）轴向力：轴向压力是在一定范围内对节点抗剪是有利的，但是对于是否能提高节点极限抗剪强度，存在需要更进一步的试验证明。目前一般认为，轴压比不大于0.6时，有利于节点的抗剪力，可以提高节点的延性，减轻和降低节点的破坏程度。

2）水平箍筋：当混凝土初始裂时节点抗剪能力不受箍筋多少的影响，节点抗剪强度和配箍率之间是非线性的，抗剪强度不是按照（V_c+V_s）那样按比例增加，而且配箍率过高，会引起混凝土破坏先于箍筋屈服的后果，使节点核心区的抗剪强度达不到预计的最大值。

3）柱子的纵向钢筋：柱子纵向钢筋对节点的抗剪有利，但不像增加水平箍筋那样，能明显提高节点的抗剪强度。对于直交梁，对提高核心区的抗剪强度作用明显。

4）垂直钢筋：在反复荷载作用下，节点核心区混凝土当出现交叉裂缝后，剪力的传递由斜压杆的作用过渡到由水平箍筋承受水平应力；柱纵筋和混凝土承担垂直力及平行于斜裂缝的混凝土粗骨料咬合力构成的框架剪力设置，设置垂直钢筋可承担节点剪力的垂直体量，以减小混凝土的负担，提高节点强度，节点延性也有明显增加，但抗初裂强度并未提高。

5）楼板和梁腋：楼板具有增强节点的约束和提高梁的抗弯能力的作用。对梁和腋，使节点抗剪的有效体积增加，可以提高抗剪强度和刚度，利于提高实现“强柱弱梁”的做法。

6）预应力作用：沿着梁柱轴线施加预应力，提高节点的初裂荷载和极限的抗剪能力，同时也提高了梁的抗弯和抗剪强度。由于抗弯钢筋主要是非预应力筋，因此，梁耗损能量的性能基本不受预应力的影响。

7）偏心受力：同梁柱无偏心的实际相比，偏心受力的承载能力要降低 60%左右的幅度。

8）反复循环荷载：反复循环荷载是正负两个方向应力交替变化的荷载，在承受非弹性变形的反复荷载作用下，材料强度和结构刚度大幅降低，粘结握裹能力下降，剪切变形增加，促使核心区斜向裂缝不停顿地张开和闭合，造成抗剪强度和剪切刚度的逐渐降低。

3. 节点处变形状态

为了对节点处变形有更直接、清晰的认识，重点考虑节点各部位的变形与框架层之间的变形关系。在水平荷载力作用时，框架层之间的位移 Δ 可以分解为四个部分：

即由梁变形引起的柱顶位移 Δ_{cb}；由柱变形引起的柱顶位移 Δ_{cc}；由节点核心区剪切变形引起的柱顶位移 Δ_{cj}；由梁端对柱边转动所引起的柱顶位移 Δ_{cr}。

节点的变形主要包括节点核心区的剪切变形和梁端对柱边的转动，这种转动是梁筋滑移（从柱中拔出）而引起的。也就是说，当结构进入非弹性阶级后，承受者高弯曲、高剪切和轴向力的节点区将产生弯曲变形（梁柱杆件）、剪切变形（节点核心区）和滑移变形（梁端对柱边的转动）这三种非弹性变形。

梁柱杆件的弯曲变形不可避免，通过弯曲变形可以吸收和消耗地震能量。但是，剪切变形和滑移变形会造成滞回环变窄（倒S形），耗能减少，结构位移量增大。因此，应把剪切和滑移的作用减少至最低程度，这就是对节点变形的考虑要求。对于按照抗震设防标准要求设计的节点进行试验求出，一般控制在 $\Delta_{cc}/\Delta<1\%$，Δ_{cb}/Δ 约在 60%～70%之间，Δ_{cj}/Δ 约在 15%～25%之间，Δ_{cr}/Δ 约在 10%～15%之间。所以，如果在加固节点时，必须要提高节点核心区的抗剪切变形能力。

4. 节点的延性需求分析

节点的延性是反映结构及构件使用材料的塑性变形能力。对于节点处的延性要求，主要是对邻近核心区的梁端和柱端来说。梁端和柱端如果有良好的变形能力，即使出现塑性铰也不至于出现梁柱的剪切破坏。对于节点核心区并不要求延性较大，而是需要较高的强度和刚度，以确保在梁上塑性铰出现前，不要发生核心区剪切破坏和锚固钢筋的破坏。

对于框架和框架-剪力墙体系之类的抗侧力构件，首先是由一些杆件通过去节点组成一个可承载的杆件系统，在外荷载作用下一旦节点发生破坏，整个构件就会变成几何可变体系而失去承载力。对于钢筋混凝土框架结构来说，节点的破坏还将引起梁端和柱端钢筋在节点核心区的锚固失效，梁铰机制不可能实现。现行《混凝土结构设计规范》对于节点的构造措施是：为防止梁柱节点区域斜裂缝的出现，并使节点区域混凝土对钢筋有良好的约束腰效果，保证梁柱在节点区域的有效锚固，《建筑抗震设计规范》GB 50011—2010 规定了框架节点核心区箍筋的最大间距和最小直径、节点核心区配筋特征值及体积配筋率。为使节点区域截面能充分发挥受剪承载力，规定梁最小截面宽度不宜小于 200mm。试验结果指出，正交梁的存在可使柱节点区域截面的受剪承载能力提高 50%左右。对此考虑梁高度宜取（1/8～1/12）L（L 为梁跨度），并且不小于 500mm，纵梁底部比横梁底部应至少高出 50mm，且在设计中采取正交梁柱的处理，这样既有利于钢筋的布置，又可以提高结构的安全度。从节点受力状态分析，在侧向力作用下，框架节点区域承受着很大的斜拉力和斜压力。由于地震作用的往复性，在节点区域配置斜向交叉钢筋，与普通配置水平箍筋节点比较，其受剪承载力增加较多，这是改善节点耐震性能的一个有效措施。

另外，由于框架纵筋在节点区域的锚固，除了满足水平锚固长度 $0.4l_{aE}$外，垂直锚固应向节点区域竖向弯曲。为了满足钢筋与混凝土之间粘结的牢固性，结构构件之间的连接、节点核心区的混凝土强度等级要求，也必须满足规范及实际需要。

8. 种植屋面的技术要求及设计重点

种植屋面的设计包括新建和既有建筑屋面、地下建筑顶板种植工程的设计，种植屋面工程的设计和施工以及质量验收应符合国家有关结构安全、环境保护和建筑节能的规定，符合国家现行有关标准的规定。种植屋面设计应包括：计算建筑屋面的结构荷载；因地制宜地设计屋面的构造系统；选择耐根穿刺防水材料和普通防水材料，设计好排蓄水系统；选择保温隔热材料，确定保温隔热方式；选择种植土类型及植物类型，指定配置方案；设计合理的施工方案并绘制细部构造图。“安全、适用、经济、美观”是种植屋面设计必须遵循的原则，在不同情况下，应根据其性质、类型及环境的差异，做到彼此之间有所侧重。针对其特点，应以安全性为前提，以生态性为基础，以艺术性为核心进行设计。

1. 种植屋面设计的内容

种植屋面、屋顶绿化，种植使用安全第一。这里所指的安全，其内容主要包括房屋的荷载及屋顶防水结构的安全。

（1）荷载承重的安全：种植屋面的结构层宜采用现浇钢筋混凝土结构。但是，种植屋面的各层次结构无疑给屋顶增加了荷载，其屋顶的承重能力直接关系到建筑物的安全使用功能。因此，在屋顶花园平面规划及景点布置时，应根据屋顶的承载构件布置，使附加荷载不超过屋顶结构所能承受的范围，以确保屋顶的安全。种植屋面中，如建造亭、廊、花架、假山、水池等园林建筑小品，则必须在满足房屋结构安全的前提下，依据其屋顶的结构体系、主次梁架及承重墙柱的位置，进行科学计算，反复论证后方可布点和建造。

（2）屋顶的防水排水处理：屋顶防水结构的安全至关重要。首先是防水，为确保防水工程的质量，应采用具有耐水、耐腐蚀、耐霉变和对基层伸缩和开裂变形适应性强的卷材（如合成高分子防水卷材、聚酯胎高聚物改性沥青防水卷材）作为柔性防水层。种植屋面上，各种植物的根系大多可能具有很强的穿刺能力，一般的防水材料极易被穿透，必须在一般防水层上面再设置1道耐根系穿刺的防水层，才能达到防水要求。其次是排水，种植屋面的排水系统设计除了要与原屋顶排水系统保持一致外，还应设法阻止植物枝叶或植被层泥沙等杂物流入排水道。大型种植池排水层的排水管道要与屋顶排水相互配合，使种植池内多余的浇灌水顺畅排出。

（3）抗风压要求：在种植屋面设计中，各种较大的设施（如花架等）均应进行抗风设计验算。屋顶种植植物应选择浅根系植物，高层建筑屋面和坡屋面宜种植地被植物；常有6级风以上地区的屋面，不宜种植大型乔木、大灌木。乔木、大灌木的高度不宜大于2.5m，距离边墙不宜小于2m。种植屋面一般处于缺水、少肥、光照强、温差大等环境中，故宜选择生长缓慢、耐寒、耐旱、喜光、易移栽、病虫害少且观赏性好的植物。

（4）防护安全：种植屋面绿化应设置独立的安全通道，屋顶周边应设置高度在80cm以上的护栏，或者直接加大女儿墙的有效高度，使屋顶处于有围护的空间。

（5）生态性要求：建造种植屋面的目的是为了改善居室及城市的生态环境，给人们提供良好的生活和休息场所。在一定程度上，衡量种植屋面好坏的标准除了满足不同的要求外，必须保证绿化覆盖率在60%以上。宜将覆土种植与容器种植相结合、生态与景观相结合，简单式种植屋面的绿化面积宜占屋面总面积的80%以上；花园式种植屋面宜占屋面总面积的60%以上，而倒置式种植屋面则不应作覆土种植。保证一定数量的植物，才能够发挥绿色生态效益、环境效益和经济效益。

2. 种植屋面构造层次的设计及一般要求

种植屋面的构造层次一般包括屋面结构层、找坡层、保温层、找平层、普通防水层、耐根穿刺防水层、排（蓄）水层、种植介质层以及植被层。此外，还可根据需要设置隔汽层、隔离层等层次。种植屋面各构造层次的组成见图1～图4。

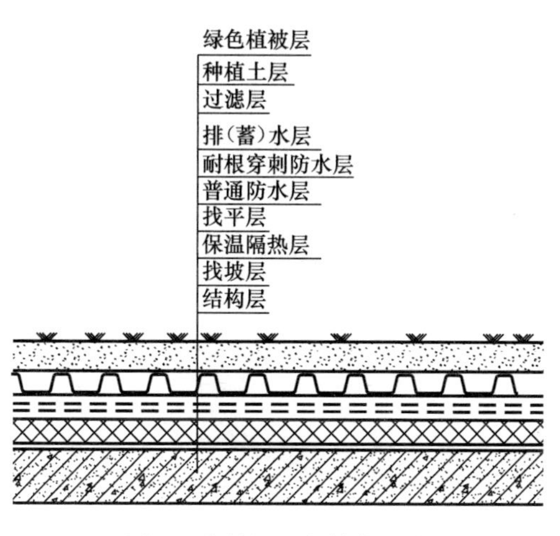

图 1　种植屋面的结构层次

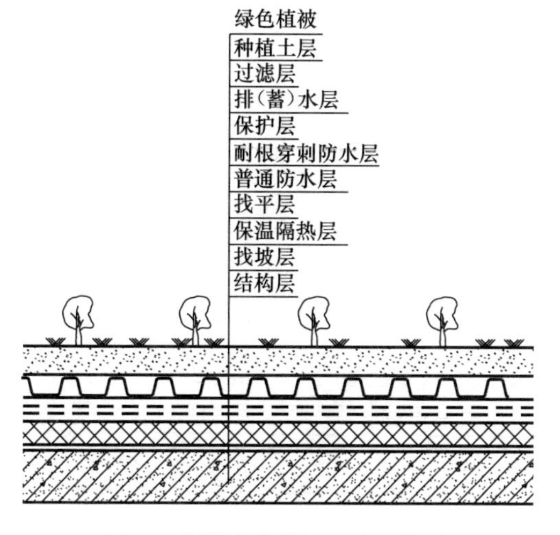

图 2　花园式种植屋面防水构造

以上几种基本结构层次具体到每一个屋面，则可根据屋面荷载及种植屋面类型（如简单式种植屋面或花园式种植屋面）的不同，在设计中进行适当的增减，如斜屋面绿化构造除了上述结构层外，还要在防水层上铺设防滑枕木。

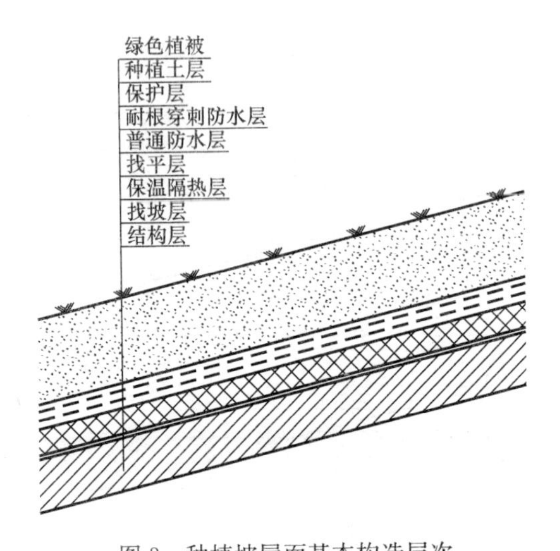

图 3　种植坡屋面基本构造层次

注：过滤层、排（蓄）水层可取消，因为斜屋面很容易通过坡度将水直接排走；也可用蓄水保护毯来取代这 2 层。

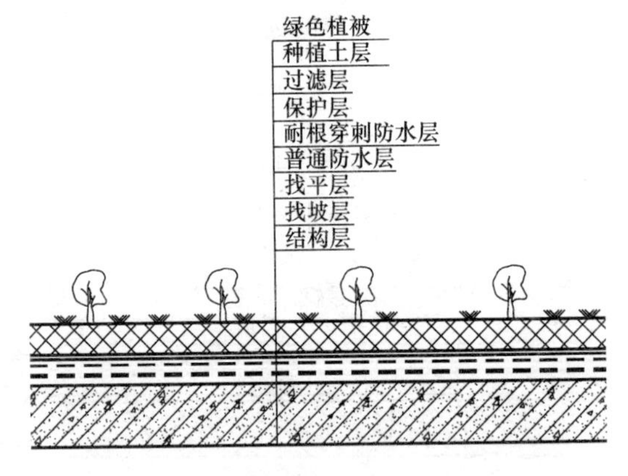

图 4　地下建筑顶板覆土种植防水构造

注：过滤层、保护层之间可增加排水层，是否设置排水层要根据具体情况确定。例如，地下水位很低，地下建筑顶板上覆土与自然地坪不接壤时，则可设置排水层。

（1）屋面结构层：屋面结构层应根据种植植物的种类和荷载进行设计。新建种植屋面荷载能力设计应根据种植屋面构成的荷载设计确定，既有的种植屋面必须在屋面结构承载能力的范围内实施。种植屋面的屋面板应强调其整体性能，有利于防水，一般应采用强度等级不低于C20和抗渗等级不小于P12的现浇钢筋混凝土作屋面的结构层；当采取预制的钢筋混凝土板时，需用强度等级不低于C20的细石混凝土将其板缝灌填密实。如板缝宽度大于40mm或上窄下宽时，应在板缝中放置构造钢筋后，再灌填细石混凝土。

（2）找坡层、隔汽层及保温层：为了便于排除种植屋面的积水，确保植物的正常生长，屋面优先采用结构找坡层。单坡坡长大于9m时，宜作结构找坡。如不能采用结构找坡层时，则需要用材料找坡，其找坡层坡度宜为2％～3％。为了阻止建筑物内部的水蒸气经由屋面结构板进入保温层内造成保温性能下降，并杜绝因水蒸气凝结水的存在而导致植物根系突破防水层向保温层穿刺的诱因，在保温层下宜设计隔汽层。保温层设计必须满足国家的建筑节能标准要求，并应按照标准中的相关规定进行设计。保温层宜采用具有一定强度、导热系数小、密度小、吸水率低的建筑材料。

（3）找平层：为了便于柔性防水层的施工，宜在找坡层或保温层上面涂抹一层水泥砂浆找平层，找平层应密实、平整。待找平层收水后，应进行二次压光和充分保湿养护。找平层不得有酥松、起砂、起皮和空鼓等现象出现。

（4）普通防水层：种植屋面一旦发生渗漏现象，必将导致整个屋面返工重做，故在设计时，其屋面防水等级应达到Ⅰ级或Ⅱ级，种植屋面防水层的合理使用年限不应少于15年，应采用2道或2道以上防水层设防，最上道防水层必须采用耐根穿刺防水材料，普通防水层的材料应与耐根穿刺防水材料相容。为了确保防水工程的质量，应采取具有耐水、耐腐蚀、耐霉变和对基层伸缩及开裂变形适应性强的卷材或防水涂料作柔性防水层。普通防水层的卷材与基层可空铺施工，坡度大于10％时必须满粘施工。采用热熔法满粘或胶粘剂满粘防水卷材防水层的基层应干燥、干净。当屋面坡度小于15%时，卷材应平行屋脊铺贴；大于15%时，卷材应垂直屋脊铺贴。上、下两层卷材不得互相垂直铺贴。防水卷材搭接接缝口应采用与基材相容的密封材料封严。卷材收头部位宜采用压条钉压固定。阴阳角、水落口、突出屋面管道根部、泛水、天沟、檐沟、变形缝等细部构造处，在防水层施工前应设防水增强层，其增强层材料应与大面积防水层材料同质或相容；伸出屋面的管道和预埋件等，应在防水施工前完成安装。如后装的设备，其基座下应增加1道防水增强层，施工时不得破坏防水层和保护层。对于防水材料的施工环境，合成高分子防水卷材在环境温度低于5℃时不宜施工；高聚物改性沥青防水卷材热熔法施工环境温度不宜低于－10℃；反应型合成高分子防水涂料施工环境温度宜为5～35℃；防水材料严禁在雨天、雪天施工，5级风及其以上时不得施工。

（5）耐根穿刺防水层：各种植物的根系都具有很强的穿刺能力，众多的传统防水材料极易被植物的根系所穿透，从而导致屋面发生渗漏，为此必须在一般的卷材或涂膜防水层之上铺贴1层具有耐根穿刺功能并具有防水作用的材料作为防水层。对于种植屋面来讲，耐根穿刺防水材料最为重要，我国现已发布了行业标准《种植屋面用耐根穿刺防水卷材》JC/T 1075—2008。目前，耐根穿刺的防水材料主要是防水卷材。主要有：高聚物改性沥青种植屋面用耐根刺防水卷材（化学阻根）、高聚物改性沥青铜（铝）胎基防水卷材、聚氯乙烯（PVC）防水卷材、热塑性聚烯烃（TPO）防水卷材等。具体措施是：

1）耐根穿刺防水层上宜做保护措施，其要求：①用细石混凝土做保护层时，保护层下面应铺设隔离层；②用水泥砂浆做保护层时，应设置分格缝，分格缝间距宜为6m；③用聚乙烯膜、聚酯无纺布做保护层时，应选择空铺法施工，搭接宽度不小于200mm；当用于坡面的时候，必须采取防滑措施。

2）高聚物改性沥青类耐根穿刺防水层与普通防水层的沥青防水卷材复合时，采用热熔法施工；耐根刺防水层的高分子防水卷材与普通防水层的高分子防水卷材与普通防水层的高分子防水卷材复合时，采用冷粘法施工；耐根穿刺防水材料与普通防水材料不能复合时，可空铺施工。

3）高聚物改性沥青种植屋面用耐根刺防水卷材（化学阻根）、高聚物改性沥青铜（铝）胎基防水卷材，宜采用热熔法施工。热熔施工时，烘烤卷材要沿卷材宽度往返加热，边加热、边沿卷材长边向前滚铺，并排除空气，使卷材与基层粘贴牢固。火焰加热要均匀，施工时要注意调节火焰大小及移动速度。喷枪与卷材面的距离控制在0.3～0.5m。卷材接缝处必须溢出熔化的改性沥青胶，溢出的改性沥青胶宽度为2mm左右并均匀、顺直、不间断为宜。耐根穿刺防水卷材在屋面与立面转角处、女儿墙泛水及穿墙管等部位要向上铺贴至种植土层面上150mm处，才可以进行末端收头处理。应先封长边、后封短边，最后用改性沥青密封胶将卷材收头处密封严实。

4）聚氯乙烯（PVC）防水卷材、热塑性聚烯烃（TPO）防水卷材宜采用冷粘法铺贴。大面积采用空铺法施工时，距屋面周边800mm内的卷材应与基层满粘；当搭接采用热风焊接施工时，卷材长边和短边的搭接宽度不小于100mm，单焊缝的有效焊接宽度应为25mm，双焊接的有效焊接宽度应为空腔宽度再加20mm。

5）高密度聚乙烯（HDPE）土工膜宜空铺法施工，其搭接宽度应为100mm，单焊缝的有效焊接宽度不小于25mm，双焊缝的有效焊接宽度应为空腔宽度再加20mm，焊接应严密，不得焊焦、焊穿；焊接卷材应铺平、顺直；变截面部位的卷材接缝施工应采用手工或机械焊接。采用机械焊接时，应使用与压焊配套的焊条焊接。

6）铝胎聚乙烯复合防水卷材宜与普通防水层满粘或空铺，卷材搭接缝采用双焊缝搭接时，搭接宽度不小于100mm，双焊缝的有效焊接宽度应为空腔宽度再加20mm。

7）聚乙烯丙纶防水卷材一聚合物水泥胶结料复合防水层施

工时，聚乙烯丙纶防水卷材应采用双层铺设；聚合物水泥胶结料应按要求配制，厚度不小于1.3mm，宜采用刮涂法施工；卷材长边和短边的搭接宽度不小于100mm。

（6）蓄排水层处理：种植屋面除做好防水层的精心设计外，还应做好排水构造系统的处理。排水层应根据种植介质层的厚度和植物种类，选择具有不同承载能力的塑料或橡胶排水板（聚乙烯PE凹凸排水板、聚丙烯多孔网状交织排水板）、蓄排水营养毯、卵石陶粒等材料。蓄水层是指采用3～5cm厚泡沫塑料铺成的一个构造层次，其可蓄存一部分水分，减少向外排出，可在干旱时慢慢供应植物吸收。种植屋面宜设置雨水收集系统，并应根据种植形式的不同，确定落水口数量、位置和落水管直径。

（7）隔离层、过滤层：为了使防水层与排水层材料之间保持隔离滑动功能，防止雨天滞留水结冰所产生的冻胀应力对防水层产生不利的影响，种植屋面需设置隔离层。过滤层是设置在种植介质与排水层之间，防止泥浆对排水层渗水性能影响而进行滤水作用的一个构造层次。一般用不低于250g/m^{2}的聚酯纤维或聚丙纤维土工布等材料作过滤层。

（8）种植介质层要求：种植介质层是指屋面种植的植物赖以生存的土壤结构层，所选用的种植介质应具有自重轻、不板结、保水保肥、适宜植物培育生长、施工简便及经济环保等特性。种植土的分类见表1。

种植土的分类要求　　表1

土壤类别	土壤成分	土质要求
田园土	自然土或农耕种土	单层地下室屋顶板、覆土厚度大于600mm时用田园土
改良土	在田园土中掺入膨胀珍珠岩、蛭石及草灰轻骨料、肥料混合而成	宜用于楼房屋面绿化
复合种植土	由表面覆盖层、栽植育成层和排水层三部分组成	种植介质轻、价格贵、适用于楼房屋面绿化

（9）植被层要求：植被层应根据屋面大小、坡度、建筑高

度、受光条件、绿化布局、观赏效果、防风安全及后期管理等因素来选择。屋顶绿化的植被应满足：

1）宜种植耐干旱、抗虫害、生长慢、绿期长的草坪和灌木，植株必须能抗旱，能适应屋顶的特定环境。

2）屋顶通常处于高空，应选择低矮的植株，高层建筑屋面宜种植地被植物。

3）不宜选用根系发达、穿刺性强、速生的植物。

4）屋面宜选择具有色泽鲜艳，开花期长且色、香、形俱佳，可使屋顶绿化具有较好观赏效果的植物，有条件的屋面最好能使其形成草坪、灌木与乔木相组合的立体园林式的“空中花园”。

通过上述对屋顶种植技术的一般性要求，可以看到种植屋面已经分布到商用建筑、居住建筑、公共建筑等不同建筑类型，包括坡屋顶在内的不同屋面上，如今欧美发达国家及地区种植屋面系统技术已相当成熟，在设计、选材、施工及管理维护等方面，与之相比还存在一些差距。

目前国内对种植屋面的形式越来越引起重视，并制定了行业标准《种植屋面用耐根穿刺防水卷材》JC/T 1075—2008 和《种植屋面工程技术规范》JGJ 155—2007，有效地规范了种植屋面。目前的屋顶绿化现状远远不能满足需要，开发适于不同功能需要的屋顶绿化形式，丰富屋顶绿化植物，结合国外先进经验技术发展适应我国的屋顶绿化技术还需要做很多工作。综合考虑建造成本、生态效益、景观效果，才能使屋顶绿化更有效地为改善建筑和人居环境服务。

9. 建筑屋顶绿化设计及施工控制问题

建筑房屋屋面顶层绿化的意义很明显，屋顶绿化又称为屋顶花园或空中花园，是在屋顶、露台、天台或阳台等上进行造园，种植树木花卉的统称。对于城市来说，屋顶绿化是调节小气候、缓解热岛效应、净化空气和降低室温的一项重要措施。建筑采用屋顶绿化，在隔热方面的效果优于其他隔热屋面，而且能丰富城市的空中景观及建筑的表现力，还能解决建筑与园林绿化争地的矛盾，是一种值得大力推广的屋面形式。毋庸置疑，对有建筑“第五立面”之称的屋顶进行绿化，是改善城市生态环境的重要途径，也是城市环境景观的重要体现。

随着建设生态绿化的需求越来越迫切，屋顶绿化的功能被越来越充分地认识到，屋顶绿化的技术也在不断完善。但是，由于其发展时间还不够长，依然存在着很多问题。一是在许多项目的开发中，开发者仍未认识到屋顶绿化的建设对城市环境改善的重要性，为了追求高效益和低成本而省略了屋顶绿化的建设；二是缺乏关于屋顶绿化统一的规范标准，只有几个大型城市推出了地方的暂行办法或管理条例，这对屋顶绿化在全国范围内的推广存在较大的限制，而且已经出台的地方性暂行办法或管理条例也不够系统化；三是屋顶绿化的综合开发率低，高成本运行，观赏型绿化多，生产型绿化少。其实，生产型绿化不仅能起到局部生态环境的作用，而且其经济性更强，它能够建成自循环性的绿化体系，不像景观型屋顶绿化，必须通过外部投入资金才能正常运营；四是对已有建筑屋顶的改造缺乏足够的资金支持，而建成以后的屋顶绿化的高维护费用也让许多开发者取消掉了这类项目的建设。

1. 屋顶绿化的效益分析

屋顶绿化的效益可分为经济效益、社会效益和环境效益，其中经济效益是由它们潜在的社会效益及环境效益所带来的。绿化屋顶最显著的优点在于，它作为一个有价值的宜人场所，能够使建筑物增值，大楼的所有者也可获取更高的租金。屋顶绿化在设计时考虑了与其他项目的连接可以有助于城市区域的更新，还能够使开发商们以更少的花费去满足地方政府制订的土地利用条例的要求。屋顶绿化的另一个优越性是其相对较低的能耗，它能够为屋顶提供额外的保温和隔热作用，有助于降低能耗。屋顶绿化还能够使城市居民保持与自然的联系，为人们提供了一个更为宽松、舒适的交流环境，从而在维持健康的生态系统中起到重要作用，特别是在那些高度密集的住宅区域。

通过以上分析，屋顶绿化在城市建设中能起到非常重要的作用。针对我国目前屋顶绿化的现状，在城市人口密集、土地资源紧张或城市中心区域等地区，可以通过政策的强制制约或奖励等方法促进屋顶绿化的建设，以达到改善城市环境、提高城市品质的目的。应根据不同情况进行建设。如果是新开发建设的项目，可以直接制定比较严格的屋顶绿化建设指标，使项目在规划和建筑设计阶段就考虑到屋顶绿化的建设问题；如果是进行旧项目的改造，则应根据不同建筑的现状，尤其是建筑的屋顶载荷状况对屋顶绿化进行设计。只有相当数量的屋顶绿化，才能产生良好的整体生态效应，因此，在地下建筑、办公楼、宾馆、住宅、桥梁、相连的平台及建筑物的边缘等，都可以作为建设屋顶绿化的场地。

另外，屋顶绿化是一个系统工程，涉及面很宽，有植物绿化、植物营养学、建筑防水、建筑节能保温、建筑施工、植物病虫害学、建筑维护与管理等多方面。屋顶绿化需要众多参与者，屋顶的设计、施工，植物的选择与种植、维护等。如何跨学科、跨组织发展，是优化屋顶绿化推广效果的重要影响因素。要加快完善法律法规体系，加强屋顶绿化综合开发、降低成本。

2. 屋顶绿化方式

由于建筑物的多样性设计，造成面积大小、高度不一或形状各异的各种屋面，加上新颖多变的布局设计及各种植物材料、附属配套设施的使用，形成了类型多样的屋顶绿化。屋顶绿化方式主要分为三种：一是针对承载力较弱、没有预先绿化设计的轻型屋面，采用适合少量种植土生长的草种密集种植的“地毯式”绿化；二是针对承受力较强的屋面，种植乔灌木树种的“花园式”绿化；三是“组合式”，主要在屋顶四角和承重墙边用缸栽、盆栽方式布置屋顶绿化。屋顶绿化的类型按建筑结构与屋顶形式，可分为坡屋面绿化和平屋面绿化两类。其中，平屋面绿化在现代建筑中较为普遍，是发展屋顶绿化最有潜力的部分。它可分为以下几种：

（1）苗圃式。从生产效益出发，将屋顶作为生产基地，种植蔬菜、中草药、果树、花木和农作物。在农村利用屋顶扩大副业生产，取得经济效益，甚至可以利用屋顶养殖观赏鱼类，建造“空中养殖场”。

（2）周边式。沿屋顶女儿墙四周设置种植槽，槽深0.3～0.5m。根据植物材料的数量和需要来决定槽宽，最狭的种植槽宽度为0.3m，最宽可达1.5m以上。这种布局方式较适合于住宅楼、办公楼和宾馆的屋顶花园。它是在屋顶四周种植高低错落、疏密有致的花木，设置花坛、坐凳等，中间留有人们活动的场所，四周绿化还可选用枝叶垂挂的植物，美化建筑立面。

（3）活动（预制）盆栽式。机动性大、布置灵活，这种方式常被家庭采用。

（4）庭院式（屋顶花园式）。是屋顶绿化中较高的形式，设有树木、花坛、草坪，并配有园林建筑小品，如水池花架、室外家具等。这种形式多用于宾馆、酒店，也适合用于企事业单位及居住区公共建筑的屋顶绿化。

3. 屋顶绿化的构造及施工

设计前，应首先考虑当地的气候条件是否适宜，这关系到能否在城市内普遍推广屋顶绿化的问题。屋顶绿化的技术要求很多，包括屋顶载荷能力、防水层渗透、栽培基质和栽培植物的选择等。比如屋顶载荷能力关系到建筑安全问题，与之相关的是栽培基质的类型。若使用大量的土壤，势必会增加屋顶的负重。一般来说，绿化屋顶面层结构基本构造从上到下依次是：植物和景点层、排水口及种植穴、管线预留与找坡、种植介质层（包括灌溉设施、喷头、置景石）、过滤层、排水层、找平层、保温隔热层、现浇混凝土楼板或预制空心楼板。植物和景点层是屋顶花园的主要功能层，生态、经济、社会效益都体现于这一层当中。植物的选择要遵循适地适树的原则，景点设置要注意荷载不能超过建筑结构的承重能力，同时还要满足艺术要求。种植基质层为使植物生长良好，同时尽量减轻屋顶的附加荷重，种植基质一般不直接用地面沉重的自然土壤，而是选用既含各种植物生长所需元素又较轻的人工基质，如蛭石、膨胀珍珠岩、泥炭及其与轻质土的混合物等。过滤层为了防止种植土中的小颗粒及养料随水而流失，不堵塞排水管道，采用在种植基质层下铺设过滤层的方法，常用过滤层的材料有 50mm 厚粗砂、玻璃纤维布、30mm 厚稻草等。所要达到的质量要求是，既可通畅排灌，又可防止颗粒渗漏。排水层设在防水层之上、过滤层之下，其作用是排除上层积水和过滤水，但又储存部分水分，供植物生长之用。主要材料有陶粒、碎石、轻质骨料（厚 200～100mm）或 200mm 厚砾石或 50mm 厚焦渣层。防水层采用柔性防水层（如防水卷材）、刚性防水层，但目前使用最多的是柔性防水层。

在屋顶绿化施工中，土建工程与园林工程相互配合是建好屋顶花园的另一关键。屋顶上预留众多的预埋铁件、支礅等，增加了屋顶整体防水层的薄弱环节，下沉式种植池和水池也给防水层的施工带来困难。这些都需要严格按图施工，精心操作来完成各节点的防水构造处理。由于屋面自然条件的限制，用于屋面种植的植物材料比地面使用的植物材料要严格。一般来说，应选择适应性强、长日照的浅根性小乔木以及灌木、花、草或藤类植物，不宜选用深根性、钻透性强的植物，生长快、长得高大的乔木也应慎用。结合屋顶绿化问题，彻底改革屋顶防水构造体系是值得探讨的问题。屋顶绿化对于结构设计，除要求提高屋顶荷载外，还对建筑结构体系的抗震设计提出新的要求。结构工程与园林工程相配合，应在满足造景需要的前提下，尽量使较大的集中荷载设置在柱顶或大梁承重墙上。同样，屋顶绿化对水、电、暖等工种也有相应的技术要求，如屋顶绿化的浇灌、喷灌和水体等的供水排水，屋顶照明及少量设备供电，甚至要求在屋顶上设置小型温室，这就需要冬季供暖。

4. 借鉴先进经验

目前，屋顶绿化已成为众多城市环境规划者所期待的。尤其是在发达国家，有很多屋顶绿化方面的成功案例。无论是在屋顶绿化的植物选择、造园手法上，还是在屋顶的防渗漏问题上，都积累了丰富的实践经验。例如，日本建筑师藤森照信设计的向日葵住宅就是建筑立体绿化的典型实例，而东京韭菜住宅是他为一对作家夫妇设计的小住宅，他主张自然与人的和谐关系应该是“寄生”的。他采用了以自然素材包裹现代技术的做法，即将韭菜种植在由木板搭成的屋顶上。随着“屋顶花园热”的兴起，屋顶、凉台等特殊场所的绿化材料和技术应运而生。日本著名的三泽房屋公司、鹿岛建设公司和岛田公司等都积极参与了屋顶绿化产业的研究与开发，推出了一批新技术、新材料，促进了立体绿化产业的发展。日本最大的防水材料生产厂家还开发出了屋顶防水绿化系统技术，这套技术由防水保护层、排水层、过滤层和轻质土壤组成，所有材料全都采用废弃物生产，提高了资源的利用率。

德国的推广工作也走在了前列，从 20 世纪 60 年代开始研究和实践屋顶绿化，现在已较成熟。他们早在 1982 年就颁布了相关法规，要求在新建或改建建筑项目申请规划设计时必须同时申报屋顶绿化的设计，否则不予受理。而且做屋顶绿化可以少交50％～80％的排水费，屋顶绿化项目可以得到政府免息或低息贷款等。在我国的有些城市也出台了强有力的激励政策，比如有的市政府牵头，联合市规委、市建委、市执法部门和市园林部门组成立体绿化办公室，要求新建建筑必须实施屋顶绿化。

通过上述浅要分析，可以认为建筑物屋顶绿化是在发展现代生态城市园林观念的推动下逐渐孕育出的一种特殊园林形式，它是以建筑物顶部平台为依托，进行蓄水、覆土并营造园林景观的一种空间绿化美化形式，涉及建筑、农林和园艺等专业学科，是一项系统工程。如果选用，必须从设计、选材、施工、植物配置和管理维护等方面进行综合研究和实践，营造出有我国特色的屋顶花园。在借鉴国外成功经验和先进技术的同时，积极汲取已有的屋顶绿化经验，结合东方园林设计特点，将现代科技与生态科学完美结合起来，达到两者完美统一的效果。

10. 后浇带在建筑施工中的功能及施工技术

后浇带是一种预防结构裂缝的构造处理措施。由于钢筋混凝土在不同温度下的收缩和膨胀程度不同，产生有害裂缝不可避免。在结构设计和施工规范的约束下，可对墙体、横梁和底板留设施工裂缝，将结构暂时划分为多个基本独立的部分，通过构件的自然物理收缩或膨胀原理，在一定时间后进行混凝土的填充，再将多个独立结构连成一个建筑整体。后浇带的特征是：可以根据结构的不同性质，采用不同的材料进行浇筑；后浇带的强度一定要比其连接的构件部分高出 1～2 个等级；在对待结构钢筋的布置及模板的消耗措施上，后浇带要防止新老混凝土因施工时间不同而产生的构件裂缝加以控制。

1. 后浇带的主要功能

后浇带能够克服因温度差引起的构建收缩，对于各种已经建成的混凝土结构，如果在温度较低的季节施工建造，那么随着季节的变化，一旦温度升高，混凝土结构的内部就会产生温度的应力，对构件形成向外的挤压力量。一旦超过限度，混凝土构件中就会出现裂缝。在混凝土结构建成前，对温度应力的考虑能够事先进行裂缝的预留，再在一定的时间（混凝土内部硬结收缩完毕后）进行后浇带的浇筑，就可以做到保护构件整体性的作用。后浇带的设置能够解决因基础设计和裙房结构组成的整体问题。高层建筑和裙房的结构和基础虽然在设计时是一个整体，但是考虑到建筑体地基的重力影响引起的沉降，必须设置后浇带，用后浇带将这两个部分分开，通过沉降量计算后浇带的浇筑时间。后浇带设计前，要对整个裙房结构和基础的强度进行核对和计算，对由于连接成为整体后的结构体的后期沉降引发的内部应力进行计算。一般的施工顺序是先进行建筑的主楼施工，再进行裙房的施工，最后进行后浇带的浇筑，后浇带混凝土的浇筑时间最早也是在第 6 周，即 42d 以后。

2. 如何正确设置后浇带

（1）重视间距的合理性需求：在施工图纸上如果有留设，必须按照图纸的设置进行后浇带的施工。图纸上的构件间距不一定要按照图纸上的来留设，应视具体情况而定。一般，矩形建筑物后浇带的间距不得超过 40cm，而最小的距离则根据不同地区的四季平均气温而定，但不应小于 30cm。

（2）注意宽度的合理性：在施工过程中，要保证结构的整体性，但并不是要将结构整体切割为若干毫无联系的板块。对于楼板或基础来说，起受力作用的钢筋通常情况下不允许切割断开，这既是保证结构的整体性的要求，也是保证施工安全的要求；如果后浇带的跨度设置确实很大，需要切割受力钢筋，那么在浇筑后浇带的过程中，要将其焊接连接，这是为了避免楼板两端受力过大，形成下垂变形。后浇带宽度的要求一般不超过 3m，不少于 1m 较合适。

（3）后浇带的位置选择：后浇带适宜选择在混凝土构件受力最小的部位。一般剪力墙的中部不设置后浇带，梁和板的反弯点附近是最好的位置。这里避免了因弯矩和剪力过大而导致的构件自身压力。

（4）优化后浇带的断面形式选择：一般后浇带的断面要与混凝土结构的断面相一致，为了避免因受力集中引起的结构变形，应避免后浇带浇筑后出现直缝，一般是企口缝或其他不规则缝为主，直槎较少。

3. 后浇带施工技术分析

（1）时间的选择：正常情况下，混凝土构件的收缩在两个月内即完毕，而对于高层建筑和裙楼的结构和基础而言，则要等沉降完成后才开始浇筑后浇带。裙楼和高层建筑的主体部分一般同时施工，但是裙楼的施工量小而主体高层建筑的施工量大，在裙楼完成后，主楼的施工尚未完成，实际上裙楼的荷载产生的沉降在前，主楼的沉降在后，且主楼荷载造成的沉降多于裙楼的荷载，因此必须等主楼完全沉降完，方可进行后浇带混凝土的施工。由于不同的施工季节、施工材料，一些需要延后浇筑时间的工程，则要在设计图纸上体现出来。

（2）材料的选择：后浇带浇筑前，要将留置部位彻底、认真清理干净，排除积水，保持后浇带两边的构件表面湿润24h以上。选择的材料必须是无收缩混凝土——膨胀水泥或添加膨胀外加剂的普通水泥配置的混凝土。为了使后浇带的强度高于所连接的构件，施工前必须加入早强减水剂，对混凝土进行认真的配置和振捣，加强养护必不可少。

（3）后浇带前期预设模板：模板的预设要严格参照施工图纸及相关规范进行。在混凝土浇筑前要预设钢丝网模板，保证钢丝网模板的钢丝网格均匀统一和钢丝粗细统一。模板的强度、刚度和稳定性都必须有质量的保证，这是避免裙楼和主楼在连接跨度过大的时候，地下室大梁支撑的荷载过大，超过钢支撑扣件的承受能力而引起扣件螺栓被破坏。

（4）混凝土浇筑质量控制：首先，必须按照施工技术方案严格进行施工；其次，水平后浇带的浇筑要将钢丝网模板的侧压力控制在正常范围内；垂直后浇带的浇筑则要将混凝土充分振捣，振捣的时候要避免振捣器的振捣动作将钢丝网破坏；最后，注意振捣器与模板的距离，以防止混凝土水泥浆流失。

（5）垂直施工缝的处理：垂直施工缝的混凝土浇筑，在达到初凝时就要用压力水冲洗直至出现骨料，并将钢丝网冲洗干净。为了避免错过冲洗时间，施工图纸要对时间进行预设，必要时要有专人负责检查。

（6）后浇带施工温度选择及保护措施：后浇带浇筑要选择适合的环境温度，以保证新老混凝土有良好的结合，最好的温度是10～15℃范围内，这符合热力学的收缩和膨胀的最佳结合点。后浇带混凝土浇筑完毕后，应在适当的时间覆盖保湿，防止混凝土出现干裂。同时，对后浇带的施工缝必须避免杂质和水长时间滞留。通常，在后浇带缝的两端或两侧采用设置挡水砖或在后浇带内壁上涂抹防水砂浆的措施来完成保护；后浇带的施工缝处理完毕并清理干净后，在顶部用木模板或铁皮封盖，并用砂浆做出挡水带，四周设临时栏杆围护，以免施工过程中污染钢筋、堆积垃圾，给处理造成困难。

4. 几种施工问题及解决方法

（1）材料质量问题：必须确保混凝土的浇筑过程严格、规范，不跑、漏浆，不允许留直槎。留直槎会使梁的后浇带处的木模缝隙过大，导致混凝土漏料，造成混凝土密度不够，一般应留成斜坡槎。

（2）克服客观因素的影响：一些客观因素会造成不能按照施工规定进度施工的工程，出现下半部分工程完工、上半部分停工的局面。这时，如果对后浇带必须浇筑混凝土，则会出现沉降裂缝破坏结构体的现象，将造成新的结构裂缝更难解决。因此，一般对后浇带进行加强处理，要用高强度混凝土和内置高强度钢筋的方法来承担上半部分工程继续施工的时候形成的结构内应力。建筑基础施工的后浇带与建筑基础同时进行，且最先施工，对于出现的沉降和后浇带的接缝情况，要考虑进行观测，一要按照图纸设计要求进行；二要为观测创造时间。对不同的结构梁和柱的施工，为了保证后浇带混凝土和结构件的严密结合，在施工过程中，现场的工程监督人员必须勤加督促和巡回检查，防止操作人员为了省事和避免麻烦、偷工减料及省略工艺、工序过程。

11. 项目决策和设计阶段工程造价的控制

工程造价管理是一个全程控制的过程，贯穿于项目决策阶段、设计阶段、招投标阶段、施工阶段及竣工验收阶段。目前，我国普遍把大部分的精力放在工程实施阶段，比如建设单位一般会投入大量的人力、物力来计量、审价，在招投标中设置标底，在合同谈判中想尽办法争取降低造价，在施工阶段编制资金使用计划并严格执行动态监控、加强工程变更控制和防止或减少索赔等。即使这样严格控制，但“三超”现象仍然屡见不鲜。其实，在项目建设的全过程中，节约成本潜在量最大的应该是项目的决策阶段和设计阶段，而在工程实施阶段，其成本的节约和减少的可能性已经无可控的内容。

1. 项目决策和设计阶段的造价控制

建设项目投资决策是选择和决定投资行为方案的早期过程，是对拟建项目的必要性和可行性进行技术经济论证、对不同建设方案进行技术经济比较及作出判断和决定的早期过程。项目决策的正确与否，直接关系到工程造价的高低及投资效果的好坏。据有关资料统计，项目决策阶段对工程造价的影响程度达到70%～90%，在项目建设的各阶段中，影响程度最高。正确的决策是合理确定和控制工程造价的前提。项目决策正确，才能合理地估计和计算工程造价，并在实施最优投资方案的过程中控制工程造价；否则，将直接带来不必要的资金投入和人力、物力浪费，甚至造成不可弥补的损失，工程造价的计价与控制便无从谈起。项目决策的内容是决定工程造价的基础，项目决策阶段中建设标准的确定、建设地点的选择、工艺的评选、设备选用等，直接关系到工程造价的高低，并影响后续工程造价计价与控制的科学性和合理性。在项目建设的决策阶段、初步设计阶段、技术设计阶段、施工图设计阶段、工程招投标及承发包阶段、施工阶段和竣工验收阶段进行工程造价的确定与控制，相应形成投资估算、设计概算、修正概算、施工图预算、承包合同价、结算价和竣工结算。这些造价形式之间是“前者控制后者，后者补充前者”的相互作用关系，这就意味着投资估算对后面的造价形式起着制约作用，可视作为限额目标。

因此，只有正确地做好项目决策阶段合理地投资估算，才能保证后续的造价被控制在合理的可控范围内。而工程设计是指在工程开始施工前，设计者根据已批准的设计任务书，为具体实现拟建项目的技术、经济要求，拟定建筑、安装及设备制造等所需的规划、图纸、数据等技术文件的工作。设计是建筑工程安装的依据。除了项目决策之外，工程设计对工程造价起着决定性的作用。通过编制及分析设计概预算，可以了解工程造价的构成，分析资金分配的合理性，并可以利用价值工程理论分析项目各个组成部分功能与成本的匹配程度，调整项目功能与成本，使其更趋合理；也可以了解工程各组成部分的投资比例，将投资比例大的部分作为投资控制的重点，以此提高投资控制效率。

在设计阶段进行工程投资控制，则会更加主动。由于设计阶段决定着建设规模及各种材料设备的采用，决定着造价的决定因素。但是，我国长期以来重视施工阶段的工程造价控制，施工阶段常用动态控制方法，即在施工过程中将实际值与目标值相比较，发现差异后，及时调整下一步计策。动态控制是一种被动的控制方法，往往难以消除差异，甚至造成重大损失；而在设计阶段，可以对建设对象编制设计概算，再将其进一步细化为施工图预算。待详细造价计划出来后，审核每一分部或分项的估算造价，可以预先发现差异，及时采取有效的控制方法消除差异，从而能主动控制工程造价。

2. 目前设计阶段造价控制普遍存在的问题

（1）项目建设前期的工作重视不够：项目决策阶段的可行性研究报告往往是为了立项和报批而准备的，因此往往令其变成可批性研究报告，其真实性、可靠性、科学性都存在不确定性。有些政府项目为了迂回取得建设资格，或者避免繁琐及长时期的审批程序而尽快立项获批，或者出于降低其他咨询服务费等原因，在可行性研究报告中降低或者隐瞒建设标准，待项目立项、报批和施工后，改变设计要求，追加投资，使可行性研究报告中批复的总投资本身就埋下超支隐患。另外，由于可行性研究报告草率了事，其前期环境调查和分析研究往往不够，可行性研究的深度和广度有限，使其在项目定位、实施战略等策划决策上的意义不足。可见，我国在项目建设前期的工作普遍未得到重视，也是相对薄弱的关键环节。

（2）设计阶段传统体制的弊端：主要表现在重施工、轻设计，忽视设计阶段的造价控制。我国在工程造价管理方面把重点放在工程实施阶段，如招投标阶段、施工阶段和竣工验收结算阶段等，却忽视了设计阶段的投资控制。这样做往往是事倍功半的效果。实际上，造价控制的关键在于项目决策和设计阶段，一个好的设计方案能争取更大的经济利益。

设计阶段经济与技术存在的分离。一般情况下，在设计阶段设计方根据业主的委托，到现场调查，选择设计方案；在另一阶段，业主向造价人员提供编制条件，进行工程估价和预算编制。设计方通常只追求工程项目的功能性和工艺技术的先进性，而不考虑经济因素；而造价人员对于实际工程概况、现场情况了解少，只是根据图纸、工程量清单和相关定额文件编制工程概算或预算。因为传统和体制的原因，双方各行其是，设计方只管设计图纸，造价方只管依图纸算量，缺少必要的沟通，造成经济与技术相分离的局面，很难做到有效的投资控制。技术人员知识结构不完善。多数设计人员的成本意识淡薄，设计思想比较保守，对自己设计的项目投资多少、效益如何不太清楚，甚至有些只是以“包得住”的原则来控制，这必然影响造价控制。同样，大部分的造价人员对工程设计的知识、施工流程、施工工艺知之甚少，无法在设计阶段给设计人员提供有效的造价控制意见。技术人员知识结构的不完善，加剧了设计阶段经济与技术的分离局面。

（3）应用于设计阶段有效的造价控制方法，即价值工程、限额设计起步过晚。而价值工程是以提高产品或作业价值为目的，通过有组织的创造性工作，寻求用最低的寿命周期成本，实现使用者所需功能的一种管理技术。其目标是提高研究对象的价值，其核心是功能分析。价值的表达式为：价值＝功能/寿命周期成本。价值工程强调不断改革创新，开拓新构思和新途径，获得新方案，创造新的功能载体，从而简化产品结构，节约原材料和能源，提高技术经济效益。运用价值工程的原理和方法，对建筑工程进行功能成本分析，可以使方案设计中项目的功能结构更趋合理，从而节约投资。价值工程在国外有广泛的应用，但在我国刚起步。限额设计是按审核通过的投资估算控制初步设计，按审核通过的初步设计控制施工图设计，即要做到由“画了算”变成

“算着画”。本来，限额设计应在初步设计和施工图设计前，体现投资控制的主动性的。而目前，我国对此的应用还处于低层次，普遍的做法是将已经设计出来的初步设计与概算相对照。发现不符合要求，再回头对初步设计进行调整，这样难免有失设计的科学合理性。

（4）设计变更管理不完善：在我国的项目实施过程中，设计变更控制在建设及业主单位在很大程度上已引起高度重视，但是要避免极其困难，而设计变更会经常发生。但设计变更发生越早，则损失越小。设计变更发生在设计阶段，只需要修改图纸；发生在采购阶段，除了修改图纸，可能还要重新采购，造成浪费；发生在施工阶段，除了以上费用，还要拆除已施工的工程项目，造成重大损失。业主及建设方目前在这方面缺少集中完善的管理，要求多但是不可能彻底避免。

3. 在设计阶段加强工程造价管理的考虑

（1）强化项目决策阶段的造价限制，加强政府监管非常必要：建设主管部门和业主充分认识到项目决策阶段造价控制的重要性，强化项目前期策划决策。实行效益否决制，所有项目必须做可行性研究报告，可行性研究中必须有经济效益评价，否则不予审批或立项。大力加强政府监管力度和方法，从根本上杜绝“可行性”变成“可批性”的现象。审批主要管理“要建什么、怎么建、能不能建”的问题，学习和借鉴国外先进的政府城市建设管理的体制和方法，建立合法、合规，符合公开、科学、诚信工程建设市场体系的具有中国特色的政府审批制度。做好项目前期决策工作，搜集足够的资料，如项目“四通一平”情况、地质情况、主要材料及设备的价格资料及现有已建类似工程的资料，并由造价人员分析并确定资料的准确性和可靠性。在市场调研的基础上，制定项目建设规模和执行的标准。

加强投资估算的编制，强化投资决策深度，确保其精确度。因投资决策不同阶段中不同的决策深度，影响投资估算的精确度。如在投资机会和项目建议书阶段，是初步决策阶段，投资估算的误差率在25%左右；而在详细可行性研究阶段，是最终决策阶段，投资估算的误差率在10%以内。因此，要加强投资决策的深度，确保精确度，使工程造价的控制效果更好。

（2）强化设计阶段的费用控制意识，推行配套政策和有效措施：建设主管部门和业主意识到设计阶段对于投资控制的重要意义，建立设计阶段的投资控制理念。建设主管部门出台相应的法律法规，规范设计市场并加强监督。业主积极推行各种有效措施，如改变传统习惯，由设计人员和造价人员共同组成设计团队，让工程项目在设计阶段处于良好的造价控制状态当中；认真编制设计概算、施工图预算；实行设计方案经济性、合理性评价制度；推行设计监理（但由于多种原因监理无法执行此项目），加强现场监督，防止设计部门自我控制带来的不利弊端等。

培养高素质综合型人才是必须的。设计阶段的工程造价管理要求设计人员和造价人员共同协作完成，这就要求参与人员具有一定的综合素质。各个专业要相互沟通，有组织地开展交流，为设计人员进行概预算知识培训，了解概预算知识和材料价格知识；为概预算人员进行工程技术培训，了解最新的设计及施工规范、构造措施、施工工艺等工程技术前沿状况。组织活动，培养团队精神，加强沟通与协调，并有助于提出问题和从中学习。不断开展继续教育，拓展知识，并在实际中总结可应用的经验。

（3）科学应用价值工程实行限额设计：科学推行和应用价值工程方法，并在实践中总结经验，不断完善。正确实行限额设计，改变被动做法，发挥投资控制的主动性。分解投资额和工程量是有效的途径和主要方法，将上阶段设计审定的投资额和工程量分解到各个专业，然后再分解到各单位工程和各分部工程，通过层层分解，实现对投资限额的控制和管理，也同时实现了对设计规范、设计标准、工程数量及概预算指标等方面的控制。另外，还要注意限额设计不是盲目降价，可采取多个技术方案分析比对、成本与效益分析评价等手段进行优化设计，达到技术和经济的统一。

（4）加强设计变更管理：不轻易发生变更，特别是重大设计变更，要先算账后变更，由多方人员进行经济技术论证，获得管理部门批准后方可执行。尽量把设计变更控制在设计、采购、施工的初期，以免造成重新采购、拆除等重大损失。设计变更控制说起来容易但是做起来较难，由于设计中不可能想得极其周到，总会有缺项或是更改后更合理之处，因此需要略为变更，使之更趋合理，但只要控制造价不超，还是应该变更的。

综上浅述可知，建设项目决策和设计阶段的造价控制是工程建设项目全过程造价管理中的关键环节，希望建设主管部门和工程建设各参与方对其引起足够的重视，大力科学推行各种行之有效的方法和策略，并在实践中不断补充完善，以期建设项目能从源头抓起，实现更好的投资控制，发挥更大的经济技术和社会效益。

12. 建设项目 EPC 总承包费用控制的关键因素

以设计为龙头的 EPC 总承包模式的应用是对传统的建设模式的一个全新改变。使过去工程建设中各个不同环节过程中各自为政的不同单位成为一种重组的新型模式，由于设计、采购及施工为 EPC 这个纽带经济利益的共同体，总包商、分包商站在了同一平台上，共同促进着业主目标的实现。一个 EPC 总承包项目涉及多个利益主体（业主或出资方、总承包方、分包方、政府等），不同利益主体对项目关注点是不一样的。而作为建设项目费用控制是其控制的核心，在项目建设的每一个阶段（投标、策划、设计、采购、施工）都有不同的关键控制点，以下结合本人从事工程总承包项目费用控制的一些具体做法，对实施费用控制时需要注意的一些关键点浅要分析探讨。

1. 费控的重中之重是前期设计的深度

EPC 总承包项目的现状：（1）目前我国采取的 EPC 总承包建设项目，与国际建筑市场通行的 EPC 项目存在一定的差距，业主单位处于强势管理地位，干预 EPC 总承包商工作过多的问题，有待加强体制和机制的调整和完善。

（2）EPC总承包是在工程项目规模、范围、内容、深度和复杂程度等都尚处在概念阶段，而不是进入设计阶段即与业主签订项目合同，其项目风险不言而喻，前期的不确定带来的风险由总承包方承担，风险的落脚点都会直接或间接地影响着项目总造价的形成。

基于以上两点，总承包不同于一般意义上的施工承揽。总承包的风险点很多，对拟建项目有关的工程、技术、经济、社会等各方面情况要进行深入、细致的调查、研究、分析，对拟参建方有所了解，而这些项目签订前的前期大量工作，通常项目相关人员都认为这是决策者领导的事，参与性不高，设计人员的重点在设计，采购人员按设计料表采购设备材料，施工人员重点在施工，这都是认识上的误区。不管是设计、施工、采购、造价等人员，我们把工作重点前移到前期决策阶段，后期各阶段才能有思路、有方法、有措施、主动受控，以降低损失。多年的建设实践及文献资料表明：项目的前期工作对项目投资的影响程度为70%～95%，是工程总包项目费控的关键阶段，前期的深度对项目费用的影响是绝对的。

2. 投标阶段的费用控制

目前，多数EPC总承包项目中，采用固定总价合同是最多的一种方式，这种方式总包方承担的风险最大，而业主承担的风险最小，该模式有助于业主规避更多的项目实施风险。另外，在实际招标投标中，业主给予的投标时间往往比较紧张，总承包的项目通常建设规模大、投资额高、建设周期长、涉及的专业面广、界面多、参建单位多、不确定因素多等特点，在一定程度上加大了总包方的投标风险。针对上述现状，以下三点是投标报价不可或缺的工作：

（1）深度熟悉业主的招标文件，完全理解业主的工作范围描述或技术规格描述，投标报价做深、做细。EPC总承包招标时，项目处于方案阶段，有很多不确定因素无法落实，多与业主沟通，了解业主的真实意图及特殊要求，才能更准确地报价，没有以上前提，报不出一个理想或尽可能准确的价格。在熟悉文件的过程中，要反复和设计人员沟通，做到业主的要求不重、不漏、不偏离。设计人员同样有责任和义务对业主的招标文件做到深刻理解，从设计角度最大程度地响应业主的要求，尽量优化方案。特别注意业主提出的特殊要求，如对设备、材料品牌限定的要求等，因为这些都是影响造价的重要因素。

（2）掌握投标策略、报价技巧。投标策略（生存型、竞争型、盈利型）是投标人经营决策的组成部分，指导投标全过程，它是指投标人在投标竞争中的指导思想与系统工作的部署及其参与投标竞争的方式和手段。投标策略贯穿于投标竞争的始终，对提高中标率、扩大利润有着重要作用。

投标技巧，是在服从于投标策略的前提下，根据招标项目的特点采用的报价。首先，对业主招标文件的全面深刻理解，弄清楚哪些是报价中必须体现的，哪些是不包括在报价里的，规避风险。比如：二类费中的监理费，通常合同由业主与监理签订，费用从总承包费中划拨，报价要单项列出，为后期实际操作赢得好的条件。招标文件中没有详细明确，报价时我们也要列出因为不确定而未对此报价，为后期项目合同的签订赢得比较好的条件；其次，要写好报价说明，报价说明是保护自己的一个很有用的方式。通过报价说明，可以让业主理解所报价均是基于什么样的基础，或者说是在一种什么情况下得出的，包括对品牌的选取原则和依据等。报价说明作为投标文件的一部分，能够让业主了解报价所依据的客观条件是什么，以便将来在实现合同的过程中，一旦所依据的客观条件发生变化，我们有理由向业主提出索赔。从某种程度上说，这些报价说明是一种报价声明，是一种分散风险的文件。

（3）做好主要设备、材料价格的收集与整理。报价中的价格分析基于收集产品信息价格的完善与准确。在短时间内编出高水平的标书，价格的准备是关键，平时要不断更新产品信息价格，收集产品信息价格这项基础工作要扎实、详细，便于调整使用。投标时要适时、适事、适地，认真分析这些价格所适应的环境和前提条件，才能组建经得起分析推敲的价格，取得业主或审标人员的认可；否则，留下隐患，即使总价满足业主要求中标，不等于总价成立。

3. 策划阶段的费用控制

（1）项目启动后，项目部编制“目标成本控制计划”，通过对预算和资金流量的分析，明确各成本要素的控制目标和要求，落实到成本控制的责任者，并按确定的成本控制措施、方法和时间进行检查和改善。按项目各要素进行项目成本分解，分解的最小单位——工作包为可控制、可检查完成情况的最小工作单元，使项目的进度完成情况与成本投入情况密切相连。

（2）健全责任人的考核制度，要明确制度中的责、权、利的规定。项目的总费用联系着各相关方，责任人要有明确的工作界面，可控的最小工作包目标成本与责任人挂钩，奖惩分明，当前的现状是项目先上马、秋后算总账，工程中的质量、进度、安全在业主、质检、监理、总包方等各方关注下有阶段性的分析、检查，与之也有法律法规及相关制度的考核。项目部领导及各方人员会高度重视有效落实，而费控的管理显得很薄弱，缺乏强有力的投资风险的约束机制，费控工作在实施过程中很被动。比如：工程施工过程中，设计人员经常会发施工变更签证等，各专业设计人员的变更量及引起的变更费用很悬殊，有些设计人员不重视、疏忽，在很大程度上对工程变更的控制成了施工阶段投资控制的关键。

4. 设计阶段的费用控制

（1）对设计选材的控制，要控制设计避免使用单一、独一无二的材料或设备品牌。因为这会在此后（采购、施工）的费用控制中造成不便，直接影响对造价的控制。有些设计人员还没有真正领悟到新的 EPC 总承包模式，依旧在旧的模式下做设计，为追求时尚或新颖，选用一些独特的材料或非标准的设备，而恰好这些材料、设备或做法，在市场上只有少数分包商或供应商才能满足要求，实际工程中价格降不下来的同时供货期直接影响工期，而针对项目来说，对工期的影响，归根结底还是会表现对成本的影响，间接造成成本的扩大，这就不利于对项目成本的控制。对于那些不可避免的情况，比如业主指定的品牌，一定要在投标、签订总包合同时就显露出来，报价、签订合同时充分考虑这种因素，以降低总包方总价的风险。

（2）对总包工作范围的控制。设计是执行变更的源头，也是控制费用的源头，项目工作包（范围）分解往往是以设计为主完成，设计人员因缺乏工程施工经验，往往忽略或欠考虑后续招标采购和施工操作的真实需要，尤其是一些细节的把握、特殊项的拆分。对于一个总包项目，分解专业队伍施工，丰富的施工经验与设计优势相结合，密切配合能出精品，也是总承包的优势所在。各工作包分解中，既不要有重复，更不要有漏项，设计对工作包的划分一定要考虑工程实施的实际情况；否则，不但会为后期工程管理造成一定的困难，而且还会严重影响工程成本的控制。

5. 采购阶段的费用控制

无论是对材料设备的采购，还是对施工分包的选择，招标人对工作的范围、材料或设备规格、型号的准确把握和界定非常重要，在招标文件中一定要清晰、明确，在评标阶段一定要仔细核对、分析，不能只看表面的数字，分析存在不平衡策略，判断其未来履约风险的因素。合同签订阶段一定要严谨、规范。工程实施中存在相关人员对上述工作重要性认识不够、操作不规范、书面不严谨，给实施过程中留下一定的主观性，给工程结算留下活口，给竣工后过程遗留问题口舌战打下伏笔及索赔可能。

6. 施工阶段的费用控制

（1）主动实施项目而不是被动按图施工。这也要通过对设计图纸的消化，完整、准确地理解设计意图，主动实施项目。传统的施工方式往往只注重按图施工，而不太计较是否合理或图纸有错误，图纸中的小错误经常出现。一旦这些小错误被实施后，造成的成本和工期影响很大。如在设计阶段变更，则只需要修改图纸，其他费用尚未发生，损失有限；如在采购阶段变更，不仅需要修改图纸，而且设备、材料还须重新采购；若在施工阶段变更，除以上费用外，已施工的工程还须拆除，势必造成更大的变更损失及索赔。作为EPC总承包来说，设计院在这方面是有优势的，相关人员只要主动工作，提前介入，提早熟悉图纸，发现问题，“错、漏、碰、缺”消灭在实施前，让错误不成事实，与传统管理模式下项目承建总成本相比就会降低。从源头上堵塞了后期费用的大量增加。

（2）严格核查工程变更、加强现场签证的监督。在工程施工过程中，经常会碰到工程实际与施工图纸不符，设计要求的材料规格标准当前市场供应缺货，设计工作疏忽或发生不可预见的事故及其他原因，都将造成工程变更。因此，在很大程度上对工程变更的控制成了施工阶段投资控制的关键。各相关方要认真对待必须发生的设计变更，每一项设计变更要分析原因，因业主或第三方原因产生的变更，及时与业主沟通追加费用，先申请批示后实施操作，目前很多项目管理都忽视这点，项目完工后费用追加很有难度。因施工分方提出的变更，严格进行经济核算，写明变更原因。很多时候施工分包方自身施工实力不足，开工后没有制订先进、经济合理的施工方案（施工方法的确定、施工机具的选择、施工顺序的安排和流水施工的组织），难以兑现承诺的工期，提出材料的替换改变施工工艺的签证以此加快施工，设计人员、监理人员往往从质量、使用功能、施工安全等角度签署认可，但从造价角度看，不论采取何种赶工措施，费用均不做调整。

综上浅要分析探讨可知，总承包项目部各个相关方在项目管理过程中，应充分重视工程质量、安全进度、成本控制之间的对立统一关系，善于找到三者之间的平衡点，在保证完成业主项目目标的同时，为总承包项目创造效益。坚持“协调各方、先算后做、全员参与、确保盈利”的思想，要在制定设计、采购、施工方案以及在施工的具体过程中，紧紧围绕效益这个中心来抓落实。项目组每位成员，都要通过自己的努力工作来节约工程成本，提高项目效益。这不只是费控人员的事，需要项目全体人员共同参与配合。费用控制是项目管理的核心工作，项目活动中的每项工作的好坏，都会直接或间接地以经济效果去体现，并最终影响项目费用。只有在每个环节中认真贯彻以费用动态控制为核心的理念，才能有效地达成费用控制目标的实现。

13. 突出设计在总承包项目中的主导性

设计工作在建筑及市政工程总承包建设实践中作用越来越明显，在不同类型的总承包项目实施过程中，充分挖掘自身优势，使总承包建设项目逐步得到认可和积极评价。

1. 以设计为主导的技术优势

（1）利于提高项目的管理效率。以设计为主导的建设工程总承包，在项目实施过程中责任主体统一，管理界面明确，工作范围清晰。由设计院全面负责项目的质量、安全进度和投资控制管理，可以较全面地发挥设计主导作用，保证项目按照预定计划顺利进行。

当前，可以承担工程总承包的设计院一般功能较齐全，本身建立健全了各种管理运行体制，完全从项目设计阶段就对总承包项目进行深入、细致的考虑，结合建设工程特点和实际，制订出切实可行的实施方案，确保设计、采购和施工的合理衔接，在项目施工过程中变外部协调为内部协调，使项目出现变更、修改的解决过程更加方便、快捷。

因大中型专业设计院对建设项目内容掌握得全面深刻，体会具体、细微，同时又具备相应资质的专业技术人员和业务水准，可以从更全面的深度、广度思考设计项目，理解业主建设项目所达到的质量目标，所提出的项目方案更切合实际，达到优化和多个方案的对比，起到事半功倍的效应。因此，以设计为主导的建设工程总承包更加得到业主的信任，提出的建议和方案业主也容易接受，利于提高建设方的决策速率。

（2）对项目工期及进度有利。以设计为主导的建设工程总承包模式，可以将工程建设周期提前至设计阶段进行。设计院从项目设计阶段就可以考虑工程的建设全过程，全盘规划整个工程的建设程序，对影响工程建设的关键环节和关键点提前进行策划。

在保证项目设计满足建设方要求的前提下，设计向下延伸到采购及施工环节，把有关设计数据提前交给采购及施工部门，为采购部门订货提供更广泛的调研及询价时间，也为施工企业制定切实可行的施工方案，采用新工艺和新技术提供足够的参考和时间准备。当采购部门在获取建设工程所需要主要设备、材料参数和技术要求条件后，及时反馈给设计部门进行验证，发送给施工企业进行确认，形成良性循环的格局。施工企业根据设计部门提供的技术条件，按照采购部门提供的主要设备材料状况，预先策划项目施工方案和施工应采取的技术措施，提前准备适合项目施工的安装预留及吊装机械，同时对设计和采购提出安装中可能存在问题及合理化处治建议。

以设计院为主导体的建设项目总承包，可以通过上述有效的组织系统，将常规分散的，相对独立的建设工程各个环节有机地衔接成一个系列中，紧紧抓住工程实施衔接的源头在设计的主体，将设计、采购及施工三大建设环节合理平衡交叉，为缩短建设周期创造先决条件。由于设计院具有先期介入的优势及条件，因此最早掌握设计进度和工程设备选择及材料供应的主动权，可以从总体上控制设计的进程，并且按照工程实施顺序确定设备材料的到现场时间，可以根据工程需要，采取分批出图、版次设计的方式，加快现场的进度。

（3）有利于加强项目的质量控制。以设计院为主导的建设项目总承包模式，因设计全过程参与项目建设，对所建工程情况了解最清楚、掌握最全面，对工程的技术条件、工程特性和项目目标、生产状态、适应范围、业主愿望了解最深刻，同时设计又是采购和施工的直接参与者，可以根据工程的进度现状，及时持续地对工程进行优化设计，从体系上保证项目必须达到规定的要求，这种优势是其他类型总承包企业无法比拟的，具有独特的天时地利。

这种承包模式可以把采购纳入在设计控制过程中。由于在设备的选择采购过程中，设计参与订货条件的确立，及时提出设计对拟采购设备材料的要求及建议，保证设备材料满足设计规定的要求。设计参加采购阶段进行的技术交流，可以更确切地了解设备技术指标和使用性能，选择最适合工程需要的设备材料，为项目顺利实施和日后运行创造条件。设计人员参加设备材料采购的评标过程，可以有效解决采购过程中可能存在的技术异议，对采购范围内的设备材料从规格型号、运转参数及技术指标等方面进行审视，采购质量大大提升。

（4）可有效提高投资控制。由于设计对项目的投资费用控制构成十分清楚，业主可以通过总承包合同确定投资目标的控制，将项目的费用风险由设计负责人承担。设计院则根据项目的具体情况，发挥企业的技术和管理优势，用最合适的价格通过招投标形式，选择专业施工企业承担项目施工，可以有效解决和转移项目进行过程中的费用控制风险，提高项目资金的使用效率。

以设计为主导的总承包模式，能够更加有效激发设计人员在投资控制中的积极作用。采取限额设计方式，对项目不断进行优化，根据施工实际采取合理、安全有效、简便可靠的工艺流程，使项目达到确定的建设目标，由设计环节对设备材料采购进程合理控制，并随时对施工环节优化处置，通过设计变更及更改有效控制，可以使分包合同管理更加灵活。

（5）不断完善总结，提高建设质量。在工程建设具体实施中，总会出现这样、那样的具体问题，并且必须要得到有效处理才能正常进行。根据模式运行的实践，在建设项目总承包过程中，对暴露出来的问题往往会覆盖建设全过程中，要处理好存在的问题必须从源头抓才有效。设计院可以将产生的问题从源头认真积累，通过采取整改措施，举一反三、循序渐进，促进项目的健康进行。

由于专业设计研究院有独特的严格管理体系、得天独厚的总承包管理运行模式，为人才充分利用和培养提供了机遇。专业精通和技术全面的管理型复合人才会得到更好的锻炼，在实践中得到更好的提升，利于设计院的转型发展，为总承包模式的深入开展创造优异条件。

2. 突出设计的主导作用效果

设计院通过建设项目的具体实施，不断积累总结丰富总承包模式的运行经验，形成独特的技术管理优势。分析总结以设计为主导开展建设项目总承包的优越性，目的是充分认识设计院所具有的资源优势。理解总承包模式运作的特点，加快观念的更新转变，适应工程总承包的工作流程，突出设计在总承包模式中的关键作用。

（1）转变观念适应总包模式。设计要树立为建设项目服务的理念，同时要满足采购、施工和各个环节管理的配合协调。

首先，设计是建设项目成功的保证。每一个成功的项目设计是基础，只有设计满足项目的规模、工艺流程、技术安全及效益方面的标准要求，才能使项目正常安全运转，生产出合格的产品。设计的成败结果是：设计做好了，未必能够做到项目的成功；设计做不好，极可能导致项目的失败，其后果是严重的。

其次，设计是工程的灵魂。一项成功的工程必定有好的设计作为前提，从项目的策划立项开始，设计从项目的技术水平、工艺流程、设备选型、安全标准、环境保护、建设规模等综合全面的分析论证，从诸多方面对项目进行规划，力求建设工程达到预期目标。因此，设计人员是工程总承包团队主要组成力量，可以这样认为：现代工程公司可以没有自己的施工队伍，但必须要有自己的设计团队，而设计管理必须纳入项目实施的全过程中。

另外，在通常的工程项目管理体系下，设计与施工分为两个阶段进行，没有形成有机联系的整体。设计独立运行，考虑的是如何把设计工作做好，很少考虑施工过程会发生的事情。在建设工程施工中，由于设计图已经画好了，即便有好的建议或者改进却无法付诸实施，要坚持也极其困难。当施行以设计为主体的工程总承包，必须把整个项目有机地统一全盘考虑，设计阶段就开始考虑施工的可操作性和方便施工的问题。

最后，从实行总承包项目几年的实践分析，设计工作在项目实施过程中一直不间断地参与，总是伴随着施工的进度而逐渐深入并得到完善。在项目实施过程中，设计人员一直伴随着这样或那样的问题，有的问题是设计考虑不周，也有与设计无关联的方面。要解决及妥善处理，如果没有设计的参与，不可能实现。而对于设计的优化，在项目建设中也是持续渐进的，随着项目的发生而进步，而当项目完成后优化也会终结。因此，可以认为，建设方对于工程的认识是逐渐深入的，提出的修改也是合理、正常的；设计本身不可能将一切问题全部解决，要积极主动配合完善设计，正常的设计优化也是总承包不可缺少的利益范围。

（2）做好项目策划，解决过程节点交叉。在项目实施过程中，按期完成工程建设内容是建设方和总承包方共同的重要目标。为了使建设投资发挥最大的经济效益，取得预期的经济效果和投资效益，项目在建设时期往往会追求最省。而在施工过程中，往往会出现许多困难和问题，如环境气候的影响、设备制造及进场时间的影响、意外事故的影响等。要克服不利因素的影响，除了制订周密、切实可行的实施计划及时间节点严格控制外，还需要建设项目的合理安排，实现高效、深度的交叉作业，节省施工时间。而实现交叉、安全、有序的作业，前提是做好早期策划协调，这也是最可能体现出设计主导作用的突出作用。

同时，在项目实施过程中，设计必须做到与采购、施工之间的有序衔接，密切配合。围绕工程实施全过程、全方位的有机联系，使工程按预期目标进展。对于总包项目的交叉作业，应该从施工图设计开始，方案制定及工序排列，采购时间节点及各专业技术人员的配置准备，其中最为关键的是图纸的采用版次及分批发图时间。

（3）设备采购中技术优势是设计所具备的。设备材料采购需要遵循的最重要准则，即是其各项技术指标及运行参数可否满足使用功能要求，同时又可以给施工、安装带来方便。以突出设计总承包，在技术和人力资源方面的优势是其他任何总承包不可比拟的，优点是可以直接参与采购工作的招投标，对所采购的设备材料进行认真的评价。同时，由于设计企业在各个专业上都拥有优秀的技术人才，可以为采购工作提供最直接的指导性建议，使采购工作质量大幅提升。

设计对项目广度、深度最清楚，对使用条件和达到功能最掌握，因此设计人员参加采购招投标，对采购的把握应该是肯定的。在进行采购工作中，设计把关的重要性体现在：

确定供货范围：检验对电气、自动化控制专业的要求是否符合，二次条件是否完整、准确；检验技术参数，参与技术交流，可以释放疑惑，使订货准确；对设备材料的材质要严格把握；对供货提供的技术资料进行确认，把握设备材料进场的最后环节。

（4）标准化设计和三维设计是总承包必须坚持做到的。标准化设计是提高工作效率的必然之路，由于房屋建筑有许多相似或相同之处，而油田工业建筑中油库也是类似的，因此在总承包中，标准化设计值得大力推行，因应用标准统一，项目管理规则可实现模板化。

对于现在流行的三维设计，也是设计工作发展的趋势和方向。采取三维设计，不但可以提高设计效率，及时发现施工过程中存在的，如跑、冒、漏、碰、错、缺问题，更能通过直观的显示，检验工程的设计水平是否满足要求，对及早发现不足、完整设计的准确率极其必要。具体作用体现在：多专业交叉设计的需要；建设方审查确认的平台；总承包经济效益形成点的保证。

二、建筑工程施工质量控制

（一）施工过程质量控制方法及措施

1. 影响建筑工程质量的主要因素和控制措施

地质勘探资料的精确程度、详细程度、准确程度，是结构设计的基础，由于勘察手段不合理或取样间距过大，对持力层的起伏未查清，提供给设计单位的地质勘探资料存有问题，容易导致设计单位计算偏差，地基基础设计与实际不符。因而要求，地质勘探单位提供的地质勘探资料精确、详细、准确，基础设计准确，保证基础的施工质量。

1. 地质勘探及结构设计的全面准确性

目前，国内建筑设计单位众多，人员素质差别较大。作为结构设计，在整个工程设计中相当重要，有些设计单位的领导对结构在设计中的重要性没有充分的认识，在设计过程中常常一味卡、压，使结构设计不能得到相对合理的成果。再如，一份某设计院出的结构设计施工图，内容没有连贯性，就连柱的编号，每层分别独立编号，编号互相看不出来上、下之间的关系，柱配筋是用 PKPM 系列软件生成，没有任何人为的调整，把生成的结果当作施工图。更有甚者，直接从其他图纸照搬、照抄，轴号、工程名称都未改变，小区内的所有工程不管有无不同，都参照一个通用设计图纸。这势必给施工造成很大的不良影响。结构施工图设计对工程造价的影响，导致施工质量问题。大家知道，同样一个工程，不同的结构设计会造成工程的结构造价差别很大。首先，是结构选型，如果结构选型不合理，工程造价相应地也会增加，不能一味地要什么框架结构或者轻钢结构或者其他结构，应根据本工程的建筑特点认真分析；同一工程、同一结构形式，不同的人设计的结果造价差别也很大。比如，某一个工程设计，小高层的抗震墙厚 200mm，计算结果按构造配筋，但设计配筋直径 12mm、间距 200mm，该单位总工说是规范构造要求的最小配筋率 0.15%。实际设计时，200mm 厚的墙配直径 8mm、间距 200～150mm 就足够了。再一个设计的例子，就是地下室楼板是做大板结构还是做井字梁结构，也要经过计算，对地下室层高、基坑支护、降水的影响进行经济分析，对建筑美观、设备专业的影响等等因素综合考虑，才可以确定最适合的方案。诸如此类的问题在设计中非常多，对工程造价影响极大。而很多工程在施工中采用“一口价”，由于确定造价时没有图纸或图纸不全或参照其他工程定价，当实际图纸出来后造价增高，造成施工单位为降低造价而降低建筑工程质量标准。

2. 对施工过程的质量控制

工程项目管理中，施工过程的质量控制主要表现为施工组织和施工现场的质量控制，控制的内容包括工艺质量控制和产品质量控制。影响质量控制的因素主要有“人、材料、机械、方法和环境”五个方面。因此，对这五方面因素严格控制，是保证工程质量的关键。

（1）人的因素：人的因素主要指领导者的素质，操作人员的理论、技术水平，生理缺陷，粗心大意，违纪违章等。施工时，首先要考虑到对人的因素的控制，因为人是施工过程的主体，工程质量的形成受到所有参加工程项目施工的工程技术干部、操作人员、服务人员共同作用，他们是形成工程质量的主要因素。首先，应提高他们的质量意识。施工人员应当树立五大观念，即质量第一的观念、预控为主的观念、为用户服务的观念、用数据说话的观念以及社会效益、企业效益（质量、成本、工期相结合）综合效益观念；其次，是人的素质。领导层、技术人员素质高。决策能力就强，就有较强的质量规划、目标管理、施工组织和技术指导、质量检查的能力；管理制度完善、技术措施得力，工程质量就高。操作人员应有精湛的技术技能、一丝不苟的工作作风，严格执行质量标准和操作规程的法制观念；服务人员应做好技术和生活服务，以出色的工作质量间接地保证工程质量。

（2）材料因素：材料（包括原材料、成品、半成品、构配件）是工程施工的物质条件，材料质量是工程质量的基础。材料质量不符合要求，工程质量也就不可能符合标准。所以，加强材料的质量控制，是提高工程质量的重要保证。影响材料质量的因素主要是材料成分、物理性能、化学性能等。材料控制的要点有：

1）优选采购人员，提高他们的政治素质和质量鉴定水平，挑选那些有一定专业知识、忠于事业的人担任该项工作；

2）掌握材料信息，优选供货厂家；

3）合理组织材料供应，确保正常施工；

4）加强材料的检查验收，严把质量关；

5）抓好材料的现场管理，并做好合理使用；

6）搞好材料的试验、检验工作。

据统计资料，建筑工程中材料费用占总投资的70％或更多。正因为这样，一些承包商在拿到工程后为谋取更多利益，不按工程技术规范要求的品种、规格、技术参数等采购相关的成品或半成品，或因采购人员素质低下，对其原材料的质量不进行有效控制，放任自流，从中收取回扣和好处费。还有的企业没有完善的管理机制和约束机制，无法杜绝不合格的假冒、伪劣产品及原材料进入工程施工中，给工程留下质量隐患。

（3）方法因素：施工过程中的方法包含整个建设周期内所采取的技术方案、工艺流程、组织措施、检测手段、施工组织设计等。施工方案正确与否，直接影响工程质量控制能否顺利实现。往往由于施工方案考虑不周而拖延进度，影响质量，增加投资。为此，制定和审核施工方案时，必须结合工程实际，从技术、管理、工艺、组织、操作、经济等方面进行全面分析、综合考虑，力求方案技术可行、经济合理、工艺先进、措施得力、操作方便，有利于提高质量、加快进度、降低成本。

(4) 机械设备：施工阶段必须综合考虑施工现场条件、建筑结构形式、施工工艺和方法、建筑技术经济等，合理选择机械类型和功能参数，合理使用机械设备，正确操作。操作人员必须认真执行各项规章制度，严格遵守操作规程，并加强对施工机械的维修、保养和管理。

(5) 环境因素：影响工程质量的环境因素较多，有工程地质、水文、气象、噪声、通风、振动、照明、污染等。环境因素对工程质量的影响具有复杂而多变的特点，如气象条件就变化万千，温度、湿度、大风、暴雨、酷暑、严寒都直接影响工程质量，往往前一工序就是后一工序的环境，前一分项、分部工程也就是后一分项、分部工程的环境。因此，根据工程特点和具体条件，应对影响质量的环境因素采取有效措施严加控制。

此外，影响的因素还有：冬雨期、炎热季节、风季施工时，还应针对工程的特点，尤其是混凝土工程、土方工程、水下工程及高空作业等，拟定季节性保证施工质量的有效措施，以免工程质量受到冻害、干裂、冲刷等的危害。同时，要不断改善施工现场的环境，尽可能减少施工所产生的危害对环境的污染，健全施工现场管理制度，实行文明施工。“百年大计，质量第一”。在施工过程的质量控制中，我们要站在企业生存与发展的高度来认识工程质量的重大意义，坚持“以质取胜”的经营战略，科学管理、规范施工，以此推动企业拓宽市场、赢得市场，谋求更大的发展和利益。

3. 建设单位对施工全过程的质量控制

工程质量是决定工程建设成败的关键，质量的优劣直接影响工程建成后的运用。工程建设质量的好坏，影响建设、施工单位的信誉、效益。控制工程建设质量是参建各方工作的重点，也是参建各方共同的职责。作为建设单位，应以质量控制为中心，始终把工程质量作为工程项目建设管理的重点，自觉接受质量监督机构的监督和检查，协调设计、监理和施工单位的关系，通过控制项目规划、设计质量、招标投标、审定重大技术方案、施工阶段的质量控制、信息反馈等各个环节，达到控制工程质量的目的。

4. 监理单位对施工过程的质量控制

在我国全面推行建筑工监理制度后，工程建设质量明显提高，工程建设市场逐步规范，监理在工程建设中的作用越来越重要，监理工作已渗透到工程建设的各个方面。我们应采取有效措施和手段，从工程建设的各个阶段控制工程质量，促进监理制度的逐步完善，进一步提高工程建设质量。监理单位对工程项目的质量控制涉及工程建设的各个方面，监理工程师质量控制工作的好坏，直接影响工程建设质量、进度和投资。监理工程师应协调与参建各方的关系，与参建各方的质量管理人员一道，共同控制工程建设质量；处理好进度、投资与质量控制之间的关系，使其相互促进、相互制约，确保工程建设质量。注重工程资料的收集和整理，及时进行竣工验收，使工程早日投入使用，发挥其应有的效益。为保证监理企业的生存与发展，监理单位更应加强人员素质培训，不能因为承揽工程而降低报价，在施工中投入监理人员少，不能满足施工监理工作的要求。对施工工程应加强以下几个方面的控制：

（1）对原材料的质量进行检查与控制：合格的原材料、成品、半成品和设备，是保证工程项目质量的前提和基础，监理工程师应对材料的质量进行跟踪检查，发现问题及时处理，保证原材料的质量合格。督促施工单位在人员配备、组织管理、检测程序、方法、手段等各个环节上，加强材料的质量管理，明确工程所用材料的质量标准和质量要求，对水泥、钢筋等材料，除有出厂证明、技术性能资料外，还要进行材料抽样试验。经检验合格后，方可用于工程建设。对工程所用原材料、成品、半成品的质量层层把关，确保每道工序所用材料的质量。

（2）施工现场的质量控制：监理从理论上讲，是作为公正、公平的第三方，在施工过程中，要严格按照有关规范、监理合同和施工合同进行监理，协助施工单位做好工程项目划分，经质量监督机构批准后严格执行。熟悉图纸，实行旁站监理，了解工程施工现场的具体情况，及时记录发现的问题与处理结果，及时提醒施工单位，注意容易出现质量问题的部位，协助施工单位采取质量措施，保证工程建设质量。严格按照规定要求进行抽检，对隐蔽工程和工程的关键部位严格控制，做到专检、抽检、不定期检查相结合，及时处理发现的问题。

（3）严把工程验收关：工程验收是控制分项、分部、单位工程质量的重要环节，是质量控制的后期工作，是考核施工质量的关键。施工过程中，监理工程师要严把工程验收关，对抽检不合格的单元工程不进行验收，待返工合格后进行工程质量评定与验收，进入下道工序施工。及时组织分部、单位工程验收，参与由具有相应资质的检测单位对工程建设质量进行的最终检测，发现问题及时处理，为工程竣工验收奠定基础。影响建筑工程的质量因素是多方面的，但是只要参建工程的各方质量思想意识加强，建设各方的协调衔接合理，加强建筑工程的全过程质量控制，那么，建筑工程质量就会得到有效的保障。

综上浅述，建筑工程质量控制是从地质勘探资料的精确程度、详细程度、准确程度开始，至结构设计、材料选择及施工全过程的控制，只有每一个环节都认真控制，才能建成符合规范要求的合格建筑产品。

2. 高层建筑施工质量控制重点

随着我国社会经济的发展，建筑科学和建筑技术也有了高速发展。尤其在城市，随着土地的紧张及为充分发挥土地的综合利用率，高层建筑正日益成为城市建设的主体。一般，对于建筑物高度的区分是：9～16 层（＜50m）为一类高层，17～25 层（＜75m）为二类高层，26～40 层（＜100m）为三类高层，＞40 层（＞100m）为超高层。某医院医疗综合楼工程分为地下 1 层，地上 13 层，高度超过 50m，总建筑面积 28000m^2。作为医疗综合楼，其结构复杂、施工周期长、混凝土浇筑量大、工程质量及安全等方面均有其特殊性，其施工工艺和控制措施要求高，所以对施工过程的控制应抓住重点。

1. 高层建筑强度控制

强度主要是指混凝土强度。高层建筑由于混凝土用量大，施工周期长，气候及工作条件影响因素多，有时会发生混凝土强度离散性大，甚至不合格的现象出现。

（1）配合比选定

工程开工前，一般均要按设计要求，经试验室配制不同强度等级的混凝土，并要到法定试验机构做级配试验。待级配报告出来后，根据级配做配合比试验（试验室配合比），在实际施工时照此执行。但问题在于级配与现场施工过程中是否相符。有资料统计显示，若因砂的含水率增多，砂率下降 2%～3%，混凝土强度将下降 15%～20%，而水泥数量影响为 5%～20%，石子及砂的级配影响为 5%～20%；水灰比多增加 1%，混凝土强度降低 5%～10%。既然如此，就应该采取相应措施进行控制。

1）根据地区市场原材料情况进行不同配合比的试验，以确保在施工过程中配合比的及时调整，如 5～40mm 石子，$M<2.3$ 细砂做一组；5～40mm 石子，$M\geqslant 2.3$ 中粗砂做一组等。

2）对试验室配合比结合原材料的含水量、含泥量进行施工配合比调整，以确保试验室配合比的实际通用性。在实际施工中，要加强原材料把关工作。砂石级配不良时，采取相应措施调整，如适量掺入 0.5%～10%砂石等。

（2）严格养护制度

高层建筑多采用泵送混凝土。泵送混凝土不仅能缩短施工周期，而且能改善混凝土的施工性能。但在某些工程上的使用表明，在配合比、原材料、振捣控制严格情况下，仍出现混凝土强度不足现象。分析其原因，多为抢工期、养护时间严重不足所造成。据有关专家测试结果，其强度比为：全湿养护 28d∶全湿养护 3d∶空气中养护 28d=2∶1.5∶1，由此可见养护的重要性。

1）对大体积浇筑量大的混凝土应有养护方案，从养护开始至养护结束应有专人负责，从主观意识上要对养护有足够的认识。养护方案中，应从人员、水源、昼夜、覆盖等多方面措施进行考虑，不遗漏关键细节。

2）加强养护期的督查。对养护采取的措施及现场养护情况进行跟踪记录，及时发现问题，确保养护的有效性。

（3）加强混凝土强度评定

剔除试块制作的不规范现象。根据《混凝土强度检验评定标准》GB 50107—2010 规定，混凝土强度应分批进行检验评定。1 个验收批应由强度等级相同、龄期相同以及生产工艺条件和配合比基本相同的混凝土组成。

高层建筑由于施工周期、混凝土浇筑、养护气候条件等相差大，混凝土试验值的离散性也较大，即标准差过大，如果笼统地作为 1 批来评定，很可能不合格，因此应分批，按条件基本相同的划为 1 批进行评定。这样既符合国家规范要求，也符合现场实际。

2. 高层建筑“三线”控制

轴线、标高、垂直度类似于建筑物的经络。对高层建筑来说，由于涉及面广、操作难度大，经常会发生位移或不准现象。“三线”控制是高层建筑的一大难点。

（1）垂直度控制

1）控制垂直度是保证高层建筑的质量基础，也是关键环节之一。为了控制建筑大楼的垂直度，首先应根据大楼柱网布置情况，先将大楼 4 个边角柱的位置确定。在安装 4 个边角柱的模板时，沿柱外层上弹出厚度线、立模、加支撑，采用吊线的方法测定立柱的垂直度，在保证垂直度 100％后，对准模板外边线加固支撑、浇筑混凝土。待四角柱拆模后，其他各列柱以该 4 柱为基线，拉条钢线，控制正面的平整度和垂直度。

2）过程中的垂直度控制，应用激光仪加重锤进行双重校验，这样更能增添垂直度的准确性，同时加上内、外双控，使高层建筑的竖向投测误差减小到最低限度。

(2) 轴线控制

1) 轴线传递。高层建筑施工过程中，脚手架与施工层同步向上，导致从外围一些基准点无法引测。因此，在±0.000结构施工复核轴线无误后，以1层楼面为基准，在最长纵、横向预埋多块200mm×200mm×8mm钢板，在钢板上标出控制轴线或主轴线控制点；2层及以上施工时，以1层楼面为基准在每层楼面相应位置留设200mm×200mm方洞，采用大线坠引测下层楼面的控制点，再用经纬仪及钢卷尺进行轴线校正，放出各层轴线和细部尺寸线。

2) 过程线的控制。挂起两条线，浇好剪力墙，这是过程线控制的关键。浇筑剪力墙，宜用18mm厚优质胶合夹板，外墙外围组合固定大模，内墙散装散拆进行组合模编号。这样，墙体平整度得到了保证，但更要注意墙体的垂直度。为此：①模板支撑时，严格控制好剪力墙的四角，确保四个角的垂直度偏差在最小范围内；②浇筑混凝土时，在剪力墙外平面的腰部和顶部挂双线，确保线和模板始终保持一致，发现问题及时调整，从而达到线形控制的目的。

(3) 标高线控制

1) 在每层预控轴线的至少4个洞口（一般高层至少要由3处向上引测）进行标高的定位，同时辅以多层标高总和的复核，然后辅以水准仪抄平，复核此4点是否在同一水平面上，以确保标高的准确性。

2) 对4个洞口标高自身的准确性要求提高，因施工过程中模板、浇筑、加载等原因，洞口标高可能失去基准作用。为此，必须确保引测点的可靠性，加强洞口处模板支撑，同时辅以$\phi12$钢筋控制该部位楼面厚度，确保标高的准确。

3) 在大楼四角、四周具备条件处设立层高、累计层高复核点，每层向上都辅以该位置进行复核，防止累计误差过大。层面标高复核过程中，必须实现每层面的4个洞口控制点与外层高复核点在同一水平面上，方能确认标高的准确性，达到标高控制的目的。

3. 建筑裂缝的控制

从我国《混凝土结构设计规范》GB 50010—2010 中可以看出，在不同环境下，不同的混凝土结构裂缝宽度也有不同的控制标准，允许裂缝最大为 0.2～0.4mm。但作为裂缝控制来说，应以预控为主。裂缝分为运动、不稳定、稳定、闭合、愈合等几大类型。虽说骨料内部凝固时产生的微观裂缝不可避免，但从质量角度考虑，应尽可能减少。由于高层建筑混凝土强度普遍较高、混凝土量较大，且带有地下室，所以裂缝产生的可能性更大。下面主要叙述有关对裂缝的“放”、“抗”相关措施。“放”就是结构完全处于自由变形无约束状态下，有足够变形余地时所采取的措施；“抗”就是处于约束状态下的结构，在没有足够的变形余地时，为防止裂缝所采取的措施。

（1）设计控制措施

1）采取“放”的措施：设置永久性伸缩缝；外墙面适当位置留分隔缝等。

2）采取“抗”的措施：避免结构断面突变带来的应力集中；重视对构造钢筋的配置；对采用混凝土小型空心砌块等轻质墙体，增设间距≤3m 的构造柱，每层墙高的中部增设厚度 120mm 与墙等宽的混凝土腰梁；砌体无约束端增设构造柱；预留的门窗洞口采用钢筋混凝土框加强；两种不同基体交接处，用钢丝网（每边搭接≥150mm）进行处理；屋面保温层与隔气层的合理设置等。

3）“放”和“抗”相结合的控制措施：合理设置后浇带，采取相应补偿收缩混凝土技术，混凝土中多掺纤维素类物质等控制裂缝。

（2）施工控制措施

1）“放”的措施：砌筑填充墙至接近梁底，留一定高度，砌筑完后间隔至少 1 周，宜 15d 后补砌挤紧；合理分缝分块施工；

在柱、梁、墙、板等变截面处宜分层浇捣。

2）“抗”的措施：①尽量避免使用早强水泥，积极采用掺合料和混凝土外加剂，降低水泥用量（宜<450kg/m^3）。实践经验表明，每 1m^3 混凝土的水泥用量增加 10kg，其水化热将使混凝土的温度升高 1℃。高层混凝土用量大，有时还有大体积混凝土，从经济、实用角度宜掺入外加剂。掺入外加剂后，要预计对早期强度的影响程度。②选择合理的最大粒径砂石，这样可减少水和水泥用量，减少泌水、收缩和水化热。有资料显示：用 5～40mm 碎石，比用 5～25mm 的碎石，可减少用水量 6～8kg/m^3，降低水泥用量 15kg/m^3；用 M=2.8 的中粗砂，比用 M=2.3 的中粗砂，可减少用水量 20～25kg/m^3，降低水泥用量 20～25kg/m^3。③在施工工艺上应避免过振和漏振，提倡二次振捣、二次抹面，尽量排除混凝土内部的水分和气泡。④现浇板中的线盒置于上、下层钢筋中间，交叉布线处采用线盒，沿预埋管线方向增设 ϕ6@150、宽度≥450mm 的钢筋网带。

3）采取“放”、“抗”相结合的预控措施：在混凝土裂缝预防中，对新浇混凝土的早期养护尤为重要。为使早期混凝土尽可能减少收缩，需主要控制好构件的湿润养护，避免表面水分蒸发过快，产生较大收缩的同时，受到内部约束而易开裂。对于大体积混凝土而言，应采取必要的措施（埋设散热孔、通水排热），避免水化热高峰的集中出现；同时，在养护过程中对表面、中间、底部温度进行跟踪监测（尤其在前 3d）。对混凝土浇筑后的内部最高温度与气温差宜控制在 25℃以内，避免因温差过大，产生混凝土裂缝。

（3）高层建筑的安全管理

由于高层建筑施工周期长、露天高处作业多、工作条件差，以及在有限的空间要集中大量人员密集工作，相互干扰大，因此安全问题比较突出，对安全管理综述以下主要控制点。

1）基坑支护：①基坑开挖前，要按照土质情况、基坑深度及环境确定支护方案。②深基坑（h≥2m）周边应有安全防护措施，且距坑槽 1.2m 范围内不允许堆放重物。③对基坑边与基坑内应有排水措施。④在施工过程中加强坑壁的监测，发现异常及时处理。

2）脚手架：①高层建筑的脚手架应经充分计算，根据工程的特点和施工工艺编制的脚手架方案应附计算书。②架体与建筑物结构拉结，二步三跨，刚性连接或柔性硬顶。③施工作业层应满铺脚手架与防护栏杆，密目式安全网全封闭。④材质：钢管采用 Q235（3 号钢）钢材，外径 48mm，内径 35mm，焊接钢管、扣件采用可锻铸铁。⑤卸料平台：应有计算书和搭设方案，有独立的支撑系统。

3）模板工程：①施工方案应包括模板及支撑的设计、制作、安装和拆模的施工程序，同时应针对泵送混凝土、季节性施工制定针对性措施。②支撑系统应经过充分的计算，绘制施工详图。③安装模板应符合施工方案，安装过程应有保持模板临时稳定的措施。④拆除模板应按方案规定的程序进行，先支模板后拆，先拆非承重部分。拆除时要设警戒线，专人监护。

4）施工用电：①必须设置用电房，两级保护、三级配电，施工现场专用的直接接地的电力线路供电系统中心采用 TN-S 系统，即三相五线制电源电缆。②接地与接零保护系统：确保电阻值小于规范规定。③配电箱、开关箱：采取三级配电、两级保护，同时两级漏电保护器应匹配。

综上浅要分析可知，对于现代高层建筑物，伴随着社会生产和科学技术的进一步发展，一大批先进的仪器和施工工艺越来越广泛地应用到施工工艺过程中，这对设计材料选择、施工工艺过程、监理的控制管理也提出了越来越高的要求。强度、三线、裂缝、安全值得采取有效措施加以细化控制，分析并找出隐患所在，探讨彻底的处理办法。

3. 建筑工程管理中的施工工序质量控制

建筑工程施工管理中的工序质量控制，主要包括建筑工程施工工序活动条件的控制和建筑工程施工工序活动效果的控制。前者指对影响建筑工程施工工序质量的各因素进行控制，又可分为施工准备方面控制和施工过程中对建筑工程施工工序活动条件控制。施工准备方面控制，应从人、机、料、法、环五方面因素进行控制。例如，监理工程师对施工单位的技术装备、人员素质进行了解，以便制订相应措施；对现场材料必须进行取样检验，合格后方可使用。施工过程中，建筑工程施工工序活动条件控制主要抓好对投入物的监控，对施工操作和工艺过程控制以及其他相关方面控制。后者的主要实施步骤有：实测—分析—判断—纠正或认可。实测：也就是采用检测手段，如看、摸、敲、照、靠、吊、量、套或见证取样，通过试验室测定其质量特性指标。分析：根据实测数据进行整理，达到与标准对比条件。判断：与标准对比判断该建筑工程施工工序产品是否达到规定质量标准。纠正或认可：若发现质量不符合规定标准，应采取措施进行整改；若符合，给予认可签认。

1. 建筑工程设计阶段的质量管理内容

建筑工程设计质量是防控工程质量的第一道关口。工程设计的目标是使项目建成后，达到技术性能好、工艺水平高、经济效益优、设备功能配套、结构安全可靠。国内外的建设实践证明，没有高的质量设计，就不会有高的质量工程。以往的经验表明，由于设计单位质保体系不健全或设计人员的责任心不强、疏忽等原因，极有可能在工程设计中，给工程建设留下产生质量问题的隐患。有时由于设计的构造不合理，没有根据实际情况精心选用建筑构配件（生搬硬套标准定型图集），也是产生工程质量问题的原因。因此，建设单位应重视设计阶段的质量控制，应重点抓好以下几个方面的具体工作：

（1）委托具有相应资质的设计单位进行工程设计，并委派专业人员对设计单位进行监督和督促，以提高设计质量；

（2）重视工程设计的前期工作，配合设计单位搞好现场测量和勘察，考虑各种对工程建设产生影响的不利因素，使工程设计符合工程建设的实际，尽可能完善、准确，减少不必要的设计变更；

（3）设计过程中实行设计监理，以便及时对设计方案、设计质量进行检查；

（4）设计完毕后及时组织专家对设计进行审查，提出审查意见，根据审查意见进行设计修改，并为工程建设提供准确、详细的设计图纸。

2. 建筑工程施工阶段的质量控制管理

施工阶段的质量管理是整个工程质量管理的关键阶段。工程施工过程中同时进行操作的专业工程多，使用的建筑材料、建筑构配件规格、品种繁杂；工种间的相互配合情况、操作人员的素质和责任心不同；工程质量管理制度是否健全、是否认真执行各种技术规范和规程、是否按建筑工程施工质量验收规范规定的责任、程序、方法进行严格的验收；以及是否有建筑商片面地追求工期和经济效益的行为，都是引起工程质量问题的因素。强化工程施工的全面质量管理，应从施工项目质量的事前管理、事中管理和事后管理三个过程着手。

（1）事前质量管理控制：系指在正式施工前进行的质量管理，其管理重点是做好施工准备工作，且施工准备工作要贯穿于施工全过程中。施工准备的内容主要有：

1）技术准备。包括：熟悉和审查项目的施工图纸；项目建设地点的自然条件、技术经济条件调查分析；编制项目施工图预算和施工预算；编制项目施工组织设计等；

2）物资准备。包括建筑材料准备、构配件和制品加工准备、施工机具准备、生产工艺设备的准备等；

3）组织准备。包括：建立项目组织机构；组织施工队伍：对施工队伍进行入场的安全质量教育等；

4）施工现场准备。包括控制网、水准点、坐标桩的引测："三通一平"条件，现场临时设施的准备；组织机具、材料进场；拟定有关试验、试制和技术进步项目计划：编制季节性施工措施；制定施工现场管理制度等。

（2）事中质量管理控制：是指在施工过程中进行的质量管理。事中质量管理的策略是，全面管理施工过程，重点管理工序质量。其具体措施是：工序交接有检查；质量预控有对策；施工项目有方案、技术措施有交底，图纸会审有记录；配制材料有试验；隐蔽工程有验收；计量器具校正有复核；设计变更有手续；钢筋代换有制度；质量处理有复查；成品保护有措施；行使质控有否决；质量文件有档案。

（3）事后质量管理控制：事后质量管理指在完成施工过程形成产品的质量管理，具体工作内容包括：

1）组织通电、试水；

2）准备竣工验收资料，组织自检和初步验收；

3）按规定的质量评定标准和办法，对完成的分项工程、分部工程、单位工程进行质量评定；

4）组织竣工验收。

3. 建筑工程中的质量监理

监理的最终目标就是抓好建筑质量。从以往的实践经验来看，出现工程质量问题，主要是由于责任制度不完善、监理不到位，建筑商偷工减料所导致。完善责任制度，落实责任到人，是做好建筑质量监理的根本。因此，监理单位进驻现场以后，要根据监理质量的目标完善制度，协调工作，落实责任。确定监理人员的分工和岗位职责，与岗位责任人签订责任书；制定出相关的监理工作制度，如监理会议制度、监理质量检验及验收制度、监理人员考核制度、监理日记填写制度等，拟定出相应的监理工作程序，做到工程质量监理工作规范化、程序化。因此，为了严把质量关，监理单位应重点做好以下几方面的工作：

（1）认真进行施工图纸会审。施工是建筑施工过程中的依据，因此，我们要尽量减少因为施工图纸而导致的质量问题，监理人员应该加强施工图纸的会审，对于施工图纸存在的不足加以指导，建议施工方面改进施工图纸，事先消灭图纸中的质量隐患。

（2）监理人员要对现场施工人员进行质量知识、施工技术、安全知识等方面的教育和培训，提高施工人员的综合素质，确保施工过程由于人的因素而导致的质量问题。

（3）特别要加强对重要部位或者特殊工艺的监理。要熟悉工程重要部位、特殊工艺要求的部位的施工特点、难点和技术要求，在施工过程中，监理人员要全天候、全方位、全过程地进行监理，发现不规范施工及质量隐患要及时制止和纠正，从根本上杜绝质量隐患。

（4）加强施工现场巡视。为达到质量预控目标，注意及早发现问题，监理工程师要通过现场巡视，以实测实量的结果和数据来检查及判断工程质量。对于轴线偏位多少、标高相差多少等等的问题，要给予施工方面的书面数据，督促其改正，避免今后出现类似质量问题。

（5）加强工程质量验收工作。当分项工程、分部工程或单位工程施工完毕，承包人自检合格后，向监理工程师提交齐全的自检资料。监理工程师认为满足验收条件后，组织人员依据有关规定、验收标准进行施工验收或竣工验收。如发现存在质量缺陷或重大质量隐患时，监理人员要及时出示书面处理意见，督促施工单位及时返工处理，重新组织竣工验收。对拒不改正，将验收不合格的建筑工程交付使用的，建议相关部门进行依法给予处理，严格检查把关，以确保竣工工程质量。

4. 当前建筑工程施工工序质量控制要点及现状分析

监理工程师实施建筑工程施工工序活动质量监控应分清主次、抓住关键，完善质量体系和质量检查制度。

（1）确立建筑工程施工工序质量控制计划，建筑工程施工工序质量控制计划要明确质量控制工作程序和质量检查制度。

（2）要设置建筑工程施工工序活动质量控制点，进行预控。控制点设置原则，主要视其对质量特征影响大小、危害程度以及质量保证的难易程度而定。建筑工程施工工序是生产和检验材料、零部件及各分部、分项工程的具体阶段。建筑工程施工工序质量控制是企业中经常、大量存在的质量管理活动，是企业实现质量目标的基本保证。

(3) 建筑工程施工工序质量控制现状。目前建筑工程施工工序主要特点是施工周期较短，工程项目涉及范围较广，项目多、杂，这些给工程管理和工程质量控制带来一定难度。然而，一个施工项目建设的工程质量是保证该项目为企业创造效益最根本的保证，也是我们能够为广大用户提供优质施工项目业务服务的先决条件，建筑工程施工工序质量直接制约着企业自身一些业务的发展。所有这些给从事施工项目建设及管理的工程技术人员提出了更加尖锐的问题，如何把负责建设的工程质量与企业的命运相联系，如何提高工程项目的建设质量，是新的建设现状下面临的新课题。实践证明，有效的工程质量控制是确保工程质量最有效的方法。

1) 质量控制与投资控制、进度控制的关系：质量控制、投资控制和进度控制是进行建设项目管理的三大重要控制目标，这三个管理目标之间有着相互依存和相互制约的关系。进行工程项目管理的最终目标是：以较少的投资，在预定的工期内，完成符合建筑工程施工质量指标的建设项目。然而，单纯的过高的质量要求会造成投资的加大和进度的延长；相反，对质量要求过低，将会导致质量事故剧增，严重的也会拖延工期，造成投资费用增加，且对整个项目的产出质量造成严重后果。这就要求从实际情况出发，针对建设项目的类别和建设规模，确定符合实际需要的质量标准。

2) 影响建筑工程施工工序质量的主要因素：影响施工项目的工程质量因素很多，常说的五大方面有：人、材料、机械、方法和环境。参与施工建设项目的人员主要来自建设单位、施工单位、设计单位、监理单位；施工项目建设所用材料也种类繁多，有时受特殊环境制约，甚至使用非标准材料和设备；施工用的机械设备性能和操作者的熟练程度；施工项目建设过程中参与者的管理思路、设计方案、施工组织等方式、方法。施工项目建设工程还有不同于其他行业建设项目之处，例如，大型施工项目涉及的地域广泛，有时甚至非常复杂；施工用机械设备大都具有行业专用性；施工用材料工具多数也属于行业专用。

5. 加强建筑工程施工工序质量控制对策

针对建筑工程施工工序质量监控难点，控制应达到的效果有：全面、实时、有效。要实现这一控制目标，务必在控制过程中实现事前、事中、事后全过程有效监控，并在控制过程中适时采取管理、组织、技术等方面措施。为减小由建筑施工工程工序产品质量偏差带来的损失，必须以事前控制为工作重点。笔者按照建筑工程施工工序过程来，对质量监控提出对策。

（1）做好建筑施工工程工序开展前的质量监控工作

1）熟悉工序操作要点，通过工序分析掌握重点。如砌砖工程的砂浆饱满度、灰缝水平度及厚度、拉结筋的布设。又如混凝土浇筑时的振捣插点及振捣时间。这样，使监理人员在以后工序的监控中有了明确的标准及重点目标，控制工作将更具方向性和针对性。

2）检查承包商质量管理体系的建立情况，重点在于人员是否各就其位、责任是否明确到人。务必要落实质量员及收料员人选，因为在实践中承包商出于节约管理费考虑，常会有质量员与施工员、材料员与收料员相替代的情况。但这两类工作责任常有互相矛盾的地方，对质量控制的实施十分不利。

3）两个制度的建立，即材料样品制度与奖惩制度。建筑施工工程工序质量监控中，人及材料因素的控制尤为重要。这些问题的控制难点是面广、量大，不从制度上加以规范，难以达到预期的控制效果。现对监理工作中极力推行的样品制度介绍如下：该制度主要有两个方面的内容：一个是样品档案库的建立，即对进场材料建立书面技术档案及实物样品档案；另一个是对进场材料按样品标准检查，达到标准接受，否则拒收。这样规范了进场原材料应达到的标准，而且直观、明了，可操作性较强。材料检查的职责在于收料员、监理工程师应对此进行经常性的核查。对于出现的偏差，则通过奖惩制度加以规范解决。这样通过监控样品制度的实施，质量监控难点中材料的因素得以基本解决。对于奖惩制度的实施，对于操作者的违规操作进行处罚，检查及处理职责在于质检员，应使质检员具有相当的质量否决权及控制力度。监理工程师通过控制奖惩制度的落实，质量监控难点中人的因素也得到有效控制。

（2）加强建筑施工工程工序开展过程中的质量监控工作：

1）样板制度的落实在建筑施工工程工序中，往往不能通过设立控制点来超前控制工序质量，实践表明实行样板制度是很有效的。在大面积工序活动展开前，通过样板的质量检查、分析，可起到下面四个作用：

① 通过分析可确定在以后操作中可能存在的问题，以便在以后操作中实行重点控制；

② 可对操作者的素质进行检查，不合格者予以清退处理，减轻以后质量控制的负担；

③ 使操作者及检查者在以后工作中有了明确、直观的实物标准，做到人人心中有标准；

④ 避免因普遍性操作问题，而工序大面积展开引起大范围的返工。故监理工程师在建筑施工工程工序开展前，必须有样板工序产品的检查及验收工作，同时也对工序操作者的素质进行有效控制。

2）加大现场巡查力度，力争掌握第一手资料，努力实现及时控制，对易发生的问题务必做到早发现、早纠正，避免积重难返，避免大的返工损失。比如，砌体工程中拉结筋的检查，若采取砌体完成后开洞检查，不仅不易检查，而且查出的问题也难以补救，但在现场巡查中及时解决，既能保证质量避免较大损失，也易得到承包商的配合，这也有力地解决了在建筑施工工程工序质量控制难点中提出的难题。

3）对承包商在建筑施工工程工序活动中的质量管理体系、样品制度、奖惩制度的实施情况监控。笔者发现，承包商往往均具有完善的质量控制体系以及配套质量管理制度，但如得不到贯彻则收效甚微，甚至不起作用，而这将会对工序活动效果带来严重影响。故监理工程师在工作中，应对承包商质量控制体系的实施情况进行监控，加大制度的执行力度，从而确保建筑施工工程工序活动在正常条件下进行，杜绝质量失控情况的发生。

4）监理工程师在质量监控中应注意的工作方法。事实上，监理工程师的工作如得不到承包商的配合，难以取得预期效果，故在质量监控过程中，务必要做到实事求是、秉公处理、监帮结合，工作中坚持以理服人、用事实说话。这样，有了一个良好的合作氛围，工作效果往往事半功倍。

（3）加大建筑施工工程工序产品完成后的质量监控工作：主要工作有工序产品效果的评价以及产品质量隐患的全面排查，重点在于尽可能减少质量隐患的漏查。根据实践经验总结，在检查过程中推行多级检查制度及交叉检查制度。多级检查制度即操作班组自检、质检员检查、下道工序操作者的核检、监理工程师的验收检查；交叉检查制度是工序产品完成后各操作班组相互检查，各专业监理工程师分别对工序产品进行检查，这样有利于多角度、多视点检查问题。实践证明，两类检查制度的推行基本上实现了对建筑施工工程工序产品的全面检查，有力地解决了建筑施工工程工序质量控制难点中提出的难题。

综上所述，我国建筑业在长期以来，多数企业的普遍做法是把工程质量的控制放在工程建设的实施阶段，而不重视其他几个阶段的控制。目前的工程实施是，设计、施工、监理是三个必不可少的重要环节，也是实现“百年大计、质量第一”的具体步骤和过程。它贯穿了质量管理的全过程，是质量管理的动态管理。在工程管理的众多管理中，质量管理是关键和核心。由于建设项目是一个系统工程，要想有效控制工程质量，应该从影响工程质量的全过程进行。在工程实施全过程中，应认真总结出建设单位、设计单位、监理单位以及施工单位的共同参与和控制的质量管理经验，探讨更加科学、有效的措施和方法，以确保建筑工程施工工序建设的工程质量。实施建筑工程施工工序活动质量监控应分清主次、抓住关键，依靠完善的质量体系和质量检查制度，确立建筑工程施工工序质量控制计划，设置建筑工程施工工序活动质量控制点，切实实现工程的最优化。只有做好了建筑工程中的质量管理，才能造出更多的优质工程，更好地为社会经济服务。

4. 建设项目在市政工程施工中的质量控制

随着城市化的快速发展，市区面积成倍增加，从而使市政建设规模日益扩大，建设条件也日趋复杂，为了保证市政建设项目的成功，使市政建设获得良好的社会效益和经济效益，为了确保基础设施建设投资效益和人民群众生命财产安全，国家主管部门近年来多次要求加强基础设施建设的质量管理控制工作。需要对市政建设质量管理专业领域的相关问题，在市政建设工程施工中开展广泛、深入的研究，工程质量安全是压倒一切的核心工作；同时，还应遵循经济、实用美观和安全三个基本原则。现结合多年的工程应用实践经验，探讨市政建设过程中存在的一些问题，以及如何控制工程施工中的质量，提出一些具体、有针对性的预控措施。

1. 目前进市政建设中存在的一般问题

（1）施工现场管理混乱，安全意识淡薄。在市政建设施工过程中，由于部门领导的组织管理和能力的不全面，导致项目施工过程中没有落实责任到人，没有实行工程质量“谁施工、谁负责”，“谁检查、谁负责”的方针措施，更没有将所有的现场实物、操作人员、质量负责人、质量检查人、检查结果、日期等进行标识；无法确保质量责任落到实处。这样必然会影响相应的施工工艺工序过程。在施工过程中，由于涉及大量的易燃、可燃材料，很容易造成火灾事故，再加上少数单位消防意识淡薄，不向消防部门申报装修设计图纸就擅自进行改造装修。电气设备违反用电安全规定。加之没有统一的现场防火管理，施工队之间互不通气，缺乏协调管理，致使施工现场比较混乱，易燃、可燃材料随处堆放，用火、用电管理不严，因此在市政建设过程中，施工现场管理混乱，是引起火灾安全隐患存在的根本原因。

（2）工程前期准备工作把关不严。俗话说：凡事预则立，不预则废。设计企业及施工队伍的选择，对市政建设工程的质量影响是绝对的。设计单位的设计质量水平是工程的灵魂，是决定工程质量的根本保证。由于设计人员没有事前调研与充分准备，有的项目设计跟不上施工的需要，有的设计深度不够、漏项多及变更量大，成为三边工程，即边设计、边施工、边修改。这些本该在施工前可以避免的问题，却时常在现实工程中屡屡出现；而一些地方和部门，市场准入制度管理疏漏，在施工企业中出现虚假的有资质无能力或高资质低能力的不正常现象，或存在无证施工、借证卖照、超规定范围承包，或逃避市场管理、私下交易多次转包等，必然对建设工程质量构成严重隐患，从而影响建设工程质量监督管理的有效性，监理人员无所适从。

（3）市政建设材料质量失去控制。市政建设材料是装修工程的重要物质基础，正确地选择和使用装修材料，是保证工程质量的重要条件之一。由于所需的材料种类繁多，并且经常有许多最新的材料应用的问题。对于装修材料使用过程中的甲醛、苯、氨气、挥发性有机气体等化学物质，是危害人体健康的主要物质，因此在使用过程中，应该注意恰当的保存和使用，同时尽量避免噪声和电磁辐射等因素的影响。

2. 必须采取的有效预控措施

（1）加强协调和施工人员的培训管理：多年的工程施工实践表明，提高工程质量必须建立层层负责的质量责任制。说到底，就是工程不论大小，政府和职能部门必须指派专人负责，对工程质量负领导责任。实施项目法人责任制。勘探、设计、施工、材料设备供应、监理等要按照分工，对工程涉及的各个环节负责，并将责任分解落实到具体人的头上。出了质量问题，要追究责任人的责任。市政建设施工过程中应实行工程质量“谁施工、谁负责”，“谁检查、谁负责”，这样才能确保质量责任落到实处。为了提高工程质量，应该加强对设计、施工人员的业务培训；同时，应充分发挥高等学校有雄厚师资力量的优势，采取多层次、多渠道、多形式培训，这是提高装修施工队伍素质的根本途径。加强对施工过程中的安全教育，注意防火、防电和防水；只有这样，才能保护他们的切身利益。对于已经好的成品，针对行业的特点，最后一道工序至关重要，因此应加强保护，任何一小点的破坏，都会从整体上破坏美感，影响工程验收。所以，从这个意思上说，必须对成品保护问题天天讲、日日抓、重点治理，加强灌输成品保护的意识，提高操作人员的质量安全认识。

（2）制订切实可行的施工方案，严格控制质量：市政建设施工工程质量是一个系统工程，只有对整体施工过程进行质量控制，才能从根本上提高工程施工质量水平。为了对人们的生命安全负责，在施工方案设计中应考虑这个问题。市政建设工程开工前实行图纸会审制度，图纸未经会审，坚决不允许施工，做到尽可能地减少图纸上存在的错、漏、碰、缺，实行图纸质量连带责任制，以增强会审各方责任心，防止图纸会审流于形式，造成变更、返工，影响工程质量。在施工过程中，要严格按照规定好的尺寸进行。标注明确的尺寸，在现场土建和水电、暖通、测量图纸的指导下，进行施工工艺、方案和施工图纸的制作，协调各工种之间的配合施工及保护工作。

（3）控制建筑材料的质量：对用于工程的大宗主要材料要仔细调查，了解具体的品种类型，然后仔细对比，确定好具体的材料品牌后应提倡货比三家、多方验收的做法。因此，针对材料的问题，必须解决好以下几方面的问题：一是材料供应；二是材料采购；三是材料分类堆放；四是材料发放。施工过程中严禁擅自变更设计，特别是在装修材料的使用上不经许可不准代换。对化学物质的污染，可以加大空气流通和采取防止吸收这些化学物质的植物的方式解决；也可以选用环保型产品取代一些非环保型产品，这样可以避免或者降低污染，作为市政建设相关的企业，消除或减少环境污染也是义不容辞的责任。

通过上述浅要分析可以看到，随着我国经济的发展和人民生活水平的不断提高，市政建设项目规模的日益扩大，建设条件日趋复杂，为保证市政建设项目的成功，使市政建设获得良好的社会效益和经济效益，为了确保基础设施建设投资效益和人民群众生命财产安全，国务院办公厅发出通知，要求加强基础设施建设的质量管理，还需对市政建设质量管理专业领域的有关问题开展深入的分析、研究。

5. 建筑工程施工质量控制措施

建筑工程施工过程就是建筑项目由图纸转化为实体的整个过程，施工质量控制的水平将直接影响着建筑实体的质量，因此，相对于事前准备和事后审核来说，对于施工过程的质量控制才是决定产品质量的关键环节。建筑工程涉及面较广，所需使用到的施工技术比较复杂，但总的来看，混凝土工程和钢结构工程的施工才是建筑工程施工的主体部分。本文主要从这两方面入手，对如何做好建筑工程施工技术和质量控制进行浅述。

1. 混凝土工程施工质量控制

（1）混凝土的配置：

1）配合比的换算：在试验室环境下得出的配合比，所使用的各级骨料是以饱和面干状态存在的，并且不含有超逊径颗粒。但是，在实际施工过程中，各级骨料里不可避免地会含有一些超逊径颗粒，含水量也大多超过饱和面干状态，因此，必须根据现场的实际情况对试验室配合比进行换算，调整量一般等于该级超径量与逊径量之和减去次一级超径量与上一级逊径量之和，从而将试验室配比转化为施工配比。

2）和易性的提高：施工的和易性是混凝土拌合物的保水性、黏聚性、流动性等多种性能的综合表述。如果混凝土的和易性不良，那么就容易出现离析或振捣不实的现象，造成质量缺陷。在不少工程中，技术人员在配置混凝土时都会选择一些低坍落度、低水量、强调振实的工艺来确保混凝土质量，但是这种方法却容易诱发孔洞、蜂窝等质量缺陷。所以，可以采用掺入高效减水剂的方式来提高混凝土的和易性，从而兼顾混凝土的流动性和可塑性，以利于浇筑振实，避免产生泌水或离析现象。

（2）混凝土的浇筑和振捣控制：

从混凝土的配合比设定到混凝土的养护整个施工环节中，浇筑和振捣无疑是最重要的部分。浇筑之后出现在外观上的孔洞、蜂窝、麻面、气孔等由于较为明显，因此，比较容易引起施工人员的重视。但是，在其内部产生的孔洞和蜂窝则容易被人们所忽视，进而对工程质量造成不利影响。因此，除了要加强对振捣工人的业务培训外，还要注意做好施工现场的监理工作，确保整个振捣过程的连续性和及时性。在振捣结束后，还可以通过放射性探伤的方法对振捣质量进行检测，以免给工程留下安全隐患。

（3）混凝土的变形和裂缝：混凝土结构的变形主要分为荷载作用下的变形、温度变形、湿胀干缩变形、自生体积变形四类，其中干缩裂缝的产生原因为混凝土在成形后没有得到良好的养护，在风吹日晒下，混凝土表面的水分迅速蒸发，在体积收缩的过程中受到内部混凝土的阻碍，进而产生拉引力，最终导致混凝土表面的开裂；也有可能是构件体积的收缩受到了垫层或地基的束缚，进而出现干缩裂缝。另外，在配置过程中粉砂使用过多、振捣过度，也有可能导致混凝土的干缩开裂。

裂缝是混凝土构件常见的质量问题之一，对其进行控制的方法主要包括以下几方面内容：

1）材料和半成品。要使用那些安定性较好的水泥，砂石的配比应通过试验验证，使用的砂不应过细，砂石中含有的石粉和泥土不能超标，并且不得使用碱活性骨料。在施工过程中，应根据外界环境的变化合理选择水泥温度以及配合比。另外，还需对建筑和结构构件进行检查，合理设置变形缝。

2）结构受力。应根据施工现场的实际情况，对断面、超载、抗裂、应力等情况进行验算。

3）工艺控制。要严格控制水泥和水的用量，并保证拌合的均匀度。浇筑工作应按照有关标准和规范的要求进行，不能因为赶工期而缩短浇筑时间；要确保模板的质量，不能出现变形或漏水、漏浆的现象；要合理设置钢筋保护层，在施工过程中应尽量避免碰撞钢筋。混凝土的拆模和加荷不应过早，也不得过载；拆模后要及时进行养护，尤其是在冬期施工时，要注意做好构件的保暖，以免受冻。另外，还要注意基础部分的温、湿度变形，以免对上部混凝土结构造成不利影响。

2. 钢结构工程施工质量控制

(1) 钢结构工程施工技术：

1) 平面布置和结构选型：钢结构主要适用于那些平面布置规整、凹凸变化少的建筑平面，由于在进行结构设计时需要充分考虑到建筑物在风荷载作用下的水平位移，因此，抗侧力结构的设计就变得非常重要。一般来说，建筑工程中经常把电梯间或楼梯间的墙体设计为抗侧力结构，如果仍然无法将位移控制在标准允许的范围内，也可将各单元的分户墙或者厨房、卫生间的部分不动墙作为抗侧力结构。

2) 变形极限的分析：抗侧力结构既可以是钢筋混凝土结构，也可以是纯钢结构。在国家的有关标准中规定，如果利用钢桁架作为抗侧力钢结构的组成部分时，风力作用下的顶点位移应小于1/500，层间位移应小于1/400；而在地震作用下，顶点位移应小于1/300，层间位移应小于1/250。因此，如果利用钢桁架来制作抗侧力结构，就会显著增加相应指标，进而提高工程造价。

3) 节点构造：在某试点工程中，其地下部分采用的是钢筋混凝土框架-剪力墙结构，柱脚设置于地下室顶板标高处，并用高强度螺栓将柱脚与预埋钢板连接在一起。首层采用的是钢骨混凝土框架-钢筋混凝土剪力墙结构；二层以上采用的是钢框架-钢筋混凝土剪力墙结构。

4) 钢梁和钢筋混凝土剪力墙的连接构造：为了确保试点工程的安全性，在设计中除了采用在剪力墙中预埋钢板的方法以外，还在核心筒的拐角处和剪力墙的端部设置了上、下贯通的I形芯柱，并采用钢桁架作为芯柱间的横向连接，以确保节点的工作状态能与设计图纸中的要求相吻合。

(2) 钢结构工程施工质量控制:

1) 做好技术交底:设计图纸是施工的重要依据,因此,在施工正式开始前,工程技术人员应会同图纸设计单位、工程监理人员共同对施工图纸所涉及的质量标准、规范制度、工艺流程、技术条件等进行讨论和了解,以便对其进行深入的掌握,领会设计意图,避免在施工过程中出现违规操作的现象。

2) 对钢结构施工组织设计进行审查:钢结构的施工组织设计是由施工单位编制,对钢结构工程的施工进行指导的技术性文件。其设计是否科学、合理、完善,直接影响着钢结构工程的质量和进度。因此,有关技术人员应对做好对施工组织设计的审查,其主要内容有:技术管理体系和质量保证体系是否建立,是否科学、合理;对于特殊工种的培训要求和技术水平要求,是否能够满足现场施工的实际需要;是否引入了新工艺,对新工艺的说明是否完善;施工组织设计是否具有较高的针对性,是否符合施工现场的实际情况;施工进度和质量控制的方法是否完善、合理;工期安排是否符合客观规律等。

3) 加强工程主体的质量控制:在进行梁柱安装时,主要应检查底板下部的垫铁是否平整,螺栓的牢固度和摩擦面的清洁度是否符合有关标准的要求,当验收合格后方可起吊。在钢结构安装结束并形成固定单元后,用膨胀混凝土对基础顶面和柱底板进行二次浇筑密实。在普通螺栓的连接处所使用的垫片不应大于两个。如需进行扩孔,切忌不可使用气割;拧紧后的外露螺纹不得少于两个。在使用高强度螺栓前,必须要对其按照出厂合格证和复检单进行验收,在安装过程中要保持板叠基础面的平衡度,整个安装过程应自由穿入,不得进行扩孔或敲打。

通过上述浅要分析可知,建筑工程所涉及的工艺较多,系统性也较复杂,除了钢结构、混凝土工程以外,还有很多分项分部(即验收批)会对工程整体质量造成影响,因此,有关人员除了要加强对实践工作经验的总结外,也要注意不断提高自身的业务水平，从而在工作中能够更加全面的对工程质量进行监控，避免形成安全隐患对人民群众的生命财产安全造成不良影响。

6. 建筑工程中混凝土浇灌质量的控制

随着经济的快速发展，各种建设工程量逐年增加，而且大部分工业与民用建筑主要采用钢筋混凝土结构作为建筑物主体材料，使混凝土成为建筑工程中使用量最大的建筑材料。据有关资料显示，我国每年用于基础设施建设和国家重点工程的混凝土使用量近 30 亿 m^3。混凝土工程质量的好坏，直接关系到建（构）筑物结构的安全性、可靠性、耐久性和经济性，关系到广大人民群众生命财产安全，因此在建筑工程中施工人员必须对混凝土的施工质量有足够的重视，做好混凝土的质量控制。虽然混凝土的使用已经有相当长的时间，但在建筑工程中混凝土质量仍然存在许多问题，混凝土的质量控制与哪些因素有关，如何才能控制好混凝土质量，本文将通过对混凝土质量通病成因的分析，从混凝土施工的几个重点环节进行浅述。

1. 混凝土质量通病及其成因

（1）强度不够且均质性差：在同批混凝土试块的抗压强度平均值低于设计要求强度等级。其成因主要是：

1）混凝土原材料的质量不符合要求。水泥过期或受潮，活性降低；砂、石骨料级配不好，空隙大，含泥量大，杂物多，外加剂使用不当，掺量不准确；

2）混凝土配合比不当，计量不准，施工中随意加水，使水灰比增大；

3）混凝土加料顺序颠倒，搅拌时间不够，拌合不均匀；

4）冬期施工，拆模过早或早期受冻；

5）混凝土试块制作未振捣密实，养护管理不善或养护条件不符合要求，在同条件养护时，早期脱水或受外力砸坏。

（2）蜂窝现象：混凝土结构局部出现酥松、砂浆少、石子多、石子之间形成空隙类似蜂窝状的窟窿。蜂窝的成因主要表现在以下方面：

1）混凝土配合比不当，或砂、石子、水泥材料加水量计量不准，造成砂浆少、石子多；

2）混凝土搅拌时间不够，未拌合均匀，和易性差，振捣不密实；

3）下料不当或下料过高，未设导管或溜槽使石子集中，造成石子砂浆离析；

4）混凝土未分层下料，振捣不实或漏振，或振捣时间不够；

5）模板缝隙未堵严，水泥浆流失；

6）钢筋较密，使用的石子粒径过大或坍落度过小；

7）基础、柱、墙根部未稍加间歇，就继续灌上层混凝土；

8）出料和浇筑时间间隔太长。

（3）麻面现象：混凝土局部表面出现缺浆和许多小凹坑、麻点，形成粗糙面，但无钢筋外露现象。造成麻面现象的成因是：

1）模板表面粗糙或粘附水泥浆渣等杂物未清理干净，拆模时混凝土表面被粘坏；

2）模板未浇水湿润或湿润不够，构件表面混凝土的水分被吸去，使混凝土失水过多，出现麻面；

3）模板拼缝不严，局部漏浆；

4）模板隔离剂涂刷不匀，或局部漏刷或失效，混凝土表面与模板粘结，造成麻面；

5）混凝土振捣不实，气泡未排出，停在模板表面，形成麻点。

（4）孔洞现象：混凝土结构内部或表面有尺寸较大的空隙，局部没有混凝土或蜂窝特别大，钢筋局部或全部裸露。孔洞的成因主要是：

1）浇筑混凝土时漏振或少振，造成混凝土出现严重蜂窝和孔洞；

2）在钢筋较密的部位或预留孔洞和埋件处，混凝土下料时被钢筋等隔挡住，未振捣就继续浇筑上层混凝土；

3）混凝土离析，砂浆分离，石子成堆，严重跑浆，又未进行振捣；

4）混凝土一次下料过多、过厚，料过高，振捣器振动不到，形成松散孔洞；

5）混凝土内掉入木块、泥块等杂物，混凝土被卡住。

（5）露筋现象：混凝土内部主筋、副筋或箍筋局裸露在结构构件表面。造成露筋的主要原因是：

1）灌筑混凝土时，钢筋保护层垫块位移或垫块太少或漏放，致使钢筋紧贴模板外露；

2）结构构件截面小，钢筋过密，石子卡在钢筋上，使水泥砂浆不能充满钢筋周围，造成露筋；

3）混凝土配合比不当，产生离析，靠模板部位缺浆或模板漏浆；

4）混凝土保护层太小、混凝土振捣不实、振捣棒撞击钢筋，或施工时踩踏，使钢筋位移，造成露筋；

5）木模板未浇水湿润，吸水粘结或拆模过早，拆模时缺棱掉角，导致露筋。

（6）缝隙夹层或烂根现象：指混凝土内存在水平或垂直的松散混凝土夹层。缝隙夹渣层的成因主要是：

1）施工缝或变形缝未经接缝处理、清除表面水泥薄膜和松动石子，未除去软弱混凝土层并充分湿润，就灌筑混凝土；

2）施工缝处锯屑、泥土、砖块等杂物未清除或未清除干净；

3）混凝土浇灌高度过大，未设串筒、溜槽，造成混凝土离析；

4）底层交接处有缝隙，用废水泥袋材料堵塞缝较深，未灌接缝砂浆层，接缝处混凝土未很好振捣。

（7）缺棱掉角现象：结构或构件边角处混凝土局部掉落、不规则，棱角有缺陷现象十分普遍。缺棱掉角现象的成因主要是：

1）木模板未充分浇水湿润或湿润不够，混凝土浇筑后养护不好，造成脱水，强度低或模板吸水膨胀，将边角拉裂，拆模时棱角被粘掉；

2）低温施工过早拆除侧面非承重模板；

3）拆模时，边角受外力或重物撞击或保护不好，棱角被碰掉；

4）模板未涂刷隔离剂或涂刷不均；

5）拆模时间过早。

（8）温度裂缝：温度裂缝的现象极其正常且多见，造成的原因是：

1）表面温度裂缝由温差较大引起；

2）深进和贯穿的温度裂缝多由结构降温差梯度较大，受到外界约束而引起；

3）采用蒸汽养护的预制构件，降温过速，或养护窑坑急速揭盖，使混凝土表面剧烈降温而受到肋部或胎模约束，致使构件表面或肋部出现裂缝。从混凝土质量通病可以看出，混凝土的质量控制是多方面的，应从混凝土施工的每个环节来控制，使建筑物质量得到保证，确保其使用安全。

2. 混凝土施工质量的控制

（1）混凝土原材料质量控制：混凝土主要由水泥、砂石和水，以及根据工程需要加入适量的外加剂及其他掺合料等组成，正确、合理地选择原材料是混凝土质量控制的主要措施之一。

1）水泥：水泥是最关键的胶结材料。一般，土建工程使用的通用水泥主要包括硅酸盐水泥、普通硅酸盐水泥、矿渣硅酸盐水泥、火山灰质硅酸盐水泥、粉煤硅酸盐水泥以及复合硅酸盐水泥。不同的水泥品种，性能有较大的差别，实际生产中应根据工程特点和所处的环境条件，选择不同品种、不同强度等级的水泥。在选购水泥时，尽量选用规模较大厂家生产的水泥，确保出厂强度等级、技术要求符合国家标准要求。水泥进场后，施工单位除检查外观质量外，还需查看其出厂检验报告单，并对其强度、凝结时间、安定性等进行常规检验，检验合格后方可使用。一般情况下，水泥贮存期不能超过3个月。尽量做到先到场的先用、不积压，以避免水泥强度降低。

2）砂、石骨料：砂、石骨料的性能对于配制混凝土的性能有很大影响。为保证混凝土的质量，要求骨料具有良好的颗粒形状和颗粒级配，有害杂质含量少，不与水泥发生有害反应等。

3）拌合用水：混凝土用水的选择以不影响混凝土的粘结与硬化，无损于混凝土强度和耐久性，不加快钢筋的锈蚀，不引起预应力钢筋脆断，不污染混凝土表面为原则。可使用自来水或不含有害杂质的天然水，不得使用污水搅拌混凝土。

4）外加剂：外加剂的使用十分普遍，使用时应根据混凝土的性能要求、施工工艺及气候条件，结合混凝土的原材料性能、配合比以及对水泥的适应性等因素，通过试验确定外加剂的品种和掺量，其质量要求和性能指标应符合《混凝土外加剂应用技术规范》GB 50019—2003 的有关规定。

5）矿物掺合料：在混凝土中掺入矿物掺合料，如粉煤灰、磨细矿渣粉、砖灰等，可改善混凝土拌合物与硬化混凝土的性能。掺合料进场时，应按不同品种、等级分别存储在专用的仓罐内，防止受潮和环境污染。

（2）混凝土搅拌质量控制：混凝土在搅拌过程中，重点在于精确的计量和搅拌控制，水的用量对混凝土拌合物的性质影响较大。在实际操作过程中，还要考虑气温等因素对拌合物中水分挥发的影响。过多的水分会使混凝土产生离析，增加表面气泡，形成砂流；相反，混凝土和易性差难以捣实，形成内部质量隐患。在搅拌机的选择上，强制性搅拌机可用来搅拌干硬性混凝土拌合物；而自落式搅拌机只适合于搅拌塑性混凝土。搅拌时间对混凝土拌合物的均匀性有明显影响，不同的搅拌机和不同稠度的混凝土拌合物有不同的最佳搅拌时间。搅拌时间过短，搅拌不够充分，则强度降低，得不到均质的混凝土；搅拌时间过长，则骨料破碎，使级配发生变化，也会降低强度。因此，应严格控制搅拌时间。投料顺序也可提高搅拌质量，常用的有一次投料法和二次投料法。

（3）混凝土在运输过程中的质量控制：混凝土的运输主要是指集中搅拌的商品混凝土。一般搅拌站比较远，对运输方法和运输时间有较高的要求，要根据运输时间的限制和运程的长短，确定合适的运输工具，在到达浇筑地点前，不能超出混凝土的初凝时间。运输过程中要求现场道路平坦，力求行车平稳，尽量减少运输时的振动，以免振动过大，造成混凝土拌合物的分层离析。在寒冷、炎热或大风等气候条件下，输送混凝土拌合物时，应采用有效的保温、防热及防雨等措施，需要时可在运输混凝土的容器加上遮盖物，并不得途中加水。

（4）混凝土浇筑质量控制：混凝土的浇筑及捣实是混凝土工程中最关键的工序，将直接关系到构件的强度、结构整体性以及尺寸和混凝土外观等各项指标是否能达到施工验收标准。混凝土浇筑前应对模板钢筋进行复核验收，模板的尺寸准确、支撑牢固，必须达到施工验收标准，在浇筑前应将模板内清查，取出杂物，对模板浇水。混凝土的浇筑过程要保证混凝土浇筑的整体性，混合料不能离析或结团，大体积浇筑时要控制好分层厚度，混凝土分层浇筑厚度不应超过 30cm，浇筑过程要连续、不间断地进行，不要让粗骨料集中地紧贴模板，保证外观质量。为防止浇筑时混凝土产生离析现象，浇筑混凝土的自由下落高度，一般不宜超过 2m；超过 2m 时，要采用导管或溜槽，卸料溜管的倾角不得小于 60°，卸料溜槽的倾角不得小于 55°。超过 10m 时，要采用减速装置。在捣实过程中，为保证混凝土上、下振捣均匀，振捣器要垂直插入混凝土内，上下来回抽动 50～100mm，且必须深入前一层混凝土 50mm 左右，以保证上、下层混凝土结合密实。插入时速度要快，防止上层表面混凝土先振捣，与下面的混凝土产生分层离析。抽出时速度要慢，以免产生空洞。振捣的时间一般掌握在 5～20s。振捣器不能靠在钢筋上振动。

（5）混凝土养护质量控制：混凝土养护主要是要同季节和天气变化结合起来，注意周围环境温度、湿度的变化，保持适当的温度和湿度条件。保温能减少混凝土表面的热扩散，降低混凝土表层的温差，防止表面裂缝。混凝土浇筑后，及时用湿润的草帘、麻袋等覆盖，并注意洒水养护，保持混凝土表面足够湿润，保证混凝土表面缓慢冷却。在高温季节泵送时，宜及时用湿草袋覆盖混凝土，尤其在中午阳光直射时，宜加强覆盖养护，以避免表面快速硬化后，产生混凝土表面温度和收缩裂缝。在寒冷季节，混凝土表面应设草帘覆盖保温，以防止寒潮袭击。

通过上述对建筑工程混凝土施工中的质量控制重点分析介绍可知，由于混凝土工程质量的好坏，直接关系到建（构）筑物结构的安全可靠性，对耐久性和经济性极其重要。因此在建筑工程中，施工人员必须对混凝土的施工质量有足够的重视，做好混凝土的质量控制。只有在从原材料选择到混凝土浇筑及养护全过程的每一个环节都重视质量的控制，才能保证混凝土施工及整个工程的质量。

7. 搅拌挤压桩在工程应用中的质量控制

某工程地下水位较高，高层基础采用静压管桩大板基础，地下室基地标高为－3.800m，现场施工场地狭小，地下为旧鱼塘，土质为流塑。东面、北面为市政道路，布满各种管线，基坑边距道路边最近为 3m，采用钻孔灌注桩进行基坑支护；南面、西面为中高层建筑群，基坑边距建筑物边最近为 4.3m，采用 SMW 法进行基坑支护。本文主要介绍 SMW 法的施工工艺及质量控制措施。

1. 挤压桩（SMW 法）施工方法

（1）SMW 工法施工工艺：

结合工程的实际情况，制定了 SMW 工法施工流程：场地平整及地下障碍物探察→开挖导沟→设置导架与定位→SMW 搅拌机就位→钻进与搅拌→型钢插入与固定→施工完毕→型钢收回。

（2）SMW 工法施工：

首先对设备严格选型，由于 SMW 工法的主要优点在于它的成桩质量均匀，防水帷幕连续可靠，这与所选用的机械设备密切相关。根据施工工艺的要求，该工程采用先进的能三轴深搅的设备，其型号为 ZKD85-3 型多轴钻孔机。

（3）搅拌注浆及成墙方式：

钻机在钻孔中匀速下钻和匀速提升，根据下钻和提升两种不同速度，注入不同掺量、搅拌均匀的水泥浆液，并采用高压喷气进行孔内水泥土翻搅，使水泥土搅拌桩在初凝前达到充分搅拌，确保搅拌桩的成孔质量。SMW 工法采用跳槽式双孔复搅成墙，确保搅拌桩的隔水帷幕及成型搅拌桩的垂直度。施工按图 1、图 2 顺序进行，其中阴影部分为重复套钻，保证墙体的连续性和接头的施工质量。水泥搅拌桩的搭接以及施工桩体的垂直度补正是依靠重复套钻来保证，以达到止水的作用。设计方式有两种：一是单排挤压式连接，一般情况下均采用该种方式进行施工；二是跳槽式全套复搅式连接，对于围护墙转角处或有施工间断情况下，采用此连接。

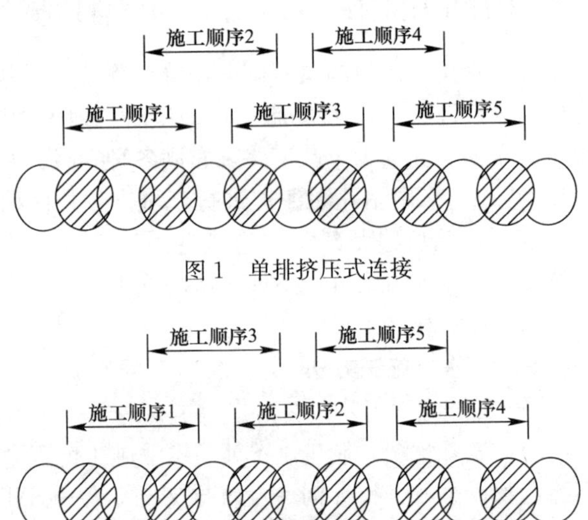

图 1　单排挤压式连接

图 2　跳槽式全套复搅式连接

（4）桩机就位：

在确定地下无障碍物、导沟及导向架施工完毕后，SMW 桩机就位并开始搅拌施工。施工前必须调整好桩架的垂直度允差不大于 1%。先进行工艺试桩，以标定各项施工参数，主要包括：搅拌机钻进、提升速度，桩顶标高或停灰面标高；灰浆的水灰比；灰浆泵的压力；每米桩长或每根桩的输浆或送灰量，灰浆经输浆管到达喷浆口的时间等。

2. 搅拌速度及注浆控制

（1）挤压水泥搅拌桩在下沉和提升过程中均注入水泥浆液，同时严格控制下沉和提升速度，防止出现夹心层和断浆情况。施工中出现意外中断注浆或提升过快现象，立即暂停施工，重新下钻至停浆面或少浆段以下 1m 的位置，重新注浆 10～20s 后恢复提升，保证桩身完整，防止断桩。根据设计要求和有关技术资料规定，下沉速度不大于 0.8m/min，提升速度不大于 1.6m/min，钻进搅拌速度比提升速度慢 1 倍左右，可使水泥土充分搅拌混合均匀，有利于型钢的顺利插入。在桩底部分适当持续搅拌注浆。

（2）制备水泥浆液及浆液注入：

现场制浆，开机前应进行浆液的搅拌工作。水泥浆搅拌时间为 2～3min，滤浆后倒入集料池中，随后不断搅拌，防止水泥离析，压浆也要连续进行，不能中断。按照 SMW 工法的施工工艺，三轴搅拌机下钻时注浆的水泥用量约占总数的 70%～80%，而提升时为 20%～30%。水泥应送样复试合格后方可使用。水泥浆液的水灰比为 1.3（根据施工情况在 1.3～2.0 范围内调整），搅拌水泥土用量为 350kg/m^3，拌浆及注浆量以每钻的加固土体方量换算，注浆压力为 0.3～0.8MPa，以浆液输送能力控制。控制搅拌下沉和提升速度一定要均匀，遇到障碍物要减速慢行，防止设备损坏。还要采用信息法施工，后台和桩机要密切联系配合，保证工序的连续性和完整性。

（3）H 型钢插入，挤压水泥搅拌桩施工完毕后，吊机立即就位，准备吊插 H 型钢：

首先，起吊时利用型钢顶端拔桩预留孔，装好吊具和固定钩，然后用吊机起吊 H 型钢放在型钢定位卡中，在相互垂直的两个方向用线坠校核垂直度，确保插入型钢垂直。H 型钢应保证平直光滑、无弯曲、无扭曲，焊缝质量应达到要求；其次，型钢定位卡必须牢固，H 型钢底部中心要对正桩位中心，并沿定位卡徐徐垂直插入水泥土搅拌桩体内，放到标高为止；最后，如果H型钢插放达不到设计标高时，则采取提升H型钢，重复下插，使其插到设计标高，下插过程中始终用线坠跟踪控制H型钢垂直度。

(4) 涂刷减摩剂：清除H型钢表面的污垢及铁锈。减摩剂必须用电炉加热至完全融化，用搅棒搅时感觉融化均匀，才能涂敷于H型钢上；否则，涂层不均匀、易剥落。如遇雪天，型钢表面潮湿，应先用抹布擦干表面，才能涂刷减摩剂，不可以在潮湿表面上直接涂刷，否则将剥落。型钢表面涂上涂层后，一旦发现涂层开裂、剥落，必须将其铲除并清理干净后，重新涂刷减摩剂。基坑开挖后，设置支撑牛腿时，必须除去H型钢外露部分的涂层，方能电焊。地下结构完成后撤除牛腿，必须清除牛腿，并磨平型钢表面，然后重新涂刷减摩剂。浇筑压顶圈梁时，埋设在圈梁中的H型钢部分必须用泡沫板将其与混凝土隔开，否则将影响H型钢的起拔回收。

3. SMW桩施工质量措施

该工程施工安装中，为保证SMW工法施工成墙的质量，施工中采取以下措施：

(1) SMW工法的最大特点是不能间断施工，确保防水帷幕的连续性和可靠性。因此，在施工中，应对机械维修和故障排除有专门的应急措施；对发生停电、停水和其他突发事件要早做准备，确保桩与桩的搭接时间不大于水泥土的凝结时间。

(2) 孔位放样误差小于5cm，钻孔深度误差小于5cm，桩身垂直度符合设计要求，误差不大于2/100桩长。用桩架垂直度指示针调整桩架垂直度，并用线坠进行校核。型钢加工时严格按施工图并做抗拔验算，吊放对位时，轴线偏离小于50mm。

(3) 严格控制浆液配比，严格控制钻进提升及下沉速度，下沉速度不大于0.8m/min，提升速度不大于1.6m/min。

(4) 场地布置综合考虑各方面因素，避免设备多次搬迁、移位，减少搅拌和型钢插入的间隔时间，尽量保证施工的连续性；

工程实施过程中，严禁发生定位型钢移位。一旦发现挖掘机在清除沟槽土时，碰撞定位型钢使其跑位，立即重新放线，严格按照设计图纸进行施工。

（5）施工冷缝处理：施工过程中，一旦出现冷缝，则采取在冷缝处围护桩外侧补搅素桩方案，在围护桩达到一定强度后进行补桩，以防偏钻，保证补桩效果。素桩与围护桩搭接厚度约为100mm。

（6）渗漏水处理：在整个基坑开挖阶段，密切注视基坑开挖情况，一旦发现墙体有漏点，及时进行封堵。具体采用以下两种方法补漏：

1）引流管：在基坑渗水点插引流管，在引流管周围以内感速凝防水水泥砂浆封堵，待水泥砂浆达到强度后，再将引流管打结。

2）双液注浆：①配制化学浆液。②将配制拌合好的化学浆和水泥浆送入贮浆桶内备用。③注浆时启动注浆泵，通过 2 台注浆泵 2 条管路同时接上 Y 形接头，从 H 口注入孔底被加固的土体部位。④注浆过程中应尽可能控制流量和压力，防止浆液流失。⑤施工参数。注浆压力：0.7MPa；注浆流量：200L/min；注浆量：0.375m^3/延米；水灰比：1.5。

（7）确保桩身强度和均匀性要求做到：

1）严格控制每桶搅拌桶的水泥用量及液面高度，用水量采取总量控制。

2）土体应充分搅拌，严格控制钻孔下沉、提升速度，使原状土充分破碎有利于水泥浆与土均匀拌合。

3）浆液不能发生离析，水泥浆液应严格按预定配合比制作，为防止灰浆离析，放浆前必须搅拌 30s，再倒入存浆桶。

4）压浆阶段输浆管道不能堵塞，不允许发生断浆现象，全桩须注浆均匀，不得发生土浆夹心层。

5）插入 H 型钢质量保证措施型钢到场检查型钢的平整度、焊接质量，认为质量符合施工要求后，进行下插 H 型钢施工。型钢进场要逐根吊放，型钢底部垫枕木，以减少型钢的变形，下插 H 型钢前要检查型钢的平整度，确保型钢顺利下插。型钢插入前，必须将型钢的定位设备准确固定，并校核其水平。型钢吊起后，用经纬仪调整型钢的垂直度，达到垂直度要求后，下插 H 型钢，利用水准仪控制 H 型钢的顶标高，保证 H 型钢的插入深度。

4. 施工质量检测

对挤压搅拌桩基坑开挖边线四周布置水平位移观测点站仪和水准仪进行测量，在基坑施工期间每天观测一次，基坑完工后每周观测一次。观测结果表明，水泥养护龄期达到要求后进行基坑开挖，每层土方开挖后 24h 内出现水平位移，并随深度增加而增大。在基坑开挖完工后，测得基坑最大水平位移为 12.2mm，满足 SMW 工法对桩身最大位移不大于$\frac{2}{1000}h_0$（h_0 为基坑开挖深度）的要求，并对坑边进行喷浆保护，观察基坑四周无跑、冒、漏水现象出现，基桩无损伤。至地下室结构施工完毕，基坑四周沉降及位移皆已稳定，基坑支护效果良好，满足设计要求。所用型钢工程完成后，可以全部起拔回收，循环使用，节省成本。

通过对某工程地基挤压桩 SMW 工法的施工质量控制，SMW 工法是一种新兴基坑围护工艺，具有挡水性强、对周围地基影响小、环境污染小、多用途（适应各种地层）、工期短、造价低等多种优势。SMW 工法的实际应用，在保证工程质量的前提下，取得了一定经济效益。随着该技术的不断推广应用，地下空间开发利用前景非常广阔。

8. 地下结构抗渗混凝土施工质量控制

地下室建筑结构是整个建筑项目最早施工的部分，也是上部建筑物的承载基础，同时更是地下所有房屋的围护结构部位。地下建筑结构底板、外围护墙体及部分顶板，都必须进行防水处理。这些结构所有的混凝土都应具有防水功能，而且这些地下混凝土的用量都比较大，多数属于大体积混凝土施工。由于大体积混凝土水化热高，防止结构开裂是施工控制的关键技术，因此施工要求高且难度大，尤其是抗渗混凝土的施工质量工序更加重要。本文结合实践，对地下结构抗渗混凝土施工质量控制进行分析介绍。

1. 施工准备

（1）使用材料：按照设计要求选择各种原材料。对各种原材料均需在有合格证的前提下，再按照规定比例进行抽检，对最关键的水泥品种按设计要求选择，地下结构水泥强度等级不宜低于42.5MPa；石子粒径以二级配最好，即5～40mm，含泥量<1%，不允许有泥块存在；混凝土用砂以中、粗粒径为宜，含泥量<2%，并不得有泥块存在。如果超标，要用自来水冲洗干净。外加剂要选择低碱性的，并有质量证明文件、产品说明书；混凝土配合比要求有资质试验室在现场取样配置。

（2）人员：特殊工种的塔吊司机、电工及电焊工、搅拌机操作手等人员必须持证上岗，其他相关人员也必须经过培训有专业证件，技术及管理人员在施工前组织编写施工专业方案、作业指导书和质量计划，对特殊要求混凝土施工的技术安全交底。

（3）施工机械：使用塔式起重机或垂直、水平运输方式及混凝土泵送车浇筑。如果现场自搅拌时，切实考虑好运输车辆及原材料的准备。如今，绝对多数浇筑都是采用集中搅拌站供应的商品混凝土，对其控制好坍落度非常关键，同时要准备足够的抗压强度及抗渗试模，按试验要求和数量抽取。

（4）作业条件：混凝土垫层浇筑完成，基础底板定位放线完成自检合格，并报现场监理工程师确认后，再进行下一道工序施工。

2. 施工工艺

（1）施工工艺流程：

基础梁、底板钢筋绑扎→基础混凝土外围护墙钢筋绑扎→基础底板模板→基础外墙300mm高模板→基础底板混凝土及300mm高混凝土浇筑→基础混凝土外墙余部位钢筋绑扎→基础混凝土外墙施工缝处理→基础混凝土外墙模板→基础混凝土外墙余部位混凝土浇筑→基础底板及基础混凝土外墙模板拆除。

（2）工艺操作要求：

1）钢筋绑扎要按顺序排插进行，切实保证受力筋位置准确不移位，双向受力的筋要求每扣必绑、不跳扣，水平方向留置钢筋保护层厚度，必须垫设固定垫块，垫块厚度及强度要保证使用要求。竖向钢筋保护层垫块要提前预制，也可以购买成品定型垫块。强度及厚度必须满足设计，其固定方法是在模板与竖向筋一侧上下及左右，保护层垫块在振捣时不被振掉，一般是 $1m^2$ 范围不少于 1 个，切实绑扎在主筋上，不要移动。

2）绑扎钢筋的钢丝一般不要接触到模板，采用 ϕ8 钢筋制作马凳架设上层钢筋网，钢筋与马凳间距在 1m 以内。钢筋马凳支设在下层钢筋箅子上面，不允许直接放在垫层上，且马凳高度要计算准确。

3）满堂基础模板要用钢模并附以木模，要求钢模拼缝严密、不漏浆，必须具备足够的强度、刚度和稳定性，可以承受混凝土在浇筑振动过程中的荷载及侧压力，同时拆除也应便捷。

4）固定混凝土外墙模板要使用穿墙防水螺杆，螺杆中间焊止水环的钢板不小于 80mm，止水环与 ϕ12 的穿墙螺杆要满焊严密。

（3）操作过程质量控制：

1）地下室混凝土外墙全部采用组合钢板配置 ϕ12 的整体式穿墙螺栓，用现在脚手架用钢管 $\phi48\times3.5$ 双管纵、横进行加固。墙体外部用支柱支撑在边坡上，墙体内部在底板上预留钢筋，支柱支撑在预留钢筋上。

2）为确保混凝土外墙位置及断面的尺寸误差不超标，在支模前在距离基础顶面 50～80mm 处，严格按混凝土外墙位置先焊接 ϕ16 钢筋顶棍，即与混凝土外墙同厚，顶棍间距 600mm，用以控制模板宽度，即混凝土厚度不变形。在支模过程中，每隔 1500mm 在水平筋上设置 ϕ16 钢筋支撑棍，并用钢丝临时固定，确保墙体厚度。

3）施工方法措施：安装合适底部钢筋支撑棍后，即进行模板的拼装工作。首先，安装一侧模板，相邻模板每个孔要用U形卡卡牢；然后，安装斜撑及穿墙螺旋，清扫干净模内的杂物，放置钢筋顶棍及安装另一侧模板。当完成后再安装纵横龙骨，横向先安装并用钢丝临时固定，然后再安装纵向，同时用穿墙螺旋外垫蝶形卡，两端要拧上双螺母固定，调整斜撑并拧紧穿墙螺旋螺母，要保证模板的安装牢固。同时，在管道穿越防水混凝土结构处的预埋套管时，套管上要加焊止水环，止水环与套管外壁进行满焊。在安装穿墙套管时，先将套管按图要求设计位置标高画准，临时加以固定，管道内部填塞材料。

（4）混凝土的施工过程质量控制：

1）混凝土的搅拌必须严格按照试验配合比控制：袋装水泥抽查重量，粗、细骨料严格计量过秤；加入搅拌机顺序按石子、水泥及砂倒入料斗，先拌合30s以上时间后，再加水拌合90s；在拌合料出口及运送至浇筑现场分别检测坍落度，自拌混凝土的坍落度控制在30～50mm之间为宜，而商品混凝土坍落度控制在120～160mm之间，一个台班应检测2次。

2）混凝土的运输：混凝土自搅拌机卸出后，都是利用塔式机重机进行水平及垂直运送，运送至浇灌位置。如果在浇灌处发现混凝土有离析或假凝现象，必须进行重新拌合，要加一定量的水及水泥。

3）混凝土的浇筑：在浇筑混凝土前对高度和轴线的控制要认真复查，确实无问题后，还要对模板及钢筋再次检查。当无问题后，再进行混凝土的浇筑施工。基础混凝土浇筑要连续进行施工，并特别重视柱插筋或该位置的处理，主要是防止振捣过程的位置偏移现象。厚大基础混凝土浇筑，要安排好操作位置及分层厚度，上层振捣棒必须深入下层不少于50mm，掌握好振点处振捣时间，并充分排除空气、表面不再下沉，防止过振及漏振，造成内部孔隙存在。

4）混凝土的养护：在表面振捣后抹压完成，如果已产生裂缝要进行二次抹压，并覆盖塑料薄膜保湿，防止水分过快蒸发，产生裂缝。当混凝土终凝、表面泛白时，则立即浇水养护，一般时间不少于7d。

5）模板的拆除：由于地下建筑使用的防水混凝土对养护的要求比较严格，因此不允许过早拆模，防水混凝土应在养护14d以后再拆模。为了方便拆模，在浇后3d，先将穿墙螺旋螺母略微松开，使混凝土表面温度与自然环境相适应，预防因温差过大，造成混凝土表面开裂。

3. 施工质量控制重点

（1）技术措施及操作方法：

1）要提前委托有资质的试验室出具按设计规定的抗渗等级、强度等级的抗渗混凝土配合比单，所有原材料按规定抽样复检，合格后才能进场；

2）做好地下水的降排水工作，还要防止地表水流入基坑，要保持地下水位低于施工面500mm以下，确保干作业施工。

3）要同供电部门联系，防止停电造成的影响。

4）充分准备使用的机械和工具，并检修合格备用。

5）混凝土外模板支设需要注意的是：支模前，先复查标高及内外墙轴线，轴线存在疑问时协商清楚再支设；对使用的模板要刷隔离剂；加固模板穿墙螺杆中间必须焊止水环；在安装最底层模板时，应高低错开，保证上部相邻模板水平缝错开。

6）地下结构的浇筑要连续施工，避免留施工缝，操作人员要准备充足。

7）混凝土浇筑应进行各项预检、隐验工作，尤其是管道和预埋件穿墙处，防止钢筋及固定模板用的防水拉杆附件是否采取防水处理，合格后才能正式浇筑。

8）在浇筑墙体上部混凝土时，先将混凝土表面凿毛，清除干净再用水冲洗，在表面刷一层30mm厚水泥砂浆结合层。浇筑分两步进行，每层厚400mm，其长度大于5m，保证所有接槎部位在 1h 内浇至顶部，不允许留施工缝。

9）按规定留置抗渗及强度试块，标养无条件时可送试验室进行，但同条件养护要规范，各种试块数量要够，并不得缺棱少角。

（2）质量通病的防治：

1）混凝土表面出现露筋、孔洞及麻面的防治，首先钢模板刷隔离剂要均匀，浇灌时充分分层振捣，不得漏振和过振，振动棒快插慢拔；要保证保护层厚度，垫块检查位置及绑扎牢固。不宜过早拆模，要求试块试压合格并报监理批准再拆。

2）施工缝渗漏水防治：认真做好施工缝处施工，上、下两层混凝土的粘结是可否产生渗漏水是关键；对施工缝处的处理按照表面不同程度进行，表面凿毛湿润及塑浆结合层不可缺少任一环节，且加强养护，防止薄层缺水、不水化。

3）对温度裂缝的防治。浇筑后的表面收压光后，立即覆盖十分重要，加强二次抹压及养护是防止开裂的关键所在。

4）加强套管周围的防渗漏水。主要是对套管周围混凝土的振捣及后期养护最重要。

5）加强对成品的保护。要核对钢筋、模板尺寸的正确，不得任意踩踏钢筋，浇筑设平台，人员、机械在施工时再上去；要保护好预埋管及预埋件，振捣时防止振动预埋管及预埋件；浇筑后及时遮阳覆盖；拆模时，不要用力撬砸混凝土表面，防止受损及伤害边角。

总之，对于地下防水的混凝土结构体施工，必须要进行充分的材料、机械、人员及混凝土准备，只有认真、细致地做好各项准备及预案，在浇筑过程把好工序操作关，对细部加强控制，才能尽量避免和减少质量问题的产生，确保防水工程达到预期的质量目标。

9. 建筑房屋楼板混凝土常见裂缝控制措施

随着对工程质量耐久性安全使用要求的提高，现在新建的房屋楼板及屋面板都是全现浇钢筋混凝土结构，建筑物的整体性及结构安全性有很大提高，但也随之产生现浇钢筋混凝土楼屋面板裂缝现象极其普遍的质量问题，是目前较难克服的质量通病之一。尤其是住宅工程楼板的裂缝发生后，多数会引起渗漏水影响正常使用功能，住户进行投诉，引起纠纷及索赔要求等。长期以来，专业施工技术人员一直在寻求控制现浇混凝土楼板裂缝的最直接和实用方法，并根据裂缝的性质及影响因素，有针对性地提出一些预防和控制裂缝的措施。无论采取何种手段和措施，主要还是从材料、施工和设计几个重点方面，对楼面裂缝的综合性防治及具体措施作一浅析。

1. 改善和提高商品混凝土性能，减少收缩裂缝

泵送商品混凝土的推广使用近 20 年来，施工现场几乎不再自行拌制进行浇筑施工，但受市场竞争激烈影响，导致各商品混凝土厂商采取大掺量粉煤灰用量，用低性能的混凝土外掺剂，以及细度模数低、含泥量较高的中细砂作为降低价格和成本的主要竞争手段。因此，尽快健全和统一对商品混凝土厂商的行业管理，并根据成本投入比例，相应、合理地提高商品混凝土的市场价格（特别是用于有特殊要求地下室和住宅楼面工程的混凝土），促使商品混凝土厂商转变观念，控制好原材料质量，选用高效、优质混凝土外掺剂，改善和减小混凝土的收缩值，建立好控制体系，是一项改善商品混凝土质量和性能的根本性工作；另一方面，承包商在订购商品混凝土时，应根据工程的不同部位和性质，提出对混凝土品质的明确要求，不能片面压价和追求低价格、低成本而获得高额利润，忽视了混凝土的品质，导致混凝土性能不断下降和收缩裂缝的增多。同时，现场应逐车严格控制好商品混凝土的坍落度检查次数，以保证混凝土半成品质量。

2. 合理工序减少结构损伤产生裂缝

楼面裂缝的发生除以阳角 45°斜角裂缝为主外，其他还有较常见的四类：一类为钢筋保护层不正确出现的裂缝；二类是预埋线管及线管集散处；三类为施工中周转材料临时较集中和较频繁的吊装卸料堆放区域；四类为混凝土养护时间不及时且保护不够。现从施工角度进行分析，并分类采取几项主要技术措施：

（1）重点加强楼面上层钢筋网或楼板负筋的有效保护

钢筋在楼面混凝土板中的抗拉受力，起着抵抗外荷载所产生的弯矩和防止混凝土收缩和温差裂缝发生的双重作用，而这一双重作用均需钢筋处在上、下合理的保护层前提下，才能确保有效。在实际施工中，楼面下层钢筋网在受到混凝土垫块及模板的依托下，保护层比较容易得到正确控制。但当垫块间距放大到1.5m时，钢筋网的合理保护层厚度就无法保障，所以纵、横向的垫块间距限制在1m左右。与此相反，楼板负钢筋保护层的厚度，一直是施工中的一大较难问题。其原因为：板的上层钢筋一般较细、较软，受到人员踩踏后就立即弯曲、变形、下坠；钢筋离楼层模板的高度较大，无法受到模板的依托保护；各工种交叉作业，造成施工人员众多、行走十分频繁，无处落脚后，难免被大量踩踏；上层钢筋网的钢筋小马凳设置间距过大，甚至不设（仅依靠楼面梁上部钢筋搁置和分离式配筋的拐脚支撑）。对于以上原因，可采取下列综合措施加以解决：一是尽可能合理、科学地安排好各工种交叉作业时间，在板底钢筋绑扎后，线管预埋和模板封镶收头应及时穿插并争取全面完成，做到不留或少留尾巴，以有效减少板面钢筋绑扎后的作业人员数量；二是在楼梯、通道等频繁和必须通行处，应搭设（或铺设）临时简易通道，以供必要的施工人员通行；三是加强教育和管理，使全体操作人员充分重视保护板面上层负筋的正确位置。必须行走时，应自觉沿钢筋小马凳支撑点通行，不得随意踩踏中间架空部位钢筋；四是安排足够数量的钢筋工（一般应不少于3～4人或以上），在混凝土浇筑前及浇筑中及时进行整修，特别是支座端部受力最大处以及楼面裂缝最容易发生处（四周阳角处、预埋线管处以及大跨度房间处）应重点整修。

（2）预埋线管处的裂缝防治

预埋线管，特别是多根线管的集散处是截面混凝土受到较多削弱，从而引起应力集中，容易导致裂缝发生的薄弱部位。当预埋线管的直径较小，并且房屋的开间宽度也较小，同时线管的敷设走向又不垂直于混凝土的收缩和受拉方向时，一般不会发生楼面裂缝；反之，当预埋线管的直径较大，开间宽度也较大，并且线管的敷设走向又垂直于混凝土的收缩和受拉方向时，就很容易发生楼面裂缝。因此，对于较粗的管线或多根线管的集散处，要求增设垂直于线管的短钢筋网加强。

根据施工经验，应以增设的抗裂短钢筋采用 $\phi6 \sim \phi8$mm，间距≤150mm，两端的锚固长度应不小于 300mm。线管在敷设时，应尽量避免立体交叉穿越，交叉布线处可采用线盒；同时，在多根线管的集散处，宜采用放射形分布，尽量避免紧密平行排列，以确保线管底部的混凝土灌筑顺利和振捣密实。并且当线管数量众多，使集散口的混凝土截面大量削弱时，宜按预留孔洞构造要求，在四周增设上下各 2 根 $\phi12$mm 的井字形抗裂构造钢筋。

（3）材料吊卸区域的楼面裂缝防治

目前，在主体结构的施工过程中，普遍存在着质量与工期之间的较大矛盾。一般主体结构的楼层施工速度平均为 7～10d 一层，最快时甚至不足 7d 一层。因此，当楼层混凝土浇筑完毕后不足 24h 的养护时间，就忙着进行定位放线，接着材料吊运及绑扎钢筋等施工活动，这就会给大开间部位的房间板面造成严重损伤。除了大开间混凝土总收缩值较小、开间要大的不利因素外，更容易在强度不足的情况下受材料吊卸冲击振动荷载的作用，而引起不规则的受力裂缝。并且这些裂缝一旦形成，就难于闭合，形成永久性裂缝，这种情况在高层住宅主体快速施工时较为常见。对这类裂缝的综合防治措施如下：

首先，要求主体结构的施工速度不能强求过快，楼层混凝土浇筑完后的必要养护（一般不宜≤24h）必须获得保证。主体结构阶段的楼层施工速度宜控制在 8～11d 一层，以确保楼面混凝土获得最起码的养护时间；其次，要科学安排楼层施工作业计划，在楼层混凝土浇筑完毕的 24h 以前，可限制做定位、测量、弹线等准备工作，最多只允许暗柱钢筋焊接工作，不允许吊卸大宗材料，避免冲击振动。24h 以后，可先分批安排吊运少量小批量的暗柱和剪力墙钢筋进行绑扎活动，做到轻卸、轻放，以控制和减小冲击振动力。第 3 天方可开始吊卸钢管等大宗材料，以及从事楼层墙板和楼面的模板正常支模施工。同时，在模板安装时，吊运（或传递）上来的材料应做到尽量分散就位，不得过多地集中堆放，以减少楼面荷重和振动；最后，对计划中的临时大开间面积材料吊卸堆放区域部位（一般约为 $40m^2$）的模板支撑架在搭设前，就预先考虑采用加密立杆（立杆的纵、横向间距均不宜大于 800mm）和搁栅，增加模板支撑架刚度的加强措施，以增强刚度、减少变形来加强该区域的抗冲击振动荷载，并应在该区域的新筑混凝土表面上铺设旧木模加以保护和扩散应力，进一步防止裂缝的发生。

（4）加强对楼面混凝土的养护

混凝土的保湿养护对其强度增长和各种物理化学性能的提高十分重要，特别是早期的妥善养护，可以避免表面脱水并大量减少混凝土初期伸缩裂缝发生。但实际施工中，由于抢赶工期和浇水将影响弹线及施工人员作业，因此，楼面混凝土往往缺乏较充分和较足够的浇水养护延续时间。为此，施工中必须坚持覆盖麻袋或草包进行一周左右的妥善保湿养护，并建议采用喷 HL 等品种和养护液进行养护，从而降低成本和提高工效，并可避免或减少对施工的影响。

3. 设计要考虑重点控制温度裂缝

从住宅工程现浇楼板裂缝发生的部位分析，最常见、最普遍和数量最多的是房屋四周阳角处（含平面形状突变的凹口房屋阳角处）的房间在离开阳角 1m 左右，即在楼板的分离式配筋的负弯矩筋以及角部放射筋末端或外侧发生 45°左右的楼地面斜角裂缝，此通病在现浇楼板的任何一种类型的建筑中都普遍存在。其原因主要是由于混凝土的收缩特性和温差双重作用所引起，并且越靠近屋面处的楼层，裂缝往往越大。从设计角度看，现行设计规范侧重于按强度考虑，未充分按温差和混凝土收缩特性等多种因素作综合考虑，配筋量因而达不到要求。而房屋的四周阳角由于受到纵、横两个方向剪力墙或刚度相对较大的楼面梁约束，限制了楼面板混凝土的自由变形，因此在温差和混凝土收缩变化时，板面在配筋薄弱处（即在分离式配筋的负弯矩筋和放射筋的末端结束处）首先开裂，产生 45°左右的斜角裂缝。虽然楼地面斜角裂缝对结构安全使用没有影响，但在有水源等特殊情况下会发生渗漏缺陷，容易引起住户投诉，是裂缝防治的重点。建议业主和设计单位对四周的阳角处楼面板配筋进行加强，负筋不采用分离式切断，改为沿房间（每个阳角仅限一个房间）全长配置，并且适当加密、加粗。根据我公司多年来的实践充分证明，凡采纳或按上述设计的房屋，基本上不再产生 45°斜角裂缝，已能较满意地解决好楼板裂缝中数量较多的主要矛盾，效果显著。

4. 对已产生裂缝的处理

在采取了上述综合性防治措施后，由于各种原因仍可能有少量的楼面裂缝发生。当这些楼面裂缝发生后，应在楼地面和顶棚粉刷前，预先做好妥善的裂缝处理工作，然后再进行装修。作者结合施工经验，对于结构无影响的裂缝采用挤灌环氧聚酯防渗漏即可；对结构有一定影响的裂缝，可以通过在找平层中增设钢丝网、钢板网或抗裂短钢筋进行加强处理。板底裂缝宜委托专业加固单位采用复合增强纤维等材料对裂缝作粘贴加强处理（注：当遇到裂缝较宽、受力较大等特殊情况时，建议采用碳纤维粘贴加强），复合增强纤维的粘贴宽度以 350～400mm 为宜，既能起到良好的抗拉裂补强作用，又不影响粉刷和装饰效果，是目前较理想的裂缝弥补措施。

综上浅述可知，“凡事预则立，不预则废”，将裂缝控制工作做在事前、事中，就会事半而功倍，所以，有针对性地采取预防产生裂缝的技术措施，是提高工程质量的重要保证。当然，具体问题具体对待，有时也可根据建筑物的具体情况，综合采用上述一种或多种抗裂措施组合预防。

10. 再议现浇混凝土楼板裂缝的防治

采取全现浇钢筋混凝土楼屋面板产生的裂缝，是多年来难以克服的质量通病之一，尤其是住宅工程的楼板的裂缝出现后，往往会引起居住者心理的不安全感，甚至出现投诉纠纷，严重的要求索赔等。预防楼面裂缝的产生，要抓住其主要矛盾，关键是对设计、材料和施工三个环节进行控制。以下结合施工实践及对楼板裂缝进行专项整治的经验，并对裂缝进行处理效果分析，重点是从以施工控制为主、兼顾设计提升和材料选择原因分析，探讨楼面裂缝综合性防治应用的具体措施。

1. 设计重点加强控制的部位

从房屋工程现浇钢筋混凝土楼屋面板裂缝的产生部位来说，最常见和数量最多的是建筑物的四周阳角处，包含平面形状突出的凹进部位的阳角处相距 1m 左右，即在楼板的分离式配筋负弯矩筋及角部放射筋末端，或者外侧出现 45°左右的楼地面斜角裂缝，此质量问题在全现浇楼板的任何一种类型房屋中都存在。其主要原因是混凝土的收缩特性和温度的双重作用所引起，且越靠近屋顶处的楼层裂缝较下部裂缝越大。

从设计构造分析，现在的结构设计规范侧重于按强度考虑，未充分对温度和混凝土的收缩特性多种因素作综合考虑，配筋量从抗裂及不利因素是满足不了需求的。而房屋的四周阳角处由于受到纵、横两个方向剪力墙或刚度相对较大楼面梁的约束，限制了楼面板混凝土的自由变形，因此在温差下混凝土产生收缩变形时，板面会在配筋量薄弱部位首先开裂，产生 45°左右的斜向裂缝。虽然楼板面斜角裂缝对结构安全使用无明显影响，但是在有水等特殊情况下会产生渗漏，容易引起上、下住户的矛盾，应引起重视并积极防治。

根据配筋不足引起的裂缝及危害原因分析，应特别要求设计单位对房屋四周阳角处楼板的构造措施尤其是抗裂措施加强防护，对板负筋不要采取切断分离，改为沿房间全长筋（每个阳角仅一个房间），并适当加密直径放大。应用的结果充分表示，凡是按技术导则一中第6条条文配筋，几乎不再出现45°斜向裂缝问题，基本杜绝楼板面斜角裂缝对结构安全及使用的隐患可能产生的不利影响。对于外墙转角处的放射形钢筋，实际上作用并不是很明显。其原因是放射性钢筋长度不足，一般在1.2m左右。当阳角处的房间在不按双向双层钢筋加密、加强，而仍然按分离式设置构造负弯矩短筋时，45°斜向裂缝仍然会向内转移到放射的末端或外侧。如果采取双向双层加密加强钢筋后，纵、横两个方向钢筋网的合力能较好地抵御和防止45°斜向裂缝的出现和转移，并且放射筋往往只有上部一层，在具体施工中习惯布置在纵横板面钢筋上部，造成表面钢筋交叉、重叠，把板面的负弯矩筋压在下部，减少了板面负弯矩筋的有效高度，同时浇筑时钢筋弯头（拐脚）容易翘起，造成抹压无保护层，对此应加强对双层双向筋的加密绑扎及上、下位置的准确性。

2. 商品混凝土性能控制稳定

现在混凝土浇筑几乎都采用的是商品混凝土，由于受到市场激烈竞争，导致各个商品搅拌站为节省成本降低水泥用量，而较大比例地掺用粉煤灰，因粉煤灰的细度模数偏低或质量不稳定，外加剂掺量性能差，细骨料含泥量偏大，使成本降低，这种降低质量的措施成为竞争的主要手段。因此，主管部门加强和健全对商品混凝土搅拌站的检查监督力度极其必要，保证采购合格的原材料，选择质量合格的外掺合料和外加剂，改善和减少混凝土的收缩值，建立完善的控制系统，即技术导则中第二条执行，合理控制其不同强度等级、不同用途混凝土的合理出厂价格，是一项提高商品混凝土质量的可靠保证。

3. 施工必须采取的具体措施

全整体浇筑混凝土楼板裂缝的产生，除了以阳角45°斜向裂缝为主也最多外，其次还有较常见的两类：一类是预埋套管及线管集散处；另一类为施工中临时周转材料集中和频繁的吊装卸料堆放区域。根据这些实际，从施工角度综合考虑，采取一些主要技术措施。

（1）重点加强浇筑时楼面上层钢筋的保护，即在混凝土中位置的准确性。由于钢筋在楼面混凝土中起到承受拉力、抵抗外荷载所产生的弯矩、防止混凝土收缩和温差裂缝的双重作用，而这种作用是需要钢筋位置处于上、下合理的保护层前提下，才能保持有效。在实际施工中，楼板下层的钢筋网片在受到混凝土垫块及模板依托下，保护层容易得到保证。如果垫块间距过大，超过1.2m以上时，钢筋网片的合理保护层厚度就无法保持，所以纵、横向的垫块间距必须限定在1m以内，使网片筋的保护层得到可靠保证。

与此相反的是，楼板上层钢筋网片的保护层控制，是施工中多年以来一直处理不到位的难题，其主要问题是：板的上层钢筋一般比较细且软，受到人们踩踏后立刻弯曲变形、下沉；钢筋距模板的高度大，悬空状态无法受到有效的依托保护；浇筑混凝土前各个工种互相交叉作业，人员多，上面走动频繁无处踩踏，只有在钢筋上落脚；上层钢筋网片的直径偏小，支撑马凳间距过大，严重的甚至不设支撑（仅依靠楼面梁上部钢筋搁置和分离式配筋的拐支撑着）。

在这些原因中，上层钢筋比较细、软和距模板远、无依托客观存在，不可能也难以提出有效措施加以改进，若提高钢筋用量，会造成浪费及费用增加。但是工种交叉作业及马凳的支撑问题，在施工中加强工序及人员控制能得到解决。根据楼面板施工的实际，板面的双层双向筋必须设置小马凳，其纵横向间距不大于700mm一个，即每m^2不少于2个；尤其是8mm以下的小直径筋，马凳纵横向间距不大于600mm一个，即每m^2不少于3个。这样的间距和数量，才能确保钢筋网片少变形、下坠。而板面工种交叉人员集中作业问题，应采取综合措施加以处理。

尽量科学、合理地安排好各工种交叉作业时间，在板底钢筋绑扎完成后，管线预埋和模板封镶收头应及时穿插并抓紧及早完成，做到不留尾巴、干净彻底，以有效减少板面钢筋绑扎后上面作业人员的数量。

加强对操作工人的教育，使得大家充分认识保护板面上部负弯矩筋位置的重要性，必须走动时应沿梁及马凳上通行，不要随意踏钢筋中间悬空位置；在楼梯及通道等频繁的人员通行处宜搭设临时简易通道，以方便施工人员行走；安排足够数量的钢筋绑扎人员，在板混凝土浇筑前及早进行调整修理，尤其是支座端部受力最大处，以及四周楼面裂缝易产生处，预埋槽盒及管线走向位置重点整修；混凝土正式浇灌时，操作人员应重视裂缝易产生部位和负弯矩筋最大受力部位，要铺设临时性活动跳板，扩大接触面来分散应力，尽量避免上层钢筋受到再次踩踏变形。

（2）预埋线管处的裂缝防治。预埋线管槽盒部位，尤其是多根线管的集散处，截面混凝土受到严重削弱，从而使应力集中，是易导致裂缝出现的薄弱部位。当预埋线管的直径较小，并且房屋的开间宽度也较小，同时线管的敷设走向又不垂直混凝土的收缩和受拉方向时，一般不会产生楼面裂缝；反之，当预埋线管的直径较大，开间宽度相应也大，并且线管的敷设走向又重合于垂直混凝土的收缩和受拉方向时，就很容易出现楼面板的裂缝。

因此，对于粗的预埋线管或者多根线管的集散处，应当按照技术导则三第 4 条要求，增加垂直于线管的短钢筋网加强。根据以往的施工实践表明，增加的抗裂短钢筋直径宜为 8mm，间距 120～150mm，两端的锚固长度要大于 300mm。而线管在敷设时，要尽可能不立体交叉穿越，在交叉布线处要按导则三第 4 条使用线盒，同时在多根线管的集散位置采取放射形式分布，尽量避免紧密平行排列管线，以确保线管底部的混凝土浇筑振捣到位、密实。假若此部位线管数量较多，使集散口混凝土截面大量削弱时，应按预留孔洞构造规定，在洞口上、下各布置 2 根不小于 12mm 的井字形抗裂构造筋加强。

（3）材料吊卸区域楼面裂缝的防治措施。当前，在主体结构的施工过程中，普遍存在着质量与工期之间的突出矛盾。一般主体结构的楼层实际施工速度平均在 5～7d 一层，最快的甚至不到

5d 即可施工一层。因此，当楼层混凝土浇筑完不足 24h 的静置和养护时间，就急忙放线及进行钢筋绑扎、大捆材料吊运等人员及小型机具作业，这样确实给大开间房屋的板面造成了严重损伤。除了大开间房屋的混凝土总收缩值较小房间要大的不利因素外，更容易在强度不足的情况下，材料吊卸冲击振动荷载作用力而引起不规则的受力裂缝。并且，这些裂缝一旦形成就不可能愈合，形成永久性裂缝。这种现象在高层建筑工程主体快速施工的今天极其普遍。对于这类裂缝的综合防治措施是：

首先，主体结构的施工速度不要安排得太快，楼层混凝土浇筑完成后的必要静置和养护时间要大于 24h 以上，这个最低时间必须得到保证。主体结构阶段的楼层施工速度控制在 6～8d 一层较合适，以确保楼面浇筑的混凝土获得最少的静置养护时间。

其次，要科学、合理安排楼层施工作业计划，在楼层混凝土浇筑完成的 24h 前，只能进行测量定位及画线的准备作业，最多只能允许暗柱的钢筋连接工作，不得吊卸成捆的材料上去，以避免冲击振动。在 24h 后即强度达 1.2MPa 以上时，可以分批安排吊运少量的柱和剪力墙筋的连接绑扎，做到轻卸轻放，尽量减轻冲击振动力。浇筑后的第三天，方能开始吊卸钢管及模板等大宗建材，进行楼层墙板及支设模板的正常作业。其间模板运输及安装板材尽量分散堆放，不要集中荷重。对计划中大开间材料吊卸堆放的模板支撑架在搭设前，要提前考虑加密立杆，其纵、横向间距小于 800mm。

最后，必须加强对楼面混凝土的养护。混凝土的保湿养护对强度增长和力学性能的提高极其必要，尤其是早期的合理养护可避免表面脱水，以减少早期裂缝的产生。在实际施工中，由于抢赶工期和养护水影响弹线和支模，因而楼面混凝土的湿润是存在问题的。坚持抹压后覆盖塑料薄膜和草袋浇水，是保湿的有效方法。

4. 裂缝的修补加强措施

在工程设计、材料选择及施工过程中，采取综合控制后，由于多种不利因素的影响，不可避免地还会有少量楼面产生裂缝。当这些裂缝出现以后，必须在楼面和顶棚抹灰前提早处理裂缝工作，然后再进行装修。根据具体工程实际，住宅楼地面上部的抹灰层较厚时，可以通过找平层中增设钢筋网片或短钢筋进行加强防裂，并且板面上部常被地砖或木地板所覆盖，表观比较好。但楼板底部抹灰层较薄，多数房屋层高低、无吊顶遮挡，容易看到裂缝影响观感质量。对于板底裂缝宽度小于允许宽度时，可以冲洗干净，刷素浆修复。当宽度大于 1mm 以上时，要采取加强补缝处理，用复合增强纤维对缝处粘贴防裂，其增强纤维宽度为 100mm，粘贴后在其上部再抹灰装饰。

11. 混凝土斜墙及斜柱施工技术和质量控制

某会议中心客房楼及附属设施为依山坡而建的山体工程，设计复杂，标高繁多，又是斜墙斜柱异形结构，区域之间连接部位数据不清晰，从测量定位到施工有很多特点和难点总结介绍，供同行在遇到此类工程项目施工控制时作参考。

1. 斜地工程特点及难点

所建工程几乎每层都设计有基础和挡土墙及基础和外墙防水层，标高繁多，全部为现浇钢筋混凝土框架-剪力墙结构，结构体系极不规则，受力状况复杂；斜墙、斜柱等异形结构的倾斜角度达 68.5°～87.5°，测量定位方法不同于常规，放线及标高引测的精度控制较为困难；屋面高低起伏，仅Ⅱ-1 区就有 13 个屋面和 32 个屋面的不同标高，控制处理十分困难；斜墙、斜柱模板除使用对拉螺栓外，应计算并设置支架，以解决混凝土、钢筋等自重及施工荷载作用下产生的倾覆问题，支架须满足抗倾覆及抗侧移要求；斜柱形状普遍不规则、不对称且截面尺寸较大，异形模板制作安装及支架搭设难度大，梁柱等接头部位更为严重，施工周转材料消耗量大；斜墙及斜柱钢筋的加工、定位及绑扎施工等较为困难，保护层不易得到控制；斜柱模板根部难以准确定位，易发生截面不准确、错位等。

2. 主要施工控制技术措施

（1）技术准备：斜墙、斜柱施工难度大，须认真熟悉图纸，依据设计和相关规范编制施工方案并做好技术交底。根据斜墙、斜柱在基础底板上的定位及高度、倾斜角度（斜率），算出墙柱的地板插筋定位和墙柱顶部至底板根部的水平距离，再根据墙柱的高度和上、下端水平距离算出斜长，进行钢筋和模板的放样工作。

（2）斜墙、斜柱放线定位：斜墙、斜柱又分为单斜和双斜，其模板定位、测设成为关键点。应用 CAD 程序在电子版结构施工图中进行计算及标点，斜墙和斜柱分成两段，在每个标高区间段内计算出 2 个标高点的墙、柱位置线，并绘制位置图，作为现场模板测设和校核的依据；采用全站仪在楼面上测设并弹出斜墙平行控制线和斜柱的水平投影控制线。安装模板时，采用全站仪和线坠结合、内控和外控结合的控制方法。

（3）插筋的定位及安装处理：斜墙、斜柱在底板内插筋的位置及角度是否正确，直接影响后续各项施工。选取垫层（防水保护层）上标高和＋1.000m 处墙、柱截面标高作为定位的两个基准平面。根据墙、柱的斜率算出墙、柱在两个水平面上的精确位置，再依据轴线在垫层（防水保护层）上分别弹出墙、柱第一个水平面，即底板插筋的实体作业面位置线和＋1.000m 处平面非实体的垂直投影线。底板钢筋安装后，在＋1.000m 平面位置利用直径较大的长于 1.2m 的钢筋焊成架体固定在底板钢筋内，利用线坠把垫层（防水保护层）上的墙、柱在＋1.000m 处的投影截面位置线标在预先焊成的架体上，然后在上、下两个平面拉线，确定墙、柱筋在底板筋上铁的位置（如与底板上铁重合可调整上铁间距），用这两个平面控制插筋的位置和角度，保证了墙、柱钢筋往上部延伸角度的精确性。

（4）斜墙、斜柱钢筋绑扎及固定：绑扎斜墙、斜柱钢筋骨架，存在骨架倾倒及侧移的可能，同时主筋存在弯曲及下垂的可能，箍筋及水平筋存在滑动下坠的可能。具体采取以下措施：

1）搭设钢管支架，由支架上方水平钢管承担钢筋的部分自重；

2）分别与斜墙、斜柱主筋焊接，钢筋放置斜向于下滑方向；

3）斜墙、斜柱钢筋笼的自身刚度难以抵御自重引起的挠度，其中部极可能发生变形，为避免钢筋骨架变形，在绑扎过程中采用钢丝绳拉住柱上部 1/2～1/3 范围内的纵筋，根部须与底板筋绑扎牢固，见图 1；

图 1　斜柱钢筋安装示意

4）钢筋绑扎完成后，按要求设置定型混凝土垫块，在模板上口内侧固定与钢筋保护层相同厚度的木条，以控制上口钢筋的位置及保护层。

（5）斜墙、斜柱模板支架设计：模板支撑系统及模板设计时，应分别验算水平荷载和垂直荷载，要充分考虑斜墙、斜柱施工的各种荷载并选择合理的荷载组合，以斜柱为代表进行方案设计和验算，斜墙采取相同的方案和措施。从偏于安全及有利于控制变形的角度出发，验算水平和垂直两个方向的支架时，均按单方面独立承受荷载验算，以满足模板及支架的承载力、抗倾覆及抗侧移等要求。

（6）模板安装支设：首先，斜柱模板加工前绘制大样图，按大样图尺寸和形状制作成 4 块，模板制作时要按锐角、钝角的大样刨成刀边，阴角模板制成定型模块，以方便安装；其次，斜墙及斜柱支模前先搭设支撑架，在架体上支设模板，模板底部及顶部根据弹出的水平投影线控制，并根据已计算的基准标高处的位置线控制中部模板。利用外控网，用经纬仪分次校测分段支设的模板，检查斜墙及斜柱的定位精确度。安装倾斜面模板时，根据底板（楼板）上的柱定位线和柱上端的位置垂直投影线，用线坠将投影线投到上端位置，用全站仪复核位置无误后，把柱模固定在模板支架上。模板校正时，垂直位置应根据不同的轴线和支模标高而定；相同轴线上的承重架须支设与斜柱反方向的斜撑。为减少反向支撑承受的压力，可在斜墙（柱）的背面用钢丝绳拉紧。然后，先安装下倾斜面模板并用架体支撑牢固后，再安装两侧斜立面的模板，最后去除吊拉钢筋的钢丝绳，安装上斜面的模板。在支设模板时，要保证混凝土构件各细部尺寸正确、控制斜墙及斜柱的倾斜度，遇菱形斜柱凸出墙面部位，要认真检查凸出尺寸、倾斜角度及菱形附壁斜柱的出墙位置；最后，柱模板下边的倾斜度应与混凝土楼板一致，模板下口应压海绵条封堵严密，不得事后拼补或用砂浆封堵，以防漏浆。

（7）斜墙、斜柱混凝土浇筑：

1）采用预拌混凝土，坍落度 140±20mm，5～25mm 石子连续级配，砂细度模数大于 2.6，掺用高效减水剂和优质粉煤灰；

2）斜墙、斜柱混凝土每层高度控制在 500mm 左右。将泵送布料管伸入柱中，以减少布料高度，保证落料质量均匀，以减少离析；

3）为防止混凝土向低处流淌，应严格控制坍落度，较高处混凝土需分次浇捣，并适当减缓浇筑速度；

4）采用插入式振捣器配合加长振捣棒，垂直插入、快插慢拔。在振捣棒上设置标记，以便分层浇捣时控制插入深度；

5）斜柱混凝土的浇筑质量要求高，为保证内实外光，无烂根、露石、砂缝，须重视各段施工缝的处理；

6）振捣时要注意底部、角部及内凹角，根据柱截面及振捣棒有效半径合理布点。浇筑后，应立即保湿养护。

3. 施工质量控制措施

（1）审核施工方案：施工前，监理工程师依据图纸和规范要求，逐项审核施工单位上报的施工组织设计和各专项施工方案，对总承包单位下发给分包企业的书面技术交底进行检查，确认无误后方允许施工。

（2）墙、柱测量定位控制：墙、柱在底板（楼板）上的实体位置线和上端位置投影线放完后，应及时根据轴线对墙柱位置、尺寸进行检查验收。墙柱钢筋安装前，要对投到钢筋支架上的墙柱上部位置点进行检查，以确保上部位置准确。确认无误后，方可进行下道工序施工。

（3）墙、柱插筋位置及角度控制：墙、柱插筋安装后，除应检查钢筋规格、型号、数量、间距外，还应重点检查插筋位置和倾斜角度，以确保墙、柱钢筋延伸到上部后位置准确无误。

（4）墙、柱钢筋安装质量控制：钢筋原材料进场，须有复验合格证明方可投入使用。墙、柱钢筋安装后，要检查接头（搭接连接检查搭接长度，机械连接检查外露丝扣和力矩，机械连接接头要按检验批随机截取，检测合格后方允许进行隐蔽，机械连接以 500 个接头为 1 个检验批，不足 500 个按 500 个计算）和箍筋、拉结筋间距（主筋规格型号、数量、位置插筋时已检查），墙、柱筋上下是否平整（四个面不得凹凸不平，以保证模板安装到位），保护层垫块设置间距、模板限位筋焊接是否符合图纸设计和规范要求。

（5）模板安装质量控制：

1）模板安装后，应检查支撑体系搭设是否符合安全技术规范及模板施工方案要求；

2）对模板施工质量进行检查验收，依据模板控制线检查根部定位是否符合要求，再依据模板上部投影控制线，利用线坠检查上部位置是否准确；

3）确认上、下位置无误后，再拉线检查模板的凹凸情况，对误差较大的位置进行调整；

4）对模板对拉螺栓和反向支撑的间距、松紧度及背面反拉钢丝绳的松紧度进行检查和调整；

5）检查模板和楼（地）面之间的缝隙封堵情况；

6）混凝土浇筑质量控制：

① 混凝土进场后，检查质量证明文件是否齐全、合格、有效；配合比中最小水泥含量和所用材料的氯、碱含量须符合规范要求；必须有所用材料的复验合格证明文件。运输单（小票）上浇筑部位的填写是否正确，混凝土强度是否符合设计要求，设计坍落度是否符合规范要求等；

② 检查进场混凝土的坍落度，保证混凝土的和易性和扩展度良好。冬期施工时，要保证混凝土的出罐温度符合规范及施工方案要求。混凝土供应商还应提供防冻外加剂的复验合格证明文件；

③ 浇筑过层中应严格控制每层浇筑厚度并及时振捣，确保无漏振和过振等现象；

④ 浇筑后及时养护，以确保混凝土质量。

综上所述，对于斜墙斜柱的异形建筑结构工程，其平面放线及竖向控制比较难以控制。以上结合工程实践，对此类因建筑物非横平竖直的常规建筑，造成结构质量控制难度大的分析介绍，为外观造型及达到预期质量目标进行有效尝试。

12. 混凝土裂缝产生的成因及控制措施

混凝土因其取材广泛、价格低廉、抗压强度高、可浇筑成各种形状、耐久性好、不易风化、养护费用低等优点，成为当今世界建筑结构中使用最广泛的建筑材料。但混凝土最主要的缺点是：抗裂能力差、容易开裂。混凝土裂缝不可避免，但它的有害程度可以控制。有些裂缝在使用荷载或外界物理化学因素的作用下，不断产生和扩展，引起混凝土碳化、保护层剥落、钢筋腐蚀，使混凝土的强度和刚度受到削弱，耐久性降低，危害结构的正常使用，必须加以控制。在混凝土结构使用过程中，混凝土开裂可以说是“常发病”和“多发病”，经常困扰着工程技术人员。

其实，如果采取一定的设计和施工措施，很多裂缝可以克服、控制和减少。为了进一步加强对混凝土裂缝的认识，尽量避免工程中出现危害较大的裂缝，在此分析介绍各类不同混凝土结构体裂缝产生的原因，并提出了预防措施及控制办法。

1. 裂缝产生的原因分析

（1）水泥水化热引起的温度裂缝：由于水泥在水化热过程中产生了大量的热量，因而使混凝土内部温度升高。当混凝土内部与混凝土表面温差过大时，就会产生温度应力和温度变形。温度应力和温差成正比，温差越大，温度应力越大。当温度应力超过混凝土内外约束力时，就会产生裂缝。温度裂缝与水泥用量、混凝土厚度及养护条件等有关。

（2）内外约束条件使混凝土在早期温度上升时，产生的膨胀受到约束而形成压应力。当温度下降时，则产生较大的拉应力。若超过混凝土的抗拉强度，混凝土将产生垂直开裂。另外，混凝土内部由于水泥水化热使得中心温度高、热膨胀大，因而在中心区产生压应力，在表面形成拉应力，导致裂缝产生。

（3）收缩引起的裂缝：有关资料介绍表明，混凝土中 80％以上的水分要蒸发，约不足 20％的水分是水泥硬化所必需的。而最初失去的 30％的自由水分几乎不引起收缩，随着混凝土的陆续干燥而使 20％的吸附水逸出，就会产生干燥收缩，而且表面收缩快、中心干燥收缩慢，由于表面的干缩受到中心部位混凝土的约束而产生裂缝。研究表明，水泥品种、强度等级及用量、骨料品种、水灰比、外掺剂、养护方法、外界环境等，都是影响混凝土收缩裂缝的主要因素。

（4）原材料差异造成的裂缝：原材料差异造成的裂缝可分为以下几种情况：

1）水泥用量较大，混凝土水化放热量高，易形成收缩和干缩裂缝；当使用不合格水泥时，易出现早期不规则的短缝；

2）砂、石的含泥量超过规定，不仅会增加混凝土水泥用量、降低混凝土的强度及抗渗性，还会使混凝土干燥时产生不规则的网状裂缝；

3）砂、石的级配差，有的砂粒过细，用这种材料拌制混凝土，一方面会导致水泥用量增加；另一方面也会造成裂缝；

4）外加剂掺量不匹配或不合理。

（5）地基、基础沉降产生的裂缝：地基、基础沉降产生的裂缝可分为两种情况：即因地基容许承载力存在差异，使混凝土形成早期或晚期裂缝和基础本身施工时处理不均匀，在混凝土浇筑后发生不均匀沉降，导致早期或晚期裂缝。

（6）由施工工艺、施工质量引起的裂缝：

施工工艺、施工质量引起的裂缝可分为以下几种：

1）混凝土在高温和大风的影响下，常产生早期裂缝，裂缝常发生在结构物的薄弱处；

2）混凝土从搅拌到浇筑的时间过长，致使大量网状不规则裂缝产生；

3）混凝土过早受力产生裂缝，主要是浇筑方法本身不够严密或者提早拆模，使混凝土过早受力；

4）混凝土振捣不密实、不均匀，出现蜂窝、麻面、空洞，成为钢筋锈蚀或其他荷载裂缝的起源点；

5）混凝土浇筑过快，流动性较差，在硬化前因混凝土沉实不足，硬化后沉实过大，容易在浇筑数小时后产生裂缝，即塑性收缩裂缝；

6）混凝土搅拌、运输时间过长，使水分蒸发过多，引起混凝土坍落度过低，使得在混凝土体出现不规则的收缩裂缝。

另外，由于设计原因混凝土构件断面突变或因开洞、预留槽引起应力集中，构造钢筋布置不当，结构缝设置不合理等因素，均容易导致混凝土开裂。

2. 裂缝控制的要点

（1）优化混凝土配合比，具体要点为：

1）在满足工程质量的前提下选择水化热较低的水泥，降低水泥用量；如采用一定量的粉煤灰代替水泥；

2）严格控制集料级配及含泥量；

3）选用合适匹配的外加剂改善混凝土性能，如通过掺入适量的高效减水剂，来降低水灰比而达到混凝土施工所需要的坍落度；

4）合理选择水灰比，泵送混凝土坍落度不大于150mm。

（2）改善约束条件，具体要点为：

1）合理地分层、分块；

2）避免基础过大起伏；

3）合理地安排施工工序，避免过大的高差变形，表面保湿、保温和侧面减少长时间暴露。

（3）地基处理，具体要点为：

1）认真进行地基基础处理，避免因地基本身质量问题产生裂缝，科学设计支架搭设，对其进行全面预压，以消除非弹性变形；

2）采取合理的计算模型，限制机具的堆放，避免地基产生不均匀沉降；

3）如换置基础土必须土质符合设计要求，且分层碾压密实，并按规定做密实度试验。

（4）混凝土的浇筑宜根据结构截面大小、钢筋疏密、预埋管和预埋件的预留情况、混凝土供应及水化热等因素，分别采用全面分层、分段分层、斜面分层后退的浇筑方法。每种浇筑方法都应保证每一处混凝土初凝前，就被上一层混凝土覆盖并捣实。

（5）混凝土的养护采用内部降温法（如混凝土内部预埋水管、投毛石）、外部保温法（模板外部覆盖保温材料、延长拆除模板时间）等方法，减小混凝土中心温度、表面温度、外界温度之间的温差，确保三者温差小于20℃。

（6）设计构造处理，设计的具体要点为：

1）按照设计规范要求，确定混凝土强度等级及设置伸缩缝；

2）增配小直径、小间距的构造钢筋，以提高混凝土的抗裂性能；

3）避免结构面突变而产生应力集中，当不能避免断面突变时，应在局部逐渐变化过渡。

通过上述浅要分析可知，混凝土施工裂缝牵涉诸多方面，如设计重视不够、施工工艺和原材料控制不当等，均可能使混凝土出现裂缝。因此，必须严格按照国家技术标准进行设计、施工和监督检查，同时在具体施工过程中要多观察、多总结，结合各种预防措施，进一步加强质量管理，发现问题及时处理，这样混凝土施工裂缝可以控制在允许范围内。

13. 混凝土外观缺陷的原因分析与处理

随着建筑业的快速发展，尤其是交通基础设施的大规模建设，钢筋混凝土结构得到了空前的应用，在交通运输设施中整洁美观、线型流畅的互通式立交桥，各地城市里飞跨的高架桥，无不成为一道靓丽的景观，给人以美的享受。由此可见，钢筋混凝土结构不仅要保证其内在质量，其外观质量也非常重要。好的混凝土外观应具备表面平整、色泽均匀、边角分明等特点。混凝土的外观缺陷问题是一个普遍存在而又不太好处理的实际问题，本文对混凝土外观缺陷产生的原因及如何预防进行分析探讨，并针对具体情况提出了一些有针对性的处理措施。

1. 混凝土麻面与处理

（1）观感现象：混凝土表面局部缺浆、粗糙、石子多，或有许多小凹坑，但无钢筋和石子外露。

（2）原因分析：

1）模板表面粗糙或清理不干净，粘有干硬水泥砂浆等杂物，拆模时混凝土强度低，表面被粘损。

2）钢模板脱模剂涂刷不均匀，拆模时混凝土表面粘结模板。

3）模板接缝拼装不严密，浇筑混凝土时缝隙漏浆。

4）混凝土振捣棒未振到位漏振自然状态下不密实，混凝土中的气泡未排出，一部分气泡停留在模板表面。

（3）常见预防措施：模板面清理干净，不得粘有干硬水泥砂浆等杂物。木模板浇筑混凝土前，用清水充分湿润，清洗干净，不留积水，使模板缝隙拼接严密；如有缝隙应填严，防止漏浆。钢模板涂模剂要涂刷均匀，不得漏刷。混凝土必须按操作规程，分层均匀振捣密实，采用快插慢拔的振捣方式，严防漏振，每层混凝土均匀振捣至表面不再有气泡排出为止。

（4）处理方法：麻面主要影响混凝土外观，对于面积较大的部位修补。即将麻面部位松动石子清除并用清水刷洗，充分湿润后用水泥砂浆或 1∶2 水泥砂浆抹刷，重点养护，使表面抹的浆不至于疏松。

2. 蜂窝现象及处理

（1）表观现象：混凝土局部酥松，砂浆少石子多，石子之间出现空隙，形成蜂窝状的孔洞。

（2）原因分析：

1）混凝土配合比不合理，石、砂水泥材料计量错误，或加水量不准，造成砂浆少、石子多；

2）混凝土搅拌时间短，没有拌合均匀，混凝土和易性差，振捣不密实；

3）未按操作规程灌注混凝土，下料不当，使石子集中，振不出水泥浆，造成混凝土离析；

4）混凝土一次下料过多，没有分段、分层浇筑，振捣不实或下料与振捣配合不好，未振捣又下料；

5）模板孔隙未堵好或模板支设不牢固，振捣混凝土时模板移位，造成严重漏浆。

（3）预防一些具体措施：

结合工程实际优化混凝土配合比设计，拌料时严格按控制配合比计量，采用电子自动计量要经常检查，保证材料计量准确。混凝土拌合均匀、颜色一致，其延续搅拌最短时间符合规定。混凝土自由倾落高度一般不得超过 2m；如超过，要采取串筒、溜槽等措施下料。混凝土的振捣分层捣固。浇筑层的厚度不得超过振动器作用部分长度的 1.25 倍。捣实混凝土拌合物时，插入式振捣器移动间距不大于其作用半径的1.5倍；对细骨料混凝土拌合物，则不大于其作用半径的1倍。振捣器至模板的距离不大于振捣器有效作用半径的1/2，防止出现漏振和过振现象。为保证上、下层混凝土结合良好，振捣棒插入下层混凝土50mm。混凝土振捣时，必须掌握好每点的振捣时间。合适的振捣现象为：混凝土不再显著下沉、不再出现气泡。混凝土浇筑时，经常观察模板、支架、堵缝等情况。发现有模板走动，立即停止灌注，并在混凝土初凝前修整完好。

（4）治理方法：

混凝土有小蜂窝，可先用水冲洗干净，然后用1：2或1：2.5水泥砂浆修补；如果是大蜂窝，则先将松动的石子和突出颗粒剔除，尽量形成喇叭口，外口大些。然后，用清水冲洗干净湿润，再用高一级的细石混凝土捣实，加强覆盖养护。

3. 孔洞的现象与处理

（1）表观现象：混凝土结构表面有孔洞存在，内有空洞孔隙，局部没有混凝土且钢筋外露。

（2）原因分析：

1）在钢筋密集处或预埋件处，混凝土灌注不畅通，不能充满模板间隙。

2）未按顺序振捣混凝土，产生漏振。

3）混凝土离析，砂浆分离，石子成堆或严重跑浆。

4）混凝土工程的专项施工组织不好，未按施工顺序和施工工艺认真操作。

5）混凝土中有硬块和杂物掺入，砖块或木块等大块体掉入混凝土中。

6）不按规定下料，吊斗直接将混凝土卸入模板内，一次下料过多，下部因振捣器振动作用半径达不到，形成松散状态。

（3）预防措施：

1）在钢筋密集处，可采用细石混凝土灌注，使混凝土充满模板间隙，并认真振捣密实。机械振捣有困难时，可采用人工捣固配合。

2）预留孔洞处在两侧同时下料。下部往往灌注不满、振捣不实，采取在侧面开口浇筑的措施，振捣密实后再封好模板，然后往上浇筑。

3）采用正确的振捣方法，严防漏振。插入式振捣器采用垂直振捣方法，振捣棒与混凝土表面垂直或斜向振捣，即振捣棒与混凝土表面成一定角度，约40°～45°；振捣器插点均匀排列，可采用行列式或交错式顺序移动，不得混用以免出现漏振。每次移动距离不大于振捣棒作用半径（R）的1.5倍。振捣器操作时快插慢拔；控制好下料。要保证混凝土灌注时不离析，混凝土自由倾落高度不超过2m；大于2m时，要用溜槽、串筒等下料；防止砂、石中混有黏土块或冰块等杂物；基础承台等采用土模施工时，要注意防止土块掉入混凝土中；发现混凝土中有杂物，要及时清除干净；加强施工技术管理和质量随查工作。

（4）对混凝土孔洞的处理：施工方要做出处理方案上报监理工程师，根据质量问题严重程度，由监理报经有关单位如设计或质量监督部门共同研究，制定补强方案，经批准后方可处理，必须指出的是施工方不允许自行处理隐蔽。

4. 露筋的现象与处理

（1）表观现象：钢筋混凝土结构内或混凝土保护层范围内的主筋、副筋或箍筋等无混凝土包裹而露在混凝土表面。

（2）一般原因分析：

1）混凝土浇筑振捣时，钢筋垫块移位或垫块太少甚至漏放，钢筋紧贴模板；

2）钢筋混凝土结构断面较小、钢筋过密，如遇大石子卡在钢筋上，混凝土水泥浆不能充满钢筋周围；

3）因配合比不当，混凝土产生离析，浇捣部位缺浆或模板严重漏浆；

4）混凝土振捣时振捣棒撞击钢筋，使钢筋移位；

5）混凝土保护层振捣不密实或木模板湿润不够，混凝土表面失水过多或拆模过早等，拆模时混凝土缺棱掉角；

6）下料高度超过 2m，造成石子集中、无浆等。

（3）一般预防措施：

1）灌注混凝土前必须经过报验，经过监理检查钢筋位置和保护层厚度是否准确确认；

2）为保证混凝土保护层的厚度，要注意固定好垫块。一般每隔 1m 左右，在钢筋上绑一个水泥砂浆垫块；

3）钢筋较密集时，选配适当的石子。石子最大颗粒尺寸不得超过结构截面最小尺寸的 1/4，同时不得大于钢筋净距的 3/4。结构截面较小、钢筋较密时，可用细石混凝土浇筑；

4）为防止钢筋移位，严禁振捣棒撞击钢筋。在钢筋密集处，可采用带刀片的振捣棒进行振捣。保护层混凝土要振捣密实。灌注混凝土前用清水将木模板充分湿润，并认真堵好缝隙；

5）混凝土自由倾落高度超过 2m 时，要用串筒或溜槽等进行下料；

6）操作时不得踩踏钢筋，如钢筋有踩弯或脱扣者，应及时调直，补扣绑好。最后，拆模时间要根据试块试验结果确定，并经监理同意，以防止过早拆模。

（4）防治措施：必须根据露筋程度，将外露钢筋上的混凝土残渣和铁锈清理干净，用水冲洗湿润，方案经过监理同意后，再用 1∶2 或 1∶2.5 水泥砂浆抹压平整。如露筋较深，将薄弱混凝土剔除，冲刷干净湿润，用高一级的细石混凝土捣实，认真养护。

5. 缺棱掉角现象及处理

（1）外观现象：混凝土边角局部掉落，不规整，棱角有缺陷，边缘不顺直、缺失。

（2）一般原因分析：

1）木模板在灌注混凝土前未湿润或湿润不够，灌注后混凝土养护不及时且不连续，棱角处混凝土水分被模板大量吸收，致使混凝土水化不好、强度降低；

2）常温施工时，浇筑后在混凝土无强度时过早拆除侧模及承重模板；

3）拆模时受外力作用或重物撞击，或保护不好，棱角被碰掉；

4）冬期施工时未保温强度偏低，混凝土局部受冻，拆除造成边角碰撞、断裂。

（3）一般预防措施：

木模板在浇筑混凝土前必须充分湿润，混凝土灌注后认真保护及浇水养护。拆除钢筋混凝土结构承重模板时，混凝土具有足够的强度，要求同条件养护试件抗压强度达到可以拆除的比例，表面及棱角才不会受到损坏。拆模时不能用力过猛、过急，注意保护棱角，吊运时，严禁模板撞击棱角。加强成品保护，对于处在人多、运料等通道处的混凝土阳角，拆模后要用槽钢等将阳角保护好，以免碰损。冬季混凝土灌注完毕，做好覆盖保温工作，加强测温，及时采取防冻措施，防止受冻强度过低，拆除模板时损伤。

（4）治理措施：对于缺棱掉角及边缘损伤较小时，清水冲洗可将该处用钢丝刷刷净充分湿润后，用1：2或1：2.5的水泥砂浆抹补齐正。可将不实的混凝土和突出的骨料颗粒凿除，用水冲刷干净湿润，然后用比原混凝土高一级的细石混凝土补抹，恢复原状，认真保护并加强养护。

6. 施工缝处夹（渣）层烂根处治

（1）表观现象：施工缝处混凝土结合不严密，有缝隙或夹有杂物，造成结构断层、烂根，使整体性受影响严重。

（2）一般原因分析：

1）如柱模板支设加固前，未对底部杂物彻底清除，遗留木屑或一些杂物；

2）在灌注混凝土前，由于下面光线差、检查不细致，没有认真处理施工缝表面，浇筑前板缝又宽怕漏浆而塞进水泥袋或塑料堵塞缝隙伸入过多，夹在混凝土中，或入模高度大，石子集中下部，振动棒未深入到底，使捣实不够；

3）浇筑大体积混凝土结构时，对结合层的处理必须认真进行，这是不可缺少的重要工序，一般面积较大。分层分段施工时，在施工停歇期间常有木块、锯末等杂物积存在混凝土表面，未认真检查清理，再次浇筑混凝土时混入混凝土内，在施工缝处造成杂物夹层及烂根现象。

（3）预防处理措施：

1）支设模板时，必须在合模前清理干净混凝土表面，因掉入杂物，水冲不出；

2）在施工缝处继续浇筑混凝土时，首先要做结合层。如间歇时间超过规定，则按施工缝处理，在混凝土抗压强度不小于1.2MPa时，才允许继续浇筑；

3）在已硬化的混凝土表面上继续灌注混凝土前，除掉表面水泥薄膜和松动石子或软弱混凝土层，并充分湿润和冲洗干净，残留在混凝土表面的水予以清除；

4）在浇筑前，施工缝宜先铺抹水泥浆或与混凝土相同的减石子砂浆一层；

5）在模板上沿施工缝位置通条开口，以便清理杂物和冲洗。冬期施工时，可采用高压风吹。全部清理干净后，再将通条开口封闭，并抹水泥浆或减石子混凝土砂浆，再浇筑混凝土。

（4）处理方法措施：如果夹渣层较厚时，必须把夹层内杂物清理干净，并凿掉松散层冲洗干净，报经监理认可后再处理，绝不允许自行隐蔽处理。当表面缝隙较细时，可用清水将裂缝冲洗干净，充分湿润后抹水泥浆。对夹层的处理应慎重。补强前，先搭临时支撑加固后，方可进行剔凿。将夹层中的杂物和松软混凝土清除，用清水冲洗干净，充分湿润再浇筑，采用提高一级强度等级的细石混凝土或混凝土减石子砂浆，捣实并认真养护。

通过在实际工程中发现和处理的混凝土工程质量缺陷，在许多施工中难免会出现这样或那样的不足，但是工程的建设实践证明：万一结构混凝土表面发生不利于观感质量要求的外观缺陷，通过恰当的工艺对其进行认真、仔细、谨慎的修饰，则也能较好地收到普通混凝土应有的效果。但要收到较理想的修饰效果，达到自然、美观和返璞归真的程度，也极其不易。混凝土外观质量决不能寄托于修饰，必须在混凝土施工工艺上切实努力。

14. 结构混凝土构件早期裂缝预防技术

混凝土是人们熟悉的建筑材料，是由水泥、砂石骨料、水以及外加剂等按不同比例混合而成的非均质脆性材料，在其浇筑后因内部水化、混凝土硬化、热胀冷缩以及浇筑质量等多种原因会产生裂缝，对各种建筑物（如砖混、桥梁、水利、隧道等工程）产生了较大的危害，从而必须使用合适的技术对其进行预防控制和修复，使其正常、安全使用。

1. 混凝土早期裂缝的产生成因

从各种混凝土结构裂缝分析，在混凝土浇筑后产生裂缝的主要原因有以下几种：

（1）混凝土砂石骨料的塑性沉落裂缝：混凝土浇筑过程中需要使用振动棒进行振动，此时砂石、骨料在重力及振动棒的作用下自然下沉，使得水泥浆上升。这种塑性沉降一直到混凝土硬化，此时混凝土表面因为失去水分，但沉降部分由于受到模板、钢筋及预埋件的抑制，导致混凝土沿着梁及板上面钢筋的走向出现，裂缝产生。

（2）混凝土塑性收缩产生裂缝：混凝土浇筑后，如果表面的水分蒸发过快，或者被基础、模板吸水过快，会使得混凝土产生急剧的收缩，而此时混凝土刚浇筑完不久，没有任何强度而言，使得其不能抵抗因水分蒸发而产生的应力，从而导致裂缝的产生。显然，水分蒸发越快，混凝土裂缝也越容易产生，且裂缝度也越大。

（3）混凝土的温度裂缝：混凝土的温度裂缝，主要是由于混凝土的内外温度差所造成。混凝土是热的不良导体，混凝土内部产生的大量水化热不容易散发，这会使得其内部温度升高。与此同时，混凝土外面因为裸露，散热较快，加剧了内外的温度差，其结果是：内部因为温度升高造成体积膨胀，而外部因为温度低导致收缩；当外部拉力不能抵抗内部的压力时，混凝土便产生裂缝，且裂缝隙一般较深。这种裂缝多出现在大体积混凝土中，小体积混凝土因为体积小，内部的水化热可以得到一定的发散，所以小体积混凝土不考虑散热问题。

（4）选材、设计和施工方面的原因：

1）在选材上，水泥品种较为重要。因为不同的水泥品种，在浇筑过程中其收缩性、用量、强度等存在较大区别，如普通硅酸盐水泥混凝土和矿渣水泥混凝土的自生收缩是相反的；另外，在混凝土配合比上，当水泥用量增加，后期内部产生的水化热也就高，裂缝也容易产生。

2）在设计上，如房屋较长时未设置伸缩缝，导致拉力不够产生裂缝，或板厚偏小，整体刚度不足产生，或楼板配筋采用的计算简图与实际不符等，都会产生裂缝。

3）施工方面对裂缝的产生影响较大，主要与模板支设材料与刚度、施工振捣及工序工艺、养护方式等相关。

2. 混凝土早期裂缝的控制方法

混凝土浇筑，设计是关键，选材是基础，施工是保障。混凝土的裂缝控制有必要从这三方面入手控制：

（1）设计方面的控制措施：混凝土早期裂缝控制，在设计上需要注意的重点是：

1）保持平面和立面设计合理，如合理设置施工缝和后浇带，以减小约束应力。对于混凝土（特别是大体积）而言，因水化产生的温度应力与混凝土浇筑块的不均匀温差约束系数有关系，该系数越大，温度应力越大，混凝土产生裂缝的几率也越大。而该系数又与浇筑长度相关，浇筑长度越大，温度应力也越大。因此，适当地分层分块、减小浇筑块长度，是减小温度应力的一个有效措施。

2）采取科学的配筋形式。钢筋或其类似作用的材料在混凝土中首先承担着传递应力的作用，混凝土产生变形时，部分应力可以被钢筋的拉伸作用所抵消，如应力从较高区域向较低区域转移。另外，钢筋在混凝土中一般呈网格状分布，这本身就可以阻滞混凝土的流动。显然，网格越密，刚浇筑的混凝土内部流动的几率也越小。一般而言，施工方为了方便施工，都愿意采取大直径、小密度的配筋方法，因为密度越小、钢筋间距越大，对集料的最大粒径要求较小；反之，密度大、间距小，集料就要求越细，影响施工。因此，在混凝土浇筑时，必须平衡这两方面的矛盾，一般在不影响结构受力的情况下，尽量疏散钢筋。

（2）配合比和材料上的控制措施：影响混凝土裂缝产生的重要因素是内外温度差，因此在材料和配比上，要从减少内部热量方面入手：

1）尽可能减少水和凝胶材料的用量。①注意改善集料的级配，集料在力学方面作用明显，但其本身不释放热量。如果能够改善集料的级配，就会降低混凝土的孔隙率，进而减少填充这些孔隙所必需的胶凝材料数量，而凝胶材料恰恰是释放热量的主要原料；②在保证力学结构基础上，尽可能采用较大粒径的集料。研究表明，混凝土的孔隙率都有一定的自然限制。但是，孔隙率越高，所需填筑这些孔隙的水泥浆自然就越多。如果采取大粒径的集料，其他较小粒径的集料可以更好地填充大粒径集料产生的孔隙，从而减低孔隙率，而且大集料的表面积之和相对较小，用来润湿集料表面所需的水泥浆量也越少，这必然会减少内部所释放的热量。实践表明，在保持混凝土流动性不变的条件下，集料的最大粒径从 10mm 增大到 60mm 时，每立方米混凝土的用水量可减少大约 50kg，从而也减少了凝胶量的使用；③用合理的超塑化剂，主要选择减水率较大、对混凝土的稳定性影响较小、不加速胶凝材料及能防止离析和坍落度损失的超塑化剂。

2）合理使用外加剂。掺入矿物外加剂可以降低胶凝材料的水化热，但是外加剂必须满足以下要求：不影响混凝土用水量和胶凝材料，因为用水量和凝胶材料的增加，必然会增加水化热；对于非大体积的混凝土，可以考虑加入减水型矿物外加剂，因为它可以降低水和水泥用量，从而降低了混凝土的水化热，进而增加了混凝土的抗裂性。

3）重视选择水泥。水泥和水的化学反应会产生水化热，因此在保证力学要求的基础上选择低热水泥，是降低水化热的关键因素，如 32.5 级及 42.5 级强度的矿渣硅酸盐水泥，同时努力降低水泥用量。在条件允许的情况下，可选择 60d 或 90d 的强度。

（3）施工过程的控制措施：从施工角度来说，主要就是严格按操作程序及工艺标准施工，采取有效措施降低混凝土内部水泥水化放出的热量，防止内外温差梯度过高而导致有害裂缝的产生。施工前，可在结构体内部采取预埋冷却水管。混凝土浇筑过程中，其内部温度、浇筑温度和外部温度有较大的差别。如果依靠天然冷却，达到稳定温度需要很长的时间，因此预埋冷却水管是使混凝土降低或保持在其结构温度上的有效方式。冷却水管一般情况下采用焊接钢管，在钢筋绑扎过程中将其埋入混凝土内部，水平蛇形管圈分层，竖直面上一般布置成梅花形。当然，施工中需要注意管内流量、冷却水、温度、冷却时间、冷却速度等。如在冷却速度上，必须结合混凝土的放热速率和强度发展综合考虑。一般而言，冷却速度应控制为每天不大于 1～2℃，同时冷却水与混凝土之间的温差应该控制在 20～25℃范围内等。同时，还要采取减低混凝土出仓温度的措施。混凝土在搅拌和运输过程中，因为机械作用以及阳光照射，温度较高，这不利于混凝土的浇筑。因此，要采取一些办法降低其出仓温度，如使用较低温度的水喷洒骨料，水泥放在通风阴凉处，用温度比较低的水用于混凝土搅拌，用遮阳棚遮挡砂石，运输车在使用前用冷水进行降温等。最后，要重视加强对混凝土的养护。混凝土浇筑后不久，一般不可避免地因为内外温差产生裂缝，因此在混凝土未初凝前进行二次抹面是很必要。同时，还可以采取以下措施：在混凝土表面覆盖一层塑料薄，在膜塑料膜上方加盖一层草袋子或棉毡用于保温；温度较高时，用冷水或温水保养等。

15. 结构混凝土冬期施工质量预控措施

在常温下施工的混凝土结构件，只要按常规浇水养护即可强度正常增长，而进入冬季则有所不同，由于气温低冻结是影响混凝土强度增长极其严重的不利因素。冬期施工混凝土的主要特点是凝结时间延长，气温 0～4℃时，比 15℃延长三倍；温度降到 0.3～0.5℃时，混凝土开始冻结，反应停止；－10℃时，水化反应完全停止，混凝土强度下降，混凝土中水冻胀，体积增加 9%，硬化的混凝土结构遭到破坏发生冻害。因此，混凝土冬期施工要求：①冬期施工的混凝土宜选用硅酸盐水泥或普通硅酸盐水泥，水泥强度等级不宜低于 32.5 级，每立方米混凝土中的水泥用量不宜少于 300kg，水灰比不应大于 0.55，并适当加入早强剂。必要时，应加入防冻剂（根据气温情况确定）；②为减少冻害，应将配合比中的用水量降至最低限度，控制坍落度，加引水剂，优先选用高效减水剂；③模板和保温层应在混凝土冷却到 5℃后方可拆除；当混凝土与外界温差大于 20℃时，拆模后的混凝土表面应临时覆盖，使其缓慢冷却；④未冷却的混凝土有较高的脆性，所以结构在冷却前不得遭受冲击荷载或动力荷载的作用。

1. 混凝土冬期施工的一般原理

混凝土捣拌浇灌后，之所以能逐渐凝结和有较高的温度，是由本身水化作用的结果。而水泥水化作用的速度除与混凝土组合材料和配合比有关外，主要是随着温度的高低而变化。当温度升高时，水化作用加快，强度增长也快；而当温度降至 0℃时，存在于混凝土中的游离水有一部分开始结冰，逐渐由液相变为固相，这时水泥水化作用基本停止，强度也不再上升。温度继续下降，当混凝土中的水全部结成冰，由液相变为固相时，体积膨胀约 9%，同时产生大约 20kN/m 的侧压力。这个应力值一般大于混凝土浇筑后内部形成的初期强度值，致使混凝土受到程度不同的早期破坏而降低强度。此外，当水结成冰后，会在骨料和钢筋表面产生颗粒较大的冰凌，这种冰凌会减弱水泥浆与骨料同钢筋的粘结力，也会影响混凝土的抗压强度。当气温回升冰融化后，又会在混凝土内部留下众多的空隙和孔洞，降低混凝土的密实性和耐久性。由此可见，在冬期混凝土施工中，水的形态变化是影响混凝土强度增长的关键因素。

2. 混凝土冬期施工方法的选择

在实际工程中，要根据施工时的气温情况、工程结构状况、工期紧迫程度、水泥的品种、早强剂、减水剂、抗冻剂的性能、保温材料的性能及其热源的条件等，来选择合理的施工方法。一般情况下，同样一个工程可以有多种方法和措施来保证工期和质量，但最佳方案必须满足工期短、造价低且质量有保证。目前条件下，冬期施工采取的施工措施有以下几种：

（1）调整配合比法：主要是适用于在0℃左右的混凝土施工，具体做法：

1）选择适当品种的水泥是提高混凝土抗冻的重要手段。试验结果表明，应使用早强硅酸盐水泥。该水泥水化热较大，且在早期时强度最高，一般3d抗压强度大约相当于普通硅水泥7d的强度，效果较明显；

2）尽量降低水灰比，适当增水泥用量，从而增加水化热量，缩短达到临界强度的时间；

3）掺用引气剂。在保持混凝土配合比不变的情况下，加入引气剂后生成的气泡，相应增加了水泥浆的体积，提高拌合物的流动性，改善其黏聚性及保水性，缓冲混凝土内水结冰所产生的水压力，提高混凝土的抗冻性；

4）掺加早强外加剂，缩短混凝土的凝结时间，提高早期强度。应用较普遍的有硫酸钠（掺用水泥用量的2%）和MS-F复合早强减水剂（掺水泥用量的5%）；

5）选择颗粒硬度高和缝隙少的集料，使其热膨胀系数和周围砂浆膨胀系数相近。

（2）采用蓄热法：当室外最低温度不低于−15℃时地面以下

的工程，或表面系数 M 不大于 $5m^{-1}$ 的结构，应优先采用蓄热法养护。对结构易受冻的部位应采取加强保温措施，蓄热法就是在混凝土浇筑物的外表面用导热性能低的材料进行保温，热源为预加到混凝土组成材料的热和水泥水化热。施工用的模板应为保温模板，浇筑完毕的混凝土顶面要立即用保温材料覆盖。蓄热法实质上就是表面保温法，它和混凝土坝的表面保护，在形式上是一致的；但它们的目的和要求却不同。表面保护的目的是防止混凝土的表面裂缝，它要求混凝土的内表温差不超过允许标准。蓄热法的目的是防止混凝土的表层冻害，它要求混凝土表层温度不低于其正常凝固硬化的温度。

（3）采用暖棚法：暖棚法就是在混凝土浇筑部位上搭设暖棚，棚内通常用蒸汽排管或暖风机供热，使棚内温度保持在 5℃以上，防止结冰。暖棚搭设及做法主要是由棚盖、支承结构和保温层的围护结构等组成。我们通常采用的形式有三种：

1）绑扎式暖棚是一种简易暖棚，用 10cm×10cm 的预制混凝土柱作支承，高 3.5～4.0m，棚盖采用圆木现场绑扎，保温层采用草帘、草垫及帆布等。棚顶的混凝土下料口设活动料口盖，并用麻袋片包草垫保温；

2）组装式暖棚，其棚盖采用单片钢桁架组装而成。因其跨度较大，支承结构可以设置在模板以外。棚顶同样须设混凝土下料口及活动料口盖；

3）装配式暖棚，主要包括钢桁架组合梁、定型保温支承结构、吊装结构及围护结构等部分。整个棚盖为一整体吊装单元，其主要优点是安装、拆除方便。暖棚法施工适用于地下结构工程和混凝土量比较集中的结构工程，暖棚法施工应符合下列要求：①当采用暖棚法施工时，棚内各测点温度不得低于 5℃，并应设专人检测混凝土及棚内温度。暖棚内测温点应选择具有代表性位置进行布置，在离地面 50cm 高度处必须设点，每昼夜测温不应少于 4 次；②养护期间应测量棚内湿度，混凝土不得有失水现象。当有失水现象时，应及时采取增湿措施或在混凝土表面洒水养护；③暖棚的出入口应设专人管理，并应采取防止棚内温度下降或引起风口处混凝土受冻的措施；④在混凝土养护期间应将烟气或燃烧气体排至棚外，并应采取防止烟气中毒和防火措施。

（4）其他外加热方法：如蒸汽和电加热法养护。

1）采用蒸汽加热养护是最有效的方法，蒸汽加热是用湿热蒸汽来加快混凝土的水化速度，加速强度增长速度，一般按照静停、升温、恒温、降温这几个阶段进行。如果措施不当，就会形成混凝土表面裂缝。蒸汽养护法应使用低压饱和蒸汽。当工地有高压蒸汽时，应通过减压阀或过水装置后方可使用。蒸汽养护的混凝土，采用普通硅酸盐水泥时最高养护温度不超过 80℃，采用矿渣硅酸盐水泥时可提高到 85℃。但采用内部通汽法时，最高加热温度不应超过 60℃。电加热法是将钢筋作为电极，将电热器贴在混凝土表面，使电能变为热能，以提高混凝土温度。这种方法简单、方便，热损失较少，也容易控制。

2）当构件较远时，采取电加热比蒸汽加热要方便、灵活，但耗电量大、费用高。电热毯法就是混凝土浇筑后，在混凝土表面或模板外面覆以柔性电热毯，通电加热养护混凝土。电热毯宜由四层玻璃纤维布中间夹以电阻丝制成，其几何尺寸应根据混凝土表面或模板外侧与龙骨组成的区格大小确定。电热毯的电压宜为 60～80V，功率宜为 75～100W/块。电热毯养护的通电持续时间应根据气温及养护温度确定，可采取分段间断或连续通电养护工序。

通过从多年的施工实践及工程应用的实际认识到，施工规范规定的当环境温度降至 5℃再不回升连续 5d 以上时，只要采取适当的施工方法，避免新施工的混凝土不要早期受冻和使施工后的外露混凝土降至 0℃以下，就会使工程有其他季节一样好的效果。上述几种冬期施工措施都有一定的不足之处，其适用范围都受一定条件环境的制约，因此，要结合工程具体问题具体分析，采取不同的保温措施，达到混凝土不受冻融降低强度，保证工期和结构质量。

16. 砖混结构墙体裂缝原因及防治措施

现在的一般民用建筑项目中，砖混结构房屋因其造价相对较低，且具有较好的隔热、隔声性能，仍被广泛采用。但其砌体强度较小、结构自重大，砂浆和砖石之间的粘结力较差，抗拉、抗弯和抗剪强度相对较低，砌体易开裂。砌体裂缝不仅种类繁多，形态各异，而且较普遍，轻微者影响建筑物美观，造成渗漏水，严重者降低建筑结构的承载力、刚度、稳定和整体性、耐久性，甚至还会出现导致整体倒塌的重大质量事故。因此，分析产生裂缝的原因并做好预防措施，是工程技术人员的一项重要任务。砖混结构墙体裂缝形式主要有地基不均匀沉降裂缝、温度裂缝及结构裂缝三个类型。

1. 地基不均匀沉降产生的裂缝

（1）表观现象：不均匀沉降一般产生在房屋底层，严重的可能发展在两层以上，并伴有地面开裂和房屋倾斜。墙体产生下宽上窄的竖缝，在端部、门窗洞口对角产生斜缝、八字缝及水平包角缝。裂缝一旦出现，随着地基不均匀沉降的发展，裂缝逐渐加宽、延长。

（2）裂缝产生的原因：基础不均匀沉降引起建筑物横向不规则变形，当建筑物的主体刚度较差，基础不足以调整因沉降差而产生应力时，便会使砖砌体的薄弱部位产生不同程度的拉应力和剪应力；当砌体的抗拉、抗剪强度不足以抵抗变形应力时，墙体便会产生裂缝；基础不均匀沉降引起的裂缝一般在建筑物下部，由下往上发展，呈“八”字、倒“八”字、水平缝及竖缝。当长条形的建筑物中部沉降过大，则在房屋两端由下往上形成正“八”字缝，且首先在窗对角突破；反之，当两端沉降过大，则形成两端由下往上的倒“八”字缝，也首先在窗对角突破，还可在底层中部窗台处突破形成由上至下竖缝。当某一端下沉过大时，则在某端形成沉降端高的斜裂缝。当纵横墙交点处沉降过大，则在窗台下角形成上宽下窄的竖缝，有时还有沿窗台下角的水平缝。当外纵墙呈凹凸形时，由于一侧的不均匀沉降，还可导致在此处产生水平推力而组成力偶，从而导致此交接处的竖缝。引起基础不均匀沉降的原因主要有：

1）地基土质软弱不均，建筑地基局部土质不均，土质软硬差异较大，受荷载作用后产生过大的不均匀沉降。

2）设计人员对多层砖混结构住宅一般不做地基变形、沉降计算，工程勘察报告质量不高、深度不够、地基处理不当、基础设计选型不尽合理，引起地基不均匀沉降。

3）因片面追求建筑外装立面造型或平面设计比较复杂、转折部分过多、沉降缝设置不当、荷载差异较大，导致房屋整体刚度不够。

4）建筑物使用不当，改变使用功能，增大使用荷载，超越设计要求，使地基附加应力剧增，导致建筑出现不均匀沉降。

5）建筑物室外场地组织排水不好，地表水渗入地基基础，基础部分预埋上下水管道渗漏，浸泡地基基础。

（3）一般防治措施：

1）建筑工程应先勘察后设计。在进行建筑设计前，就对工程地质进行详细勘察，查明地基土质情况、分布范围、承载力大小、地下水位等水文地质条件，然后按照安全可靠、经济合理、技术先进、方便施工等要求，进行全面分析，权衡利弊，确定合理的建筑布局和结构类型，以便使上部结构与地基相互影响、共同工作。对软弱地基和不均匀地基尤其如此。

2）认真分析地质资料并做好地基处理。

① 对勘察单位提供的地质报告要认真分析、谨慎对待，用最科学的办法提供地基处理方案。

② 认真做好地基的验槽工作，核对基槽尺寸是否与设计尺寸相符，实际的地质构造是否与地质报告提供的地质构造相符，有无古墓、洞穴等。

③ 设计中一定要做好地基的沉降量预估，在施工图中标注沉降观测点，注明沉降观测的要求。

④ 在湿陷性黄土地区，一定按规范要求设计处理地基，并做好检漏防水的措施，防止由于漏水造成地基的不均匀沉降而引起墙体裂缝。

3）减轻建筑结构自重。地基压缩变形大小与上部荷载值成正比。因此，减轻结构自重是降低基底附加应力、减少沉降的有效措施，对于基础，可以选用自重轻、覆土少的基础形式，如宽基浅埋、空心基础、薄壳基础甚至箱形基础；或设置地下室（半地下室），采用架空地板，取代室内填土。对于上部结构，可以选用预应力、轻钢结构和表观密度小的轻质墙体材料，以减轻对地基的压力，减少地基沉降。

4）合理布置建筑体形，建筑平面形状应力求简单，纵墙拉通，避免转折多变、凹凸复杂。建筑门面应尽量避免高低参差，荷载差异大或开设过大的门窗洞口，削弱墙体。使房屋建筑质量重心与刚度中心基本一致，提高房屋抵抗不均匀沉降的能力。

5）增强建筑物的整体刚度。

① 增强房屋纵向刚度。不均匀沉降使房屋纵向弯曲，纵墙应尽量避免转折、中断、开设过大的门窗洞口，横墙间距不宜过大，且与纵墙牢固连接。

② 控制建筑物的长高比。长高比越小，建筑刚度就越大。对于软弱地基，3层以上房屋的长高比不宜大于2.5。

③ 设置沉降缝。沉降缝的作用是将建筑物自屋顶到基础分为若干个长宽比较小、整体刚度好、自成沉降体系的单元。这些单元具有调整过大不均匀沉降的能力。沉降缝的位置一般设置在下列部位：平面形状复杂的建筑物的转折部位；建筑物高度或荷载差异处；建筑物结构或基础类型不同处；分期建造的建筑物交界处；过长建筑物的适当部位；地基土的压缩性有显著差异处。

④ 设计时，要综合考虑许多因素（如地质情况、预期沉降量、建筑体形、结构类型、美观要求、施工情况等），才能正确、合理地布置沉降缝的位置。在长度较长的建筑物适当位置，平面转折、高低参差、荷载差异大、地基或基础类型改变的部位，设

置沉降缝或连接走廊，从屋顶到基础断开，把建筑划分成若干个刚度较大、长高比较小的单元。设计时严格按规范设置构造柱和圈梁，必要时可增加圈梁道数，以增加上部结构的刚度。当建筑物屋层较高且大时，在窗顶增设一道圈梁，效果更好。

⑤ 加强基础的刚度。对于软弱和压缩性很不均匀地基上的建筑物，可以根据上部结构荷载情况，采用刚度较大的基础类型，如钢筋混凝土十字交叉条形基础，筏形基础甚至箱形基础会更适合。

6）调整各部分荷载分布。对于较大高度（或荷载）差异的建筑要合理布置重、高部分的荷载；采用纵横墙混合承重形式和不同的基底宽度，以合理调整建筑物各部分的不均匀沉降。对于不均匀沉降要求比较严格的建筑物，必要时可选较小的基底应力，加大基层面积进行设计。

7）新老或相邻两建筑物之间应保持一定距离，避免对地基产生新的附加应力和应力叠加，引起不均匀沉降。

8）增强门窗洞口强度，凡是大于 300mm 洞必须有过梁；并且，窗洞两侧应有混凝土边梃。

9）合理安排施工顺序。对立面高低悬殊、荷载变化较大的房屋，应分期分段组织施工。一般应先建荷载较重的高层，后建较轻的低层；先建深基础，后建浅基础，避免出现新的附加应力。

10）按设计要求正确使用房屋。房屋竣工后，不宜随意改变房屋的使用功能，增大使用荷载或任意加大地面厚度，防止地表水渗入地基。

2. 温差裂缝

1）表观现象：温差裂缝一般在房屋顶层端部 1～2 个开间纵横墙上产生，在顶层梁底下端部开间四周墙上形成一圈水平缝。而在门窗洞口对角产生斜缝、八字缝，裂缝上宽下窄。温差裂缝的显著特征是裂缝宽度随温度升降变化而张合。

2）温差裂缝防治措施：因收缩和温度变形产生的裂缝，对建筑物的整体性、耐久性和外形美观有很大影响。设计时应妥善布置墙体，尽可能避免产生这种缝。其主要措施如下；①设置温度伸缩缝。伸缩缝是将过长的建筑物用缝分成几个长度较小的独立单元，使每个单元砌体因收缩和温度变形而产生的拉应力小于砌体的抗拉强度，从而防止和减少墙体裂缝。伸缩缝应设置在因温度和收缩变形引起应力集中、砌体产生裂缝可能性最大的地方。②合理设计后浇带，将现浇混凝土楼盖分段施工，使混凝土的早期收缩先行完成，然后再浇筑分段间的混凝土，使之成为整体。③适当加大屋面层圈梁和房屋四角构造柱的配筋和提高顶层砌体的砂浆强度。④外露的混凝土挑檐、通长阳台等构件，应按一定距离设置伸缩缝。⑤为避免女儿墙开裂对整个建筑物的影响，应设法消除屋顶面层因温度变形对女儿墙的推力作用。⑥做好屋面保温隔热层施工，防水层质量是多年来的主要渗漏通病。⑦尽量避免混凝土构件外露，防止冷热桥产生，用保温材料处理外露件，设计节能型建筑。

3. 结构性裂缝

（1）表观现象：结构性裂缝一般产生在荷载较大的底层截面尺寸较小的窗间墙、砖柱等处，以及大梁、屋架支座等集中荷载作用的部位。因荷载过大或砌体承载能力低，局部承压不足，砌体受压破坏而产生竖向粉碎性裂缝。缝口呈上宽下窄，上段有不规则破碎裂缝。

（2）结构性裂缝产生的一般性原因：

1）结构设计差错。由于结构荷载计算遗漏、设计差错、构造不合理而减小构件截面面积，削弱了砌体承载能力；

2）砌体内因埋设需要穿透墙体，破坏了砌体整体性，减少了砌体截面面积，削弱了砌体的强度要求；砖柱采用包心砌法，砌体存在“通缝”等缺陷，均降低了砌体的承载能力；

3）砌体施工质量低劣。由于砌筑用砖及砂浆强度等级低，砌筑砂浆不饱满，组砌砂浆不饱满，组砌不符合要求；砌筑用砖及砂浆强度砌法，砌体存在“通缝”等缺陷，降低了砌体承载能力；

4）使用不当。由于改变房屋用途，加大使用荷载和增加振动力，使墙体受到破坏。

（3）裂缝防治措施：

1）正确进行结构计算和设计。当荷载较大而构件截面尺寸受到限制时，应提高砖和砂浆的强度等级，或采用配筋砌体提高砌体强度；在大梁、屋架支座处设计钢筋混凝土垫块；

2）卸载。对由于荷载过大、砌体强度低、已经产生裂缝的墙体，可采取减轻上部结构自重与使用荷载，或在其顶部砌体内增设钢筋混凝土梁，承担上部传来的荷载。在原有大梁下设置砖墙，砖柱、分担部分上部荷载，保护已经开裂的砌体；

3）结构加固补强。对由于荷载较大、砌体截面尺寸、承载能力不足并已产生裂缝的墙体，可采用加大截面尺寸，如将门窗的洞口全部或部分用砖堵砌，增设附壁柱，以提高其承载能力。

综上浅要分析介绍可知，砌体裂缝不仅种类繁多、形态各异，而且较普遍。轻微者影响建筑物美观，造成渗漏水；严重者降低建筑结构的承载力、刚度、稳定和整体性、耐久性，甚至还会导致整体倒塌的重大质量事故。因此，分析产生裂缝的原因并做好预防措施，是一项重要任务。砖混结构墙体裂缝形式主要是地基不均匀沉降裂缝、温度裂缝及结构裂缝三个方面，引发砖混结构墙体裂缝的原因可能是其中某单一因素，也可能受多种因素的共同影响。当裂缝出现后，要通过认真分析做出正确判断，采取有效措施控制裂缝发展，确保结构安全，延长使用年限。

17. 普通强度混凝土实现高性能的应用

国内外学者对高性能混凝土作了大同小异的定义解释，高性能混凝土是采用常规材料和工艺生产，具有混凝土结构所要求的各项力学性能，且具有高耐久性、高工作性和高体积稳定性的混凝土。高性能混凝土在重要建筑物中的使用已引起高度关注。过去强调的是高强度混凝土的应用；但是高强度混凝土不仅造价高，而且不一定具有高性能。目前高性能混凝土的应用已提到议事日程，而且它已成为高强混凝土应用技术中的一个替代性、前瞻性的课题。它的主要特点是在常规应用的中低强度混凝土（C20～C30）施工中，通过掺加一定的矿物外掺剂，并辅以一不定的工艺要求，从而提高混凝土的耐久性、体积稳定性和混凝土施工的高工作性。在造价不大幅度增加的前提下，如何通过“人性化”施工的管理，实现中低强度混凝土的“高性能”，可靠地延长建筑物的使用寿命，节约能源、环境保护，是可持续发展的混凝土技术应努力的方向。

1. 普通强度混凝土实现“高性能”的现状分析

许多建筑技术应用刊物上，专家学者发表的有关高性能混凝土的论述，描述的高性能混凝土配制的技术途径大多针对大体积混凝土而言，还有大量的文献资料侧重于介绍高性能混凝土的配合比设计及为保证其高强度应遵循的技术途径，对如何通过“人性化”的施工来提高混凝土的高性能涉及较少，对混凝土的施工过程尤其是混凝土进入施工现场后的质量研究，需要有所创新的观念。

混凝土构件的生产，不但需要有切合实际的配合比设计，更需要有符合规范标准的材料选择、计量、搅拌、运输、入模浇筑、振捣、表面处理、养护、拆模等互相联系、互相制约的工序环节。这些工序都对混凝土构件的最终质量起重要的作用，任何一个工序的施工结果不能满足相关工艺标准的要求，再好的配合比设计都无法得以实现。在大量使用商品混凝土的今天，配合比设计、材料选择、计量、搅拌、运输等前期工作由商品混凝土搅拌站负责完成，商品混凝土运到施工现场后，浇筑、振捣、表面处理、养护等关键工序是在特定的施工现场来完成。通过合理进行施工组织监督管理，精确、细致地把握好每一个施工工序的工程质量，配制出具备良好流动性、抗离析性、充填性、黏聚性和可泵性等工作性能的混凝土。通过对浇筑现场及后期养护的质量控制，提高混凝土的高耐久性、高工作性和高体积稳定性，是完全可以确保的。

2. 普通中、低强度混凝土的施工过程，影响实现混凝土高性能的因素分析

在普通中、低强度混凝土施工过程中，施工现场的组织管理、施工环境受外来因素或不可控因素影响较多，都会影响实现混凝土的高性能。

（1）施工现场的组织管理：施工现场人员配备组织不力，使运到现场的混凝土不能及时入模浇筑，造成坍落度损失过大，影响振捣的密实性。

（2）模板支设影响：模板支设强度稳定性差，板缝不严密、漏浆，造成混凝土构件外观质量缺陷；木模板未洒水湿润或洒水过多，都可能造成混凝土的坍落度改变，从而影响混凝土强度。

（3）振捣工艺不合理：混凝土振捣方法不对，存在漏振现象。同时，在混凝土振捣时，没有掌握好二次振捣的有利时机，出现蜂窝、麻面等质量缺陷。

（4）构件表面处理不能满足工艺要求：对于表面积比较大的现浇混凝土楼板等薄板类结构，振捣工艺、表面处理工艺与是否及时采取适宜的养护措施，对混凝土的耐久性都会带来难以弥补的不利影响。

（5）必要的技术间歇，不能满足混凝土早期强度发展的最低需要：现在的主体结构施工阶段，存在一个很大的弊端，就是盲目抢工，动则以 3d 一层、5d 一层，势必造成当天浇筑的混凝土不能达到最基本的临界强度（12.5MPa），表面就要接受各种施工荷载振压、撞击。混凝土浇筑后没有最低的技术间歇时间、养护不及时、保护不当、拆模过早，都会造成混凝土构件早期“受伤”，从而给建筑物的安全使用及耐久性埋下严重隐患。

（6）施工现场窄小，营造环境对混凝土质量的提高没能引起应有的重视：恶劣的现场施工环境与标准养护条件下得出的结论大相径庭，尤其是高耸的薄壳和薄板结构（厚度为 100～150mm），加之模板体系为钢模板或黑色的竹模板、木模板，吸热性能极佳，板面温度在夏季有可能达到 50℃以上，浇筑入模的混凝土有可能来不及进行表面精细化处理，就进入了严重的失水早凝或假凝状态，给混凝土的强度提高带来严重影响。“人性化”管理、“人性化”施工同样适用于混凝土的浇筑及养护，如何在混凝土的浇筑过程中和浇筑后的养护过程中营造一个适宜混凝土“正常水化成长”的小环境，应作为混凝土“精细化”施工的关键所在，应当引起施工单位的思考和高度重视。

3. 普通强度混凝土实现“高性能”的施工关键

混凝土供应商把混凝土运送到施工现场后，基本完成了任务，只对标准养护的混凝土试块负责，不会对混凝土结构的最终质量负责，浇筑现场的质量管理水平、人性化施工意识等决定着混凝土构件实现“高性能”的可靠保证。

（1）模板的强度、刚度必须满足要求，同时必须满足不漏浆、不汲取混凝土“浆液”的基本要求：模板的质量相对而言决定着混凝土的质量，其强度刚度稳定性材料围合成的“窠臼”就是新生混凝土的“窝”，窝内应“舒服”、干净、温度适宜，形状符合图纸要求，模板强度满足要求、不漏浆、板面光洁、不“汲取”混凝土体内的“胶体”。模板支设的质量决定着混凝土构件的外观形状及质量，模板构造不合理必然导致安装、拆除困难，造成混凝土漏浆，形成蜂窝、麻面等质量缺陷；模板板面不光洁或吸水率过大，有可能造成混凝土早期失水，影响混凝土构件表面的光洁度，对耐久性产生和外观质量产生不利影响。

（2）振捣要合理，二次振捣一定要把握好时机：当中低强度的商品混凝土运达施工现场时，坍落度一般在 100mm 以上，比较容易振捣。对于一般的混凝土构件，在第一遍振捣时，要保证振动棒布点均匀到位，不漏振、不过振；振动棒的布点间距不宜大于 300mm；对于梁、板、柱一次现浇成型的结构，浇筑及振捣顺序应该是在保证先柱后梁的前提下，现浇板按既定的浇筑顺序平行向前推进。第一遍振捣结束后，应根据现场及天气条件，适当停顿再进行二次振捣，以满足新浇筑的混凝土有机会发生变形。商品混凝土运到施工现场开始浇筑时，大部分情况下混凝土的“初凝”时间已过，第一遍振捣完成后，混凝土的强度开始发展，但此时的混凝土强度尚不足以约束受重力作用的“骨料”向下产生沉降，在发生沉降的“骨料”上方势必产生微裂缝，混凝土初凝阶段发生的塑性变形也可能在混凝土构件的表面或内部产生微裂缝，二次振捣的目的之一就是要消除这些微裂缝，以保证混凝土构件有较好的密实性，从而达到较好的耐久性。在混凝土浇筑速度较快的情况下，二次振捣对混凝土柱的构件质量尤为重要，受重力的影响，不经过二次振捣的较高的混凝土柱在上部形成拱形裂缝的机率较大。二次振捣时机把握的准确与否，直接关系到“精细化”施工对混凝土耐久性的作用程度。二次振捣进行得早，可消除的塑性变形尚未发生或未完成，起不到完全消除微裂缝的作用；二次振捣进行得过晚，混凝土的强度已有所发展，要么振捣不动，要么引起混凝土早期“受伤”，影响混凝土的凝结质量。二次振捣的最佳时机要靠现场的密切观察，与混凝土构件的体积、比表面积、坍落度、气温、风速有关。根据笔者多年的观察，当混凝土构件表面的石子周边出现可观察到的微裂缝或用手指稍用力按混凝土的表面能留下印痕时，进行二次振捣时机较佳，此时进行二次振捣基本能起到消除微裂缝，达到增加耐久性的目的。二次振捣依然要满足：布点均匀，振点间距不大于振动棒的作用半径，振捣时间不少于 15s。

（3）恰当的时机进行混凝土表面处理：要根据混凝土构件的形状安排人员，时刻把握混凝土的“成熟度”。在混凝土初凝后、终凝前，及时进行表面处理，即进行二次抹压收光工序。尤其是对“薄板、薄壳”结构，更要根据施工当天的温度、风速、湿度、浇筑速度等情况，安排熟练的技工在二次振捣结束后，及时对梁板边角及柱根部位进行不少于两遍的人工搓抹，其他部位尽可能地利用机械式磨光机进行大面积的机械压实提浆、搓抹收光。压实提浆的目的是消除表面的塑性裂缝，把表面暴露的粗、细骨料压下去，使混凝土构件的表面有不少于 3mm 厚的水泥浆，为搓抹收光打下良好基础。搓抹收光一般在混凝土接近终凝、表面发灰时进行，对表面的水泥浆再次进行压实收光，达到表面平整光洁、色泽一致的最终处理效果。一般不少于三遍搓抹、两遍收光，方能基本满足混凝土表面处理的要求。

（4）混凝土的养护质量决定着混凝土的最终寿命：在养护的要求中，养护工作往往发生在混凝土浇筑后，精细化、人性化施工要求养护工作要提前进行，在混凝土浇筑前，就要把模板内的温度调整（洒水降温、覆盖保温）到与混凝土入模时自身的温度相适宜（温差不超过 25℃）。混凝土浇筑过程中，还要密切关注温度、湿度、气流的变化，及时调整保（降）温措施，对表面处理达到要求的混凝土表面及时进行覆盖（喷洒养护液进行封闭，塑料薄膜密封、覆盖保温保湿材料等），然后根据温湿度的变化进行洒水养护或加盖保温材料进行养护。混凝土的人性化养护就是要满足在内外温差不超过 25℃的情况下，混凝土构件表面 14d 内处于潮湿状态。建立养护工作值班记录，确保养护期内所采取的养护措施不间断，尤其是在养护关键时段的前 14d，一旦养护措施间断，对最终的养护成果影响很大，后续的养护工作将可能是事倍功半。防止混凝土构件早期“受伤”亦应是养护的内容之一。混凝土构件在强度不足以抵抗施工荷载冲击时，极有可能产生裂缝，且这些裂缝不可能愈合，给混凝土构件的耐久性带来致命的伤害。为防止混凝土的早期“受伤”，就要运用管理手段对其他工序进行科学合理的施工组织调度，合理划分施工段，确保新浇筑的混凝土在强度发展到 C10 前不会受到施工扰动，为混凝土的早期强度发展提供优越的水化环境。

通过上述对普通混凝土高性能的分析探讨可知，只要充分认识混凝土组成材料及各个工序环节的控制，普通混凝土可以达到高性能的技术要求，如某公司 2008 年在施工原住宅楼的过程中，在精细化施工管理、人性化营造混凝土强度发展的小环境方面进行了有益尝试，采取了优化配合比设计、对原材料精确计量，为防止坍落度发生变化，对运输、浇筑过程中的混凝土进行覆盖，适时合理地进行二次振捣，对振捣结束的混凝土及时进行多遍的压实提浆、搓抹收光等表面处理措施。表面处理完毕后，及时用塑料薄膜进行覆盖。在混凝土强度满足蓄水养护条件时，采取了蓄水养护措施，取得了令人满意的效果。两栋五个单元，$1400m^2$ 的现浇混凝土屋面板未进行任何防水构造处理，混凝土结构层完成后直接覆土 300mm 厚作为种植屋面。通过近几年的工程回访检查，至今未发现有任何渗漏现象，实现了普通中低强混凝土的“高性能”施工，取得了良好的社会经济效益。

18. 高强混凝土梁抗剪性能应满足要求

高强度混凝土利用其性能的强度高、早强性、变形小、耐久性能好、经济效益显著等优点，被广泛地应用于高大建筑和大跨重载等结构体系中。然而，高强混凝土在受压时却表现出明显的脆性，因此，如何提高混凝土的延性及高性能化，已成为当代高强混凝土应用研究的热点。近几年，通过对几次较大地震的震害分析发现：在地震作用下钢筋混凝土结构构件更容易发生剪切破坏。鉴于目前高强度钢筋混凝土构件抗剪试验数据比较缺乏以及计算理论并不完善，导致许多力学特性没有明确地解决，因此各国仍沿用普通强度钢筋混凝土构件抗剪承载力的设计原理。为了确保使用该种高强度材料的安全度，采用了比普通强度钢筋混凝土构件更大的安全性，或者是规定了材料强度的最上限，但由于抗剪破坏机理过于复杂、影响因素较多，造成了各国规范关于抗剪承载力计算方法难以形成统一的理论规定。总结出高强混凝土梁、型钢高强高性能混凝土梁以及预应力高强混凝土梁抗剪性能的分析研究，并结合以上各种形式梁的优点，探讨其预应力型钢超高强混凝土梁抗剪应用的意义和可行性。

1. 高强度钢筋混凝土梁抗剪性能

高强混凝土具有高强度等优良的力学性能，在工程中能够减少混凝土的用量，可节约大量不可再生的宝贵资源，有利于环境保护，具有十分可观的经济效益。目前，该材料已经在现代工程领域中被广泛应用，针对高强混凝土梁的抗剪性能的研究，国内外学者做了大量工作。如重庆大学的李立仁等，做了18根超高强混凝土有腹筋约束梁集中荷载作用的剪切试验，定性地分析了试验中梁的抗剪强度随混凝土强度和配箍特征值的增大而增大，随剪跨比的增大而减小。由于当时缺少超高强混凝土无腹筋梁的对比试验，该公式的第一项沿用了《混凝土结构设计规范》GB 50010—2010抗剪公式中的第一项，而公式中混凝土强度的上限为C80，没有考虑混凝土强度的提高对抗剪承载力的影响，因此该公式不够准确也不能作为应用依据。

据介绍，湖南大学的潘柏荣等进行了12根无腹筋梁和有腹筋梁的剪切破坏试验，其混凝土强度、剪跨比等因素对梁抗剪性能的影响与上述基本相同；此外，建立了考虑软化的压杆—拉杆桁架模型的抗剪理论，据该模型所推导的计算公式能较好地符合试验结果。另有人做了3组混凝土圆柱体抗压强度分别为36MPa、67MPa、87MPa的12根有腹筋梁的剪切试验，发现最小配箍率应随着混凝土强度的增大而相应提高，并进行了集中荷载作用下高强混凝土有腹筋梁的剪切试验。试验表明：梁受剪承载力随配箍率及纵向配筋率增加而增加，当剪跨比大于2.5后，对抗剪强度影响较小等。在此基础上，进一步探讨了最小配箍率对高强混凝土抗剪承载力的影响比普通混凝土大，给出了箍筋的最小配筋面积随混凝土强度变化的计算公式，同时根据修正压力场理论对试验值进行对比，结果吻合良好，从而进一步验证了修正压力场理论对抗剪承载力计算的准确性。由于抗剪机理的复杂性、统计分析法的局限性以及出于对构件安全考虑的需要，随着计算机技术在土木工程领域的应用，非线性有限元分析已经成为复杂结构分析的一种重要方法。重庆大学的冯宏对试验过程进行了模拟，验证了非线性有限元程序用于模拟超高强混凝土有腹筋梁抗剪试验过程的可行性。此外，哈尔滨工业大学的林懋根据修正压力场理论，用MATLAB计算程序对混凝土强度、纵筋率、截面有效高度的表达式进行修正，推导出超高强混凝土无腹筋梁受剪承载力计算公式。经对比发现，基于修正压力场理论的抗剪公式的精度较高。

通过以上所述，对于梁的抗剪影响因素的研究目前主要有：混凝土强度、剪跨比、腹筋和腹筋强度、纵筋配筋率、截面尺寸等。其中，腹筋和腹筋强度是诸多因素中的主要因素，同时高强度钢筋和高强混凝土的配合使用逐步得到推广，但是目前这方面的工作进行得相对较少。抗剪机理理论主要有桁架模型、桁架-拱模型、压力场理论、极限平衡理论、统计分析法和有限元分析法等，其中压力场理论和桁架-拱模型理论能够较准确地反映抗剪机理，有限元析法对于复杂结构的抗剪分析有其优越性，但因抗剪机理的复杂性，仍难以形成统一的理论体系。

2. 型钢高强度钢筋混凝土梁抗剪的性能

高强高性能混凝土虽然在强度和耐久性等方面均优于普通混凝土，但存在脆性大、延性差的缺点；型钢混凝土组合结构因其承载能力高、刚度大、截面尺寸小和良好的抗震性能，已在大跨度桥梁与高层、超高层建筑等重要工程中得到广泛应用。型钢与普通混凝土之间的粘结力较小，而将型钢混凝土与高强高性能混凝土结合起来形成的型钢高强高性能混凝土梁，能够提高粘结力，改善其承载力，既能充分发挥型钢中钢材的力学性能，又能克服高强混凝土延性差的缺点，在工程上具有重要的现实意义。

如西安建筑科技大学的郑山锁等，进行了 10 榀型钢高强高性能混凝土简支梁的抗剪试验，试验结果表明：型钢高强高性能混凝土梁的受力破坏过程与普通型混凝土梁类似，均分为初裂、裂缝开展和破坏三个阶段；梁的抗剪承载力在一定范围内，随着混凝土强度和含钢率的增加而提高，随着剪跨比的增加而降低；提出了桁架-拱模型作为梁斜截面计算的简化模型，参考我国现有的两本型钢规程，根据试验数据回归了型钢高强高性能混凝土梁的抗剪公式。该公式将《型钢混凝土组合结构技术规程》JGJ 138—2001 与《钢骨混凝土结构设计规程》TB 9082—97 中抗剪公式中的 f_c 变成 f_t，提高了安全储备与可靠度。同时，用型钢的抗剪强度 f_v 来取代 f_{ssv} 和 f_{ss}，概念明确，避免在计算过程中参数之间的转换，可直接查用现行有关设计规范，简化了计算方法。王斌等对 9 榀实腹式型钢高强高性能混凝土简支梁进行了静力加载试验，并进行了有限元模拟，亦发现型钢高强混凝土梁与普通型钢混凝土梁破坏过程类似，而混凝土强度、加载方式、剪跨比、箍筋强度和配箍率以及型钢强度和配钢率都对抗剪承载力有影响，指出有限元程序对型钢混凝土构件受力过程进行模拟是可行的。原文中有限单元法的运用，为各种复杂型钢混凝土结构和构件的分析提供了新方法，其中合理的建立粘结单元以及粘结滑移本构模型，是模拟型钢与混凝土之间粘结滑移性能的关键。

型钢高强高性能混凝土结构因其良好的力学性能，有着广泛的应用前景，但是在正常使用极限状态下的裂缝宽度和挠度并未有明显改善，而且对其深入的理论研究还较少。其中有些方面有待深化：现在对于型钢高强高性能混凝土梁构件单调荷载下的抗剪受力性能分析的较多，而在疲劳荷载作用下的受力性能以及抗震性能等相关问题上研究的较少，有待于深化。另外，尽管对型钢高强高性能混凝土梁进行了有限元分析，但关于型钢混凝土结构 ANSYS、ABAQUS 等数值模拟技术的研究还不系统和深入，尤其是对粘结滑移理论缺乏统一的方法。目前，我国西安建筑科技大学的薛建阳、赵鸿铁做了较为系统的研究，但是由于缺乏高强混凝土的粘结滑移本构关系，基于该理论模拟型钢与高强混凝土间的粘结滑移仍具有一定的局限性。

3. 预应力高强混凝土梁的抗剪性能

预应力结构可以很好地控制结构的挠度、裂纹宽度等，同时也可以一定程度上提高梁的抗剪承载力，目前对于预应力梁抗剪的研究多数集中在普通混凝土，对于预应力高强混凝土梁的抗剪研究相对较少。

例如，学者智菲等通过 21 根预应力高强混凝土无腹筋和有腹筋简支梁的单调荷载试验，试件混凝土强度为 62.7～84.3MPa，观察了不同参数变化下梁的斜向裂缝开裂特点和破坏形态，综合分析了混凝土强度、剪跨比、预应力度（预压比）、配箍率和纵筋配筋率对抗剪强度的影响及变化规律，提出了适合于集中荷载作用下简支梁（T形或工字形截面）抗剪承载能力的建议公式。试验结果表明：预压比较小的试件首先产生弯曲裂缝，预压比较大的试件，首先产生腹剪裂缝；剪跨比较小的试件，首先产生腹剪裂缝；剪跨比较大的试件，首先产生弯曲裂缝。预应力高强混凝土有腹筋T形梁抗剪强度随混凝土强度的提高而提高；随剪跨比的增加而降低；随预压比的增加而提高，且低配箍率更加明显；预压比接近时，梁的抗剪强度随配箍率指数ρ_{sv}、f_{yv}的增加而提高；T形截面梁翼缘对抗剪强度的有利作用。

尽管预应力混凝土能提高构件正常使用极限状态的各种性能，但是不能改善高强混凝土高脆性、延性差的缺点，甚至在受拉区随着预应力筋配筋率的增大，梁的延性逐渐减小。因此，应当结合型钢及高强混凝土优良的力学性能，改善梁的延性。

4. 预应力型钢超高强混凝土梁抗剪的应用需求

近些年来，随着大跨度桥梁及复杂结构形式的不断出现，对结构的承载力及耐久性等方面的要求进一步提高，一种能够综合各种材料优点并且满足工程需求的新型结构形式亟待有研究成果提出介绍。通过以上介绍的研究成果可以看出，高强混凝土梁利用混凝土强度高的特点较普通混凝土梁在一定的程度上提高了抗剪承载力，但是幅度有限，而且很难改善梁的延性；而型钢高强混凝土中型钢的应用可以大幅度提高其抗剪承载力，并改善高强混凝土高脆性的不足，但是不能有效地改善其正常使用状态的裂缝宽度、挠度等；预应力结构能够在提高梁抗剪强度的同时，可以很好地控制其正常使用状态下的各种性能。目前，预应力结构、型钢混凝土结构已被广泛地应用于各种实际工程中，高强混凝土的技术也在不断进步，尤其在超高强领域，正逐渐用于实际工程。因此，作者认为，将预应力、型钢及超高强混凝土组合形成预应力型钢超高强混凝土梁，能够利用各种结构形式的优点，使构件同时满足抗剪等承载力及正常使用条件等各方面要求，并且通过试验及非线性有限元分析法对抗剪机理进行研究，并初具可行性。

我们从已知的研究和应用成果中得知，高强混凝土梁抗剪承性能优于普通混凝土是肯定的，高强混凝土与型钢及预应力进行组合使用，可以有效提高抗剪承载力，但高强混凝土的脆性特点一直以来都是难以解决的难题；由于抗剪机理的复杂性，仍然难以形成统一的计算理论。基于修正压力场理论与桁架-拱模型的计算方法有较高的精度，对于复杂的结构非线性有限元分析有其优越性，但同时 ANSYS 与 ABAQUS 等数值模拟技术缺乏系统、完善的理论体系，对抗剪受力过程因缺少合理的本构关系而具有局限性，有待于深入的研究；对预应力型钢超高强混凝土梁的新型结构形式进行可行性深入研究，用于实际工程是可行的。

19. 钢结构建筑体防腐保护的质量控制

近年来，随着我国基础建设的快速发展，以钢结构为承重构件的建筑越来越多，特别在县、乡一级工业园内，工业建筑钢结构发展尤为迅速，钢结构具有自重轻、强度高、抗震性能好、造型美观、施工方便、施工周期短、建筑工业化程度高、空间利用率大等特点，为企业节省投资而被投资者大量应用。采用钢结构取代传统的土木建筑是当今建筑业的发展趋势。但是，钢结构也具有一些自身无法克服的弱点。在裸露条件下很容易锈蚀，尤其在潮湿地区、近海沿岸、工业密集地区。由于大气中 SO_2、CO_2 及盐分等腐蚀性介质较多，对钢结构形成严重腐蚀。如果不采取有效的防锈蚀措施，投资巨大的钢结构在裸露条件下会因自身锈蚀而很快报废，给经济建设造成巨大损失。由此可见，提供有效、长期的防腐蚀保护，成了钢结构使用寿命长短至关重要的环节。如何确保钢结构建筑设计寿命，提高钢结构建筑的防腐保护工程的质量，尤其是高层和大型钢结构建筑在长期使用中不因腐蚀损坏而引发安全事故，是当前钢结构建筑发展中较为突出的问题。如何进行钢结构建筑防腐保护工程的质量控制，现从钢结构涂层系统的耐久性设计、涂料的选择、涂装技术及钢结构表面处理和防腐施工质量等几个方面分别进行分析浅述。

1. 钢结构工程涂层系统的耐久性预期

我们熟知，除了一些临时的钢结构外，凡是永久建筑都要求寿命越长越好，但保护涂层无法做到一劳永逸，如何让有限期的保护涂层提供无限期的保护，只有通过涂层维护和涂层大修来做到。涂层的老化决定涂层本身的寿命限度，而维护、大修又要产生人工费用，所以根据钢结构本身的设计寿命、建筑钢结构所处环境的腐蚀程度、考虑维护费用等多方面因素，选择不同耐久性预期的涂层系统就显得十分必要。

在我国，由于大气环境污染等多种因素的影响，目前一般将醇酸类的配套系统设计寿命定在2～3年；丙烯酸系列面涂加环氧底漆配套系统设计寿命定在5～6年；环氧富锌底漆环氧云铁中间层，氯化橡胶面漆（厚浆）配套系统设计寿命是在6～8年；环氧富锌底漆，厚浆环氧中涂，脂肪族聚氨酯面漆配套系统设计寿命定在10年以上；而无机富锌底漆环氧厚浆或环氧方铁中涂，脂肪族聚氨酯固化的氟碳涂料面漆配套系统设计寿命定在15年以上。上述定位和涂料施工的质量控制及底材处理都有很密切的关系。总之，涂层的寿命设计是一个复杂的工作，除了专业的设计人员具备的防腐知识外，还要有经验的积累，尤其对实际投入的工程案例进行分析、比较，才能作出合理的耐久性设计要求。

2. 建筑钢结构防腐涂料的选择

能用来做钢结构防腐涂料的品种很多，不同的涂层有着不同的特性，而涂层的选择主要根据工程的重要等级、工程造价、工程维修的难易程度、工程所处腐蚀环境的状况等方面因素综合考虑，在这些相互矛盾的因素中寻找一个平衡点，既要满足耐久性的最低要求，又能兼顾工程造价。下面就钢结构涂层类别，按底涂、中涂和面涂三个层次分别论述。

（1）底涂：底漆的功能除了提供优良的附着性外，主要是对钢材表面起到防止锈蚀作用。底漆的基料宜具耐碱性。还要具有屏蔽性，阻挡水氧离子透过。同时，要求底漆应对钢铁表面有良好的润湿性，对焊缝锈痕等部位能透入较深，一般底漆漆膜厚度不宜过厚，只要盖住钢构表面除锈粗糙度峰值即可。太厚会引起收缩应力，损及附着力。目前，所用的底漆主要有以下几大类：

1）醇酸类：一般适用于耐久性等级低的场合，主要有醇酸红丹防锈底漆和醇酸铁红底漆；

2）车间磷化底漆：通常是一种工厂临时性保护涂层；

3）环氧类：由于环氧树脂强大的黏着性，可作为中、长耐久性涂层的底漆使用。代表性产品有环氧磷酸锌铁红防锈底漆、环氧煤沥青防腐底漆、环氧锌黄底漆、环氧富锌底漆等；

4）聚氨酯类：适应性和综合性能很好，同时具备耐化学品与附着力，耐磨损和抗渗透，硬度与弹性等相互存在一定矛盾的平衡，从而能适应复杂多变的工作条件，往往在低温环境下用它来替换环氧；

5）橡胶树脂类防腐蚀底漆：代表性产品有氯磺化聚乙烯和氯化橡胶防腐底漆，这类底漆的特点是耐酸碱性特别好，抗氧化臭氧能力强，具有十分显著的耐候性和抗老化性，抗水性好，尤其是氯化橡胶漆，对水汽、氧气的渗透率极低。

(2) 中间（中涂）层：一些钢构企业不重视中涂，往往只做底涂和面涂，这非常有害。中涂的主要作用是：

1）在底涂及面涂中间起个架桥作用，因为漆膜之间的附着并非完全靠极性基因之间的吸力，而是靠中间层所含溶剂将底漆溶胀，使两层界面的高分子全连缠结；

2）在重防腐涂料系统中，中间层的作用之一是增加涂层的厚度，以提高涂层的屏蔽性能。在整个涂层系统中，因为底漆和面漆都不能太厚，只有将中间层涂料制成触变型高固体厚膜涂料，才能提高涂层的屏蔽和缓蚀作用，因此中间层就显得格外重要。

(3) 面层漆：面漆除了美化环境的作用外，还能遮挡紫外线对涂层的破坏，有些还要求耐化学品腐蚀。目前，在建筑钢结构用得较多的有以下几类：

1）长油醇酸磁漆：低耐久性品种，耐久性在5年以下；

2）环氧类面漆：仅适应于室内，用在室外容易粉化；

3）丙烯酸芳香族聚氨酯用于室外时，易变色、老化，多用于室内，耐久性在7～8年。脂肪族聚氨酯有优异的耐候性能，耐久性可达10年以上；

4）氟碳树脂漆，有资料显示可达15年以上的使用期限，但它是近几年才出现的新品种，其真正效果还有待考查；

5）氯化橡胶，高氯化聚乙烯等挥发性面漆也有较好的耐候性能，但仍属中等耐久性品种，一般将其定位在5～7年的水平。但近几年使用高氯化聚乙烯的钢构很多，并且做成底面配套的产品，有较好的外观和防腐效果。仅依靠单纯屏蔽作用的涂层，不能有效地阻止腐蚀的发生，一旦水和氧通过漆层的孔隙进入金属表面，就会发生锈蚀，因而不能达到长效保护的目的。对于在大气环境中长期使用的大型钢铁构件，目前通常采用锌（或铝）这类金属涂层来保护，它们除了有一定的屏蔽作用外，更主要的是阴极保护作用。但是，随着锌（铝）的牺牲损耗，保护性能会逐渐下降，因此采用同时兼备阴极保护、屏蔽、缓蚀三大功能，义不会老化的无机涂层，才是钢铁构件在大气环境中最佳的长效保护方法。其磷酸盐、铬酸盐、锌（铝）粉组成的无机涂层，是目前世界上同时具备这样特点的涂层。

3. 涂装技术及钢构表面处理

影响防腐涂层寿命的因素除涂料品种及质量外，还取决于施工质量，包括施工条件的工艺控制、涂装前的表面处理、涂层层数及厚度的设计等等。根据有关研究，发现造成涂层质量问题的各种因素的影响程度见表1。

涂层质量问题的各种因素的影响程度　　表1

影响因素	影响程度（%）
材质表面处理的质量	49.5
涂层层数和厚度	19.1

续表

影响因素	影响程度（%）
选用的同类品种质量的差异	5
涂装方法和技术	19.4
环境条件	7

由此可见，材质的表面处理、涂装技术和涂层厚度三个方面是保证涂层质量的关键，必须给予足够重视。涂装前钢结构表面除锈属于主控项目，钢材表面的除锈等级应符合表 2 的规定。

各种底漆或防锈漆要求最低的除锈等级　　表 2

涂料品种	除锈等级
油性酚醛、醇酸等底漆或防锈漆	St2
高氯化聚乙烯、氯化橡胶、氯磺化聚乙烯、环氧树脂、聚氨酯等底漆或防锈漆	Sa2
无机富锌、有机硅、过氯乙烯等底漆	Sa2

钢材表面合适的粗糙度有利于漆膜保护性能的提高。对于常用涂料而言，合适的粗糙度范围以 30～75μm 为宜，最大粗糙度值不宜超过 100μm。另外，喷砂或抛丸处理过的钢材表面上灰尘会降低涂装效果，引起涂料附着力下降，并且还可能因为灰尘吸潮，进而加速钢材的腐蚀。因此，要防止涂装前钢表面凝露对涂刷质量带来影响。涂装时，钢材表面温度一般应控制高于露点至少 3℃。总之，为获得最佳的施工效果和长效的防腐涂层，在施工前必须制定严格的施工工艺和涂料配套表，对膜的厚度和层数也要控制。一味加厚涂层，可能会带来干膜龟裂的危险。所以，要在膜厚和防腐性之间选择一个合适的平衡点。尤其对一道涂层的厚度应该明确一个上限，对底漆更要加倍注意。涂装施工时，施工环境的相对湿度控制在≤85%，对聚氨酯漆的施工相对湿度要≤80%。

4. 防腐涂装施工的质量控制

由于影响涂装质量的因素很多，钢结构涂装工程按钢结构制作或钢结构安装工程检验批划分原则划分成一个或若干个检验批，每一个环节都要有专人检查验收，检验记录的内容包括：

（1）日期、当日温度、湿度、施工人员；

（2）表面处理等级（要和标准样块对比）和表面除尘方法；

（3）涂层复涂间隔时间的控制；

（4）使用的工、器具状况；

（5）稀释剂添加情况；

（6）涂装遍数湿膜厚度（用湿膜测厚仪）、干膜厚度（电磁膜测厚仪）；

（7）涂层表面缺陷的控制；

（8）涂层附着力测试等。

通过对钢结构进行表面涂装施工的质量保证，必须要求对涂层提供有效、长期的防腐蚀，保护是决定建筑钢结构的使用寿命长短至关重要的环节；还应根据建筑钢结构的重要等级、工程造价、工程维护难易程度和本身的设计寿命，通盘考虑维护费用等多方面因素，选择不同耐久性预期的涂层系统；材质表面处理、涂装技术与涂层厚度三个方面是保证建筑钢结构防腐涂层施工质量的关键；应建立严格的质量控制体系，配备必需的质量控制检测仪器设备，如除锈等级标准图、粗糙度仪和测厚仪等。对除锈品质、粗糙度、涂层厚度等进行逐一检测验收，合格后才能进行下道工序的施工操作。

20. 钢筋焊接网在建筑工程中的应用

在建筑住宅工程中采用钢筋焊接网的优点是：省工、省时且加快工程进度，节省钢材降低费用，质量有可靠保证；钢筋焊接网的加工制造工艺是：按照设计图纸进行排列摆设，然后通过电流使其纵横钢筋交叉点焊接到一起，使整片网间距尺寸准确、规矩，应力传递均匀。由于焊接网的优势明显，在北京奥运场馆及鸟巢看台工程中都采用了该项技术。除了在住宅工程的广泛应用外，在高速铁路及路桥工程、水利工程中亦得到应用。

1. 钢筋焊接网的定义

钢筋焊接网是将具有相同或不同直径规格的纵横向钢筋，分别以一定间距垂直排列，全部交叉点均点焊在一块而形成。钢筋网片称之为钢筋焊接网片。钢筋焊接网按材料，可分为冷轧带肋钢筋焊接网、热轧带肋钢筋焊接网、冷拔轧光面钢筋焊接网三种。现在国内外最普遍、用量最多的是冷轧带肋钢筋焊接网。

钢筋焊接网纵向和横向是由制造方向而决定，一般是与钢筋焊接网制造方向平行排列的钢筋为纵向钢筋；与钢筋焊接网制造方向垂直排列的钢筋为横向钢筋，不要理解为习惯的长边方向为纵向筋，而短边方向为横向筋。钢筋焊接网中并列紧贴在一块的同类型及同直径的两种筋为并筋，仅限于纵向钢筋用。而钢筋焊接网长边尺寸为网片长度，钢筋焊接网平面短边尺寸是网片宽度，其与钢筋焊接网制作方向无关，不要与钢筋焊接网片的纵向与横向筋区别开。

钢筋焊接网片可按使用铺放位置不同，分为底层网和面层网，而面层网又可细分为支座面网、纵横向面网和温度面网几种。按照生产和供应方式不同，又可分为定制钢筋焊接网和定型钢筋焊接网。现在使用的钢筋焊接网大多数是在工厂加工制作成形，根据工程施工图进行钢筋代换设计，再通过设计及审查机构确认后，才能正式用于现场施工。

2. 钢筋焊接网技术及施工质量要求

（1）技术指标参数规定：冷轧带肋钢筋、冷拔（轧）光面筋的强度标准值为 550N/mm^2；冷轧带肋钢筋的强度标准值为 360N/mm^2。热轧 HPB300 级光面筋的强度标准值为 370N/mm^2，而冷轧 HPB300 级光面筋的强度设计值为 210N/mm^2；热轧 HRB335、HRB400（RRB400）级带肋筋的强度标准值为 490N/mm^2 和 570N/mm^2，而冷轧 HRB335、HRB400（RRB400）级带肋筋的强度设计值为 300N/mm^2 和 360N/mm^2。

按照等强度钢筋代换的相关规定，建筑房屋工程的现浇楼盖采用冷轧带肋钢筋焊接网施工，其工艺可以节省一定钢筋用量，质量也不会有任何影响。

（2）钢筋锚固规定：钢筋焊接网在房屋建筑的楼板现浇混凝土结构中，网边部钢筋伸入梁内或者支座内起固定连接作用，安装时必须保证有足够的锚固长度，尤其是底网和边跨的面部网。

（3）搭接的要求：在混凝土结构中，当钢筋焊接网片的长度或宽度不足时，按照规范的要求，把两张网片互相重叠或镶入而形成的连接，即是焊接钢筋网搭接。两张钢筋焊接网片焊接搭接末端之间的距离（带肋钢筋焊接网）或两张钢筋焊接网片最外横向钢筋间的距离（光面钢筋焊接网），即为钢筋焊接网的搭接长度。

钢筋焊接网的搭接方式有三种：即叠搭、扣搭和平搭法。叠搭法是将一张网片叠放在另一张网片上的搭接方法，一般用在单向板网片铺设；扣搭法是将一张网片扣放在另一张网片上，使横向钢筋在同一平面内，纵向钢筋在两个不同平面内的搭接方式，一般是用于薄板混凝土中的钢筋焊接网的施工铺设；平搭法即是将一张网片嵌入另一张网片，使两张网片的纵横向钢筋各自在一个平面内的搭接方法，一般用于楼面和地面防裂或者负弯矩钢筋的面网分布用筋。钢筋焊接网的这几种搭接形式，每一种搭接方式的搭接长度要求不同；搭接的平面形式不同；侧立面图显示的钢筋层数不同，即叠搭法是 4 层筋，扣搭法是 3 层筋，而平搭法只有 2 层筋。

钢筋焊接网的三种搭接形式都必须满足的要求是：两张网片的所有钢筋在同一处完成；搭接区都要用铁丝绑扎；铺设后，搭接区的保护层厚度都要满足规范规定；而搭接区设置相同，搭接接头均应设置在最小弯矩部位。

（4）施工应重视的问题：房屋建筑工程现浇混凝土钢筋焊接网多数采取平搭施工法，施工时重视搭接区内两网片中有一片横向筋最小搭接长度要满足规范要求的 1.3 倍，且不小于 300mm。一张网片在搭接区无受力主筋时，其搭接长度不应小于 $20d$，也不小于 300mm。

双向配钢筋的面网搭接，搭接宜设置在距梁边1/4净跨取段以外，其搭接长度不应小于30d，且不要小于250mm。而分布钢筋布网不存在搭接问题，两网片间的距离为该方向受力筋的间距，铺装时钢筋焊接网片两端直接进入梁锚固，保证锚固长度足够。现浇楼板及屋盖周边板上布置的面网，对有圈梁设置的板，网片钢筋锚入梁应满足最小锚固长度。当边梁宽度不够锚固长度时，可以弯曲，其弯钩角为90°；对于无圈梁设置的板，其上部焊接网钢筋伸入支座长度不应小于110mm，并在网端应有一根横向或上部受力筋向下弯钩90°，满足锚固要求。对于布置有高低差跨板的冷轧带肋钢筋焊接网，当高低差大于30mm以上时，面网应在钢高低差处断开，分别锚入梁或墙内，其锚固长度必须满足规范要求。钢筋焊接网现场安装宜采取绑扎搭接和固定，不允许现场焊接处理。埋入板内的预埋管道、电线管及接线盒等，也采取绑扎固定，不允许焊接。

钢筋焊接网在现场吊装应有专门的工具，严禁直接吊装钢筋焊接网，避免因包装过大网开焊，发生事故。要特别重视钢筋焊接网片在起吊中下部有人。现场堆放也应采取保护措施，防止在贮存时间使网片变形、开裂及生锈腐蚀。

3. 钢筋焊接网进场检验

钢筋焊接网片由厂家运至施工场地，要对网片型号、数量进行清点交接。将货物与图纸规格进行检查核对。钢筋焊接网的现场验收内容，主要是用尺量网片规格及偏差超规范，实测实量钢筋间距偏差±10mm；网片钢筋长及宽度允许偏差±25mm；网片过秤重量与理论重量允许偏差4.5%；网片表面观感不应有影响使用的缺陷，允许取样存在的缺陷在施工中修补；网片最外边钢筋上的交叉焊点不能有开焊点；整个网片焊接点的开焊不要超过交叉点总数的30%，一根钢筋上开焊点不要超过交叉总点的1/3。

钢筋焊接网片的现场交货验收，必须要求厂方提供质量证明书、标牌、检验资料及合格证明等。钢筋焊接网通过入场交货检查后，要按照国家规范规定进行试样抽取复验，取样标准按照现行的《钢筋混凝土用钢　第3部分：钢筋焊接网》GB/T 1499.3—2010规范规定进行。钢筋焊接网的试样均应从成品网上裁剪，试样不得在交叉点上开焊，试件不允许进行任何加工处理。

4. 钢筋焊接网施工中的检验

钢筋焊接网铺设的工艺工序是：钢筋焊接网按照施工图纸位置准确定位—网片安装—检查验收。其钢筋焊接网铺设的主要顺序是：安装底网—附加垫网或钢筋安装—支座面网铺设—纵横向面网铺设—附加网和钢筋安装。

在底网安装时，要注意主受力筋应位于网片的下边，而面网铺设时主受力筋应在焊接网的上部。当相邻网片需要搭接时，在搭接区中心和两端采用铁丝绑扎牢固，绑扎点必须大于3处。附加钢筋与焊接网连接的每一个节点都要用铁丝绑扎牢固。马凳的垫设数量绝不能少，保证上、下层钢筋之间在混凝土中位置准确，保护层均匀，误差控制合适。

钢筋焊接网安装后，要进行认真、仔细地校对、检查，检查的主要内容是：安装位置是否正确；锚固长度是否足够；搭接位置及长度，绑扎牢固检查；面筋在边跨的锚固措施；附加网片或附加直钢筋的构造处理；网片与构造柱交叉点的处置；预留洞口处的加强处理等。钢筋焊接网的安装允许偏差是按照现行国家标准《混凝土结构工程施工质量验收规范》GB 50204—2002中关于钢筋网绑扎的相关要求进行。其设计使用的混凝土强度等级一般不低于C25。

综上浅述可知，钢筋焊接网已被较多地用于房屋住宅工程的现浇混凝土中，如楼板、屋面、墙体、预制构件、道路路面和消防水池工程中，是被建筑同行广泛认可和积极采用的新工艺。钢筋焊接网虽然在使用时必须详细分网，规格尺寸受生产厂制约，且在耐热及悬挑构件方面受一些限制，但是钢筋焊接网的优点比较明显，表现在可以节省钢材用量，可以以小代大使用；能提高工作效率、方便施工、缩短工期；可以保证施工质量，减少人为因素产生的误差影响；网片强度高、弹性好且受力均匀、抗裂抗震性好；可以降低造价，其社会经济效益明显。

（二）建筑工程质量检验及防渗漏控制

1. 建筑工程施工质量评价标准应用分析

对于建筑工程施工质量的评价，是在《建筑工程施工质量验收统一标准》GB 50300—2001 及其配套的各专业工程质量施工验收规范的基础上展开工作的，同时还应遵守《建筑工程施工质量评价标准》GB/T 50375—2006 的原则，进行分部位、分系统量化评验打分。开展此项工作一般的程序是听汇报、看录像、召开用户座谈会，察看工程实体，查验工程技术资料，验收组总结点评四个环节。参加验收评价的工作应当如何开展及评价，根据多年的具体工作实践，应从以下几个环节做起。

1. 听施工企业质量汇报

进入验收环节，就须首先做好听的工作。听取主申报单位全面而系统的汇报（主申报单位可以是建设单位，也可以是施工单位），单位管理人员从建设立项、勘察、设计、施工、监理、业主等对工程建设的全过程进行描述。应当注意听取的重点内容如下：

（1）建设单位：对于工程项目建设的合法性、目的性、用途、使用功能等方面进行全面描述。

（2）施工单位：简要介绍该建设工程概况及规模，工程特点，难点和亮点，“十大”施工新技术的使用情况，节能、环保技术应用及使用效果情况，已取得的行业主管部门给予的评价结论，以及各种检验、检测、试验的结论，用户使用的效果及满意程度。

（3）设计及勘察单位：对工程设计思想、工程地质状态及工艺流程、主要用途和使用功能的满足程度。工程质量评价落实到施工全过程是否符合设计要求，是否满足使用功能。

（4）监理单位：对工程施工过程的各个环节进行评价，对设计要求、标准、规范执行的见证结论，各种检测记录是否齐全、有效，评价要落实到施工全过程是否管理控制有效。

（5）业主（建设）单位：对工程质量和服务质量，从建设、勘察、设计、监理、施工单位工作的角度作出评价，对使用安全、使用功能和效果进行评价，落实到用户满意程度。

2. 看工程实体

一般是在听汇报和看录像时，对工程的外貌结构有大概了解。一般的方法是检查组成员围绕着建筑物外围转一圈，然后查看一层、屋面、顶层，并按40%左右的比例抽查标准层、中间几层，再查看地下室，最后回到一层，对裙房和设备层必须查看。

（1）建筑物外立面：看外立面及各种立面造型、幕墙、台阶、阳台、门厅、外窗、散水、水落管等。宏观看外墙大角是否顺直，各种线条是否通顺、流畅，色泽是否均匀一致，造型是否美观。微观看外墙面是否有超标准和规范的裂纹，表面的平整度、门窗洞口的细部处理是否到位，滴水槽（线）的做法是否完整一致，变形缝的处理是否合理、牢固美观，散水表面平整度、坡度坡向、勾缝、分格、镶嵌是否合理、美观，幕墙胶缝是否饱满、宽窄均匀一致，面砖石材的排布是否合理，分格、收头是否严密、美观，沉降观测点的设置是否实用、精细、美观。消防水泵接合器位置是否合理，各种室外管道井内的施工质量及管道的位置是否合理，防雷接地测试点做工是否精细、合理。

（2）屋面观感质量：女儿墙和栏杆高度及表面质量，屋面卷材铺设质量，排气管设置质量，保护层铺设质量，坡度坡向、檐沟的做工是否牢固、可靠，“四边、五口”的细部做法是否精细，防雷接地网安装质量，透气管排列及高度，通风空调管道和设备安装质量，泛光照明的安装质量，查看水箱间、电梯机房、风机房、各种安装设备、管道质量，支架的安装质量，管道保温、油漆的观感质量。

（3）室内观感：地面、墙面、轻质隔墙、吊顶、饰面板、裱糊软包面每个节点收头的细部做法及整体观感质量；地面的平整度、分格缝、图案、色泽，有排水要求房间的地面坡度，内墙面砖的铺贴质量；墙面的平整度、垂直度，有无超标准的裂缝，墙面的阴阳角是否方正，门窗洞的垂直度和水平度及收头细部做法是否正确一致，各种木制作是否精细、美观；各种风口、灯具、探头、喷头是否排列整齐并与装饰面和吊顶结合紧密，卫生器具、地漏、通塞的排布是否合理、美观实用，与地面、墙面的排布是否协调一致，吊顶内各种管道线路的安装排布是否合理、安装牢固、连接紧密；开关、插座排布是否合理，并且标高一致、美观实用；各种明露管道是否排布合理、横平竖直，阀门开关是否便于使用和维修，散热器安装是否牢固、位置是否合理，管道根部是否处理到位；各种管道井内的管道支架排布是否合理、安装牢固，保温面是否平整、严密，管道支架油漆明亮，标识清晰，消防箱、配电箱位置合理，配管、配线整齐、美观。

（4）地下室：地面的平整度、分格缝，外墙面的防水处理，排水沟槽的细部做法，梁、柱、顶板的外观质量。

（5）其他查看的重点内容：包括各种管道的坡度坡向、管道支架设置情况，油漆保温标识是否完整、清晰，变配电室、水泵房、空调机房各种设备安装质量和管道支架的排列情况。电气母线桥架、接地、电缆的排列是否合理，安装是否牢固。风管、风口、风阀的排布是否合理。查看过程中，检查人员始终以工程内容所涉及的各专业施工验收规范和相应的国家、地方标准图集为标准，依靠目测和实测来进行分析判定，评价工程质量。

3. 查阅工程技术资料

查验分系统、分部位进行，查阅所有建设程序规定的各种证件和批文的合法性。查阅施工现场质量保证条件的相关资料，施工现场质量管理责任制度，施工操作标准及验收规范配置，施工组织设计和方案，质量目标及措施。查验建筑物全高测量、垂直度和沉降观测记录。各分部工程应重点查验的内容主要是：

（1）地基基础分部：地基承载力、地基强度，桩体强度，单桩竖向抗压承载力，桩身完整性等检测记录。施工记录和试验记录，检验批验收记录。

（2）结构工程：混凝土强度和钢筋保护层厚度记录，钢结构焊缝内部质量记录，检验批验收记录，墙体垂直度记录，混凝土钢筋、混凝土标高记录，钢结构尺寸和网格结构记录，砌体轴线位移和表面平整度记录，屋面淋水试验、保温层厚度测试记录和施工记录。

（3）装饰装修分部工程：外窗和幕墙检测记录，外墙粘结强度检测记录，室内环境检测记录，施工试验记录，多水房间蓄水试验记录，烟道、通风道试验记录，有关胶料配合比试验记录，检验批验收记录。

（4）安装分部工程：

1）给水排水工程承压管道试验记录，排水管道灌水、通球、通水试验记录，消火栓系统试压、试射记录，采暖试压、冲洗、系统调试运行记录，隐蔽工程验收记录，检验批验收记录；

2）电气工程：接地装置、防雷装置接地电阻测试记录，电气系统绝缘记录，照明全负荷试验记录，隐蔽验收记录，检验批验收记录；

3）通风工程：空调水试验、灌水记录，通风管道的严密性试验记录，通风空调联合试运转与调试记录，制冷系统联合试运转与调试记录，防排烟系统联合试运转与调试记录，隐蔽验收记录，检验批验收记录；

4）智能建筑工程：系统及系统集成检测记录，接地电阻测试记录，施工试验记录，检验批验收记录。工程技术资料始终应以工程所涉及的施工验收规范、国家和地方对工程技术资料整编的规定进行检查验证，看内容是否齐全、完整，真实、有效。对工程技术资料做出准确评价。

4. 工程评价

在听汇报、看录像、查工程实体、查工程技术资料的基础上，对本工程从建设、勘察、设计、监理、施工等方面进行综合评价，重点是施工质量，对工程的特点、亮点和获得的荣誉给予充分肯定。对于存在的问题要分门别类地进行讲述，对能进行整改的讲清、讲透，对不能修改的缺陷引以为戒，对安全使用功能上存在的问题，最好提出建设性的整改意见，帮助项目部一起分析其产生的原因和可能发生的后果。

认真学习和领会现行《建筑工程施工质量评价标准》GB/T 50375—2006 和《建筑工程施工质量验收统一标准》GB 50300—2001，这是做好工程评价的重要依据，各专业施工规范和标准图集是基本准则。只有全面熟练掌握这些标准，才能对工程质量作出比较客观、公正的评价，这是建设项目不可缺少的重要环节。

2. 建筑工程质量监督管理控制

在建设工程质量和管理全过程中，政府工程质量监督机构经过 20 多年的实践应用，监督人员的素质不断提高，监督的设备仪器不断更新增加，监督的理论水平和实践经验不断丰富。为保证工程质量，防止劣质建筑产品流入社会，曾发挥过积极的作用。今天在法律、法规全面实行的情况之下，如何进一步加强政府工程质量监督，充分发挥工程质量监督机构的作用，有待于进一步探讨。

1. 工程质量监督机构的职责

（1）工程建设各方责任主体行为的监管做法：随着经济的发展、社会的进步，建筑工程以惊人的速度发展，高层、超高层建筑随处可见，拔地而起，智能建筑、通风空调、建筑电梯、建筑节能已广泛采用，包含内容越来越多，技术含量越来越高，作业难度越来越大，这样复杂的建筑工程，工程建设的各方必须具有保证质量的行为，否则无法确保工程质量，所以，工程质量监督机构有必要对责任主体的行为进行监督。另外，法律法规也要求各方责任主体的质量行为，《建筑法》第十三条规定，从事建筑活动的各方按照其拥有的注册资本、专业技术人员、技术装备和建筑工程业绩，划分为不同的资质等级，并在其资质等级许可的范围内从事建筑活动等等。《质量管理条例》第四十六条指出，建设工程质量监督管理，可以由建设行政主管部门委托建设工程质量监督机构具体实施。从而确立了工程质量监督机构的法律地位，因此受委托的建设工程质量监督机构依据法律法规对工程建设各方责任主体行为的监督是法律法规赋予的职责。

（2）建筑工程实体质量的监管：建立各方责任主体行为监督与实物监督并重的监督机制。从20世纪80年代开始至今的30年间，我们所进行的质量监督是实物性的监督，政府质量监督深入到每个工程项目的每一个环节上。在计划经济向市场经济转变过程中，由于法制不健全、法制意识普遍淡薄，政府监督实行微观监督是必要、合理的。经过20多年的改革开放，市场经济运行机制的基本形式，法制建设不断完善，人们的法律意识不断提高，实现了从单一的实物监督向工程建设各方责任主体质量行为监督的转变，将工程建设各方责任主体推向质量责任的第一线，政府质量监督实行宏观的监督管理也是大势所趋，势在必行。但是，在这一转变过程中，受经济利益的驱动，有的责任主体无视国家的法律法规，百年大计、质量第一的观念在思想领域还没有真正树立起来，表现在工程建设过程中为偷工减料、以次充好、暗箱操作、不负责任，工程实体时常出现这样、那样的质量缺陷，因此，我们在注重监管责任主体质量行为的同时，还必须注重监管工程实体的质量。

2. 工程质量监督机构职责履行

从事工程质量监督管理工作中，经过不断学习、探讨、琢磨、交流，深感应从如下几个方面着手抓起：

（1）严格监督注册审查与施工过程中的检查：工程建设项目通过招标以后，在办理工程质量监督注册时，必须认真审查责任主体提供的资料，表现为各方主体的质量责任、质保体系资质和人员资格是否符合法律法规的要求。在施工过程中，检查责任主体的质量责任、质保体系资质、人员资格是否落实到位；检查施工单位是否按照审查过的图纸、规范进行施工、材料是否合格，检查监理单位是否尽职尽责；检查勘察设计单位是否履行自己的职责；检查建设单位是否有降低工程质量等级的要求；检查检测单位出具的报告是否真实、可靠。监督地基基础、主体结构、竣工验收过程中的组织形式、验收程序、人员到位等情况，为了强化质量责任，采取人员到位签名制度，并存入监督档案。审查施工单位的竣工报告、建设单位的竣工验收报告、监理单位的质量评估报告、勘察设计单位的质量检查报告是否客观、真实，符合规定要求。

（2）建立工程质量监督注册告知制度，建设单位在办理工程质量监督手续时，工程质量监督机构应把工程质量监督计划、方式、方法、依据、手段和要求，及时以书面形式告知相关责任主体，使他们充分享有知情权，以便于调动他们自查自纠、自我约束的积极性和主动性，自觉规范他们的质量行为，力求做到与法律法规相符合。

（3）加强工程实体质量的监督检查。改变过去那种深入到每个工程项目每个工序的监督方式，改变传统“敲、打、看、摸”的落后检查手段。要以保证建筑工程结构安全、使用功能合理为目的，以地基基础、主体结构为重点，采取随机抽查、巡回检查的监督方式，配合使用回弹仪、楼板厚度仪、钢筋定位仪、高精度水准仪等便携式设备，对混凝土的强度、楼板的厚度、钢筋的位置以及建筑物的沉降量进行定量抽查，用客观事实和科学数据说话。

（4）提高监督人员的综合监管素质。工程质量监督人员不仅要有较高的政治素质，专业技能知识，而且还要熟悉施工、设计、检测等专业技术标准、规范，掌握工程建设的法律法规，有一定的实践经验和管理水平，才能成为一专多能的高素质人才。因此，千方百计提高监督人员的政治业务水平、执法水平、管理水平，是每个监督机构的当务之急。只有提高本身人员的综合素质，才能有效监管各方责任主体的质量行为，才能有效监管工程实体的质量。

（5）加大监管的执法力度。以《建筑法》、《质量管理条例》、强制性标准和其他法律法规为依据，本着结构安全和使用功能合理为目的，对责任主体违法违规的质量行为进行严肃的惩治，避免大事化小、小事化了、执法不严、违法不究，助长违法违规行为的孳生蔓延。但是，要做到这一点，仅凭工程质量监督机构是不够的，还必须引起工程建设各个环节的重视，各级政府部门的关心、支持尤为重要。

（6）强化竣工验收备案制度。资质认定的根本目的是为了确保工程质量，招标投标也是为了确保工程质量，而竣工验收备案同样是为了确保工程质量，它是控制工程质量的最后一个环节。近几年，随着经济的高速发展，基本建设规模越来越大，但是由于有的工程不履行手续、有的工程不完善、有的工程不验收、有的工程验收后整改不到位，使得验收备案率不高，未经验收备案而投入使用的工程越来越多，屡见不鲜。为此，要进一步完善管理制度，把工程竣工验收备案纳入招标投标资质认定过程中，以此来衡量各方主体的工程业绩状况，作为考核的一项基本条件。这样，不仅可以提高工程的备案率，而且更重要地是提高了责任主体的质量意识，使他们从工程一开始就自觉规范质量行为，防止工程质量缺陷的发生，为竣工验收备案积极创造条件，提高工程质量，进而完善管理制度，从资质认定→招标投标→施工阶段→竣工备案→资质认定，成为一个闭合的环形管理模式；另一方面，要加大对责任主体的惩处力度，特别是要加大对建设单位的惩处力度，坚决杜绝未经验收备案就投入使用这一不良现象的发生，多管齐下，迫使责任主体牢固树立“百年大计、质量为先”的观念。

（7）合理确定监督注册条件。目前工程质量监督注册的条件有 14 项，其中计划批件、规划批件在招标投标时已进行了审核。在施工阶段，它不起控制工程质量的作用，因此，在办理监督注册手续时不必再审核。而工程检测报告和商品混凝土对工程质量有直接的影响，所以，把工程检测资质和商品混凝土资质作为工程质量监督注册的条件更为合理。

总之，工程质量监督机构的监管人员，要不断学习、勇于实践、开拓进取、总结经验、严于律己、以身作则，牢记验评分离、注重验收、强化手段、过程控制，熟练运用《建筑法》、《质量管理条例》、强制性标准以及其他相关法律法规，为提高工程质量而不懈努力。

3. 建筑工程施工技术应用与工程质量验收

现在我国每年约有 10 亿平方米的民用建筑投入使用，建筑能耗占总能耗的比例已从 1978 年的 10%上升到目前的 30%左右。现在，全社会各个行业都在倡导走“节能减排”道路。建筑节能是深化我国经济体制改革中十分关键的结构，对促进我国社会主义现代化建设进程有着非凡的意义，更是可持续发展战略和“节约能源、环境保护”策略的重要过程，对循环经济在我国社会的运用创造了条件。面对建筑能源消耗过度、能源需求日趋紧张等不同问题，实施建筑节能工作能缓解我国能源紧张的矛盾，实现社会主义经济的可持续发展。而伴随对节约能源与保护环境的要求不断提高，建筑围护结构的保温技术也在日益加强，尤其是外墙保温技术得到长足发展，并成为我国一项重要的建筑节能技术。因此，对建筑节能施工技术的运用及质量验收进行探讨，具有一定的现实意义。

1. 节能建筑的施工技术

（1）建筑墙体：

1）空心砖墙体：整砖平砌是空心砖承重墙的常见形式，按照孔洞的垂直方向以及长圆孔顺墙的长方向进行分步，对空心砖不得砍凿，不够整砖时则应使用实心砖外砌。用实心砖砌筑墙中洞口预埋件和管道处，砌筑过程应该留出或预埋，实施凿孔以及填孔施工时不得随便操作，这是为了防止外墙体产生通缝、不密实、冷热桥等问题。

2）空心砌块墙体：严格参照设计施工图和工程的相关标准，

结合施工条件绘制砌块排列图开展施工。施工技术部门应结合砌块建筑的墙体热阻值低、砌体和粉刷易开裂、灰缝和裂缝处易渗漏等诸多方面，对建筑施工操作引进先进的处理技术。为了保证砌块墙体的施工质量，通常需重点把握好砌块质量、砌筑砂浆质量、灰缝饱满度、粉刷层与砌块的粘结性、变形协调等不同方面的技术运用。对于建筑结构的主要部位加以重视，如：砌块与构造梁柱交接处、门窗洞口部位、屋面檐口和女儿墙、有集中荷载的应力变化、墙面曲折和突变等。

3）墙体保温施工形式：尽管建筑工程形式多样，但在施工工艺上多数集中于抹灰、喷涂、干挂、粘贴、复合等方式。施工操作过程要对以下几个方面给予重视：

① 门窗洞周围用水泥砂浆抹宽 50mm 护角，墙面要采取合适的灰饼、冲筋，以保证保温层厚度达标。

② 对于施工难度大的位置打毛或刷胶粘剂，如：表面不易粘结的混凝土墙、梁、柱等，对基层则实施清洁、修平、湿润处理。

③ 加强保湿养护，不得用水冲。严格控制抹灰厚度，一次以 10mm 最佳。砂浆硬化过程严防撞击和振动。

④ 对首层窗台以下墙面铺设一层玻璃纤维网格布，这是为了避免首层墙面受到撞击后在抹灰面层与保温材料内形成孔洞。对底层墙外表面实施防潮处理，这样可以保证保温层的使用时期与设计标准一致。防潮处理时涂刷氯丁型防水涂料，待涂料表面干燥后，加喷涂一层界面剂，以巩固保温效果。

（2）屋面保温措施：

1）材料：选择屋面保温隔热材料前，必须要熟悉工程设计标准与材料的实际性能，再参照产品技术的规范操作。购买材料时应对几个重点指标加以重视，主要包括：表观密度、导热系数、吸水率、外观等性能参数，存储过程应对防水、防潮加以关注，操作过程需要按配合比和施工工艺进行；

2）时期：施工时期的把握对于保证工程质量有着重要的作

用，通常施工的最佳方式晴天连续作业，铺设保温层前基层要做干燥清洁处理，需要时可满涂隔气层。此外，还需要采取原材料、半成品和防水层施工等方面的防风雨处理；

3）坡度：结合设计图纸中对屋面坡度的要求，尽量采取与保温层相近的材料，合理规划厚度控制点，以防止出现热桥。为避免大面积屋面热胀冷缩造成开裂，需结合保温层的特性布置伸缩分格缝；

4）厚度：水泥珍珠岩在浇筑过程中，其虚铺厚度需控制在设计厚度的130%，用木拍板拍实抹平到标准厚度，2～3d后制作找平层，然后进行必要的湿度养护；

5）嵌缝：在板块状保温层铺设过程中，应该确保下部粘贴层处于均匀状态，板缝应保持纵横交错且能够分层铺设、上下交错，间隙内禁止使用水泥砂浆而换成保温砂浆嵌缝，这是为了防止热桥；

6）空鼓开裂：需对保温层的防水防潮问题高度重视，避免由于含水降低热阻和水汽蒸发造成的防水层鼓裂。通常需在雨期或工期紧保温层水分蒸发不理想时，分布排气道与大气相通，对出气孔周边进行必要的防水处理。

（3）门窗安装控制：门窗安装过程每个步骤都会影响到建筑节能效果，在安装时需要把握的几个节能方面包括：

1）所选择的门窗要达到质量标准，对门窗的抗风压性、空气渗透性、雨水渗漏性等性能指标严格检查；

2）对框角的垂直度在安装门窗框时要反复检查，不合标准的门窗不得使用，如：变形严重、缝隙超标等；

3）将密封条设置于框与扇、扇与扇之间，这是为了避免渗水、透气等问题，在推拉窗的轨道处进行密封处理，局部缝隙过大则使用单组分密封胶挤注；

4）用水泥砂浆对门窗框四周与墙或柱、梁、窗台等交接处实施严密处理，靠室外一侧应采取外装修适当处理，同样可以避免渗水、透气；

5）粘贴密封条或挤注密封胶时，需在之前将接缝处彻底清理，保证无灰尘和污物。

（4）地面节能：地面是能耗较大的工程部位，在节能处理时可采取下述方法：

1）地面节能保温。如果工程操作到了地面施工这一环节时，考虑到保证基底与施工方案和设计要求相符，必须对地面加以有效的处理，以保证施工质量达到要求；

2）保护层与防潮层施工。确保保温层的表面保护层和防潮层与工程设计要求一致，这样可以避免保温层受到外力的破坏和保温层材料吸潮后含水率增大，使得表面的抗冲击能力增强；

3）施工环节对地面防潮选择处理方法，室内地表面需选择蓄热系数小的材料，这样可降低空气温度与地表温度的差值；防止湿空气与地面接触。

2. 外墙外保温技术应用

建筑中现在常使用的外墙保温主要有内保温、外保温、内外混合保温等方法。外墙外保温是将保温隔热体系置于外墙外侧，以赋予建筑物良好保温隔热性能的建筑节能措施。除了保温隔热功能以外，由于将绝热体系置于外墙外侧，从而使主体结构所受温差作用大幅度下降，温度变形减小，因此外墙外保温对结构墙体起到保护作用并可有效阻断冷（热）桥，有利于结构寿命的延长。

（1）外墙外保温技术的优势：

1）提高主体结构的使用寿命，减少长期的维修费用：采用外保温技术，由于保温层置于建筑物围护结构外侧，缓冲了因温度变化导致结构变形产生的应力，避免了雨、雪、冻、融、干、湿循环造成的结构破坏，减少了空气中有害气体和紫外线对围护结构的侵蚀。因而只要墙体和屋面保温隔热材料选材适当、厚度合理，外保温可以有效地防止和减少墙体和屋面的温度变形，有效消除常见的斜裂缝或八字裂缝。

2）降低建筑造价，增加房屋使用面积：由于外保温技术保温材料贴在墙体的外侧，其保温、隔热效果优于内保温，故可使主体结构墙体减薄，从而增加每户的使用面积。同时，墙体的减轻又可减少建筑梁、柱的直径和钢筋用量，进一步降低造价。根据测算，在塔形建筑中，平均每户可增加使用面积 1.3～1.8m^2，按建筑面积计算售房面积，在商品房价格中等偏上的城市，外保温所增加的使用面积的售价可基本抵冲外保温费用。

3）基本消除“热桥”的影响：“热桥”是指在内外墙交界处、构造柱、框架梁、门窗洞等部位形成散热的主要渠道。对内保温而言，“热桥”难以避免，而外保温既可防止“热桥”部位产生结露，又可消除“热桥”造成的热损失。热损失减少了，每个采暖季的支出自然就降了下来。

4）改善墙体热工性能：采用外保温时，由于蒸汽渗透性高的主体结构材料处于保温层内侧，只要保温材料选材适当，在墙体内部一般不会发生冷凝现象，故无需设置隔汽层。同时，外保温墙体由于蓄热能力较大的结构层在墙体内侧，当室内受到不稳定热作用时，室内的空气温度上升或下降，墙体结构层能够吸引或释放热量，故有利于室温保持稳定。

5）便于对建筑物进行装修改造：在室内装修中，内保温层易遭破坏，外保温则可避免发生这种问题。在对旧建筑物进行节能改造时，采用外保温方式最大的优点是无需临时搬迁，基本不影响用户正常生活。

（2）外墙外保温技术的不足：

1）国内的外保温施工与国外相比难度较大：主要是因为我国地少人多，城市人口居住密度高，居住建筑结构以多层和高层建筑为主，而国外发达国家以低层别墅和少量多层建筑为主，很少见到目前在国内大量出现的现浇混凝土剪力墙结构的高层住宅建筑。这样国内的外墙外保温针对的对象，要比国外建筑结构的单体面积以及高度都大得多，施工难度也更大。

2）外保温层裂缝处理较难，阻碍外保温技术的推广

有些外保温产品技术不过关，刮大风时常常吹落保温层，外

保温层裂缝处理较难，阻碍外保温技术的推广。因此，建议相关部门应该就外保温产品技术及施工标准加以细化，严格审批制度，抬高准入门槛。

3. 应用较成熟的外墙外保温技术

1）外挂式外保温：外挂的保温材料有岩（矿）棉、玻璃棉毡、聚苯乙烯泡沫板（简称聚苯板，EPS、XPS）、陶粒混凝土复合聚苯仿石装饰保温板、钢丝网架夹芯墙板等。其中，聚苯板因具有优良的物理性能和价廉，已在世界范围内的外墙保温外挂技术中被广泛应用。该外挂技术是采用粘结砂浆或是专用的固定件将保温材料贴、挂在外墙上，然后抹抗裂砂浆，压入玻璃纤维网格布形成保护层，最后加做装饰面。还有一种做法是用专用固定件将不易吸水的各种保温板固定在外墙上，然后将铝板、天然石材、彩色玻璃等外挂在预先制作的龙骨上，直接形成装饰面。这种外挂式的外保温安装费时，施工难度大，且施工占用主导工期，待主体验收完后方可进行施工。在进行高层施工时，施工人员的安全不易得到保障。

2）聚苯板与墙体一次浇筑成型技术：该项技术是在混凝土框架—剪力墙体系中将聚苯板内置于建筑模板内，在即将浇筑的墙体外侧，然后浇筑混凝土，混凝土与聚苯板一次浇筑成型为复合墙体。该技术解决了外挂式外保温的主要问题，其优势很明显。由于外墙主体与保温层一次成活，工效提高，工期大大缩短，且施工人员的安全性得到保证。而且在冬期施工时，聚苯板起保温的作用，可减少外围围护保温措施。但在浇筑混凝土时，要注意均匀、连续浇筑，否则由于混凝土侧压力的影响，会造成聚苯板在拆模后出现变形和错槎，影响后续施工。

3）聚苯颗粒保温料浆外墙外保温：是将废弃的聚苯乙烯塑料（简称为 EPS）加工破碎成为 0.5～4mm 的颗粒，作为轻集料来配制保温砂浆。该技术包含保温层、抗裂防护层和抗渗保护面层（或是面层防渗抗裂二合一砂浆层）。其中，ZL 胶粉聚苯颗粒保温材料及技术在 1998 年就被建设部列为国家级工法，是目前被广泛认可的外墙保温技术。该施工技术简便，可减小劳动强度，提高工作效率；不受结构质量差异的影响，对有缺陷的墙体施工时墙面不需修补找平，同时解决了外墙保温工程中因使用条件恶劣造成界面层易脱粘空鼓、面层易开裂等问题。与别的外保温相比较，在达到同样保温效果的情况下，可降低房屋建筑造价。如与聚苯板外保温墙相比，可降低 25 元/m^2 左右。此外，节能保温墙体技术中还有将墙体做成夹层，把珍珠岩、木屑、矿棉、玻璃棉、聚苯乙烯泡沫塑料、聚氨酯泡沫塑料（也可现场发泡）等填入夹层中，形成保温层。

4. 建筑节能工程的质量验收

（1）墙体节能工程验收：

1）主控项目：

① 用于墙体节能工程的粘结材料和保温材料等的复验应符合相关规定。验收方法：检查复验报告；

② 墙体节能工程各层构造应按照经过审批的施工方案进行施工，且应符合设计要求。验收方法：对照施工方案和设计进行观察检查；

③ 采用保温砌块砌筑的墙体，采用的砌筑砂浆的强度等级应符合设计要求。检验方法：检查施工记录和复验报告；

④ 炎热、寒冷地区的墙体节能材料应符合相关的要求和规定。验收方法：检查试验报告。

2）一般项目：

① 当采用外墙外保温时，建筑物的伸缩缝、防震缝等的保温构造做法应符合设计要求。检验方法：采用观察法对照设计进行检查；

② 墙体保温标拼缝应严密平整，且拼缝方法应符合施工要求。验收方法：尺量和观察检查；

③ 应采取隔热断桥的保温密封措施，修补施工过程中产生的如孔洞、脚手眼等墙体缺陷。检验方法：观察检查施工方案。

（2）屋面节能工程验收：

1）主控项目：

① 用于屋面的保温隔热材料，其导热系数、密度和压缩强度等都必须符合有关规定和设计要求。验收方法：检查材料的技术性能报告、合格证和进场验收记录；

② 屋面保温隔热层的厚度、敷设方式和缝隙填充质量等，必须符合规定和设计要求。验收方法：剖开用尺测量其厚度。屋面的安装方式、架空层高度和尺寸等应符合有关标准及尺寸要求。主要采用观察法验收。

2）一般项目：屋面金属板保温夹芯板应保证表面洁净、接口严密、铺装牢固。保温隔热层表面应有保护层，以免受潮，且保护层的做法应符合设计要求。天窗的坡度和坡向应正确，封闭严密。对于一般项目的验收，都是采用观察法，检查施工记录。

（3）门窗节能工程验收：

1）主控项目：

① 建筑门窗采用的玻璃的安装应正确，且其传热系数、遮阳系数、品种等应符合设计要求。验收方法：检查技术性能报告，检查、观察施工记录；

② 采用中空玻璃时，其密封性能和中空层的厚度应符合相关标准规定和设计要求。验收方法：观察、检查技术性能报告和产品合格证；

③ 采用特种门时，其节能措施应符合设计要求。验收方法：观察检查设计文件；

④ 寒冷地区的外门安装，应采取密封、保温等技能措施。验收方法：观察检查法。

2）一般项目：

① 玻璃和门窗扇的密封条的安装位置应正确，镶嵌牢固，且其物理性能应符合相关标准规定。验收方法：观察和启闭检查，检查其技术性能报告和产品合格证；

② 外窗遮阳设施的位置、角度应调节灵活、到位。验收方法：尺量和观察法。

（4）地面节能工程验收：

1）主控项目：

① 地面节能工程施工前应按照施工方案和设计要求对地基进行处理，使基层平整，符合保温层施工工艺的要求。验收方法：检验设计和施工方案；

② 用于地面节能工程的隔热和保温材料，其压缩强度、厚度、导热系数和密度等必须符合有关标准的规定和设计要求。验收方法：检查材料的技术性能报告、产品合格证和复验报告；

③ 地面节能工程的施工质量应符合以下要求：楼板下的保温浆料层应分层施工，各层之间及基体与保温板之间的缝隙应严密，连接牢靠。验收方法：采用剖开法或抽样进行实测检验，并对照设计要求进行观察检查。

2）一般项目：针对地面辐射供暖工程的地面，其隔热层做法应符合相关规定。验收方法：对照标准和设计要求进行检验。

综上浅述，建筑业走“节能减排”道路，是深化我国经济体制改革中十分关键的结构，对促进我国社会主义现代化建设进程有着非凡的意义，更是可持续发展战略和“节约能源、环境保护”策略的重要过程。我国的外墙外保温工程正在快速增加，加上既有建筑的节能改造逐步提上日程，外墙外保温必然是建筑节能改造的一项基本措施。由于未来的外墙外保温技术将会更加多种多样、丰富多彩，将会出现采用不同保温材料、不同构造、不同工艺（手工、半工业化、工业化）做法并存，最有活力的外保温市场。建筑节能技术的引进，能显著改善工程施工质量、降低建筑成本投资，从而保证施工操作的顺利进行。

4. 建筑工程质量和施工安全的重要性

建筑施工企业天天要进行现场管理，现场管理实际上是企业生产经营活动的基础。“现场管理得好，工作进展顺利，降低项目工程的施工成本”是施工企业的理想目标。实际工作总是以理论作为指导，施工管理涉及的学科主要有：项目管理、组织论、风险管理、建设工程监理和施工企业管理等，所遵循的是建筑施工及验收规范和安全文明施工规范。

1. 工程项目施工现场的管理

工程建设项目实施阶段即施工阶段，是把设计图纸和原材料、半成品、设备等变成工程实体的过程，是实现建设项目价值和使用价值的主要阶段。施工现场管理是工程项目管理的关键部分，只有加强施工现场管理，才能保证工程质量、降低成本、缩短工期，提高建筑企业在市场中的竞争力，对建筑企业生存和发展起着重要作用。

（1）认真执行岗位责任，推行项目经理负责制。国家推广项目经理负责制至今已经有 20 年的时间，这是为了和建筑施工管理国际化接轨，近年来开始实行项目经理与建造师对应挂钩，要求项目经理必须取得建造师资格，这主要是为了使项目经理能够在技术、管理水平、自身素质方面都得到提高，让更合格的人才到项目经理这个岗位上。但现在实际情况是，多数施工单位对项目经理部的监督机制还不完善，对项目经理的约束机制没有落实，项目经理自身素质参差不齐，有些不具备条件的也无证上岗，这多是沿袭传统多年的管理习惯。有些人很有经验，却因年龄已大，无法考取资格证书，这虽无可厚非，但却孳生了很多所谓的挂靠虚假项目经理负责制现象，项目经理人证分离，只是在上级检查时到场装装样子，真正的管理却另有人在，这种现象在施工现场项目部中也很普遍。但是，由于管理水平和能力相差较大，对财务上控制不严会形成浪费，加大工程成本，降低企业的利润。因此，只有认真推行项目经理负责制，实行岗位责任制，才能在真正意义上使经济效益和项目部相关人员及项目经理牢牢挂钩，从而带动相关人员的积极性、主观能动性，使企业达到双赢的目的。

（2）加强材料管理对节约成本的重要性不容忽视。建筑材料在整个建筑工程中占了相当大的比例，定额测算材料费用约占工程造价的 60％～70％甚至更多。因为比例特大，现在很多业主在发包工程时，有的专门将材料拿出，材料实行甲控、甲供，即包工不包料，这样也能很好地控制成本、节约成本。而对于传统的大包的施工企业，由于材料管理的直接影响到工程造价，影响企业效益。施工企业在施工前就应对工程所需材料进行市场调查，尽管定额站每年都公布建筑几大主材指导价格，但有时市场价格变化非常快。市场调查完成后，还要根据施工组织设计有关计算实际需要的材料、设备总量，编制需求计划。根据计划明确初步的采购计划，确定大致的供应商选择范围，同时在编制施工组织计划时，还要专门编制现场平面图，明确未来材料的堆放地点。对于未来材料的管理和使用，还要选择有经验的材料员，做好相关材料管理工作。

建筑工程大致可以分为主体土建施工和装饰施工两个部分。与土建施工不同，装饰工程有着自身的特点，要进行专项设计和专业人员施工。好形象就要有好材料，所以材料在装饰工程中显得尤为重要。当前，装饰材料供应比较充足，但良莠不齐，假冒伪劣产品也比较多，在材料方面必须着重注意以下问题：

首先，在材料供应商选择方面：现在只要工地开工，材料供应商就会找上门来，很多人给你拿着不错的样品，但实际供应时却可能悬殊很大，所以一定要选择好的有信誉的供应商，并且对其资质和产品合格证和检验报告严格审查。其次，材料采购：如果厂家提供的可选种类较多，首先应该按照设计要求明确哪种材料最能满足使用功能和美观程度，根据设计测算所需材料的数量，采购时将数量、品牌、规格、尺寸、产地、合格证、检验报告等一一核实，有些材料采购时为了保证工期，必须保证材料供应充足，所以这些材料采购应一次到位，如模板、焊药、部分工具等；再次，材料存放：材料进场后，必须合理安排场地，分类堆放，可参考原设计施工平面图，也可根据现场实际占地情况科学安排场地，有些材料要求堆放场地必须硬化，如砂石等；有些材料不能露天放置，如白灰、水泥等。有些材料堆放有防火要求，必须远离火源。最后对材料发放：库存材料应明确建立台账登记制度，清验造册，严格按照施工进度凭材料出库单发放使用。对正在使用的材料也要进行追踪，避免有些应回收的材料丢失，造成浪费。对库存的材料，材料员必须定期按时整理招点，并对有特殊要求的材料（如易燃品、防潮品）采取相应保护措施。

（3）加强对施工安全进行管理的重要性。施工现场安全方面主要包括防火、防电击、防坠落、防意外伤害事故等，现在项目部要求必须配备专门的安全员，做好安全管理和安全培训工作，有些常识已经变成普及安全知识的小册子，很便于发放，如安全帽、安全带、安全平网应及时佩戴，楼梯边、电梯井边、坑道边、建筑的周边做好防护，这些安全知识必须不断讲、天天讲，尤其是对刚入场的新工人，多数是农民工，这方面知识比较薄弱，更应加强安全知识的培训和教育。

2. 工程项目施工现场的质量通病防治

质量通病的特点是容易反复出现，出现之后如何处理，住房和城乡建设部曾经制订过相应的整改措施和施工规范，有些专家也结合规范要求融合了自己的一些实际经验。不论何种措施，还是以规范为纲的最理想，下面就援引住房和城乡建设部的主要处理措施，并结合一些其他专家的意见提出一些质量通病处理办法，此部分以援引为主。治理质量通病通常采取以下一些措施：

（1）严格控制对进场材料质量的把关。按照国家关于材料监管的有关规定，对所有进场材料必须按规定进行检查和复验，由监理工程师现场提取材料样品，到有资质的检验机构送检，以免材料厂家送检时抽梁换柱，从中作弊，杜绝不合格材料入场。

（2）通过科研手段，改善材料性能。科研力量保证我们享用最新的成果。同样，通过科研手段，可以提高材料的功能和性能，使材料物理性能和使用寿命得到提高；通过科研手段，将先进的设计理念融入施工技术和工艺中，科研手段、科学方法将会成为克服质量通病的一剂良丹妙药。

（3）加强设计质量的管理。建筑在图纸设计阶段，也就是在设计师手中的阶段也非常重要，工程设计特别是建筑和结构构造设计是预防工程质量通病的基础。有很多质量通病都和设计有关，究其原因和建筑设计师的水平责任心、经验都有关。因此，应做好下述几个方面的工作：

1）必须按照规范进行设计：如一层框架结构砌体的强度不能轻易替代，不能用陶粒砌块代替承重砌块。卫生间、厨房和正常室内的高差也不能轻易取消，必须保证混凝土素浇带的高度；

2）特殊部位节点详图不应省略：节点详图是保证使用功能和工程质量的关键，质量通病大都会在小地方出现。如窗框节点处理不好，会出现渗漏、冷桥或裂缝；屋面细部处理不好，就会出现爬水、渗漏等，现在设计和个人经济挂钩，很多年轻设计师为了效率而将节点详图省略，让施工方自己查图集，这点尤不可取；

3）把对构造方面的研究和设计作为重点：很多措施整改方案都在通病发生后才出台，重要的是将这些方案在之前使用来预防。构造措施是预防质量通病的有力手段，有些质量通病通过构造措施能基本消除，设计人员和施工企业因紧密配合，将关键部位的构造设计，设计到位，一旦出现质量通病及时反馈，共同研究措施，在今后类似施工中普及，杜绝新的质量问题产生，这一措施在实际施工中反馈不够。

（4）必须严格按照施工工艺操作。建筑产品通过施工得以完成，质量好坏也在施工过程中形成。质量通病之所以产生，也是在这个阶段。为了防治质量通病，在施工过程必须严格按照施工工艺和规范要求来操作，重点工序重点控制，可以采取下面措施：第一，用科学、合理的施工组织设计方案做指导，应编制可靠的施工技术方案，与施工人员及时做技术交底。方案应具有针对性和可操作性，对于易发生质量通病的地方进行重点强调。第二，对普通施工人员加强岗位培训，特殊工种应具有上岗证，如电焊工、防水工、吊车司机、电梯操作司机等。第三，重要设备质量对工程质量具有较大的影响，设备应及时进行校核和检修。需要出具年检合格证的，如吊车，有些测量工具也要定期检验，保证设备和工具的准确性。第四，对工程质量影响比较大的还有环境因素，主要是自然环境条件，如雨天、冷天等，必须采取一定措施进行控制和预防。如混凝土施工，当温度较低时，混凝土不利于凝结，即使凝结也呈鸡爪状，强度难以保证；还有电焊施工，环境温度低于-20℃时没有保护措施，不能施焊。在雨、雪天焊接，会使接头产生淬硬组织和裂纹。再有，如玻璃幕墙安装在较低温度时也不能施工，这时建筑用胶会因低温丧失原有功能，形成质量、安全隐患。第五，采用不同的施工方法和施工工艺，对工程质量影响很大。按操作规程和工法进行施工，是保证工程质量、预防质量通病的关键。组织施工人员进行必要的施工培训非常必要，可以组织操作人员学习操作规程等施工技术，要求大家严格执行，并采用自检、互检、交接检手段予以保证。在具体施工过程中，技术人员应随时和图纸及规范、标准加以比较，尽可能减少通病的发生。

综上所述，本文结合工程技术实践经验，提出优化建筑施工企业现场管理的一些对策，提高施工现场管理水平的方法。通过提高管理，杜绝质量通病反复发生，提高现场施工管理水平，确保建筑工程质量和使用安全。

5. 现役土木建筑结构质量薄弱部位分析

自20世纪80年代以来，我国的土木工程建设进入一个快速发展时期，尤其是近些年来建筑总量世界领先。这些建成的各种基础设施，如交通道路、桥梁及铁路隧道、水坝及码头水利工程、能源及输电设施、大量办公及住宅建筑、公共建筑医院及展览厅等，其使用寿命有的已经超过20年。在长期的使用过程中受到自然环境的侵蚀，所用的建筑材料性能会随着时间推移而产生不同程度的下降，进而导致这些建筑工程结构的承载力逐渐下降，对结构的安全性受到较大影响。当外部荷载发生变化或是遭遇巨大偶然荷载时，结构极易出现巨大损伤，甚至发生倒塌事故。在国外经过多年代使用的现役结构，发生的多起土木工程结构安全事故表明，其安全性依然存在较大隐患。

如在1995年6月29日韩国汉城的三丰百货大楼倒塌事故，造成死伤1438人的悲剧。2007年8月1日发生在美国密西西比河上的公路桥整体垮塌，造成13人死亡及多人受伤。1997年北京市政工程设计院对北京市立交桥梁耐久性普查中发现，钢筋锈蚀造成立交桥钢筋混凝土破坏具有普遍性。西直门立交桥使用才19年，因钢筋锈蚀引起承载力大幅下降，只得在1999年重建，造成巨大经济损失。2008年初南方地区大范围降雪，大量输电塔因设计中未考虑雪荷载，造成大量输电塔被压坏停电。这些事故表明：受荷载增加及材料退化、环境变化恶劣因素影响，现在有相当多的土木工程存在不同程度的劣化，而发生的关键主要在于结构中最早破坏的部位。以下在分析土木工程结构各种破坏原因及损坏变化过程的基础上，提出现在投入使用的土木工程结构薄弱部位概念，并给出现役的土木工程结构薄弱部位分析方法。

1. 土木工程结构安全性分析

从土木工程结构发生安全的事故可以看出，引起土木工程结构倒塌的原因多种多样，归纳在一起主要有两大类：一是不可抗拒的因素，包括地震，洪水及飓风大火等。由不可抗拒力引起的土木工程结构灾害在此不进行分析；二是非不可抗拒力因素，主要包括设计、施工及运营管理方面的因素。

（1）由于设计不周而导致土木工程结构倒塌的原因包括：对结构特性认识不够深入，设计理论不成熟；设计中对结构在荷载作用下空间受力特性和应力分布规律分析不到；设计的支撑整体稳定性不满足。

（2）由于施工而导致土木工程结构倒塌的原因包括：辅助支撑强度及稳定性不足，脚手架支撑体系搭设存在隐患；施工工艺不到位和焊接存在严重缺陷；施工中有偷工减料及质量低劣现象；未按工艺工序标准施工且方法不恰当。

（3）由于运营管理而导致土木工程结构倒塌的原因包括：车辆超载、超限屡禁不止造成的桥梁长期超负荷运行；在结构的改扩建或拆除过程中，由于对结构的剩余强度未做鉴定采取的维修加固扩建，或是拆除方案不符合实际状况而导致的结构倒塌。

（4）因为人为破坏及使用不当，结构件腐蚀老化，使部分承重结构件失效，阻碍传力途径导致倒塌。而结构的耐久性不足及检测维修不当，也是一个原因。

各类土木工程结构倒塌的机理可以分为以下几类：

1）竖向受力构件失效：结构竖向受力构件起着基础传递上部荷载，支撑结构体系的作用。当竖向受力构件失效后改变结构体系和传力路径，引起结构内力的重新分布。

2）结构强度储备不够：当可变荷载超过设计值较多，或者温度应力变化较大时，结构由于强度储备不足而发生倒塌。

3）节点强度不足，结构整体性差：节点不仅起到荷载传递路径，并支撑结构体系的作用，还起着增强结构整体性的作用。当节点先于构件破坏后，结构整体性被破坏，支撑于节点上的构件脱离结构主体，造成结构整体性塌陷。

以上导致土木工程结构倒塌的不同原因中及倒塌机理分析中，设计原因及施工原因均产生在运营前，可以通过桥梁设计的理论不断成熟、施工技术和施工方案加以完善和克服不足。而对于众多正在运营的土木工程结构而言，管理中的检测维修及养护不当才是土木工程管理及科研工作者面对的实际问题。要做好结构管理中避免重大安全事故，必须及早发现结构中可能出现的不安全问题所在位置。应该从结构损伤演化过程进行分析，如何能及早发现土木工程结构中可能产生安全问题的地方。

2. 现役土木工程结构薄弱部位的概念

对于大量的正在运营中的土木工程结构，在其长期使用过程中不可避免地受到环境腐蚀、材料老化和荷载的长期效应、疲劳效应和一些不利因素的共同作用，在结构内部会形成一些不同程度的损伤，从而造成结构各部分构件承载力的降低。当环境条件或是外荷载出现变化时，结构中承载力下降最多的构件部位最有可能首先出现失效现象，进而由于结构内部内力重新分配而导致其他构件连续失效，最后使结构整体倒塌。如四川宜宾市南门大桥长 384m、宽 13m 为单孔跨径 240m 的钢筋混凝土中承式公路拱桥，在 1990 年 6 月通车，在 2001 年 11 月 7 日在投用了 10 年以后，桥两端 4 对 8 根短吊杆在同横梁连接部位在突然断裂，导致两端桥面垮塌。因受力不均使桥面的支撑发生摆动变形，使另一边也垮塌。事故原因由于交通量早成倍增加，超载十分严重，使桥梁所受外荷远远大于设计荷载值；另一方面，因中承拱短杆受力过大，振动冲击力强且腐蚀严重，使吊杆承载力下降过多，最终导致短吊杆脆断及桥面垮塌。

从桥梁垮塌事故中可以发现，在整个倒塌过程中，最为关键的是承载力下降最多、首先发生失效的构件，在这里称为结构中的薄弱部位，也是受环境侵蚀、材料老化及荷载变化的影响因素，在土木工程结构中最先发生破坏的构件或构件中的某一部位。此处所说的结构薄弱部位，与理论上计算出的结构内力最大处是有所区别。伴随着结构使用年限的延长，构件中各部位受到的影响也不相同，外荷载变化导致的各处内力变化也不同，结构抗力与实际内力最接近的地方，即结构薄弱部位往往不是结构中内力最大部位，以一座桥为例，说明随着运营时间的延长，各部件薄弱部位的变化情况，见图 1。

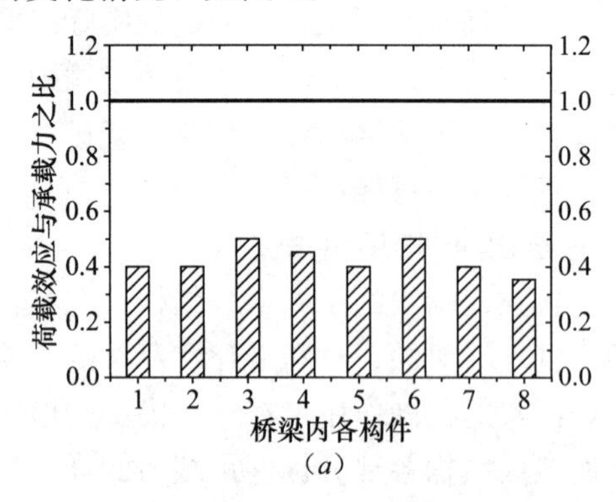

图 1　桥梁各部件薄弱程度变化（一）

(*a*) 桥梁建成通车

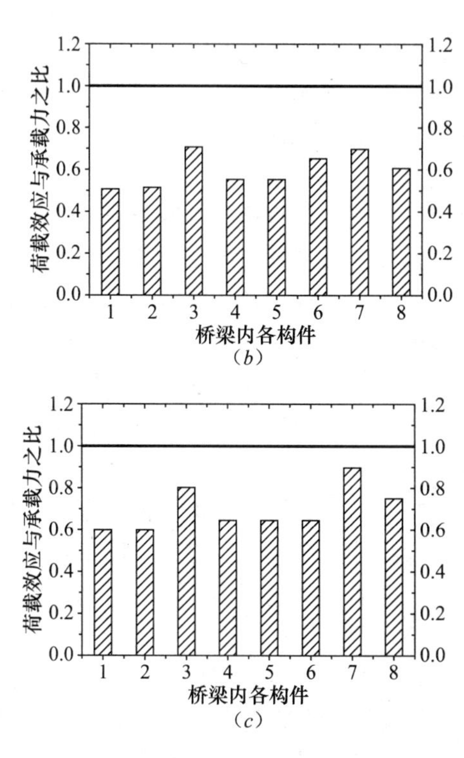

图1　桥梁各部件薄弱程度变化（二）

(*b*) 桥梁建成后5年；(*c*) 桥梁建成10年

从图中可以看到，桥梁刚建成，各构件的荷载效应与承载力相比有较大距离；而经过5年的运营，桥梁所受到荷载效应不断加大而各部件承载力却不断下降，两者之间差距不断接近，但荷载效应与承载力最为接近的部件与桥梁刚建成已经有所变化；经过10年的运营，桥梁所受到荷载效应进一步加大而各部件承载力却继续下降，此时两者之间差距最小的即是桥梁中的最薄弱部位（构件7），该薄弱部位并非桥梁刚建成时荷载效应与承载力最为接近的部件（构件3及构件6）。

3. 现役土木工程结构薄弱部位分析方法

在土木工程结构中出现最薄弱部位的首要原因是，结构内出现损伤。随着土木工程结构长期使用，暴露在自然环境中的日晒雨淋、冻融循环及有害气体长期侵蚀，造成使用材料性能下降，出现钢筋锈蚀和混凝土开裂脱落，同时受建筑材料自身老化的影响，累积损伤越来越严重。累积损伤造成土木工程结构承载力下降的主要原因是：首先，钢筋锈蚀导致受力钢筋截面减小，钢筋与混凝土间粘结力薄弱；再者，混凝土裂缝导致钢筋混凝土构件的有效截面变小；同时，材料老化也造成与结构承载力直接相关的弹性模量和极限强度降低。由此分析寻找最薄弱部位的第一步，也是确定各处承载力下降程度的首要问题。

损伤识别问题可分为两类：一方面称为正问题，即通过结构现场无损检测及微破损检测，获得结构各处受环境侵蚀和材料老化因素影响产生的损伤。这种方法是从正面直接寻找结构中的损伤，需要依靠大量测试仪器与有经验的现场工程师进行；而另一方面称为反问题，即通过测量结构整体动力响应来分析结构内损伤的发生位置及严重程度，这种方法属于传统的识别范畴，根据结构反演出结构系统参数，对于损伤常用刚度下降来表示。要准确识别结构各处损伤，需要把两种方法结合使用：一是通过现场检测获取材料参数，计算结构承载力；另外，通过损伤识别法获得结构损伤程度，两者相互比较，将结构承载力下降与损伤程度较大位置相互对照，最后确定结构中损伤程度。

确定结构中最薄弱部位的另外一个因素是结构上部荷载效应的变化。其变化包括三个方面：

（1）结构整体荷载的增加：结构件随着使用年限的延长，使用功能与最初的设计要求会有改变，因而整体荷载会变大。如工厂因生产线变化、重型机械安装，使整个厂房结构荷载增大；桥梁结构因技术进步造成车流量大增，早期设计的桥梁无法承受大型车辆的重载。

（2）内力的重新分配：一方面内力重新分布是因为结构上荷载的增加并不均匀，活载更明显。雪荷载的迎风面和背风面积雪多少更明显，相差在几倍之间，因而会造成结构中内力分布出现变化；而另一方面，内力重分布是由于结构损伤引起结构变化。大多数土木工程结构均属于超静定结构，而超静定结构内力分布同各种构件刚度相关。某一构件刚度下降，必然引起其他构件内力的增加，使整个结构中的内力重新分配。

（3）动力荷载引起构件疲劳性的退化：长期承受动力荷载的结构，尤其是桥梁类构件，在长期连续不断的碾压中，动力循环次数的增加会使结构疲劳寿命降低，尽管动力荷载值没有多少变化，但是对结构同样会造成破坏。因此，动力荷载的循环次数同样是确定结构薄弱部位的考虑因素。

从这些分析中可以看出，要准确地找到土木工程结构中最薄弱部位，要从两个方面入手：一方面是确定土木工程结构中各部位承载力下降的程度，根据现场实际检测到的材料参数修正材料性能下降曲线，用其计算结构中各部位材料下降程度，从而获得结构中各部位实际承载力，并按照损伤识别结果进行验证；另一方面是确定结构中各部位荷载效应的增加，通过分析结构外荷载变化、材料性能变化引起的结构内应力重分布及其动力荷载引起的结构疲劳寿命降低的程度，以此确定结构所受到的真实荷载效应。其后，再通过比较结构各部位实际承载力与荷载效应，两者最接近的位置即为土木工程结构当前状态下的最薄弱部位，找到最薄弱部位即对其进行重点监控，并采取有效措施进行加固补强，达到确保结构安全可靠性的目的。对于现在使用的土木工程结构最薄弱部位的分析流程，见图 2。

4. 关键技术问题处理

现在，对于土木工程结构安全性的分析考虑，并没有把结构损伤引起承载力下降与荷载变化引起的荷载效应增加，结合一块来分析研究，即材料性能退化、损伤识别、内力重分布、疲劳荷载等。应将两者结合起来，综合考虑各种不利因素，在这些因素共同作用下结构的安全性，也是寻找结构中的最薄弱部位。在土木工程结构最薄弱部位分析中，还有一些关键问题需要解决：

（1）环境侵蚀及材料老化的长期影响因素，现在投入使用的

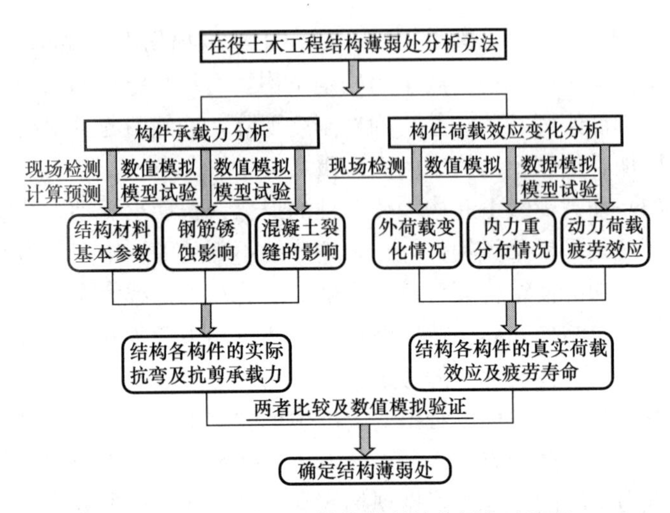

图 2　在役土木工程结构薄弱处分析方法流程

土木工程结构中建筑材料实际技术指标的确定，包括钢材与混凝土的弹性模量、强度及钢筋腐蚀程度与混凝土耐久性下降程度等；

（2）根据土木工程结构中建筑材料的实际技术指标，以及由于钢筋锈蚀引起钢筋混凝土粘结力降低，产生裂缝，使混凝土构件截面减小，重新计算结构中各构件的实际承载力；

（3）根据外荷载的变化以及由于材料性能下降而引起的刚度变化，进而导致内力重分布，计算结构实际的荷载效应，根据动力荷载引起的疲劳效应计算结构的疲劳寿命。

简要小结：现在全国已经进入了土木工程结构快速发展时期，也是土木工程结构事故多发时期。土木工程结构一旦出现倒塌，会造成严重的不良后果。在整个结构倒塌中，最为关键的是承载力下降最多的失效构件，也即结构中最薄弱部位处。为了避免大量土木工程结构在营运中发生重大安全事故，需要及时地发现最薄弱部位。以上提出一些比较可行的土木工程结构最薄弱部位的分析方法，并提出需要解决的关键技术问题。用这些方法可及时、快速地选定结构中最薄弱部位，有助于制定监测和加固补强措施，避免出现倒塌的严重后果，对保证安全使用、减少损失、延长使用寿命极其关键。

6. 地下空间自然光应用的方法和措施

由于人口逐渐集中于城市化的加快，使建设用地资源更显紧张，而开辟地下空间的利用就显得十分必要。许多大中城市将部分市政功能转移到地下，地下建筑朝着多样化及人性化方向发展已成必然，建设规模也由单体逐渐向大中型地下综合体发展。在世界发达国家的大城市，一些已形成完善的地下空间体系。在科技高速发展的当今世界，地下空间的施工建设及物理环境的结构处理技术，应该没有难以解决的问题，而与人们生理及心理直接相关的地下空间环境，其品质的塑造成为使用者及居住者特别关注的。自然光在地下空间的引入，已成为提高空间品质的重要措施。

1. 地下空间与自然光

我们知道，与地面隔绝是现在地下空间最明显的特征性，它在给地下空间带来许多优良条件的同时，其封闭性也给地下空间环境的应用形成较大的不适应性。如可视光线差、湿度大且通风不畅、噪声不易散发等具体实际问题，也不宜于人们长期居住、生活及工作。同时，内部空间的可识别性较差，缺乏与外界方便的联系沟通，方向性也差，容易使人迷失方向，造成人们情绪的不稳定和压抑感。

由于位置环境是处于与地面隔绝的状况，再加上大量地下空间的照明采用人工电照明，无法达到天然光线的直接利用。在这种实际情况下，应用天然自然采光应该是地下空间开发利用时重点考虑的关键所在，也是使用者必备的生理需要条件。自然光具有人工照明光线所不可比拟的特性，合宜的自然光具有促进血液循环、减轻肝脏负担和预防骨质软化、调节人体生物节奏和消毒灭菌等效果，预防疾病也是其不可缺少的功能。同时，光线还有激发神经系统和促进新陈代谢的功能。

有研究资料表明，当人们长时间处于封闭地下空间时，易产生情绪紧张、焦虑和恐惧的不良心理感受。在地下空间建筑中，自然光产生的光影环境为人们所熟悉，而地下建筑的封闭性，造成人们无法根据日常经验来形成时间概念，这也是引起人们不安心理的根本原因之一。另外，空间方向感也与空间封闭性紧密连接。由于不能看到地上外部的各种参照物，常会迷失在地下空间中。同样，由于个人体验、宗教传统文化背景的影响，人们的意识和潜意识中对地下空间持消极态度，会习惯性把地下空间与死亡、坍塌、临时避难场所等负面意识关联在一起。

而自然光线是决定空间品质最为基本的要素，只有自然光线的空间才是真正的建筑空间，而建筑空间只能由阳光来塑造。在地下空间中，天然采光的设计对改善地下空间环境品质具有多方面的作用。不仅可以增加空间的开敞感，改善通风效果来适应人们生理需要的层次；更重要的是，在视觉心理上可以大大缓解地下空间所带来的封闭单调、缺乏方向感等负面影响，满足人们对阳光最基本的要求，感觉日夜交替和阴阳变换的心理需求。

2. 自然光线在地下空间应用

地下空间在世界各个城市快速发展的情况下，许多城市的一些功能会自然地转入地下，例如居住、办公、商业、医院、仓库储存等，由于不同的需求用途，对天然光线的需求也有所不同。如居住、办公和医院的病房，人们会较长时间地停留在这些空间，应将自然采光作为设计的第一考虑条件，也满足人们的心理需求。而对一些采光要求不高的功能性空间，如仓储、展览厅及礼堂等建筑，在设计时会有较大的灵活性。另外，地下建筑空间的自然采光设计，与所处地下深度、地面上部建筑物状况，也有着直接的关联。

对于地下空间的采光方式，通常是与其入口、中庭和下沉式广场适宜地恰当结合。在有限条件下，最大限度地采用自然光线，不仅有利于人们的身心健康，增强地下空间与地面环境的有机融合，更能节省地下空间对资源的消耗，实现低碳、减排、节能。光环境设计的科学与否，对于地下空间的品质影响重大。

（1）地下入口采光处理：在城市中心及紧张区域，常常将自然采光与地下空间入口妥善协调设计，期望在占地最少的条件下，最大化地将自然光引入地下，提高地下空间的环境质量。习惯的做法是将入口部分做通透明处理，这种方法常被用于作为交通枢纽的地下空间。如西班牙毕尔巴鄂地铁出入口处，采用了大面积曲面玻璃体。白天玻璃天棚可引入天然光线，夜晚出入口内部灯光透射出来，为城市夜色增添景区。

（2）天窗式：对于埋深较浅的地下空间，设置天窗是天然采光的一种常见方式。天窗式采光效率比较高，可以满足多种功能用途的地下空间采光需要。如：娱乐空间、购物空间、地下厂房等建筑。如果在地下广场上大面积的采光天窗，可以为地下广场带来生机活力。

天窗的布置应根据空间的功能需要灵活处理，常见的形式有点状、条状及面状。而天窗的造型可以丰富多样，表面平行、锥形及拱形都可行。在地下斯图加特火车站设计中，采用的是富有韵律的光眼拱形天窗，为大厅提供自然光线，这种采光方式见图1。

图1　斯图加特火车站设计方案示意

利用天窗式采光的地下空间所对应的地面大多为广场及庭院等室外开敞空间，这样既可给地下空间采光提供良好条件，也可把室外景观引入地下，达到地上、地下空间的竖向融合。在著名的巴黎卢浮宫扩建工程中，玻璃金字塔入口不仅将自然光渗透至整个二层地下空间，同时也将入口周围的古典建筑作为景观引入地下。从而把周围树木、古建筑和天空纳入人们的视野，在这里入口大厅作为一种复合空间，使得室内空间与室外空间互相穿插和渗透。

（3）下沉式处理：巧妙利用地下空间所对应地面的开敞空间，使地面的一部分下沉至自然地面标高以下，通过高差进行采光。根据下沉部分与地下空间的围合程度，可分为下沉式庭院和广场两种。

1）下沉式庭院（天井）：下沉式部位于地下空间的中部，被地下空间全面围合，通过朝向下沉部分开设大面积的玻璃门窗，以获得光线。我国北方传统的下沉式窑洞便是这种形式的极好应用。同时，在下沉天井中植入植物花草，成为地下空间的中庭院，提供良好的空气环境，使人与自然界保持联系、接触，减轻不良心理反应。将充足的自然光线引入地下的同时，也缓解了地下空间和外界的反差。

2）下沉式广场：下沉部位于地下空间的单侧，或最多三面围合地下空间，这样除采光外，还兼顾人们进入地下空间的通道。下沉式广场是城市空间向建筑空间转换的过渡空间。采用下沉式广场的地下空间，用途大多为较开放并具有动态特征的多功能公共活动空间。如地下文娱、休闲、购物及步行、交通。通过下沉广场开设大面积玻璃门窗，为人们由地面进入地下提供心理的缓冲区，在很大程度上可缓解进入地下空间所带来的心理上的不适应感。

（4）中庭式处理：地下中庭式应用适合大型多层地下建筑综合体，顶端一般用玻璃以保证内部不受外界环境气候的影响。作为一种应用形式，其最大特点是可以营造一种与外界既隔离又融合的空间氛围，是建筑内部的“室外空间”。在地下中庭内部种植较多花草树木，布置石景、流水及喷泉等观赏小品，在阳光照耀的变幻中，构成了生机盎然的地下立体花园。对于平面体量相对较大的地下空间，更加需要这样一个由中庭所创造的中心区域空间，缓解内部局限感，并改善地下空间方向感差的不足。使地下空间有延伸、发展，并形成丰富的层次空间，而地下建筑的外形特征和体量的存在，则由中庭展现出来。

如加拿大多伦多市伊顿中心是一个贯穿地下、地上的综合商业建筑，条状中庭是建筑中的主要交通流线和视觉中心，也是地下部分自然光线的主要来源。贯穿整个建筑的中庭内，由水景树木、竖向自动扶梯和横跨天桥，形成垂直与水平、静与动的强烈对比，创造出一个富有活力和动感的公共商业中心。

（5）采光竖井式：由于各种因素及条件限制，有些地下空间必须是全封闭式或埋深大，凭借正常的采光方式无法把自然光引入时，可以利用采光通道的方式满足对自然光的需求。对于浅埋式地下空间，可以设立专门的采光竖井，利用棱镜及平面镜，使自然光多次连续反射进入室内；对于深埋式地下空间，由于具备完全隔绝性，单纯利用镜面反射无法引入自然光时，需要采用主动太阳光导照明系统，将自然光通过采光罩、光导管和漫射器的传导，进入到隔绝的地下空间去。其照明原理是通过采光罩高效采集室外自然光，并导入系统中重新分配，经过专门制作的光导管传输和加强后，由系统下部的漫射器把自然光均匀、高效地照射至地下空间内部。例如，北京工业大学五人球馆便是利用光导管采光的地下建筑，见图2。在太阳光好的情况下，它采集的光线可以满足体育训练和学生上课需求，不开灯或少开灯照明。由于光导管是密闭的，可以有效节省维护费用。

图2　北京工业大学五人制地下足球馆地面采光罩

（6）综合式处理：随着地下空间由单一向复合发展，以及更多的地下综合体建成，地下空间的采光方式也越加综合。上海世博园的核心区地下综合体，通过下沉广场、采光通道的方式综合，实现了营造绿色地下空间的功能，见图3、图4。

即使在地下，也可以享受到太阳光及绿地自然景色。其最引人注目的也是世博园轴上的阳光谷，它不但可以为地下城引入自然光线，同时可以把新鲜空气运送给地下，既改善了地下空间的压抑感，还实现了节省能源。另外，喇叭形的阳光谷还可以收集雨水，经过处理后，满足两侧下沉花园的用水。

综上浅述可知，地下建筑相对于地面来说，由于所在位置自

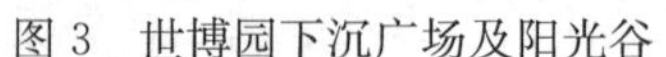
图 3　世博园下沉广场及阳光谷

图 4　世博园阳光谷

身条件的限制而处在封闭环境中，使自然采光受到严重影响。而采光口处的设计构造，便成为自然光源进入的关键点，可以结合入口、中庭及下沉式广场的多种形式，综合引入自然光线。在极其有限的条件下，最大化地引入自然光进入，不仅有利于人们的生理和心理健康需要，增加地下与地下空间环境的联系，同时也强化了人们在地下空间中对环境的认知感，建立合理的多元化自然光应用模式，丰富地下空间明暗色彩，塑造出能够满足人们高层次需求的地下空间建筑。这是当今城市发展向地下延伸必须重视和关注的。

7. 砌筑砂浆试块强度与制作底模的影响因素

砌块建筑围护结构的应用历史较久，时至今日在国内房屋建筑中使用砌块的比例仍然占绝对多数，而粘结块体的各种砂浆的作用又显得极其重要，由于在砌体中砂浆主要起衬垫、粘结和传递应力作用，因此在所有工程中，都把砌筑砂浆的强度检验作为控制质量的主要依据。由于砂浆强度评定时，砂浆试件的强度与试件制作时底模的材料关系重大，因此现行国家《砌体结构设计规范》GB 50003—2011 中规定：确定砂浆强度等级时，应采用同类块体为砂浆强度试块底模，对于试件底模对砂浆强度的影响并未明确说明，会给实际应用造成不利影响。

20 世纪 80 年代，对于砂浆试件底模的使用材料曾经有过明确要求，一般制作试件底模的材料有三种，即底模用黏土砖、底模垫纸及直接在钢试模内做砂浆试件，底模不同，其结果也各异。时至今日，这个问题仍需要更深入地进行探讨，为了掌握不同底模对砂浆强度和稠度的影响，规范只是采用烧结黏土砖底模和钢底模两种材质，而不考虑垫纸的做法，对水泥砂浆和水泥混合砂浆在不同稠度时的强度试验进行分析探讨。

1. 试验材料及试件制作方法

（1）试验材料选择：试验的砂浆分为两种，即水泥砂浆和水泥混合（掺石灰膏）砂浆；水泥砂浆使用 42.5 级普通硅酸盐水泥，而水泥混合砂浆采用 42.5 级硅酸盐水泥，水泥用量为 210kg/m^3。试块用砂为中砂，含泥量＜3％。拌制砂浆的水为生活自来用水，制作试件用模具为标准制作的钢制试模，铁底模和普通黏土砖作为底模。砂浆配合比参考现行《砌筑砂浆配合比设计规程》JGJ/T 98—2010，砂浆配合比为：水泥∶石灰膏∶砂＝1∶0.4∶5.5（重量比）。

（2）试块的制作及数量确定：试验分为两组进行，试验 1 中的第一组试块数量确定为 90 个。因为试验选择两种不同类型的砂浆，为掌握砂浆稠度对试件强度的影响，两种砂浆稠度自 40～90mm 范围内设 5 种不同值。使用钢底模和砖底模，其中钢底模水泥砂浆试件每 3 个为一组，共 5 组 15 个试件；钢底模水泥混合砂浆试件每 3 个为一组，共 5 组 15 个试件；砖底模水泥砂浆试件每 6 个为一组，共 5 组 30 个试件；砖底模水泥混合砂浆试件每 6 个为一组，共 5 组 30 个试件。而试验 2 中，第二组试块数量确定为 324 个。试验使用钢底模和砖底模，砂浆强度等级用 M5 和 M10 两种。砂浆稠度按照 50mm、65mm 和 80mm 配置。每一强度等级和每一砂浆稠度各自做 3 组试件，其每组中烧结黏土砖底模试件 6 块，而钢底模试件各为 3 块。

砂浆试件的养护按照现行《建筑砂浆基本性能试验方法标准》JGJ/T 70—2009 的要求进行，水泥砂浆拌合物的稠度≥1950kg/m^3；水泥混合砂浆拌合物的稠度≥1850kg/m^3。每种试件都是在标准养护条件下养护 28d，其中水泥砂浆和水泥混合砂浆是在温度为 20±5℃的环境中养护，水泥砂浆养护的相对湿度为 90%及其以上，而水泥混合砂浆的相对湿度为 60%～80%。

（3）试验用仪器及操作方法：试验的试模选择标准的 70.7mm×70.7mm×70.7mm；用 ϕ10mm 长 350mm 的钢制捣棒；压力试验机的精度为 1%，试件破坏荷载不小于压力机量程的 20%，且不大于全量程的 80%，底部用钢垫板。对于两种试件的试验方法及加载速度，则是按照《建筑砂浆基本性能试验方法标准》JGJ/T 70—2009 的要求进行。

2. 砂浆试块强度分析

（1）试件立方体抗压强度要求：根据现行建筑砂浆基本性能试验方法标准，试件制作采用带底试模，试件立方体抗压强度是按照右式计算的：

$$f_{m,cu} = KN_u/A$$

式中 $f_{m,cu}$——砂浆立方体试件抗压强度（MPa）；

N_u——试件破坏荷载（N）；

K——换算系数，取 1.35（为方便分析，带底试模与烧结黏土砖底模对强度影响的关系，在试验中 K=1.0）；

A——试件承压面积（mm^2）。

（2）不同底模制作试件抗压强度结果：对于试验 1 中选择水泥砂浆和水泥混合砂浆，稠度为 40～90mm。水泥砂浆试件和水泥混合砂浆试件分别采用钢底模和砖底模时，不同稠度下的抗压强度数据如表 1 所示。

砂浆试件抗压强度（试验 1）试验结果　　表 1

水泥（混合）砂浆稠度（mm）	水泥砂浆强度（MPa）		P2/P1	水泥混合砂浆强度（MPa）		P4/P3
	钢底模 P1	砖底模 P2		钢底模 P3	砖底模 P4	
44（44）	3.4	6.3	1.85	2.5	4.2	1.68
48（56）	3.3	6.4	1.94	2.5	4.5	1.81
62（64）	2.3	6.7	2.95	2.4	5.6	2.31
75（75）	2.2	6.4	2.92	2.5	6.4	2.55
88（90）	2.5	6.2	2.47	2.1	4.8	2.41

为了更进一步分析在不同稠度和不同底模对砂浆强度造成的影响，在试验 1 的基础上进行试验 2。试验 2 是使用钢底模和砖底模时，分别选择强度等级为 M5 和 M10 的水泥砂浆和水泥混合砂浆，而稠度选择为 50mm、65mm 和 80mm。水泥砂浆试件和水泥混合砂浆试件都是用钢底模和砖底模制作，不同稠度下强度抗压值见表 2。

砂浆试件抗压强度（试验 2）试验结果　　　　表 2

强度等级	砂浆稠度（mm）	水泥砂浆强度（MPa）		P2/P1	水泥混合砂浆强度（MPa）		P4/P3
		钢底模 P1	砖底模 P2		钢底模 P3	砖底模 P4	
M5	50	4.5	9.1	2.02	3.3	8.83	2.68
	65	4.3	9.2	2.14	3.7	8.27	2.24
	80	4.1	9.17	2.24	3.0	7.70	2.57
M10	50	7.5	13.18	1.76	7.1	13.30	1.87
	65	7.1	11.82	1.67	7.8	13.47	1.71
	80	7.2	13.26	1.84	5.8	10.94	1.88

3. 试验结果分析探讨

（1）不同材质试件底模试块抗压强度及稠度之间关系。根据上表 1 抗压数据，采用了砖底模和钢底模两种不同材质制作的砂浆试块，其水泥砂浆试件和水泥混合砂浆试件抗压强度，以及其稠度关系的曲线如图 1 所示。

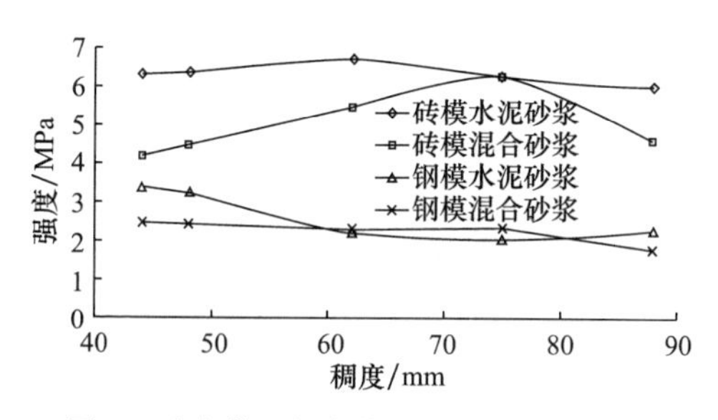

图 1　砖底模、钢底模的水泥砂浆及混合砂浆的稠度-强度关系

从图 1 中可以看出，试验试件的配置稠度从 40～90mm 之

间，共有5个不同稠度；而水泥混合砂浆稠度在75mm以上时，试件会随着砂浆稠度的增加而降低。钢底模10组试件中最大极差范围在0～0.5MPa，其中8组的最大极差为0.2MPa，一组为0.1MPa；另一组为0.5MPa。砖底模10组试件中最大极差范围在0.6～1.90MPa。选择黏土砖为底模的砂浆试件强度抗压值结果的离散性较大，而使用钢底模时试验的数据较准确、离散性也小，因而采用钢底模要比砖底模试件的离散性小。

根据表2的抗压结果，其M5、M10强度等级的水泥砂浆和水泥混合砂浆的强度与稠度关系曲线如图2（a）所示，采用钢底模制作的砂浆试件，其M5、M10强度等级的水泥砂浆和水泥混合砂浆的强度与稠度关系曲线如图2（b）所示。

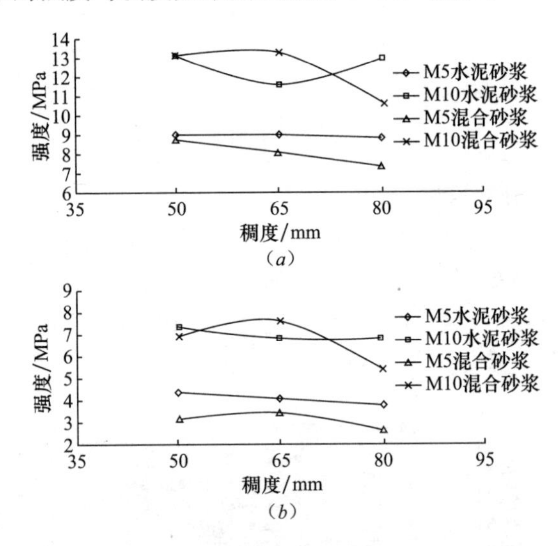

图2　不同底模的水泥砂浆及混合砂浆的稠度-强度关系

（a）砖底模；（b）铁底模

从图2（a）可以看出，同一强度等级水泥砂浆当稠度不同时，采用砖底模对强度的影响不是很明显。同一强度等级水泥混合砂浆当稠度不同时，采用砖底模时会随着稠度的增加而强度会逐渐降低。所以，水泥砂浆和水泥混合砂浆采用砖底模时，稠度不同对强度的影响也不相同。由图 2（b）中可知，同一强度等级水泥砂浆当稠度不同时，使用钢底模会随着砂浆稠度的增加，强度也有微略降低但其幅度很小。同一强度等级水泥混合砂浆当稠度不同时，采用钢底模，随着砂浆稠度的增加，强度却逐渐增长；稠度在 65mm 时的强度值最大，但随着稠度的进一步提高，强度降低明显。由此可见，水泥砂浆和水泥混合砂浆采用钢底模时，随着砂浆稠度的增加，水泥砂浆的强度受影响的程度远不及水泥混合砂浆强度受影响的程度。

由此可知，水泥砂浆和水泥混合砂浆使用不同材质底模制作试件时，稠度不同对强度的影响也不同。在建筑施工现场，砂浆稠度根据砌筑时的气候环境、砌块的吸水率及块体自身含水率诸多因素而决定，与用水量密切相关。在具体操作中，拌合用水随意性大，也会影响砂浆的强度。为了保证砌体质量，严格按设计配合比配置砂浆，不允许随意加水是质量控制不容忽视的要素。

（2）不同材质底模对砂浆强度影响。使用黏土砖底模制作试块，由于砖会吸收一部分砂浆中的水分，砂浆中游离水减少，孔隙也随之减少，使试件强度有所提高；但是，砂浆中的水分流失过多时，砂浆中水泥不能充分水化，粘结力会大幅降低，从而降低砂浆的强度。

根据表 1 和表 2 的试验结果分析，用黏土砖作底模时，由于其吸水速度快且吸水量大，在水泥尚未开始水化用水时，已经吸收较多可作水化的水，其抗压强度比钢底模试件强度要高，最大比值可达到 2.9；水泥砂浆和水泥混合砂浆均属于稠度越大，钢底模与砖底模相比较，强度降低的幅度越大；水泥砂浆由于保水性较混合砂浆要差，随着稠度的变化，用钢底模比用砖底模的影响明显，也就是砖底模的影响因素要小些；而混合砂浆随着稠度的变化，采用钢底模比用砖底模的影响因素要小。

综合上述通过试验得出的分析结果，基本是：采用钢底模比用砖底模的试件离散性要小；水泥砂浆和水泥混合砂浆随着稠度的增大，钢底模与砖底模相比，强度降低的幅度越大；随着砂浆稠度的变化，水泥砂浆用砖底模对强度的影响小；随着砂浆稠度的变化，水泥混合砂浆用钢底模对强度的影响小；用砖底模时稠度不同，对两种底模的影响也不相同；当稠度相同时，用砖底模的砂浆试件抗压强度比用钢底模时的砂浆试件抗压强度要高。

8. 建设绿色施工在项目管理中的应用

在建筑工程项目施工管理中，严格按照《绿色建筑评价标准》中的具体规定，结合工程自身状况逐一排查治理，把绿色施工要求通过有效的方法措施，运用到项目施工管理之中。通过项目实施，总结出绿色施工十化的管理做法，作为引导建筑项目绿色施工管理控制的重点。

经过工程实践总结及分析探讨，绿色施工十化的内容包括：总体管理集约化；施工管理数字化；能源消耗最小化；循环利用最大化；绿色建材源头化；机械工具标准化；生产办公无纸化；生活管理人性化；设计方案再优化；绿色教育常态化。

1. 总体管理集约化

集约化系指在社会经济活动中，在同一经济活动范围内，通过提高经济要素及其要素含量的增加，要素投入的集中及要素组合方式的调整来增进效益的经营方式。集约是相对粗放型的，集约化经营是以社会和经营效益为根本对经营诸多要素进行重组，以实现最小成本获取最大的投资回报。在施工过程中，通过集约化管理减少不必要的投入及资源浪费，通过相对精细化管理，控制成本投入及加大对资源的利用，在具体工程中的利用措施是：

首先，所有参建各工种人员，要统一入住在临时建成的“建设者之家”，集中管理，减少临建投入与管理费用支出；同时，所有人员统一食堂，减少食堂数量，节省资源并减少管理人员；其次，进入施工现场的管理，要实行出入刷卡制度，实时掌握劳动力动态投入情况。由于实行门禁统一制度，可以了解施工时间、劳动力数量及工作效率，还可以掌握进场材料及设备状况；最后，对施工人员要有统一的淋浴卫生设施、医疗保健及安全应急设施等预案。

2. 施工管理数字化

施工项目管理工作中采用数字化管理手段，达到提高管理效益，加强过程控制，减少不可再生资源的利用。建筑工程在过程管理中，要把现场进度用数字化实现统计，把复杂信息转化为可计量的数字，再对数字进行分析对比，将分析得出的重点调控工序加以重视，可以达到提高效率的作用。同时，在现场安装监控像头，把实际施工操作转化为数字化内容，不仅可以对现场实时控制，还能够进行追溯对比。在施工现场，主要是对以下几个方面实行控制：

首先，对施工用电进行控制，对所有用电设备在一级配电箱内实行电表计量，读取数值，收集能源使用指标值；并对生产用水计量，在进入现场的总水线安装水表控制；同时，在现场适当位置安设监控摄像头，对具体操作进行监控记录。用以对比实际施工与制订方案之间碳排放及消耗的差异，促使项目施工具备可追溯性，便于事后对需要的问题再度分析。对施工其他能源消耗也实行了现场监控，如使用机械、油料的消耗及走向等。

3. 能源消耗最小化

能源消耗最小化系指利用各种方式来减少能源的消耗量。在整个工程项目管理过程中，重视各类大消耗能源的控制，主要是电、水、油、料的控制。在具体项目操作中，有以下一些控制重点：

（1）电是控制的重点用量，在办公及生活区域，尤其是施工过程中各种设备的用电，如照明都必须100%使用节能灯具，只要满足基本照度规定即可，对照明时间设置定时控制。一般建筑工程钢筋的加工量及混凝土浇筑量最大，因此钢筋的切断及弯曲，连接直螺纹套丝及电火花焊接用电量最大；浇筑混凝土泵送及振动棒用电，塔式起重机等设备是用电大头，必须进行合理安排及监控。

（2）工程使用的临时水管线的控制不容忽视，要采用节水阀门及节水龙头，现场办公及生活区的使用要用节水器具。现在，建设工地使用量最大的钢筋混凝土工程，混凝土的养护必不可少，对于合理保湿、避免水流失浪费是应重视的节约问题。而所有围护结构的砌块湿润及抹灰前后浇水，也是应注意的。

（3）采取能源消耗少的施工工艺，大直径钢筋用螺纹连接，减少焊接耗电；用高性能和高强度的自密实性混凝土，节省振捣工序且保证质量；钢结构件工厂化制作加工，大大减少现场焊接量。

（4）项目部人员文件传阅、通知下发都要采取网络办公，减少使用纸张；并设立制度，规定全部文件纸张双面复印；公司纸质文件用扫描旧档，可在局域网服务器上便于随时查看。

4. 循环利用最大化

循环利用系指建筑废弃垃圾改变了性状，作为一种新材料在工程中再使用。循环材料的回收利用可以节省资源，减少垃圾占据地面，也降低了收集和处理垃圾的费用。材料的回收利用减少了废弃物，根据工程具体情况，建筑工程一般从以下方面进行循环利用。

首先，收集地下降水作为临时洗车用水、消防及地面防尘喷淋用水；采用可重复利用塔式起重机钢承台，改变老式混凝土承台只能一次使用的浪费。其次，钢筋加工棚和木工加工棚，现场临时办公室定型产品，利用螺杆连接拼装，使临建重复多次使用。对于钢筋截取后的余料，要采取二次回收使用，用于加工钢筋现浇板的马凳或预留洞口加强筋，再合理使用。再次，用在墙柱对拉螺杆的选择，对于不是地下室外墙采用的套管形式，可全部收回对拉螺杆。对于有抗渗要求的墙柱，使用可拆卸式分体螺杆。此类螺杆分为三段，中间段因焊止水环无法取出，在墙体处设置螺纹丝扣，使墙面以外部分可旋转出来，达到重复利用的目的。与原来使用的一体式对拉螺杆相比，避免外部使用气体切割余出长度，减少了切割处的再次处理，使墙体表面观感性好。最后，基坑支护所有的材料可以再作他用；混凝土支撑破碎后，可以用作路基下垫用；混凝土泵车余料及泵送管中料可以制作路缘石，或预制小型平板备用。

5. 绿色建材源头化

绿色建材源头是指在最近范围内采购供应施工需要的建筑用

材料及设备等。缩短运距及采购人员费用，减少车辆油料消耗，在当地购买的材料设备占绝大多数。其具体做法要考虑的问题主要是：

选择项目最近的材料生产地点，购买用量最大的商品混凝土集中搅拌站，减少运距，加快浇筑速度；钢结构构件工厂化加工制作，能有效提高工作效率且保证质量，并减少现场焊接工程量，节省成本及降低消耗资源；使用的土产大宗材料，如砂、石料，水泥或加工的各种料石，就近的好处及优势明显。对于现场场地平衡，尽可能就地平衡利用，减少运出、运入大量土方，如开挖后还要返回回填利用时，临时存放地点在 1km 以内适宜；而钢材及水泥在附近没有生产厂家时，也以最近的为宜。

6. 机械工具标准化

现阶段，国家建筑施工行业推广使用机械设备及工具的标准化，标准化施工是加快建设工程发展的必然趋势。只有执行标准化，才能进一步规范整个行业，及时对施工中的能耗做出一个准确的统计，更好地达到绿色施工。工程中，对机械和工具的标准化周转充分利用。

施工现场需要防护的位置要使用定型化防护栏杆；钢筋棚、木工棚使用定型化；钢结构焊接保护网、防风棚、防护吊篮使用定型化；使用定型的气瓶小推车，这样移动灵活，附带灭火器及乙炔瓶，使用时按规定分别放置；选择符合国家标准的机械及工具，达到施工机具的共享。

7. 生产办公无纸化

生产办公无纸化同样是国家近年来大力提倡实施的施工管理模式，提倡生产办公无纸化，不仅可以节省大量木材资源，更重要的是可加速信息传播和提高生产效率。

建筑项目办公实行无纸化，文件制作采用不可修改的模式在内部传阅；临时通知采用电子屏显示和白板在明显位置进行滚动宣传；对上级汇报使用信息化系统填报各种资料，不需要纸介质文件打印再报，加快填表速度；对于必须使用的纸张分类选择，可以二次使用的纸张必须充分利用；要按照上级各有关部门具体要求，采用网络办公信息平台，充分利用项目信息管理系统、劳务信息管理系统，使信息传递更快捷，过程更节能、环保。

8. 生活管理人性化

人性化管理是近些年提出的管理理念，即在整个企业管理过程中充分重视人的要素，充分发挥人的潜能的一种管理模式。其中的真正内容包括对人的尊重，充足的物质激励和精神激励；给人们提供多种成长及发展机会；重视企业与个人的双赢战略，制定员工的职业规划等。实行了人性化管理，一方面是对现代大环境下人性化推广的一个响应，同时当实行了人性化管理后，施工人员的积极性及工作效率会大幅度提高。这种模式让施工人员对项目的管理得到认同，使工作人员产生归宿感，也让管理人员与实际操作工人之间的关系更加融洽。工程实行了人性化管理的做法主要是：

首先，项目管理及参加人员统一服装，办公区与生活宿舍区远离项目现场，减少污染影响；同时，在办公区与生活宿舍区要设置合格标准的食堂、厨房及淋浴卫生间，现场设置卫生的饮用水设施以及专门的吸烟休息室；其次，设立专门的人员负责管理办公区与生活宿舍区的卫生保洁工作，给项目参与人员建造舒心、洁净的居住生活环境；还要购置床上各种用品，使居住室内统一、规范；设置学习室及书刊阅读室，娱乐设施基本齐备；最后，在施工中尽可能采用机械化作业，如挖土及现场运各种材料、回填土等，尽量减轻工作体力劳动强度。对钢结构构件尽量在工厂加工制作，配置合适机械进行起吊安装，减少现场人工湿作业量及焊接量，减少不利于环境下工人的工作强度。

9. 设计方案再优化

当今工程的设计方案，不仅只是满足业主的基本需要，还必须满足易施工性。但是常规的设计方案达不到这些要求，这就需要施工项目部对设计方案再进行优化处理，优化的目的一方面是要省工、省料，在不影响质量及使用功能的同时提高使用效率；而另一方面是节省资源和效益。通过设计方案的再次优化，有效降低施工消耗，提高工作效率。

其设计优化的主要内容是：要通过设计软件，对钢筋混凝土工程的主要结构用材钢筋进行优化配置，对用量最大的混凝土量重新设计计算；如使用了部分钢结构用材，主要是选材及吊装工艺的优化设计，采取整体还是分体吊装，对于运输及起吊费用的影响比较大。通过对设计的优化，确定施工临时道路及永久性道路结合起来的施工及后期使用，不仅可以提前大面积施工，更加有效地解决施工场地窄小的问题，这些是必须通过优化设计方案解决施工现场的一个难点问题。而且，通过对梁柱节点的优化设计，把圆形节点改变为四边形节点，不仅节省了钢筋用量，还节省了大量人工，降低了施工难度，加快了工程进度，质量也进一步得到确保。

10. 绿色教育常态化

绿色施工的学习教育不只是在办公室及会议室进行，这样的学习形式的数量总是有限和短时的，而是要采取一种常态的教育学习方式。也就是，在日常工作中随时随地进行。在施工现场，工人操作的时间紧张有序、不容占用，采取在上下班的入口和安全通道，卫生、休息、吸烟专用房、人员常去的地方设置宣传图片及文字说明，这样就可以让工人及管理人员在日常行动中较多了解绿色施工的知识、做法，然后再结合定期组织的绿色施工专项学习，使所有参建员工对绿色施工个人及项目中的具体操作应用有更深刻的理解和认识。常态下的绿色学习教育，不仅可以让施工人员对绿色施工有初步的感性认识，还要使他们在绿色施工中养成良好的习惯。

在现场，常态学习教育的一些做法是：在现场办公区域、用水地方、电源开关及临时吸烟休息室处设置教育宣传图片；工人生活区食堂内外、洗涤室、卫生淋浴间设置绿色环保节能标识、宣传画及标语；每天上班前的简单安全教育时，要包括绿色环保的内容；在工人进场及季节性教育中，大力宣传绿色环保内容，在口头讲述及文字交底的管理制度中，对绿色环保方面提出奖罚的具体要求，对重视保护环境和损坏造成影响的，要区别情况给予奖罚；还要根据现场工程进度，采取对农民工定期的专题教育，主要是放映一些宣传片，聘请专业人员授课和学习环保资料，以提高劳务人员在绿色施工方面的素质。

通过绿色施工十化的具体应用，现场节水节电效果明显，节省平均在10%以上，钢材损耗率也大于1.5%；建筑垃圾利用率达30%以上，碎石及土方类垃圾利用也在40%以上。

建筑业绿色施工的要求正逐步成熟与完善，建设项目绿色施工管理实践与应用的实际意义更大。以上通过对工程应用实践及其分析探讨，总结完善十化方法及内容，使其更加全面，使得项目绿色施工管理中各参加方共同提高，获得建设、监督、监理各方的认可。同时，也为项目管理施工中的绿色管理研究，提供一些可供参考的基本内容。

9. 夹心墙潮湿原因及水分预防构造措施

夹心墙作为一种新型的节能墙体，有着优越的保温节能效果，但夹心墙的外叶墙大多采用一些多孔材料砌体，湿气、雨水、雪水在风压的作用下会渗透到墙体的内部。这些渗透到墙体内部的水分会造成夹心保温层发霉、变质，不仅会使夹心墙的保温节能效果大幅下降，也会为整个墙体的结构稳定性及整个建筑的耐久性带来十分不利的影响。所以，在夹心墙结构中设置相关的构造措施，以减少湿气和水分对夹心墙的不利影响非常必要。

夹心墙水分渗透的原因，在自然环境风压的作用下，湿气、雪水、雨水会经过外叶墙的多孔材料和一些砂浆缝隙缺陷渗透到夹心墙的内部。如不能及时排出这些水分，就会聚集在夹心墙保温层的内部。

1. 国外夹心墙的排水和排湿构造措施

根据欧美国家在夹心墙实例工程中的经验，一般都会在夹心墙的某个部位留置排水孔，以减小上述问题危害。关于排水孔（也称泄水孔）的设置，主要集中在两个方面：一是排水孔的装置配件如何设计；二是排水孔的构造措施。从目前研究的现状看，国外许多成熟的经验可以作为我国夹心墙施工推广应用的参考依据。

（1）如在美国建筑设计中的相关构造措施：美国的相关学者提出最常用的排水孔是开敞式端缝，这种形式的排水孔提供了较大的开放区域，能有效地排水和蒸发水分；其缺点为，长期使用会留下深色的阴影，影响建筑的外观。有些建材产品，如乙烯基塑料、金属百叶窗，塑料模板可以镶嵌在排水孔中，以有效地掩饰开口，且不影响排水孔的正常工作，见图1。

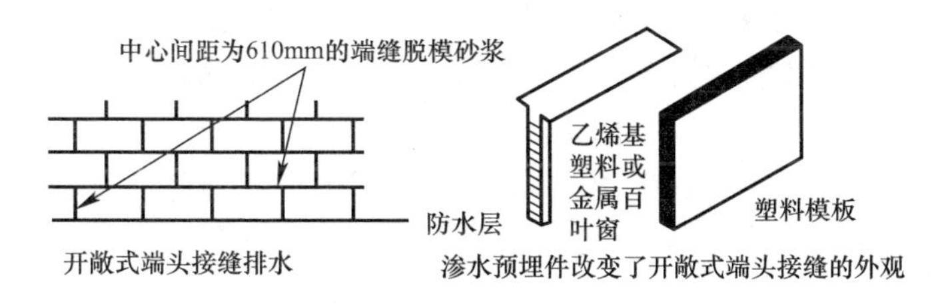

图1 排水孔及配件

排水孔也可以设置为中空的金属或塑胶管，常用的直径一般为6mm或10mm，长度为90～100mm。在砂浆端缝处安装时，一般要设置一定的角度，安装间距为400mm，这种类型的排水孔的排水和蒸发相对开敞式排水孔较慢，且容易被昆虫或砂浆堵塞，所以不推荐使用。具体设置见图2。

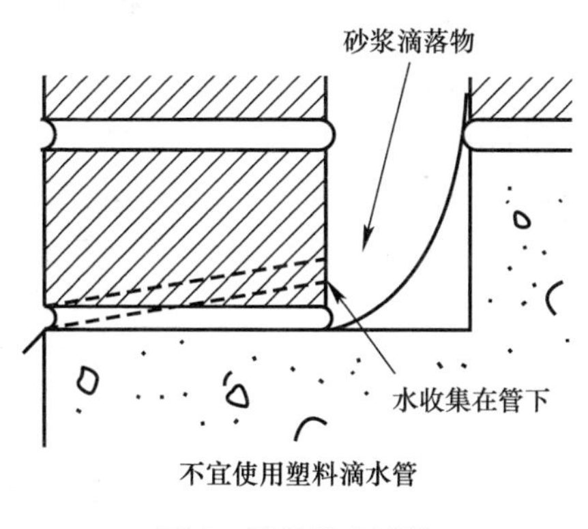

图2 管状排水配件

另外，把长度 40mm 左右的棒或绳子涂上油，然后预埋在砂浆接缝处，在砂浆硬化前取出，形成 1 个排水孔。这种方法类似于设置塑胶管的排水措施，也有相似的缺点。有时，也可以用 1 根直径 6～10mm、长度为 20～25mm 的棉绳，以间距为 40mm 安装在接缝处，穿过外叶墙，并且向上的部分高于砂浆滴落物，空腔中的水分和湿气会被棉绳吸收；然后，通过毛细现象带到墙体外部蒸发。这种类型的排水措施蒸发、排水较慢，但棉绳因长期在潮湿环境中工作，最终留下一个排水孔。

此外，如果落下的砂浆堵塞了排水孔，排水孔就会失去作用。在工程中也出现了在空腔内铺上一层薄碎石来促进排水，在美国有一些类似于碎石作用的专利产品用来促进排水。为了更有效地排水，美国一些学者还提出了在夹心墙中设置铰接丝网、塑料换向条、聚苯乙烯排水板等配件，具体设置见图 3。

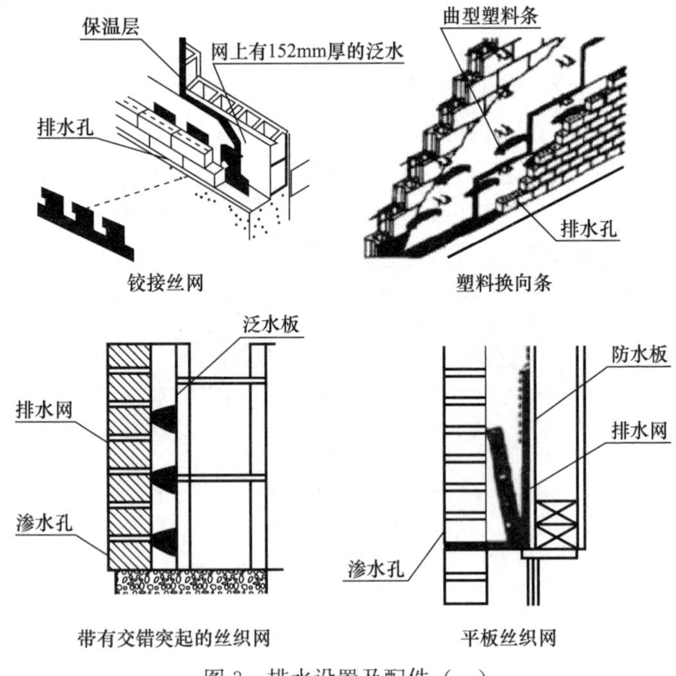

图 3　排水设置及配件（一）

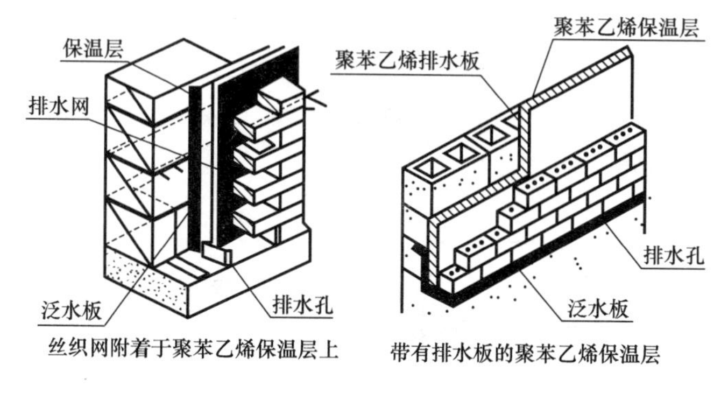

图 3　排水设置及配件（二）

（2）德国建筑设计中的相关构造措施：德国的有关学者提出了如图 4 所示的排水构造措施。图 4 中，Z 形防水层要选择性能较高的防水材料，厚度一般为 1.2mm，防水层可以部分或完全铺进内叶墙，且用机械方式完全固定在内叶墙。

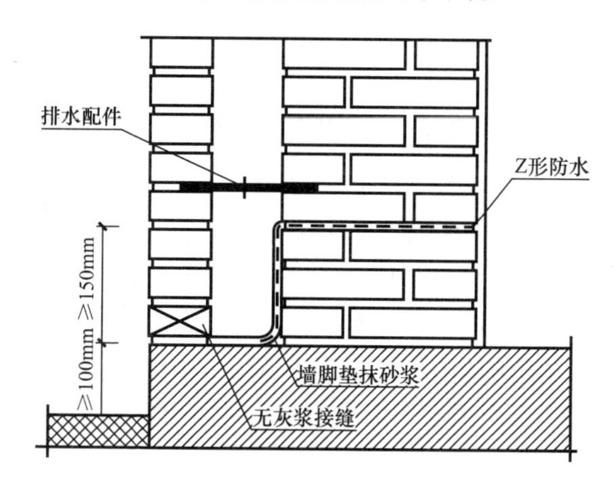

图 4　排水构造设置

（3）例如，在英国建筑设计中的相关构造措施：英国的相关建筑法规也规定了夹心墙排水做法，为了防止湿气和水分进一步向保温材料发展及更有效地排水，对排水配件做出了更为详尽的要求。具体措施见图 5。图 5（*a*）为较好的设置方式，（*b*）为一般的水平设置方式，阻水托盘可设置在拉结件上，也可单独设置在空气间层内（空气间层厚度一般不小于 50mm）。阻水托盘为光滑的轻质金属或塑料制品，且必须设置 1 个倾斜度（倾斜长度不小于 150mm），以便将湿气和水分引向泄水孔。

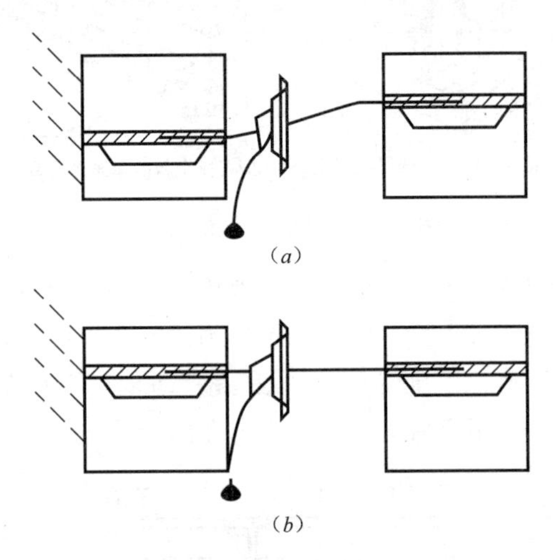

图 5　阻水托盘设置

(*a*) 较好方式；(*b*) 一般方式

2. 对我国夹心墙结构排水和排湿构造措施的分析

在上述介绍分析的基础上，结合国外的经验做法，综合考虑夹心墙在我国应用的方式和特点，为保证夹心墙的保温节能效果及整个墙体的耐久性、工作性，应根据应用地区的气候特点，在保温板和外叶墙之间留有一定厚度的空气间层，以形成有效的循环通路。在此基础上，在外叶墙的相关部位留置泄水孔和排气孔，从而达到排水和排湿的目的。根据资料介绍，外叶墙设置两种孔的数量，是以空气间层设置的情况而定，对有空气间层（一般规定不小于 400mm）且设有保温层的夹心墙，要求排水孔和排气孔的总面积每 $20m^2$ 不小于 $7500mm^2$；对只设有保温层的夹心墙，排水孔和排气孔的总面积每 $20m^2$ 不小于 $5000mm^2$。并且要求在底边设置排水孔时，在洞口的上方需要设置排气孔。一般将端头接缝处的砂浆不填充，即可形成排水孔，也可以把专用的排气栅栏安装在砂浆接缝处。具体的构造措施见图 6～图 9。

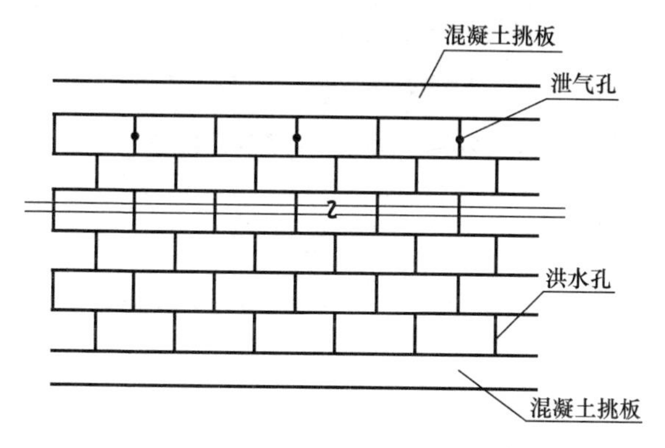

图 6　泄水孔及排气孔设置示意

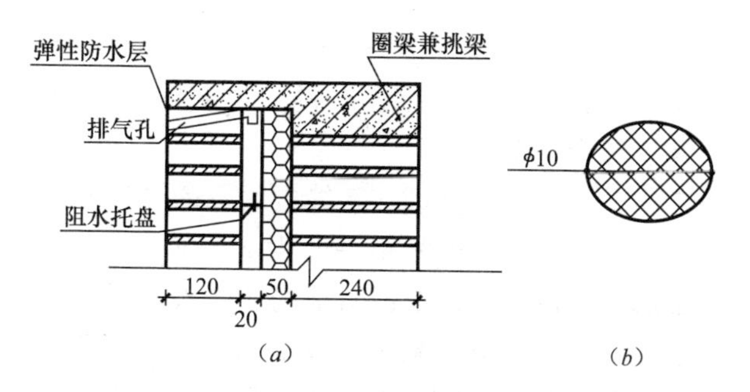

图 7　排气孔细部构造措施

(*a*) 排气孔构造设置；(*b*) 排气孔端口设置

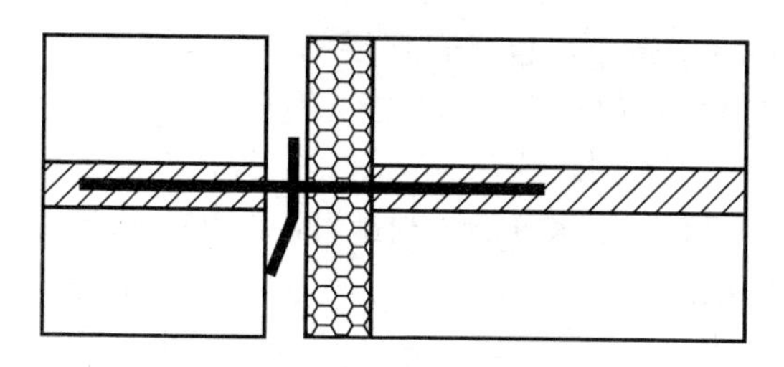

图 8　阻水托盘在空气层中的设置

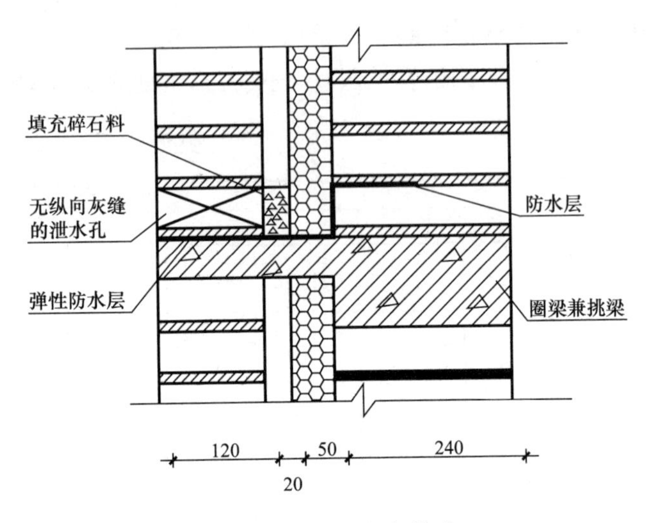

图 9 泄水孔的细部构造

在图 6 中，泄水孔的间距应不大于 500mm（一般间距可设为 2 个砖长，留置方法为去掉砌砖的端口灰缝形成开放端口），排气孔间距一般为 2 个砖长。

在图 7 中，排气孔为预埋在灰缝中的不锈钢金属管（外径为 10mm，内径不小于 8mm，间距一般为 2 个砖长），且金属管端口要设置金属网，以防止昆虫或其他物体进入，堵塞排气孔。

在图 8 中的阻水托盘一般为轻质金属圆盘或光滑的塑料盘，倾斜的引水斜坡尽量不要贴住外叶墙，其整个构件可安装在拉结件上，也可独立制作，预埋在砂浆灰缝中。其横向布置间距与底部设置的泄水孔对齐，纵向间距一般不大于 7m。

如在图 9 构造中，也可在每层的空气间层底部填充直径约 10mm 的优质洁净碎石。因为可能会有砂浆掉落在空气层内堵塞泄水孔（砌筑施工时，应尽量减少砂浆掉落在空气间层内），填充碎石后不仅有利于水分的顺利排出，而且能阻止昆虫进入夹心墙的空气间层内。

通过上述简要分析介绍可知，夹心墙水分渗透可以通过一些技术措施加以防治。如在夹心墙内设置了以上的构造措施后，可以通过泄水孔排出墙体内部的渗透水和冷凝水；可以通过排气孔排出墙体内部的水蒸气。当室外气候干燥时，夹心墙内部也可以充分地与室外空气进行交换，使夹心墙内部形成较为干燥的空间。这样，不仅有利于提高夹心墙的保温隔热效果，也有利于提高夹心墙的耐久性。

10. 建筑外墙的质量与渗漏预防控制

现在，建筑业成为人们熟知的热门行业，而建筑物的外立面更吸引人们的目光。建筑外墙所用材料和施工工艺有多种多样，尤其是各种幕墙、新型窗的使用。它具有施工简便，色彩丰富、柔和，线条流畅、清晰，可创造多重质感效果，便于维修、更新等特点。但如果操作不当，或者对其使用性能不甚了解或基层处理不好，不仅会影响外墙质量和美观，更为严重地还会引起外墙渗漏。房屋建筑工程外墙渗漏是个比较普遍的现象，是建筑工程中主要质量通病之一，房屋的渗漏会影响人们的正常生活，给人们造成财产损失和精神负担，也给物业管理和专业维修带来麻烦。作者根据多年来的工程实践，就此问题提出一些见解，供同行探讨。

1. 外墙渗漏的表现形式

引起建筑房屋工程外墙渗漏的原因很多，有设计考虑不周、材料选择不当、施工工艺不规范、细部做法不认真、交付使用后装修不当、自然环境条件的影响等因素，具体有以下几方面：

（1）外墙的预留孔密封不良；

（2）外墙粉饰龟裂；

（3）外墙面砖基层清理不彻底，粘贴砂浆不饱满，墙体与面砖之间形成积水或透水；

（4）铝合金或塑钢窗的制作安装不规范；

（5）外墙雨水落水管设计及维护问题；

（6）基础不均匀沉降引起墙体开裂；

（7）房屋在二次装修阶段乱打滥拆，改变结构，引起墙体开裂；

（8）房屋顶面外墙温度裂缝；

（9）选材不当引起墙体开裂；

（10）建筑幕墙封闭不严，造成渗漏等。

2. 外墙渗漏的原因分析

（1）外墙架眼或拔钩眼封堵不符合要求，穿墙钢筋或铁丝也是外墙漏水的隐患。预留的穿墙铁丝或钢筋在支模板时，往往容易松动，在外墙形成贯通的洞眼。在做外墙基层处理时，一般不做特殊封堵，导致该部位漏水。固定雨落水管的膨胀螺栓也是漏水的易发部位。

（2）现在的建筑要求节能达到60%，采用的外墙外保温体系，多采用点粘法进行施工，在保温层和砌筑墙体间形成空腔体系，苯板之间有缝隙，水极易进入造成渗漏，这也是外墙渗漏的原因之一。对于采用钢丝网架聚苯板机械固定的外墙保温体系。在固定保温板时，预留在外墙的钢筋固定点或膨胀螺栓固定点也是引起外墙漏水的主要原因。

（3）外墙砌筑的施工质量控制不当。在施工操作中未严格按施工规范操作，砂浆砌筑不饱满，特别是竖向灰缝不饱满，产生瞎缝或透缝。此外，干砖上墙，砂浆中的水分被吸收，造成砂浆的强度降低，灰缝砂浆产生裂缝，造成渗漏；外墙饰面基层一次抹灰过厚，或外墙垂直度偏差过大，使局部抹灰过厚，又未采取适当的措施从而产生基层裂缝，造成空鼓、龟裂；外墙大面积抹灰而基层未设置分割缝，也是产生外墙渗漏的原因之一。

（4）框架结构轻质墙砌体缝隙引起渗漏。起填充作用而非承重作用的外墙加气混凝土砖的温度膨胀系数比混凝土框架梁柱小，所以经过冬夏交替或强烈太阳下，突然下雨的温度变化，轻质砖与混凝土框架梁柱之间必然会出现裂缝。同时，轻质砖本身还有收缩变形大、吸水量大、表面强度低及易起粉等对防水不利的因素。

（5）外墙装饰施工不良引起渗漏。外墙抹灰分格缝不交圈、不平直或砂浆残渣未清理，使雨水积聚在分格缝内，分格条嵌入过深，使分格缝底部抹灰厚度不够，雨水渗入墙内；饰面砖之间勾缝不认真或砂浆强度等级低，形成毛细孔而出现渗漏。

（6）门窗洞口周边封堵不严引起渗漏。目前，建筑物大多数门窗采用铝合金、塑钢制成，由于温度变化引起界面之间产生裂缝，又未用密封材料封堵或封堵不严及密封材料质量低劣而导致渗漏。

（7）细部构造设计不当或施工不规范引起渗漏。由于市场的需求，建筑的外造型趋于复杂化，外立面增加了很多突出造型和线条，且由于建筑节点的设计和构造措施不合理，造成外墙渗漏节点较多，这也是产生外墙渗漏的原因。外墙许多构件中容易造成渗漏，如挑檐、雨篷、阳台及凸出墙外的装饰线等，这些构件如未做滴水线或做得不标准，会造成水沿外墙流淌。最后，在交付使用后，业主在外墙上随意钻设空调管孔、排烟孔、太阳能热水器管孔，安装空调支架等，破坏外墙防水体系，造成渗漏产生。

3. 外墙渗漏的预防与处理

（1）外墙预留孔密封不良引起渗漏的预防与处理措施：

1）通过改进施工工艺，尽量减少外墙操作洞孔的留置；

2）在清除操作洞孔内的杂物和浇水湿润后，用水泥砂浆及砖块对外墙孔进行认真填塞，确保填塞密实；

3）对外墙架眼或拔钩眼，特别是预留穿墙钢筋或铁丝要重点进行封堵，使用添加膨胀剂的细石混凝土分次进行填塞。若有必要，进行防水处理；对较小的穿墙眼要先剔凿，便于填塞混凝土，也可用发泡胶进行处理；

4）严格落实检查制度，在对工程主体结构进行检查时，要对外墙填塞不规范、不密实的洞孔坚决返工，认真封堵。

（2）预防与处理雨水落水管引起外墙渗漏：

1）房屋建筑工程设计时，建议一般房屋工程不要把雨水落水管设在柱或墙内；若确实需要，应用镀锌钢管埋设，特别是接头要严密，并需进行灌水试验；

2）外墙雨落水管在使用过程中，应保持雨落水管完好和雨落水管畅通，损坏应及时修理，以免长时间在外墙面流水而造成渗漏。对于固定雨落水管的膨胀螺栓，在安装前先向钻孔内注入密封胶，再固定膨胀螺栓，固定后再次用密封胶对螺栓周围进行密封处理。

（3）窗台和铝合金或塑钢窗制作安装不规范引起渗漏的预防与处理：

1）窗台：工程渗漏是窗台设置不当造成的，针对窗台坡度较小、填充硅胶老化、脱落等原因，所采取的措施：将硅胶沿窗台小圆弧的顺直方向抹压，部分胶透过窗下框与小圆环处预留的缝隙挤满，以确保窗与洞口墙体的连接为柔弹性连接。

2）窗框：首先，把好材料关。尤其要把好铝型材和氧化膜的厚度关，同时把好制作关。下料尺寸的误差要严格控制在允许偏差范围内，使得成型后的窗框达到接缝严密、整体方正。做好下框出水口；还要把好施工关。严格控制窗口预留洞口尺寸，内外打胶到位、密实、顺直；最后，把好验收关。在对门窗工程进行验收时，采取淋水试验的方法，以检查其抗渗性能及窗下框流水畅通和积水情况，发现后及时处理。

（4）外墙面砖造成渗漏的预防与处理：

1）对进入现场的外墙面砖，严格按规范抽样进行复试，复试不合格的面砖不得用到工程上。对面砖进行逐块挑选，将有外观缺陷的面砖（如开裂、缺角等）剔除掉；

2）严格按照面砖铺贴程序施工。当使用块材的面积较小时，可使用一底一中一面的方法，即一底为刮底糙，一中为抹中层灰，一面为批灰铺贴面砖；当使用块材的面积较大时，可使用一底两中一面的方法；

3）基层清理。清扫墙面，使砌体灰缝凹进墙面 10mm，用 1：3 水泥砂浆修补空头缝，以增加与打底灰浆的结合力；

4）施工前 1d，对墙面要均匀浇水，清除灰尘并使墙面吸收一定的水分，然后抹 1∶3 水泥砂浆，厚度为 5～7mm，用铁抹子压实划毛；

5）抹中层灰。应先在底糙上抹掺 5%防水粉的 1∶3 水泥砂浆，厚度为 5～7mm，用木楔压浆打平密实，用刮尺刮平；必须按有关规范标准和设计要求，对墙面进行检查，符合要求后方可粘贴面砖；

6）粘贴面砖。先将面砖在清洁水内浸泡 2h，然后取出晾干，使用时达到外干内湿，待中层灰达到一定强度后可粘贴面砖。粘贴面砖所用的粘贴材料，要确定材料配合比，即水泥∶砂子＝1∶1，水泥∶胶水∶水＝10∶0.5∶2.6；同时，要控制使用时间，做到随拌随用，粘贴时要注意砂浆饱满度，保证粘贴牢固、无空鼓；

7）勾缝。清除粘贴在面砖缝内的残浆，洒水润湿，然后用 1∶1 水泥砂浆勾缝，勾缝要凹进面砖 1mm，勾缝砂浆应填嵌密实，接槎处要平整，不留孔隙和接槎缝；

8）清理墙面及养护。使用洁净棉纱，揩擦干净，不留污垢；对抹的各层灰，贴面砖后均要注意养护。

（5）外墙粉饰层表面龟裂引起渗漏的预防与处理：

1）防止外墙分格条引起渗漏。在镶嵌外墙分格条时，要带浆均匀、饱满、镶嵌牢固、密实；

2）防止外墙面龟裂引起渗漏：

① 外墙抹灰前，基体表面的油污、灰尘等应清除干净；对凹凸不平的墙体应用水泥砂浆找平；对光滑的混凝土墙面应凿毛；提前 1～2d 浇水润湿，润湿深度为 5～10mm；

② 外墙抹灰应分层进行，各抹灰层厚度不得大于 10mm；待每层抹灰终凝后，方可进行下一层抹灰；

③ 外墙抹灰砂浆宜用普通硅酸盐水泥或矿渣水泥；砂子用中砂或粗砂；石灰应采用经充分熟化的石灰膏；

④ 整个抹灰施工应尽可能避开高温（气温高于 30℃）和低温（温度低于 5℃）的季节；每层抹灰终凝后，要洒水养护 3～5d；

（6）防止抹灰外掺剂引起渗漏：由于微沫剂性能受掺量、配置方法、环境温度等因素的影响较大，建议在外墙粉刷砂浆中不使用微沫剂。对引起渗漏的各种裂缝及时修补，防止裂缝进一步扩展，采取措施：细缝注结构胶，较粗缝用水玻璃拌 R42.5 水泥挤密缝隙。施工控制措施：

1）严格控制施工程序，加强过程的监督和检查。施工技术人员要对工人进行技术交底，同时加强抽查和复查，严禁干砖上墙，严格控制砂浆配合比及和易性，保证砂浆的饱满度，水平缝要满铺砂浆，同时以挤砌的方法来保证。竖缝不饱满处应用勾抹子仔细补喂灰浆的方法保证。在找平抹灰施工前，对外墙施工中留下的孔洞、框架填充墙的顶部、空心砖外墙的竖缝，首先进行堵洞和勾缝，并作为一道工序进行检查验收，验收合格后才予以抹灰。找平抹灰施工时，应分层抹灰，两层找平的操作间隔宜控制在 24h 以内。面砖施工前，要求墙体基面和面砖均先润湿且阴干。外墙面砖勾缝时，要先清理勾缝内疙瘩并用水润湿，勾缝砂浆宜稠一些，使用专用勾缝聚合物水泥砂浆，保证缝隙内料浆密实、饱满，缝面平整、光滑、无砂眼及裂缝。勾缝后，要及时淋水养护。由于填充墙受温度变化影响较大，墙体与梁底和柱边等不同建筑材料接触界面由于温度应变不同易造成裂缝，所以在抹灰前应按规范要求，加上钢丝网片，再用水泥砂浆分层压，并且注意养护；然后，再进行面层施工，可有效防止裂缝的产生，达到减少墙体渗漏的目的。

2）施工时要求内窗台要高于外窗台 1.5cm 左右，外窗台向外坡度应≥20%；窗框周边应提位勾缝打胶，窗塞口要紧密，使用优质的发泡胶和密封胶，在打胶时要将固定窗框的木塞或垫块清除；窗洞上方须做滴水线槽（深度和宽度均不应小于 10mm）或鹰嘴。

3）由于外墙保温引起渗漏的预防与处理。对于有保温要求的外墙在做保温前，除严格按照外墙防水粉刷要求外，一定要做外墙淋水试验，严格把关，对淋水试验发现的渗漏部位彻底处理完毕后，要再次做外墙淋水试验，直到没有渗漏点为止。

4. 二次装修造成渗漏的预防与处理

（1）房屋工程在设计时，可以考虑在外墙预留孔洞（如空调管孔、排烟孔、太阳能热水器管孔等），减少用户在装修时对外墙的损坏。

（2）房屋工程交付使用后，建设单位应加强与用户的联系。若住房有物业管理的，物业管理部门要对住房的装饰装修进行管理，要引导住户委托有资质的建筑装饰单位进行合理设计和精心施工，不要使用马路施工人员进行装饰施工。

5. 温度造成渗漏的预防与处理

房屋顶层外墙裂缝一般产生在顶层两端外纵墙窗边，为八字缝，大多数只裂一个端开间，少数裂两个开间；屋面圈梁下一至二皮砖有水平缝，外墙转角处有包角缝，少数下一层外墙的圈梁上、下有水平缝。造成外墙温度裂缝是屋面、圈梁和檐沟的混凝土与砖墙的不同线膨胀系数，前者为后者的两倍。只有在采取有效的隔热、保温和设反射层的前提下，才能有效地减小、分散和消除温度裂缝，应采取的措施为：

（1）采用有效的保温隔热层，设置反射层。采用保温性能好的材料，并根据当地情况确定保温层的厚度。平屋面及檐沟黑色防水层表面采用粘贴铝箔、涂刷银粉涂料等反射层。

（2）两端第一开间的室内平面布置，应有良好的穿堂风。

（3）对温度裂缝经常发生的地方，在墙身两侧布钢丝网或塑料网，然后用水泥砂浆或混合砂浆打底，再抹面层。

6. 从设计环节预防外墙渗漏

（1）重视细部大样设计，如窗台坡度、鹰嘴、滴水槽、穿墙管、外墙预埋管件、门窗与墙体间的接缝等。在设计中，重视外墙立面的防水要求及功能设定。加强细部构造处理的质量控制，内窗台要高于外窗台 1.5cm 左右；外窗台向外坡度应≥20%；窗檐、鹰嘴坡度≥20%；滴水槽宽、深应≥1cm；外挑构件与外墙阴角处应做 $R=100\text{mm}$ 的圆弧角。

（2）在房屋工程设计时，充分考虑在外墙预留孔洞（如空调管孔、排烟孔、太阳能热水器管孔等），减少业主在装修时对外墙的损坏；交付业主使用后，物业管理部门要加强对住房的装修管理，告知住户不要在外墙部位随意打洞。

综上浅要分析介绍可知，建筑物外墙渗水现象的防治应从细部处理、施工工艺及构造等环节上进行认真选择、分析原因，来消除渗漏隐患的存在；根据实际条件，制定出相应的施工措施，强化质量监督检查；认真执行相关规范和操作规程，就能有效防止渗漏现象的发生，从而提高工程质量；施工人员在施工时，认真、严格按规范操作，实行挂牌上岗。坚持以样板墙引路，切实做好各方面的操作工艺的交底工作，才能得以保证外墙的质量和控制外墙渗漏的发生。

11. 建筑外墙防渗漏施工技术措施应用

建筑房屋外墙防渗漏的质量好坏，直接影响到建筑物的正常使用功能，给物业管理、专业维修带来了极大的麻烦，更给业主和住户带来物质和精神上的一定损失，也给施工单位的企业形象造成了一定的影响。为此，在施工过程中必须予以高度重视，分析明确易产生渗水的部位和施工薄弱环节，采取因地制宜的措施，检测落实，给住户有“居者有其屋，住者无漏忧”的完美答卷。以下着重对防止建筑物外墙防渗漏措施作一浅要探讨。

1. 对墙体检查与处理

（1）外墙砌筑要求：砌筑时避免墙体重缝、透光，砂浆灰缝应均匀，墙体与梁柱交接面，应清理干净垃圾余浆，砖砌体应湿润，砌筑墙体不可一次到顶，应分 2～3 次砌完，以防砂浆收缩，使墙体充分沉实；另外，应注重墙体平整度检测，以防下道工序批灰过厚或过薄。

（2）墙体孔洞检查及处理：批灰前应检查墙体孔洞，封堵墙身的各种孔洞，不平整处用 1∶3 水泥砂浆找平。如遇太厚处应分层找平，或挂钢筋网、粘结布等。混凝土剪力墙上的螺栓孔四周应凿成喇叭口，用膨胀水泥砂浆塞满，再用聚合物防水砂浆封口，封堵严密。

2. 确保找平层的施工质量

（1）找平层抹灰前的工作：应注重砌体批灰前表面的湿润，喷洒水应充分，砌体部分与混凝土部分交接处的外墙面在抹灰前要用200mm宽16号钢丝网片覆盖并加以固定，避免因材料膨胀系数不同而引起的开裂。对混凝土墙面的浮浆、残留的模板木屑，露出的钢筋、铁丝一定要清理干净，以利于抹灰砂浆与基层粘结牢固。

（2）找平层抹灰时应注意：

1）砂浆应严格按配比进行，严格计量，控制水灰比，严禁施工过程中随意掺水；

2）对抹灰砂浆应分层抹灰，尤其是高层建筑，局部外墙抹灰较厚，这就需要进行分层批灰，每层抹灰厚度不应超过2cm；如厚度过大，在分层处应设钢丝网；

3）批灰砂浆可用聚合物防水砂浆；

4）外墙抹灰脚手架拉结筋等切割后，喇叭口应抹实压平，定浆后可用铁抹子切成反槎，然后再刷一道素水泥浆。

3. 确保外墙面砖的施工质量

（1）饰面砖的施工质量主要要解决材料各自的温度变形和干缩不等的问题。因饰面砖是烧结砖，干缩率很小，背面凹凸槽较浅，影响其与水泥砂浆的粘结力。目前闽北地区贴饰面砖多采用水泥油膏粘贴，因纯水泥油膏干缩大，影响粘结力，应改用1∶2的水泥细砂浆加油膏为好，以增加粘结力和提高面层的抗裂能力。

（2）粘贴面砖时，先将面砖在清洁水内浸泡2h，然后取出晾干。使用时达到外干内湿，待中层灰达到一定强度后可粘贴面砖。粘贴面砖所用的粘贴材料，要确定材料配合比，即水泥∶砂子＝1∶1，水泥∶107胶水∶水＝10∶0.5∶2.6；同时，要控制使用时间，做到随拌随用，粘贴时要注意砂浆饱满度，保证粘贴牢固、无空鼓。然后勾缝，清除粘贴在面砖缝内的残浆，洒水润湿，然后用 1∶1 水泥砂浆勾缝，勾缝要凹进面砖 1mm，勾缝砂浆应填嵌密实，接槎处要平整，不留孔隙和接槎缝。最后，清理墙面，使用洁净棉纱揩擦干净，不留污垢，而且抹各层灰和贴面砖后，均要注意养护。

4. 确保窗台和铝合金或塑钢窗的施工质量

（1）对窗台。工程渗漏是窗台设置不当造成的，针对窗台坡度较小、填充硅胶老化、脱落等原因，所采取的措施：将硅胶沿窗台小圆弧的顺直方向抹压，部分胶透过窗下框与小圆环处预留的缝隙挤满，以确保窗与洞口墙体的连接为弹性连接。

（2）对窗框。首先把好材料关。尤其是要把好铝型材和氧化膜的厚度关。然后，把好制作关和施工关。下料尺寸的误差要严格控制在允许偏差范围内，使得成型后的窗框达到接缝严密、整体方正。做好下框出水口，严格控制窗口预留洞口尺寸，内外打胶到位、密实、顺直，最后把好验收关。在对窗工程进行验收时，采取淋水试验的方法，以检查其抗渗性能及窗下框流水畅通和积水情况。

5. 确保屋面的施工质量

屋面与外墙面联系紧密，屋面节点设计和施工至关重要。《屋面工程技术规范》GB 50345—2012 及《屋面工程质量验收规范》GB 50207—2012 明确要求应做好一头（防水层的收头）、二缝（变形缝，分格缝）、三口（水落口、出入口、檐口）和四根（女儿墙根、设备根、管道根、烟囱根）等泛水部位的细部构造处理。对于解决屋面节点渗漏水问题，从设计上要求设计人员对这些部位强化处理，具体出图。充分考虑结构变形、温差变形、干缩变形、振动等影响，采用节点密封、防排结合、刚柔互补、多道设防等做法，满足基层变形的需要。从施工上，施工前应制定屋面防水施工专项方案，对施工人员要具体交底，让他们对操作要点做到心中有数，以确保节点防水的可靠性。

外墙渗漏检验措施：采用连续淋水法，可用 ϕ20mm 的水管，采用 3kPa 压力水，在建筑物顶层连续淋水 6h，观察内墙面和窗边四面有无渗水痕迹。

12. 建筑物体的霉变问题及其预防

建筑物体内部及表面的霉变问题比较普遍，顶层的天花、首层的墙角、卫生间的隔墙或者设备的管道，都会看见霉斑现象，这种情况也会因为建筑使用乙烯基壁板、墙纸等材料，出现可能加重的趋势。

1. 建筑霉变的产生原因

以前房屋建造体系所采用的材料本身即蒸汽是可穿透的，其安装方式也易于使湿气逐渐消散。而随着现代建筑设计的演变与革新，湿度与材料间的平衡性开始发生变化。21 世纪以来，出于能耗的考虑，建筑物的隔绝性变得更好。然而，这种隔绝却降低了墙体的干燥能力，会逐渐出现建筑的霉变产生。

首先，与传统材料相比，许多现代建筑材料穿透性更差，既不再能够贮存湿气，也无法使其穿过。据相关推测，一座典型住宅建筑中材料的储水能力已从一个世纪以前的约 1.9m^3 降至今天的约 0.019m^3。更多经过处理的材料，如人造木板、石膏板，比被它们所取代的木材、灰泥等传统材料，为霉变提供了更易消化的食物。更糟的是，这些透湿性差的材料常常又会被放置在错误的位置，如在潮湿的夏天，含乙烯基的墙纸被用在制冷房间的内墙处，那里正是霉变生长的最佳条件。这是由于当温暖潮湿的室外空气在室内墙体表面形成冷凝，具有防水性的乙烯基墙纸阻止了墙壁上的水分向外散发，因而产生霉变。

其次，结构体内空气压强的变化也是建筑霉变产生的因素之一。由于现代建筑中空气密度的增大，排风系统（如厨房及浴室的通风设备、加热器的排气管等）将空气排出的速度比进入建筑内的空气速度快，常常导致结构体内空气压强的降低，从而使其吸收墙体结构的裂缝或孔洞内空气的真空能力降低。此时，微小的裂缝及孔洞起到了毛细管的效果，其表面充满张力的水则进入更深的缝隙之中。由此产生的结果是：来自雨或冰雪融化的水及喷淋流到墙或窗外，通过裂缝进入结构体中，致使水及真菌侵入危害的增加。

另外，随着建筑对空调依赖性的增加，一年中外墙的温度将产生不规律性的梯度变化，特别是在北方地区（冬天室外空气温度低，夏天室内空气温度低），使得露点、冷凝形成的位置，以及蒸汽流的方向不断改变。因此，在防潮措施中，尽管在温度高的一侧增设蒸汽阻隔物是有效的，但一些情况下，却又很难判断出外墙的内、外表面哪一侧的温度更高。

2. 从建筑设计角度预防建筑霉变

霉变是一种真菌，它们的生长过程需要氧气、食物、适当的温度及充足的水分。通常，典型的建筑室内环境几乎提供了所有这些要素，而除一点以外：霉变形成所需湿度（相对湿度 70%以上）高于人体所需湿度（相对湿度 20%～60%）。可见，对湿度的控制将成为防止建筑霉变产生的重要条件。建筑界对霉变唯一可行的防御措施是对湿度的控制，即“最小化含水量”。事实上，90%以上的水渗透问题是来自于占建筑外表面积 1%的范围之中。然而，这 1%部分的细节足以导致整个建筑表皮的损坏。因此，对于造成雨水渗透和冷凝情况的控制尤为重要，其中包括由重力流、风雨动能、毛细管作用及压力差所引起的问题。

（1）围护结构的防雨与通风设计：

在方案设计阶段，充分考虑围护结构的防雨与建筑的通风设计，提高对建筑湿度的控制尤为重要。

1）围护结构的防雨设计，在建筑外表面设计中应防止重力流导致的雨水侵入，避免由于建筑构件或墙体外表面的向下倾斜，而导致雨水顺势进入建筑。如外凸的框架梁或壁架的不恰当倾斜设计，以及在挑檐底面使用滴水槽的情况；还应将建筑防雨板设计列入建筑防潮设计考虑之中，最大限度地减少在动能作用下雨水被直接吹入门窗洞口的可能性。

2）幕墙的通风设计：幕墙建筑通风问题不容忽视，随着空调使用的增加，人们对窗可开启的要求似乎变得模糊，更是由于玻璃幕墙本身所具有的构造特性，使得此类建筑的自然通风能力显著降低，建筑的干燥能力随之下降。从节省能源、保障人身和开启扇自身安全的考虑，我国原《玻璃幕墙工程技术规范》JGJ 102—1996 曾有关于开启扇总面积不大于墙面面积 15%的规定。而在 2003 年“非典”后，普遍要求加强自然通风，增设开启扇。因此，新的《玻璃幕墙工程技术规范》JGJ 102—2003 已取消玻璃幕墙开启扇最大面积的规定，提出开启扇的设置应根据使用要求由建筑设计确定。这样的举措无疑是为今后建筑霉变的预防提供了有力支撑。除此之外，地下室、卫生间、厨房等房间的防潮设计，也是建筑师在设计阶段应重点考虑的问题。例如，尽量设计有一定地上高度的半地下室空间，以直接获得自然通风，同时做好地下室窗洞口的防雨板设计；在卫生间、厨房等具有潮湿环境的房间入口处应设有明确的防水分割，并避免暗房间，保持室内的通风良好，最大限度地降低建筑霉变。

（2）窗体系的设计与安装：

经过一些调查资料显示，窗安装中一些错误的举动是导致建筑霉变的主要原因，如不正确地选择与使用密封剂、防雨板的安装错误等。正确进行窗体系的设计与安装，将使其获得使用的耐久性与兼容性。

1）产品的选择：应选择无焊接转角的整体式窗产品，以确保由外界进入的水能被直接导出；同时，应正确使用密封剂作为潮湿阻隔材料，并符合密封胶的相关要求。

2）窗的设计安装：在窗产品的安装过程中应保持构件的规范化，避免构件的下沉或弯曲。为减小荷载作用下窗框架的回转度，应采用正确的垫片方式，将窗产品锚固于窗洞上，并施加应力。在与建筑表皮相连接处应采用防水措施，避免水通过缝隙渗透进入墙体孔洞，并防止积水与窗产品端部的接触。

3）防水板的安装：在建筑外表面，防水板应采用搭接方式进行安装，并将防水板的破裂点尽量远离窗洞口及窗产品的连接口。同时，在防水板有钉、螺杆等穿过的部位须进行自密封。

4）空气压强的控制：首先，为防止水渗透，应最大限度降低窗产品周围的空气流。对于安装高度在约 10.7m 以上的窗框架，其建造方式不宜采用全包式或开放式立柱墙。因为在此高度以上，此种构造设计将使得窗洞口所受到的风荷载作用大大增加；其次，在窗体系的设计中应提供二次系统，以应对主要系统损坏时水的渗透问题。目前，美国制造商已采取最主动的方式，投入大量精力准备了详细的窗体系安装指导附加于他们的产品，并开展大量的随机行动，如与建筑师一同在建造现场，及时应对新的问题。尽管制造商的安装指导似乎变得过于繁复，但这样却能够确保水侵入的最小化。

（3）防潮材料的选择：

空气泄漏在建筑表皮结构中是造成冷凝及潮湿聚集的重要潜在因素。现代建筑密封构造的干燥能力更小，设计者在防止雨水渗透入墙体结构的同时，应设计一种兼作空气阻隔的材料作为建筑表皮密封构件，将空气泄漏与冷凝造成的建筑霉变问题最小化，在设计阶段最大限度地提高墙体结构的干燥能力。目前，一种叫作“空气-潮湿阻隔材料”的建筑防潮材料对于墙体湿度的控制最为高效、经济。其对潮湿的阻隔性能远远优越于其他建筑表皮，如传统的沥青油毡、纸制防水材料等。同时，这种材料能够在各种墙体结构中使用，如木材、石膏及水泥板材墙体，也可将它们用于预制混凝土或混凝土砖石组件中。

1）空气的渗透性：空气-潮湿阻隔材料能够有效地阻挡空气泄漏，减小由于空气通过墙体结构泄漏而造成冷凝的危害，通过减少冷热负荷，从而降低建筑能耗。

2）连续性：在建筑建造中空气阻隔的整个设计理念是在建筑表皮周围创造一种连续的密封膜，以减小缝隙、孔洞或搭接安装错误所带来的危害。并能够与已有连接阻隔材料相容，形成不同材料间的过渡。

3）结构完整性：空气-潮湿阻隔材料的结构完整性十分重

要。在正面与负面的风荷载的压力作用下，应避免空气-潮湿阻隔材料产生破裂或移动，以确保对空气阻隔的有效性。如将空气-潮湿阻隔材料完全粘附于覆板上，在结构荷载的影响下，空气-潮湿阻隔材料的变形将受到覆板的限制，从而加强了覆板及承重结构的承受力。

4）持久性：尽管空气-潮湿阻隔材料具有抵抗风荷载的能力而不会产生危害，但在其他情况下也须具有持久性，如对孔洞及虫害的抵抗、对热湿移动及建筑徐变所带来的压力的抵抗、抵制霉变的生长及紫外线的降解等。并在建造及使用过程中避免受到气候的损害，最小化维修及替换费用。

5）水渗透阻性：墙体结构防潮措施的传统方式是采用沥青毡或防水牛皮纸建筑材料构件，由钉子将其固定于覆材上。密闭的空气-潮湿阻隔材料表现出显著优于传统防潮材料的性能。通常，它们对于水的阻隔能力高于建筑表皮 10 倍以上。

简要小结：通过对霉变现象、形成原因及其造成严重危害的分析探讨，寻找到可以控制建筑霉变产生的重要途径，即对湿度的控制。进而从建筑设计角度，提出了建筑的防雨与通风设计、窗体系的设计安装及防潮材料选择与使用等方面的具体设计对策，为今后进一步实现建筑霉变的预防与合理处置提供借鉴。对于建筑霉变问题的研究，不应当完全把它当做一种已发生的既成事实来研究后期的处理，而应在设计初就考虑霉变的可能，尽可能从源头上解决霉变，避免其发生。建筑师须深入了解建筑中空气、温度及湿气流的特性，创造良好的建筑环境条件，延长建筑物的使用寿命，据此最大限度地发挥建筑材料的效能。

13. 对监理工作独立性问题的考虑

我国的工程建设监理制从 20 世纪 80 年代开始试点并推行至今，与项目法人制、合同管理制、工程招投标制一起朝着制度化、规范化和科学化的方向发展，为进一步提升工程建设项目管理水平，切实保证工程质量、进度和投资效益起到了重要作用。

随着监理行业的发展过程，建设行政部门、监理业界对于监理的定位问题始终众说纷纭、莫衷一是。对监理的独立性问题的深刻认识、正确理解和准确把握，是诸多涉及监理定位问题中的一个重要问题，也关乎着行业未来的发展和走向。在实际工作中，如果这个问题处理不好，不仅会影响监理工作的顺利进行和监理作用的发挥，更影响整个行业的发展。结合多年来的亲身实践和体会，根据实际应用过程中存在的主要问题，要保证监理的独立性，必须理清两个关系并解决好几个问题。

1. 认清两个关系

（1）理清监理服务关系中监理的独立法律地位

1995 年，原建设部和原国家计委印发的《工程建设监理规定》指出，监理单位应按照“公正、独立、自主”的原则，开展工程建设监理工作，公平地维护项目法人和被监理单位的合法权益。我国建设工程监理制度的初衷是在政府和建设单位之间设一个“独立第三方”。希望监理单位通过对项目建设过程实施监理，规范项目管理中的其他两个主体（建设单位、施工单位）的行为，减少政府对项目建设的监管投入。同时，工程监理制也是我国入世后的时代所需。2000 年发布的《建设工程监理规范》里也明确“监理单位应公正、独立、自主地开展监理工作，维护建设单位和承包单位的合法权益”。我国现行的法律法规中已经明确了监理作为第三方，享有国家法律、监理合同所赋予的权利和职责义务，维护建设单位、施工单位、社会公共利益。国家行政管理部门对项目建设的管理监督职能已经逐步从微观向宏观转化。建设工程三大行为主体之间通过监理合同、施工合同的契约关系，组成项目管理机制。在工程建设中，建设单位、监理单位与被监理单位之间是平等主体的关系，是一种等价有偿、互惠互利的服务关系，双方地位是平等的。监理单位在工程建设中的权利产生于监理委托合同关系。这种委托关系不影响其监理工作的独立性。在执行监理任务中，必然按照委托合同的要求为业主服务，实现业主所期待的目标和利益。但监理单位和监理工程师是国家法律规定的一种监理执业机构和执业人员，在执行监理任务时，必须遵守法律法规以及工程规范、规程。在这一点上具有独立的执行职务的独立性，不应受业主违反法律、法规及工程规范、规程的指令的制约。若要体现监理工作的作用，必须认清监理服务关系中监理的独立法律地位。

（2）理清为业主服务与履行社会职责的关系

监理单位受业主委托，为业主提高投资效益服务。同时，监理单位还应从国家和社会利益出发，履行监理职责，独立、公正地行使监理职权，维护业主和被监理单位的合法权益。目前，还存在部分业主为了局部利益而做出损害国家、社会或承包商利益的行为。国家在有关规定中，已多次要求建设项目严格按基本建设程序办事，提出绝不搞不切实际的政绩工程、绝不搞经不起考验的劣质工程，合理工期应根据工程规模、建设难度、地形地质特点和气候条件等因素综合确定，坚决避免脱离实际的高速度，在“好”字上多下工夫。

2. 解决好几个问题

（1）要有法律和制度保障

对于在工程项目管理中采取建设监理制的必要性，无论是政府、社会各界，还是建设业主或工程项目管理人员，已经取得了统一的认识。如何使监理工作能够顺利完成、监理行业得以健康发展、保证工程建设各项目标的实现，需要建设、监理和承包三方对各自角色的准确定位。监理的独立性是法律赋予其的一个基本特性，本身已无需争论。但由于作为投资主体的建设单位，一定程度上在项目建设管理中扮演着权力主体的强势角色，不少业主认为，监理单位是其委托的机构，是为其提供监理服务的，因此应该服从业主的领导；应该按照业主的旨意行事，而不论这些要求是否合理和合法。监理对重大决策往往只具有建议权，对建设单位的违规行为难以有效监督，甚至有的建设单位由于种种原因和目的，干预监理正常工作。在实际工作当中，监理人员中要以独立的“仲裁员”的角色出现很难实现。监理服务由独立的社会化的监理机构来实施。如何保障监理的独立性的外在环境条件（主要指：政策因素、其他行为主体干扰因素），没有切实可行的政策性的管理办法和制度，更多地是在法律法规、职业道德上对监理有关职责的要求，对其他影响监理独立性的行为缺乏约束或处罚管理办法。

（2）监理的独立性是相对的

我国的建设监理虽有着特定的社会条件和社会环境，但并没有改变其社会监理的本质特征。监理既没有行政权力，也没有执法权力，只是接受业主的委托，根据委托协议行使赋予的职责。监理公司执行监理的法律依据是国家和地方法律法规，国家和行业、地方有关标准、规范规程，施工合同、监理合同等。《公路工程施工监理规范》JTG G10—2006 对监理的定位做了修订：工程项目监理合同必须明确双方的职责与权限，按照法律、合同等文件，监督实施。在某种程度上替业主办事，为政府把关。这就要求监理在执业时要依据规范，按照合同约定，不仅为委托人的合法利益行使其职责，而且必须忠诚地服务于社会的最高利益以及维护职业荣誉和声望。监理单位通过多种形式和手段，对工程建设全过程进行监督和管理。监理合同、监理规范对监理单位和各级监理人员的职责范围进行了明确规定，只不过在实施过程中因业主、施工、监理等对其理解的差异、偏差或水平的高低不同，引发了这样、那样的问题。认真严格履行这些职责就是不缺位的表现；没有摆正自己的位置，把自己视为承包商的领导者直接组织施工，甚至代替业主发布指示、指令等，这就是越位；有的弄不清监理机构是干什么的，对施工中出现的问题分析原因，为施工单位制定具体的施工改进措施，越俎代庖，结果施工单位不满意、建设单位有意见，自己还要承担由于错位造成的质量事故或安全事故，“种了别人的地，荒了自家的田”。不越位、不错位、不缺位的关键在于：监理是否能够灵活而又有原则地坚持立场，既办好事情又不违反法律法规，也保持了自己的尊严和权威。

（3）监理单位要提高自身素质

众所周知，我国在建立工程监理制之初，就定位了其是“参照国际惯例，建立具有中国特色的建设监理制度”。国外某些工程是企业或个人投资建设，监理仅对投资者负责；而我们很多的建设项目是国家或省重点工程，建设单位、施工单位和监理单位都要对国家负责。这就决定了三方是为了一个共同的目标。这是我国监理与国外监理最本质的区别。我国主要依靠行政和法律的手段来推行工程监理制度。目前，特别是在建设高潮之际，监理专业技术人才供不应求，还有相当一部分监理人员的业务水平和个人素质不高，缺乏丰富的施工管理经验、深厚的技术知识，缺乏相关的法律、经济知识和严格的合同意识，综合水平、信誉相对不高，在一定程度上不具备全方位、全过程的监理能力，不能令业主十分放心地将工程管理工作完全托付给他们。

同时，现阶段监理队伍的素质参差不齐，一些监理人员素质低下，是否经过专门培训或有专业知识，干什么的不管，只要是一个人就可以当监理的现象十分普及，因为建筑工地有个人顶数就行，而且权力也不小，对施工方“吃、卡、要”也是业内的潜规则。由于不专业，产生了质量问题也不知道，现场旁站的规定及记录的要求也很少执行。对此，监理部门的混乱是其他任何部门无法比拟的，提高其自身及用人质量停在口头上，是必须纠正的重要问题。

3. 对策和建议

（1）认清服务关系中监理的独立法律地位，进一步加强建设监理的立法工作，提高监理法律、法规的立项层次，扩大立法的范围和深度。在工程监理领域颁布专项法规，用以调整监理工作所涉及领域的法律关系。

（2）加大监理费标准的落实力度。监理企业应夯实自身的经济基础，保证监理人员享有比较优厚的待遇和较强的检测手段，能够从各个方面保证监理人员公平、公正地开展工作，真正担负起合同规定的职责，并使之具有向高层次、高水平发展的实力。

(3) 监理单位要强化监理机构的组成，从工程项目的性质、施工工期、工程的技术复杂程度以及工程质量的关键问题等各方面优化组合，选派专业配套、结构合理的监理机构。监理人员除了掌握好工程技术外，还应认真学习法律知识，对合同有清晰的概念，能够熟练运用合同解决纠纷，保证工程的顺利实施。同时，提高人员素质，少用无专业技能人员，减少对监理的负面影响。

(4) 加大对监理作用和重要地位的正面宣传力度，监理制度设立的本身就是为了保证工程项目效益和质量的最优化，保证国家工程建设行为的规范。在保护国家利益和业主利益问题上是统一的，业主应充分理解和支持监理工作。在签订监理服务协议书时，既要给予监理工程师以充分的权力，也要规定有效的制约措施，减少对监理工作的干涉，特别是要杜绝不合理干涉，使监理职权落实到位，保证监理能独立、公正地发挥作用，促进监理市场的良性发展，形成一个由建设方、承包方和监理方三元主体组成的管理体制和以合同为纽带、建设法规为准则、实现五大控制(实际为三大控制)为目标的社会化、专业化、科学化、开放型工程项目全方位管理的建设格局。

14. 监理工作中一些重要问题的思考与对策

我国工程建设监理制度自 1988 年开始试点，并于 1992 年正式全面强制推行以来，已经有 20 多年的时间。其从无到有，从不熟悉了解到熟悉了解，从不规范到逐步规范，已取得了一定的成绩，对提高建设工程质量、确保安全、及早发挥投资效益、促进工程管理，发挥了重要作用。目前，已逐步在各行业的工程建设中得以推广，并呈现出良好的发展势头。但是，随着社会的发展，近几年工程监理也呈现出了一些新的动向及变化，监理企业、监理人员也面临着比较棘手、需要解决的问题。现从监理工作的实践认识，对工作中遇到的一些问题进行简单分析，并提出拟解决的对策和建议供业内借鉴。

1. 安全监理问题及对策

众所周知，前些年建设监理工作可以概括为“三控、两管、一协调”。但是，《建设工程安全生产管理条例》出台后，原先的“三控”转变成了“四控”，即“质量、进度、投资和安全”的控制，监理企业和监理人员的工作量急剧增加，风险也成倍增加。近几年来，全国各地建设工程的安全事故频发，一旦发生重大安全事故，除了施工单位被追究责任外，监理企业也逃不了干系，尤其是总监往往被追究刑事责任，甚至锒铛入狱也为数不少。有些建设单位在安全方面，也给监理制定了许多不合理的规定，认为只要发生安全事故，无论监理安全工作是否到位，在处罚施工单位的同时，也一并向监理开罚单。为此，很多监理人员将很大的一部分精力转移到了安全监理上，以致减弱并影响了正常的质量、进度和投资等方面的管理控制工作。即便如此，往往由于施工方低价中标、工期紧、不愿加强安全方面的投资等因素，结果安全事故依然频发，监理遭受处罚依然如故。监理企业难以生存，监理人员压力大、包袱重，工作积极性受到了严重挫伤。

其实，对监理的处罚有不少是不当处罚。比如，有些施工安全监管工作原本不应由监理负责，但相关责任强加于监理而形成处罚；有些是被监管单位不接受监理的监管而引发事故造成对监理的处罚；甚至没有监理合同关系的工程发生了安全事故，也要处罚监理等。这其中一部分是体制问题；另一部分是有关方面、有关人员对安全监理在认识上存在严重偏差，在认定监理责任时缺乏依据、处罚标准不一，存在安全生产监理责任扩大化的倾向，以至于影响了监理行业的健康发展。

幸运的是，经过近几年广大监理工作者、行业人士及专家、学者等多方努力及求索，安全监理工作的“窘境”有可能会很快得到改变。目前，已从相关方面传出信息，将出台《工程建设监理条例》，以明确监理职责权限，即只对自己的错误指令承担相应的责任；修订《建设工程安全生产管理条例》相关内容，明确界定监理责任，如安全管理方面，如果监理履行了监理程序，即不应再承担安全事故责任；不承担与施工安全没有直接关联的事故责任，像施工交通问题、工人食宿问题、突发疾病问题等引发的安全事故责任；修改报告制度，监理受业主委托，对现场无法控制的安全隐患，只宜向业主报告，不应超越委托合同职责，向主管部门报告；另外，在调查处理安全事故时，建议选派监理方面专家参与，以公正、科学地界定监理责任。

2. 节能监理问题及对策

据有关统计资料显示，建筑能耗约占到全国能耗总量的30％以上，已严重影响到我国经济的可持续发展。从 1986 年开始，我国陆续颁布一系列节能规划、标准、目标及管理办法，特别是近几年来，先后颁布了新的《民用建筑节能管理规定》、《建筑节能工程施工质量验收规范》等。但由于多方面的原因，落实情况较差，效果十分有限。工程建设监理企业有责任、有义务，按照法律、法规以及建筑节能标准、节能设计文件，根据监理合同，对节能工程建设实施有效监理。要认真学习和落实《民用建筑节能管理规定》、《建筑节能工程施工质量验收规范》等有关规定，并从施工准备、施工过程和竣工验收三个阶段程序化地开展好监理工作。概括地讲，主要是在施工准备阶段，要组织培训学习节能知识、配备节能标准规范、认真组织和参与节能审图及设计交底工作，编制建筑节能监理实施细则，审核节能专项方案；在施工阶段，主要突出节能材料/构件管理、工序管理和验收资料的签批；在验收阶段，对节能资料认真汇总、审核，并落实节能专项验收。

3. 人防监理问题及对策

人防工程又名人民防空工程，作为应对战争及重大自然灾害时应急救援场所，已受到各级政府的高度重视。由于人民防空工程必须具备防护及密闭的安全性能，因此人防混凝土结构中的钢筋制作、安装，既有普通民建、公建建筑的共性，既满足抗震设计及规范，同时又必须具备人防结构的特殊要求，如钢筋代换问题、三种墙（防护墙、密闭墙、临空墙）及筏形基础钢筋制作及安装问题，各种门（防护门、密闭门、防护密闭门、防爆活门）的安装构造问题等。当然，其质量评定及单位/分部/分项工程的划分也有特别的具体规定。为此，监理人员决不能按照常规来进行人防监理工作。至少需要从两个方面入手：一是监理企业要加强人防知识培训，要组织学习现行人防规范《人民防空工程施工及验收规范》GB 50134—2004 等，明确其特别、具体的要求，做到思想清楚、思路明白；二是在开工之始，人防质量安全站人员要亲临现场进行工作的交底，并且结合工程实际，对施工方、监理方提出明确的工作要求以及监督检查重点部位的频次、方式、方法等，有效实施监督管理。

4. 项目管理问题及对策

现阶段的监理多是仅指施工阶段及保修阶段的监管工作，实际仅是以质量控制为主的施工监理。其收费低、责任大，人员素质难以提高；中小监理企业众多，之间的恶性竞争激烈，对监理事业的发展造成严重阻碍。与此同时，改革开放后特别是近几年，许多境外工程咨询公司进入我国建筑市场，进一步加剧了建筑市场的竞争。从实情看，在项目管理上与国际惯例尚存有较大差距，已影响到我国工程项目管理水平的提高。为此，住房和城乡建设部等都积极鼓励相关工程咨询企业进行改革，为建设工程提供工程项目管理服务。许多专家也呼吁广大咨询企业加速向项目管理企业转变。可谓大势所趋，势在必行。项目管理是指工程项目管理企业按照合同约定，在项目决策阶段，为业主编制可行性研究报告，进行可行性分析和项目策划；在工程项目实施阶段，为业主提供招标代理、设计管理、采购管理、施工管理和试运行等服务，代表业主对工程项目进行质量、安全、进度、投资、合同、信息等管理和控制。显然，项目管理作为一个新兴的综合性更强的工程技术服务性行业，其市场前景及技术优势都是现行监理企业无法比拟的，是监理企业做强做大的必由之路，也是我国建筑业与国际接轨的必然选择。

当然，项目管理是一个渐进的过程，前提是需要国家政策支持，需要更为公平、诚信的市场环境。作为监理企业要练好内功、不能急于求成。一是要培养提高现有人员的素质和能力，特别要有组织能力，懂得怎么做、谁去做；二要加强沟通、发挥团队和协作精神；三是要内挖潜力、培养引进、稳步拓展。只有这样稳扎、稳打，才能实现服务内容的不断延伸，以达到全过程、全方位实施项目管理的目标。

5. 队伍不稳和人员流失困境

现在规模巨大的基本建设、基础设施蓬勃发展，监理人员数量和专业远不能满足需要。监理机构在低价中标后，往往采取监理人员聘任制开展工作，工程结束后若无后续工程，一般就不再继续从事监理工作，监理队伍的不稳定不利于监理经验的积累；再者，由于监理企业拿到较多监理项目，即随便招收非专业人员从事监理工作，人员素质低、职业责任差，对施工方采取吃、拿、卡、要的恶劣行为，严重影响了监理企业的信誉；另一方面，监理人员工作量偏大，责、权、利失衡，收入不高、待遇偏低，工作缺乏成就感，监理工作吸引不了高素质人才，更难以留住高素质人才；对安全监理认识存在偏差，无专职安全人员配置，监理人员提心吊胆、灰心丧气，不少同志不安心工作，甚至出现一些总监骨干离开了监理行业。据统计，2009 年报考监理工程师的人数只有 4 万左右，不但未增加，反而逐年减少，足以表明监理队伍不稳定、人员流失现象较为严重。

在目前阶段要解决好这个问题，一方面需要从内部建设问题、立法问题等制度上完善；再就是规范并适当提高监理收费，以提高监理人员的收入差距。监理企业对于工作中成长较快、有能力、有潜力的监理人员，要尽可能、尽快地提升到相应工作岗位，及时认同、肯定，使他们有成就感；要关心爱护员工，做员工的贴心人，努力帮助，排忧解难，以便监理人员留得下、稳得住并安心工作，才能得到提高和发展壮大。

三、保温节能工程应用质量控制及对策

1. 民用建筑节能技术应用发展分析

建筑节能是促进国民经济可持续发展的战略措施，在人居环境和能源显得更加重要的情况下，创造适宜的人居环境与资源的节约，是如今建筑和环境领域的热点话题。根据一些研究资料及住房和城乡建设部门介绍，建筑使用能耗占到全社会总能耗的1/3以上，做好建筑节能工作对人居环境和能源的节省，是可持续发展的关键环节。建筑能耗主要是指采暖、空调、热水、家电、照明、炊事、电梯及通风等系统的节能。现阶段，国内正处在建设工程的高峰时期，建筑规模及速度也史无前例，这些建成的房屋在未来的使用期间会大量消耗能源，能源使用量过大造成各方面的压力，对社会经济发展起到巨大的制约作用。对此，开展建筑行业的节能减排是极其重要的工作，也是解决能源供应短缺必须采取的主要措施。

1. 建筑节能技术应用现状

（1）民用建筑节能技术现状：外墙外保温是近10多年来积极推广应用的一种保温技术，外保温技术不仅适用于新建房屋外墙，也适用于旧建筑物的改造；外保温材料设置在建筑主体的外侧，可以保护主体结构，延长建筑物的使用寿命；更有效地减少结构体冷桥的产生，增加建筑室内的有效使用面积，同时消除冷凝现象，利于室内保持稳定恒温，提高住宅居住质量。

现在，已经有部分大中城市对多层及小高层建筑强制实行太阳能集中热水系统，如南方的深圳市已在2006年就开始出台建筑节能条例，要求在11层以下的住宅建筑必须安装太阳能热水系统，为推动城市建筑可再生能源规模化应用进行了十分有益的一步。目前，国内较为成熟的和常用的太阳能与建筑一体化的组成模式有：集中集热—集中供热、集中集热—分户供热、分户集热—分户供热的形式。太阳能热水系统一年中的大部分时间可提供满足需要的热水，在冬季连续降雪阴天条件下要有辅助加热设备。

（2）应用中存在的问题：自 20 世纪 80 年代末至今，我国在建筑工程中开始实行保温节能的研究和应用，制定了相关的标准和规范，应用图集及完善了政策法规，以建筑物外墙外保温使用更广泛。不容忽视的是节能工作中存在的一些问题，主要表现在：

1）建筑能耗比较高，建筑用能效率低且污染严重。从资料介绍可知，我国建筑单位面积能耗是发达国家的 3 倍多，供热污染是 4 倍以上；围护结构热工性能和设备用能效率低，许多可以再利用的余热和余冷都未回收利用，可再生能源在建筑中的利用率极少。

2）缺乏科学、规范的建筑能耗统计系统，还没有建立国家和地方建筑能耗统计数字库，缺少统一、规范的建筑能耗统计标准，统计方法也不够科学、数据不够准确。

3）新建房屋建筑执行了节能设计标准还需要加强，现在我国建筑节能设计标准主要是从建筑的热工性能方面进行了规定，与现实并不是很相符。

4）缺乏足够的技术和产品支持，建筑节能的顺利进展有赖于经济上可以承受的先进、成熟的节能技术及产品质量合格、数量满足需要产品的支持。现在，国家对于建筑节能技术开发和创新方面的支持力度还不够，同时节能产品和材料性能也不足以满足市场需求。

2. 研发高效民用建筑节能材料

（1）太阳能空调系统：太阳能空调系统主要是由太阳能集热系统、储热水箱、热制冷空调系统、辅助锅炉、循环管线、水泵系统和自动控制等系统所组成。太阳能吸收式制冷是利用太阳能集热器为吸收式制冷机提供给发生器所需要的高温热水。热水的温度越高，则制冷机的性能系数越高，这样空调系统的制冷效率也越高。

进入夏天，被太阳能集热器加热的热水首先进入蓄热水箱，当蓄热水箱的热水温度达到设定值时，由蓄热水箱向吸收式冷水机组提供热水。从吸收式冷水机组流出的降温热水流回蓄热水箱，通过集热器循环泵输送至屋面太阳能集热器，加热成高温热水，如此不停循环。制冷机产生的冷水流向空调箱，以达到制冷空调的目的。

冬季同样要经集热器加热的热水进入蓄热水箱，当热水温度达到设定值时，由蓄热水箱直接向空调末端提供热水，达到供热的目的。

由于气候因素使太阳能具有不稳定性，天气变化是直接原因。在夜间及阴雨天没有太阳能可以利用，所以太阳能空调一般还需要其他形式的辅助手段，来保证系统全天运行。辅助手段即能源是常规制冷系统作为备用冷源，也可以用电、燃油、汽及煤锅炉为制冷机提供备用热源。从运行的经济性比较，用常规制冷系统作为备用冷源，或用燃气和燃煤锅炉提供热源的运行成本相对较低。

（2）建筑用光伏作保温屋面。太阳能用光伏作建筑屋面是将太阳能发电（光伏）产品集成或结合到房屋屋面上的应用技术。它不但具有屋面外围护结构的基本功能，同时还能产生电能，供建筑物使用。光伏建筑是建筑物产生能源新概念的建筑，是利用太阳能可再生能源的建筑。太阳能光伏建筑屋面不等于太阳能光伏加建筑屋面，并不是两者简单的相加，而是根据节能、环保、安全和美观、经济实用的总要求，将太阳能光伏发电作为建筑屋面的体系引入建筑业范畴，纳入建设工程基本程序中，采取同步设计和同步施工、同步检查验收、与建设工程同时交付使用，后期管理及维修纳入管理之中。现在，已作为建筑的有机组成部分，从理念、设计到施工的统一性。

光伏建筑屋面的核心技术是把光伏产品和屋面有机地结合在一起，而辅助技术则包括了低能耗、优质、低成本、绿色的建筑材料技术。我国的建筑业正处于由粗放型向精细型的过渡时期。光伏建筑的应用，房屋的升值会逐步地转变到更多地依靠科技含量上来，告别房地产只能靠恶性炒作加快升值的阶段。这样，建筑企业需要采用多门高新技术，丰富建筑物科技内涵，提高使用价值，成为产品附加值高的产业，光伏建筑屋面会成为21世纪最重要的新兴产业之一。

（3）热电冷三联供系统：当天然气为城市生活中最主要的一次能源时，与其简单的直接燃烧方式比较，采用动力装置先由燃气发电，再由发电后的余热向建筑提供热或是作为空调制冷动力，可以获得更多的燃料利用效率。这就是热电冷三联供系统。这种方式通过让大型建筑自行发电，解决了大部分用电负荷，提高了用电的可靠性，同时也降低了输配电网的设施负荷。国外发达国家都将采取这种方法解决建筑物内的能源供应，国内某一公司由于在燃气直燃式吸收机方面的技术有领先地位，也属于美国能源部组织的关键设备研究单位之一，其产品已用于美国的主要热电冷三联供系统示范项目中，而事实上该方法在日本就有应用实例。

燃气发电装置是热电冷三联供系统的关键设备，根据分析只有其发电效率达40%时，热电冷三联供系统才真正有节能意义。现在的几十至几百千瓦的微燃发电效率不足30%，兆瓦级内燃机发电机效率可接近40%，但是排放的氮氧化合物高于燃气锅炉，不符合环境保护要求。现在可供发电的方向是进一步改进内燃机，实现低氮氧化合物排放，要进一步提高发电效率；使用固体氧化物燃料电池，彻底解决发电效率和氮氧化合物排放问题。

现在，美国在热电冷三联供系统燃料电池的关键工艺上取得重要突破，可以真正实现高效率和小型化，达到零排放。目前，通过这种燃料电池的大部分原材料产自国内，我国完全可以越过动力机械，直接使用燃料电池来发展新型的燃料系统，走一条有中国特色的能源新路。

（4）风能在建筑工程中的利用：在建筑领域中风能的利用形式可分为：以适应地域风环境为主的被动式利用，即自然通风和排气；以转换地域风能为其他能源形式的主动式利用，即风力发电。这里主要介绍建筑环境中的风力发电，即在建筑物上安装风力发电机，所产生的电能直接供给建筑物本身，可以减少电能在输配线路上的投资与损耗，有利于发展绿色节能建筑或是零能消耗。

建筑环境中风力发电的供电模式有：独立运行模式，即风力发电机输出的电能经蓄电池储能，再供应给用户使用；与其他发电方式互补运行模式，即风力—柴油机组互补发电方式；风力和太阳能光伏发电方式；风力和太阳能光伏燃料电池发电方式；同电网联合供电模式即采用小型风力发电机组供电，以满足建筑用电的需要，而电网只作为备用电源供电。当风力机组在发电高峰时所产生的多余电量送给电网按价出售，用户也可以得到一些经济补偿。当风力机组发电量不足时，可以在电网补充。采用这种模式，免去了蓄电池等设备，后期的维修费用也相对较少，使建造系统费用降低，也优于其他模式。

由于该系统技术涉及结构工程、风力工程、机电工程、空气动力学、建筑技术及环境工程等多个科学范畴，因此该项新技术的研发应用具有现实普遍性意义。

（5）节能灯具和节能灯：由于居住照明用电是建筑物总用电量的40%左右，因此节约照明用电是建筑节能的重要方面。降低照明用电的主要措施是：发展高效率光源，安装使用高效率灯具，改进照明控制方式。现在，国内荧光类高效节能灯具已得到广泛应用，而国外普遍看好的发展方向是LED光源。LED光源比现在的节能灯效率更高，发光光谱可以在大范围内选择，使用寿命会更长。尽管现在LED的成本和效率不能同荧光类高效节能灯相比，但是在近20年内将得到突破性发展。照明控制也是实现照明节能的重要组成部分，尤其是在公共场所，如办公室及教室内。改善照明控制，可以大幅度减少照明用电，在国外已有采用照度传感器对光源进行连续调控，并实现了较可靠的节能效果。

（6）“毛细管网”系统是新型的节能技术。在绿博会现场展示了一项新型的建筑节能技术即融合空调技术，地板采暖和传统散热器于一体的“毛细管网”系统。这也就是空调的升级版，成为会呼吸的房子。

其实，会呼吸的原理是在特殊的板材下面铺设了一根根小管道，就好比是皮肤中的毛细血管一样，可以迅速改变室内表面的温度，以辐射的方式采暖制冷，没有传统空调的强吹风和噪声。这个系统一直在循环，不停置换空气，采用下送上排的模式，送风温度低于室温，沿地面蔓延，形成新空气稳定层。低温新风被人体加热上浮，将人身一直处于新风环境中，即使是吸烟和有异味都不会造成影响，有利于甲醛等污染气体的快速排出。

简要小结：建筑节能是贯彻国家可持续发展战略的重要组成部分，建筑能耗现阶段主要是指采暖、空调、热水、家电、照明、炊事、电梯及通风等系统的节能。能耗对发展国民经济和利用资源，降低空气污染和减轻温室效应，提高人居环境不可缺少。由于建筑节能涉及的范围极广，是一项综合性的系统工程，包括建筑材料应用、建筑设计构造、建筑施工控制、暖通空调、消防、物业管理等方方面面，需要合作协调、共同努力，才能实现。政府应尽快制定出台相关政策及法规，限制消耗水平，主要是为建筑节能工作的深入开展提供良好的法规保证。专门科研机构对新型节能技术加大研发力度，加强新型节能材料的生产和应用，推动建筑节能工作的深化，争取同发达国家在这方面不要落后若干时间。

2. 新型工业化节能住宅结构体系处理

为了建设资源节约和友好型社会，改变现在住宅技术含量低、大量建筑以混合结构为主、不能满足建筑抗震和建筑材料以传统材料为主的现状，尤其是在加快绿色建筑和施工，用先进建造信息技术优化方面，急待改变传统的住宅方式，推动住宅产业工业化，大力推广和应用新工业化节能住宅体系。近些年来，工程技术人员结合国内发展与应用，汲取汶川地震等地质灾害中的经验总结，提出了一批适合国情的新型工业化节能住宅结构体系。这些住宅结构体系提高了住宅科技含量，降低了资源消耗，并积极探索粉煤灰、石膏工业副产品或废弃料的利用，推行以废为宝、可持续发展的理念。在此，介绍几种应用范围广、具有代表性的新型工业化节能结构体系状况。

1. 轻钢结构住宅体系

(1) CTSRC住宅结构体系

1) 体系组成特点：CTSRC住宅—钢网构架混凝土复合结构住宅体系，是由工厂预制的钢构骨架和现场浇筑部分混凝土构成墙体和楼板壁，从而形成整体结构。钢构骨架是由格构钢和正交的型钢拉条构成，结构钢再用钢模网充当永久模板，再浇筑混凝土，形成整体墙体及楼板的受力构件。

该体系属于一种剪力墙结构体系，其中由钢网构架混凝土形成的复合墙体中的格构钢和混凝土共同工作，形成组合暗柱来承受竖向荷载。在水平荷载作用下的复合墙体，具有很高的承载力和良好的延性。当在复合墙体端部配置钢筋时，可以有效提高墙体的承载力和刚度。复合墙体中的钢模网对墙体的承载力和刚度提高影响都较少，却可以提高墙体的整体性，改变墙体的破坏模式及裂缝的数量和宽度。因此，在计算过程中不考虑钢模网和中部型钢的抗剪作用，复合墙体的受剪承载力由混凝土、水平分布钢筋、轴力和钢骨提供。钢网构架混凝土复合楼板也具备良好的承载力和延性，改变复合板中的格构式钢和拉结角钢的间距，可以提高楼板的承载力和刚度。

2) 该体系工作原理：钢网构架混凝土复合墙体的模型可以采用平面抗侧力结构空间协同工作模型，也可以是三维空间模型。该结构体系的抗弯承载力计算，可将格构型钢的最小净截面折算为钢筋进行。复合楼板的抗弯承载力可分别利用下述方法计算：将复合楼板等效为双筋梁进行计算；根据组合梁的承载力方法进行计算这两种。钢网构架混凝土复合结构住宅体系的特点：一是钢网构架混凝土复合结构住宅体系采用现浇筑混凝土成为一个整体，刚度大；钢模网可以限制和减小混凝土墙面产生温度及收缩裂缝，从而减少墙体开裂；二是钢网构架混凝土复合结构住宅体系在施工阶段具有轻钢结构的特点，可以实现住宅建筑的工厂产业化生产。钢模网在混凝土浇筑中作为模板，可以节省一半现浇混凝土模板，可以承受施工荷载并减少脚手架。格构钢和钢模可替代钢筋作为结构的受力骨架，减少了钢筋整个工艺工序，加快进度工期；三是外墙保温板与钢模网一旦匹配合适，可达到承重和保温功能完美结合，减少建筑物交叉工序，节省能耗。

钢网构架混凝土复合结构住宅体系具备良好的承载力和延性，抗震性大大提高，适合建造多层及小高层住宅的新型住宅体系。具有钢筋混凝土体系及钢结构体系特点，发展前景看好。

（2）错列式桁架钢结构体系

1）桁架的受力形式：错列桁架钢结构体系的基本构件由柱子、平面桁架和楼面板所组成，见图1。柱子布置于房屋的外围，而室内无柱；桁架的高度与层高相同，长度与房屋宽度相同。桁架两端支承在外围护柱子上，并在相邻柱子上处于上、下层交错布置，楼面板一端放置在桁架的上弦；而另一端则搁置在相邻桁架的下弦。桁架或支撑均在分户墙中。错列桁架钢结构体系中常见的桁架形式有空腹桁架、实腹桁架和混合桁架。楼面板可采用钢筋混凝土楼盖、压型钢板楼盖及木楼盖。

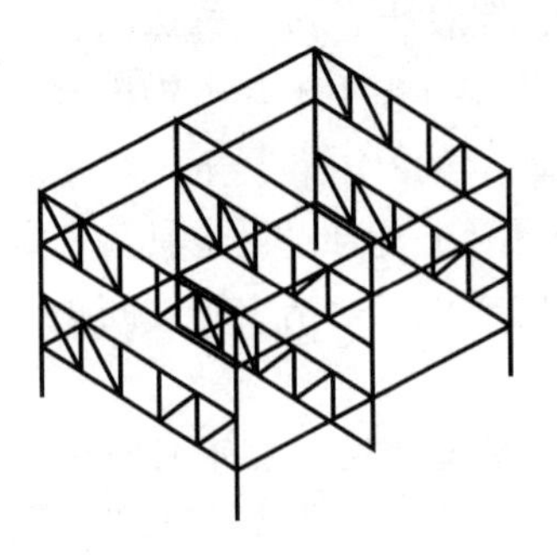
图1　错列桁架钢结构布置示意

错列桁架钢结构体系是由柱子、错列平面桁架及楼面板组成空间抗侧力体系。横向刚度主要是由错列桁架作用，纵向刚度在不设支撑或剪力墙的情况下仅由框架支持，而由梁和柱组成的框架结构一般难以满足抵抗侧力要求，因此在结构体系纵向必须适当地布置支撑或剪力墙较安全。在错列桁架结构中，多数构件的内力以轴力为主。框架结构的周边柱主要受轴向压力作用，弯矩和剪力主要集中在桁架层，桁架的斜腹杆主要承担拉力作用，竖腹杆主要承担压力作用。水平荷载作用产生的剪力主要通过楼板传至相邻桁架的斜腹杆，然后通过落地桁架的斜腹杆或是底层支撑传给基础。其中，大部分剪力由桁架斜腹杆来承担。错列桁架大开间结构体系具有很大的横向抗侧力刚度，再通过适当设置支撑和剪力墙，满足纵向抗侧力刚度及使横向刚度和纵向刚度比更为合适的基础上，可完全满足现行抗震规范的要求。

2）桁架的结构受力特点：错列桁架钢结构体系从整体上看，用三维空间有限元数值模型。其中，对梁柱、桁架和支撑采用 Frame 单元进行模拟，对楼板用空间板壳单元模拟。结构具有的特点是：

① 错列桁架钢结构体系是一种空间分割灵活、便于设置大空间，且结构中柱的截面相对较小，结构内部可以预留设备管路布置空间的体系；

② 该体系受力合理，桁架弦杆与柱的连接构造简便，同时还具有良好的抗震性能；

③ 该桁架体系的楼盖仍然是自重偏大，保温层及防水层无法避免湿作业施工的缺憾；

④ 为避免产生较大跨度框架梁，错列桁架钢结构体系的顶层要求每榀均布置桁架，从而造成出现无法错列布置桁架而使空间利用率低的倾向。

错列桁架钢结构体系适用于高烈度地震区的多层、高层住宅，写字楼及办公室等平面为矩形或矩形组成的钢结构房屋建筑。现在，国内提出采用木格栅 OSB 板组成的木楼盖代替传统楼盖，有效减少楼盖自重，以减少地震反应和避免现场湿作业施工的缺陷。

3）无比轻钢龙骨住宅结构体系：该体系是一种密梁、密柱轻钢结构体系，体系的构件主体是由镀锌冷弯高频焊接的轻型薄壁方管、矩形及三角形V形连接件构成的小型格构式方管桁架，用这种桁架可以构建梁、墙、楼板和屋顶。由这些小桁架作为骨架的墙体，并将轻型墙体材料作为围护结构，可以分为承重墙和非承重墙。一般墙架系统都是由墙支柱、墙上导轨和地下导轨、墙体支撑、墙板和连接件所构成。梁柱截面也是由薄壁冷弯镀锌方管用V形连接构件组合的小桁架结构而成，见图2、图3。

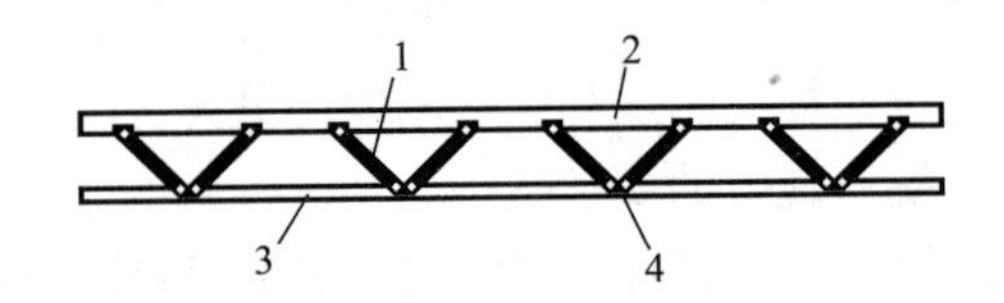

图2　无比钢小桁架

1—V形连接件；2—上弦管；3—下弦管；4—自攻螺丝

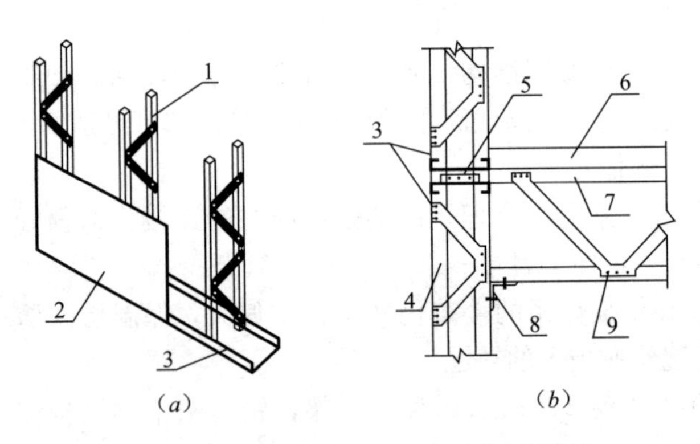

图3　无比钢墙、桁架梁与墙体的连接

(a) 无比钢墙体；(b) 桁架梁与墙体连接

1—桁架片柱；2—蒙皮；3—导轨；4—桁架片柱（方柱）；5—南钢1；6—楼板；7—桁架梁；8—角钢2；9—自攻螺丝

无比轻钢龙骨结构住宅以冷弯薄壁型钢组成的桁架作为承重骨架，竖向荷载由楼面梁传至组合墙体的桁架后，再传给基础。

由于屋架及楼面梁和组合墙体的骨架是在同一轴线平面内，墙对竖向荷载的承受及传递路向明确；水平荷载由作用的各楼板传递至受力组合墙板后，再传给基础。在荷载传递过程中的墙板承受的是剪力，且有一定的刚度。当组合墙板与钢骨架可靠连接时，组合墙板起到保证作用及并为墙架柱提供有效侧向支撑作用，同时也有效约束了柱的扭转，使墙架柱的稳定承载力有大的提高。

无比轻钢龙骨住宅结构体系的特点是：首先，结构的传力路径是板→剪力墙→基础。力的传递分配均匀，荷载传递系统规则可以有效抵抗水平荷载和竖向荷载。由于无比轻钢龙骨体系柔韧性刚度适中，属于柔性结构，可以通过变形吸收和消耗外部能量，因此具有良好的抗震、抗风能力；其次，构件的制作便于工业化和标准化，在整个建设过程中的机械化程度高，且湿作业少，可加快建设工期。同时，还具有保温隔声效果。由于桁架系统和楼板结构是用方形或矩形钢管、壁厚 2mm 以下 V 形连接件组成，热的传递渠道极小且传递为曲线路径，桁架系统的中空处可以填充 EPS 保温材料，隔声效果明显。

无比轻钢龙骨住宅结构体系的应用十分有限，与其配套的相关规范和计算软件仍然缺乏；同时，在业内的认识也有限，目前仍仅用在低层、多层房屋。但随着大型钢结构公司同国外的交流和进入，会促进无比轻钢龙骨住宅结构体系在中国有更广阔的使用市场。

2. 轻钢结构住宅体系和混凝土结构住宅体系

（1）轻钢混凝土叠合结构住宅体系：

CTSRC 住宅—钢网构架混凝土复合结构住宅体系，是由工厂预制的钢构骨架和现场浇筑其中的混凝土构成墙体和楼板，从而构成整体结构。钢构骨架是由格构钢（腹板开孔冷弯薄壁型钢）和其正交的型钢拉条构成。结构再用钢模网充当永久模板，最后浇筑混凝土，形成整体墙板和楼板，成为基本受力构件。钢筋混凝土叠合结构体系的叠合板及楼板和屋盖的组合，属于剪力墙结构。叠合楼板和屋盖是由预制叠合墙板、现浇钢筋混凝土层和保温层组合成。这样，叠合墙板可以分为剪力墙和填充墙。剪力墙由内外两侧等厚或是不等厚的预制板加剪式支架，保温板组成并在空腔中配置双向钢筋再浇筑混凝土，以承受竖向荷载和水平荷载，填充墙在墙板顶部设置暗梁，以承担荷载，见图 4、图 5。

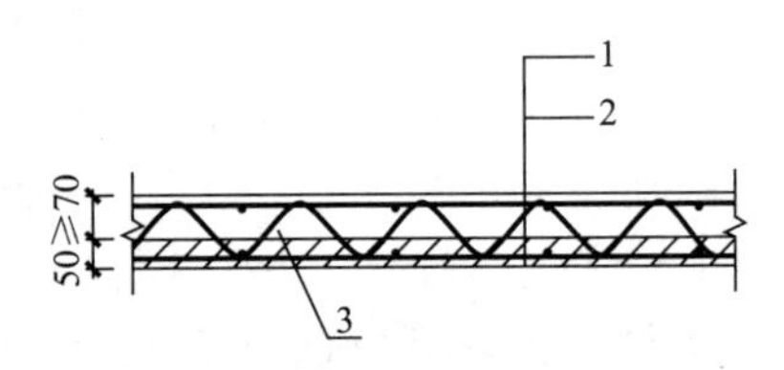

图 4　叠合楼板构造

1—现浇混凝土；2—预制楼板；3—剪式支架

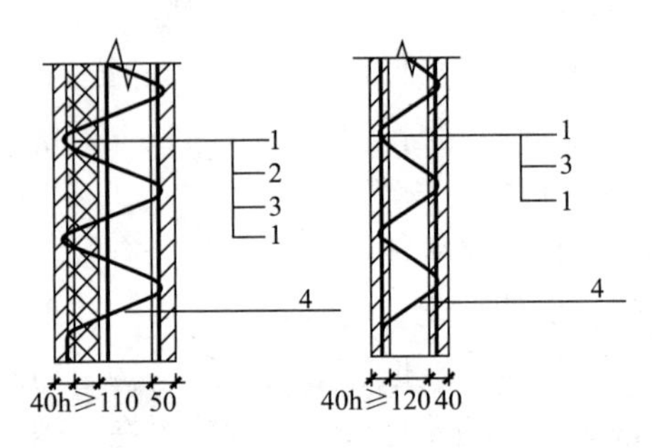

图 5　叠合墙板构造

1—预制混凝土；2—保温材料；3—空腔；4—剪式支架

这种结构体系属于剪力墙结构，墙体结构集现浇钢筋混凝土和预制墙板为一体，承担竖向荷载和水平荷载。填充墙顶部设置暗梁用于承担墙面重量，连接墙体与楼板，同时也连接墙及剪力墙作用。新型浇钢筋混凝土叠合结构体系具有的特点是：该结构体系属于剪力墙结构，因此整体性较好且抗震性较高；由于叠合墙板代替了传统的黏土制品，施工方便、快速，利于工业化大生产；在预制墙板内浇灌混凝土，混凝土的密实度不好控制，新、旧混凝土接触面的粘结强度并不理想。同时，墙体的垂直度难以保证，随着房屋层数的向上增加，在预制墙板的安装中，垂直度的控制需要认真地控制好。由于这种结构体系是一种新型环保节能体系，在整个施工过程中充分体现了建筑的工业化程度。

（2）预应力混凝土大开间住宅结构（CSI住宅结构体系）：

CSI住宅是将住宅的支撑部分和填充部分相分离的住宅建筑体系。其中，C是China的缩写，S是指结构体，I是居住体。CSI住宅结构体最普遍采用的结构体系是预应力混凝土大开间住宅结构体系。其大开间主要是在5.4m以上，进深8～12m，楼盖采用高效预应力平板，抗侧力体系采用普通柱、异形柱、短肢剪力墙或筒体等结构体。

预应力混凝土大开间住宅结构的水平受力体系，可分为边支撑预应力板、柱支撑预应力板；竖向受力体系包括普通柱、异形柱、短肢剪力墙墙或筒体等结构体。主要的抗侧力构件也是由普通柱、异形柱、短肢剪力墙墙或筒体等结构体组成。而该结构体的计算模型可以采用平面抗剪力结构，协同工作模型或者三维空间模型。其结构特点是：

1）由于预应力大板结构室内空间分割灵活，适应性较强，也是因竖向构件的减少或是尽量采取异形柱、短肢墙等形式，水平楼盖在自由空间内不设置梁，有效地增大了楼层净高和减小板的厚度，从而减轻了楼层的重量。

2）由于预应力大板的使用改善了住宅的隔声和隔热性能，避免了开裂及渗漏的质量通病，综合效益较好。总之，由于CSI住宅结构体系是低能耗、高品质、寿命长的工业化住宅体系，满足当今社会对结构多样化的需求，并且已在一些城市进行了CSI住宅结构的试点，在今后会得到更广泛的应用。

（3）生态复合墙结构体系：

生态复合墙结构体系包括两类：一类主要由预制密肋生态复合墙板与隐形框架及楼板装配现浇而成。其中，密肋生态复合墙板是以截面及配筋较小的混凝土肋格为骨架，内嵌入粉煤灰或炉渣等工业废料为主要原料的生态材料砌块砌筑而成。是利用处密布的肋梁、肋柱，与内嵌轻质砌块形成具有共同工作性的复合墙板，而墙板又与隐形框架整浇为一体，形成加强密肋复合墙板。而另一类主要由现砌加强肋生态复合墙板结构组成，它是在传统砌体结构内，合理地砌入一定量的小截面钢筋混凝土加强肋梁。加强肋梁与边框柱、暗梁浇筑为一个整体，约束着内部砌块，形成具有共同工作的复合砌体剪力墙结构，见图 6。

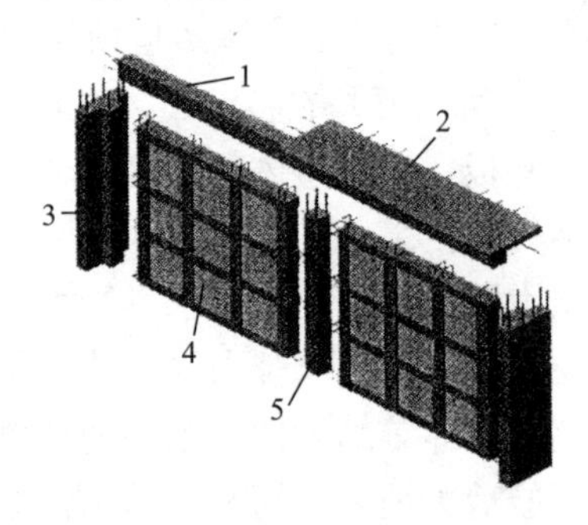

图 6　生态复合墙体构造示意

1—暗梁；2—楼板；3—边框柱（中高层）或连接柱（多层）；4—密肋复合墙板；5—连接柱

生态复合墙板在水平荷载作用下与隐形框架共同工作，一方面受框架的约束；另一方面隐形框架又受到墙板的反约束，两者相互作用共同受力，充分发挥各自性能。作为结构中抵抗竖向及水平作用的主要构件，密肋生态复合墙板及其两端边框柱组成的墙段，在弯剪作用下，墙板主要抵抗水平剪力和承担作竖向荷载，两端边框柱主要承担整体弯矩。

生态复合墙结构体系两阶段计算等效，在弹性阶段可采用混凝土杆元（框架）和复合材料壳元（复合弹性板），将该结构体系等效为框架—复合弹性板模型，共同组成混合宏单元模型。此模型可用于密肋复合墙结构在小震下的内力与变形计算。

弹塑性阶段框架采用混凝土杆单元，等效斜压杆采用砌块杆单元，将结构等效为带塑性铰的刚架——等效斜压杆模型。在结构设计过程中，生态复合墙体结构体系中的框架梁、柱可进行简化处理。在多层建筑中，框架梁、柱按照构造进行设计，在小高层建筑中则按照受力进行设计。生态复合墙结构体系的主要优点是：

1）该结构体系的抗震性好。因有许多块体在约束条件下开裂与非弹性变形，可以吸收并耗散一定的地震能量，防止主体结构在地震中发生严重破坏。结构抗震性能高于混合结构，同框架-剪力墙近似。

2）生态复合墙结构降低工程造价并可以工业化生产，复合墙体不仅作为围护结构，也可以作为受力构件承担水平及竖向荷载。减少截面尺寸及配筋，并降低造价。由于结构中墙板为标准设计、工厂化生产加工，可加快施工进度及工期。

3）由于砌块中含有大量工业炉渣及粉煤灰等废料，节能环保、社会效益好。同时，该材料的保温隔热效果好，达到了国家规范要求的质量标准。

生态复合墙结构体系可以用在15层以下的多层建筑，该结构体系在一些省份完成了技术规程和标准图的编制工作。在部分地区得到大范围的推广应用，社会效益及经济效益明显。

（4）生态CL结构体系：该体系是由钢丝网加芯（聚苯板保温材料）混凝土复合墙作为外围承重墙加隔墙，钢筋混凝土异形柱作为内部竖向承重的一种带边框剪力墙体系。该体系中的复合墙板承担剪力、轴力及部分弯矩。异形柱对墙板形成约束作用，提高其承载能力并共同参与工作。水平荷载主要由CL墙体承担，计算过程中不考虑异形柱的作用。竖向荷载由复合墙板和异形柱共同承担。CL结构体系传力路径合理明确，且结构整体性好。该体系在实际计算过程中，可以等效为混凝土剪力墙，结构中的计算模型采用平面抗剪力结构空间协同工作模型。

CL结构体系的特点是：复合墙板与普通异形柱协调工作，同时复合墙板的内外两个侧面混凝土层也共同工作，结构整体受力性好；复合墙板破坏形式一般为弯剪型，满足抗震要求，还具有较强的抗剪强度；结构整体刚度高、自重小，整体上地震反应也大；因该墙体承载力相应大，墙体面积也大，故结构承载力较高。

CL结构体系适用于抗震设防烈度8度及8度以下，12层以下小高层住宅。现在，一些省市已经完成《CL结构设计规程》和《CL结构工程施工质量验收规程》的编制工作。

3. 其他一些结构体系

（1）保温砌模剪力墙结构体系：

保温砌模现浇钢筋混凝土网格剪力墙结构体系，是由聚苯颗粒混凝土制作而成的空心砌块进行对孔错缝砌筑，砌筑的墙体内形成水平和垂直两个方向都有沟通的网格式空腔，空腔内配置钢筋，再浇灌混凝土。砌模现浇后的墙体内形成矩形网格混凝土芯体，同时在内外墙转角处、内外墙交接处及承重墙等部位设置组合构造柱，在每层砌模水平空腔内设置水平配筋。该结构是采用在水平孔槽内设置水平钢筋，在竖直孔内插入钢筋并浇筑自密实免振混凝土，并在转角处和内外墙交接处设置组合构造柱，形成良好的承重墙体系。剪力墙的耗能和塑性变形主要分散在模肢和两端竖肢，并不会产生脆性破坏。承载力主要受墙界面长度和组合柱的影响。计算结构在各种荷载力作用下的承载力、整体和局部稳定性，宜采用空间有限元三维模型做线性分析进行计算。

保温砌模剪力墙结构体系的主要特点是：所采用的聚苯颗粒混凝土是废旧的聚苯泡沫作为原料，利废为宝，且结构具有较好的保温、隔热、防火及隔声效果；但是，结构仍需要人工砌筑和湿作业抹灰，施工工艺多，效率不高，不适应工业化作业。同时，在施工过程中该结构体系存在不可避免的湿作业，工期较长，进度也不理想。

从现在的应用前景看，保温砌模结构体系适用于抗震设防烈度8度及8度以下，12～15层内的小高层住宅及其他建筑。对建筑保温要求较高的三北广大地区，结构有良好的应用前景。如果结构体系的施工工艺能得到更进一步的改进和提高，其应用前景更加广阔。

（2）SIP 板式结构住宅体系：该结构是由 2 层 OSB 为面板和 1 层保温芯板叠合而成的轻质复合材制作成承重 SIP 内、外墙板和 SIP 楼板及 SIP 屋面板，并由以上构件组合成 SIP 板式结构的主要承重构件，并以面板钉进行连接，骨架钉连接节点方法，形成一种装配式整体式房屋结构。

SIP 板式结构住宅体系以 SIP 承重墙板，楼板及屋面板作为主要承重构件。在荷载作用下，SIP 结构中的复合板两外侧面板主要承担由弯曲变形产生的正应力，中间的保温芯板和胶结层为复合板结构提供需要的截面惯性矩，并承担剪应力。由于 SIP 板本身具有一定的承载能力，不需要梁、柱作为受力构件。SIP 承重墙板承受竖向荷载，SIP 墙板及楼板提供抗侧力刚度。

结构宜采用空间有限元三维模型做非线性分析，来设计结构在各种荷载作用下的承载力、整体和局部稳定性。SIP 板式结构住宅体系的特点：SIP 墙板集承重、保温为一体，自重轻墙体薄，室内且不出现明柱，提高使用率；建筑的各种管线可以在 SIP 板内部安装，减少了为管道预留的位置，增加了使用高度；由于构件在工厂化标准制造，实现工业化大生产，提高工作效率，减少工期。

由于 SIP 墙板实现了承重、保温、隔热的一体化，容易实现构件产品工业化大生产，SIP 板式结构在住宅、办公楼的建筑中得到一定的应用。同时，也是由于 SIP 墙板实现了承重、保温节能、环保适宜的结构灵活性，SIP 板也被应用在轻钢结构体系中，代替传统的砌块墙或是现浇钢筋混凝土楼板，成为新型的节能轻型建筑体系。

综合上述几种结构的分析可知，对于新型工业化节能住宅结构体系具有较高的承载力和良好的延性，容易实现产品的工业化生产，极大地提高施工效率和保证质量，降低工程造价。但是，对工程结构体系计算模型的简化与等效、结构分析及设计软件开发与规范、标准及图集的编制方面，还需要完善。随着各种结构体系应用中的提高与改进，在发展中更趋完善，新型工业化节能住宅结构体系会成为今后研究的专业热门，也是建筑业发展过程中的必然，需要建筑行业的共同努力才能日趋成熟。

3. 建筑节能工程施工质量监督控制

近年来，建筑节能已成为社会关注的焦点。它不仅能带来社会效益、经济利益，还能有效促进经济和社会可持续发展，带动整个建筑业发展。为加强对建筑节能工程施工的监督和管理，现行的《建筑节能工程施工质量验收规范》GB 50411—2007，是我国第一部以达到建筑节能设计要求为目标的施工质量验收规范，将节能工程作为一个分部工程纳入建筑节能分部工程。结合多年工程实践经验，从施工监理角度，介绍建筑节能工程的施工质量监控措施，供大家参考。

1. 建筑节能工程一般性要求

（1）建筑施工单位须具备相应的资质，施工现场应建立、健全相应的质量管理体系、施工质量控制和检验制度，并具有相应的施工技术标准。

（2）图纸须符合建筑节能要求，设计变更不得降低建筑节能效果。当设计变更影响建筑节能效果时，须经原施工图纸设计审查机构审查，在实施前办理设计变更手续，并获得监理或建设单位的确认。建筑节能工程应按照审查合格的设计文件和审查批准的施工方案施工。

（3）节能保温工程应选用经过技术鉴定并推广应用的建筑节能技术和产品以及其他性能可靠的建筑材料和产品，严禁采用明令淘汰的建筑材料和产品。

（4）建筑节能材料和设备等进场验收时，要进行外观检查、质量证明文件核查和进场材料抽样复验（见证取样送检），复验项目应按《建筑节能工程施工质量验收规范》GB 50411—2007的要求进行。

（5）建筑节能工程应单独组卷。建筑节能分项工程和检验批的验收应单独填写验收记录。建筑节能分部工程质量验收合格的条件是：

1）分项工程全部合格，质量控制资料完整；

2）外墙节能构造现场实体检验结果符合设计要求；

3）严冬、寒冷和夏热冬冷地区的外窗气密性现场实体检测结果合格；

4）建筑设备工程系统节能监测结果合格。建设单位负责撰写《节能工程专项验收报告》及填写《北京市民用建筑节能专项验收备案登记表》，上报建设主管部门；

5）单位工程验收应在建筑节能分部工程验收合格后进行。节能保温施工质量验收不合格的居住建筑工程，不得进行竣工验收、不得交付使用。

2. 建筑节能工程事前控制

（1）资质审查制度：承担建筑节能工程的施工单位，须具有相应的专业资质和安全生产许可证，项目部管理人员应有相应的资格证书，特种作业人员须持证上岗。

（2）施工图检查：建筑节能工程施工前，监理单位各专业的监理工程师要认真学习图纸，熟悉图纸内容、掌握工程情况，参加施工图设计交底和图纸会审，与《建筑节能工程施工质量验收规范》GB 50411—2007 对照，提出问题和建议，检查图纸是否符合建筑节能规范规定和强制性标准条文要求。检查图纸是否通过施工图审查单位审查，检查节能使用的材料和设备是否符合现行国家规范的规定。

（3）建筑节能专项施工方案审查：建筑节能工程是一个整体系统工程，总监理工程师要组织各专业监理工程师对各项节能施工方案从建筑、结构、通风与空调、水电安装等方面对照工程实际，审查节能范围是否确定，材料和设备复验是否明确，主要施工方法和措施是否符合建筑节能要求。

（4）编制建筑节能工程监理实施细则监理单位要依据《建筑节能工程施工质量验收规范》GB 50411—2007 和设计文件，结合节能工程特点，编制切实可行的建筑节能工程监理细则，明确建筑节能监理流程。制订建筑节能监理专项制度，包括施工图审查制度、节能工程设计变更制度、节能材料验收制度和复验见证试验送检制度、节能工程隐蔽验收制度、节能检验批验收制度和节能工程验收制度，明确节能监理人员的职责。当节能工程有设计变更时，监理应针对设计变更内容修改监理细则。

3. 施工全过程控制

凡进入施工现场的主要材料、建筑构配件、器具和设备，都要进行验收。材料、设备是节能工程的物质基础，既要符合设计要求，又要符合国家相关标准、规范、规程和强制性条文的规定。尤其是建筑节能保温材料和采暖、空调等机电设备的技术性能参数，对节能效果的影响较大，须严格把关。对进场材料进行复验时，其批量划分、试件数量、抽取方法、质量指标确定等，都须按产品相应标准规定执行。建筑节能采用的材料、设备等进场时，应对下列性能进行复验（见证取样送检），达不到复检合格要求的坚决不允许用于工程，并彻底清除出施工现场。

（1）墙体节能工程：包括保温材料的热导率、密度、抗压强度或压缩强度，粘结材料的粘结强度，增强网的力学性能和抗腐蚀性能；

（2）幕墙节能工程：包括保温材料的热导率、密度，幕墙玻璃的可见光透射比、传热系数、遮阳系数、中空玻璃露点，隔热型材的抗拉强度和抗剪强度；

（3）门窗节能工程：包括严寒、寒冷地区门窗的气密性、传热系数和中空玻璃露点，夏热冬冷地区门窗的气密性、传热系数、玻璃遮阳系数、可见光透射比和中空玻璃露点，夏热冬暖地区门窗的气密性、玻璃遮阳系数、可见光透射比和中空玻璃露点；

（4）屋面节能工程：包括保温隔热材料的热导率、密度、抗压强度或压缩强度、燃烧性能；

（5）地面节能工程：包括保温材料的热导率、密度、抗压强度或压缩强度；

（6）采暖节能工程：包括散热器的单位散热量、金属热强度；保温材料的热导率、密度、吸水率；

（7）通风与空调工程：包括风机盘管机组的供冷量、供热量、风量、出口静压、噪声及功率，绝热材料的热导率、密度和吸水率；

（8）空调与采暖系统冷热源及管网节能工程：包括绝热材料的热导率、密度和吸水率；

（9）配电与照明节能工程：包括电缆、电线的截面和导体电阻值。

4. 建筑节能工程验收

建筑节能工程的施工质量验收应在施工单位自行检查评定合格的基础上进行，由建设单位（监理单位）按检验批、分项、分部工程的顺序进行，参加施工质量验收的各方人员应具备规定的资格。建筑节能分部工程验收前应进行实体检验，即通过外窗气密性现场检测、围护结构墙体节能构造实体检验、系统功能检验，确认节能工程质量达到设计要求和符合规定的合格标准。建筑节能工程验收时应对下列资料核查，并纳入竣工技术档案：

（1）设计文件、图纸会审记录、设计变更和洽商；

（2）主要材料、设备和构件的质量证明文件、进场检验记录、进场核查记录、进场复验报告、见证试验报告；

（3）隐蔽工程验收记录和相关图像资料；

（4）分项工程质量验收记录，必要时应核查检验批验收记录；

（5）建筑围护结构节能构造现场实体检验记录；

（6）严寒、寒冷和夏热冬冷地区外窗气密性现场检测报告；

（7）风管及系统严密性检验记录；

（8）现场组装的组合式空调机组的漏风量测试记录；

（9）设备单机试运转及调试记录；

（10）系统联合试运转及调试记录；

（11）系统节能性能检验报告；

（12）其他对工程质量有影响的重要技术资料。

通过上述详细介绍可知，为尽快实现我国建筑节能目标，必须按国家有关法律、法规的规定，采用节能型的建筑材料、产品和设备，提高建筑物围护结构的保温隔热性能，减少建筑使用过程中的采暖、制冷、照明能耗，合理有效地利用能源。同时，大力发展保温材料，使其具有优异的保温隔热性能、耐火性能等，并在建筑业中广泛应用，尽快赶上世界先进水平。

4. 轻质填充体混凝土空心楼盖施工技术

某综合科楼建筑面积 10486m^2，地下 2 层，地上为 2 栋的高层建筑，工程采用厚 250mm 的空心楼板，其空心率为 40%，折算厚度 150mm；厚 200mm 的空心板空心率为 31.3%，折算厚度 137mm。

1. 空心楼盖构造

工程采用永久性组合模件由棒状填充物（LPM 轻质管）与格栅组合而成。每个组合模件内相邻棒状填充物间设有内肋，内肋宽 53mm，只需将格栅与板的上层钢筋或下层钢筋绑扎在一起，就可固定组合模件在空心板中的位置。空心板中相邻组合模件间设有块间肋，其宽度为 80～100mm，每道块间肋以直线形式连接板相对的 2 条边支座，不同块间肋相互平行或彼此正交。LPM 轻质管是一种带加强层及隔离层的聚苯乙烯泡沫塑料填充体，其质量轻，不吸收混凝土中的水分，保温性能很好，主体材料为模具压制成型的自熄阻燃型聚苯泡沫，表观密度不低于 16kg/m^3，填充材料上表面有加强层，能满足施工操作及抗浮要求。LPM 轻质管须满足抗压要求，即在顶部 10cm×10cm 的加载板上施加 1kN 的荷载，静置 10min 后卸载，LPM 轻质管的任何一部分（包括加强层与隔离层）不得有裂纹或破损现象，沿受力方向压缩变形率不大于 8%，且最大变形不大于 10mm。工程使用的 LPM 轻质管分 1000mm×210mm×100mm 和 1000mm×210mm×150mm 两种规格，其横截面为折线形，高宽比为

0.476 和 0.714，见图 1。

图 1　两种规格的组合模件

2. 施工流程及施工工艺

施工工艺流程为：支设板底模→在模板上轻质管铺放位置弹线→绑扎底板钢筋→安装底铁垫块→安装水电管线→按规定位置和朝向铺放轻质管组合单体→在轻质管上开槽，以便穿管线→绑扎板面钢筋→安装板上定位马凳→安放板上马凳与轻质管之间的垫块→实施抗浮措施→隐蔽工程验收→浇筑混凝土→养护→拆模→验收。

（1）支设底模安放轻质管位置线：空心板模板采用 15mm 厚多层大板，次龙骨用 50mm×100mm 方木，主龙骨用 100mm×100mm 方木，支撑采用碗扣式支撑体系，脚手架立杆上设有可调托撑。板跨度超过 4m 时，顶板需起拱。本工程板最大跨度达 9.9m，根据经验将起拱高度定为全跨长度的 2/1000～3/1000。预先对每一个开间空心板内的 LPM 轻质管进行排管布置，根据排管布置图中所标位置，在模板上标注每个组合模件的准确位置和排布方向，使施工人员了解组合模件布置区和实心主肋的具体位置，见图 2。

（2）绑扎板底钢筋，安装板底铁垫块：模板验收合格并清理

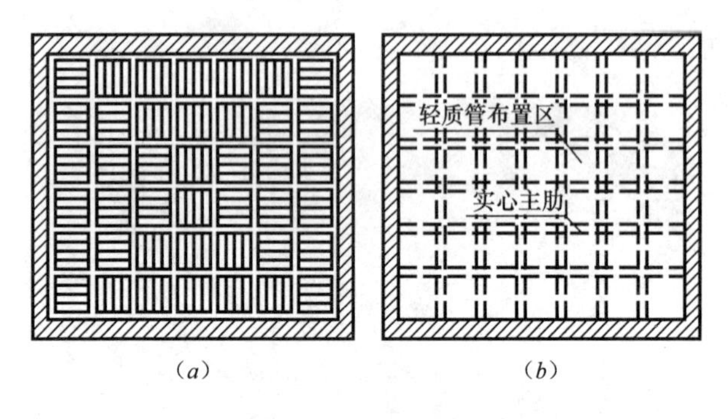

图2 排管布置示意

（a）组合模件排布方向；（b）组合模件和实心主肋位置线

完毕后，放出轴线及上部结构定位边线。按设计直径和间距绑扎板底钢筋，在钢筋下安放底铁垫块，每平方米垫块数量不得少于2个，相邻两垫块间的距离不宜大于60cm。

（3）安装水电管线：水电专业施工前，应做好专业间沟通及协调配合工作，做好对LPM轻质管的保护，以减少对管的破坏。主要技术保护措施是：首先，在板模板支设验收合格、板底及梁钢筋绑扎完成后，水电技术人员根据专业配管深化图在梁筋上确定排管放线及管距，土建技术员及专业测量员配合工作；接着，电气布管尽量横平竖直，严格按现场定位排布，发现问题及时上报。注重专业配合，严禁斜拉，交叉乱拐。完成后铺放组合模件：根据组合模件排列深化布置图和模板上弹线标注的记号，按规定位置和朝向铺放组合模件（LPM轻质管组合单元）。

（4）处理LPM轻质管与管线相交部位：在遇到LPM轻质管处，电线管应尽量横平竖直铺放；横向为垂直轻质管，走两端实心区或两道管的衔接处；若无法实施，可在轻质管上局部开槽，留出线管通道。修补LPM轻质管开槽处，要采取保护措施，见图3。

（5）绑扎板面钢筋网片：按结构设计图要求的直径和间距绑扎板面钢筋，附加钢筋截断在空心板区的一端只需满足锚固长度要求，不必带弯钩。

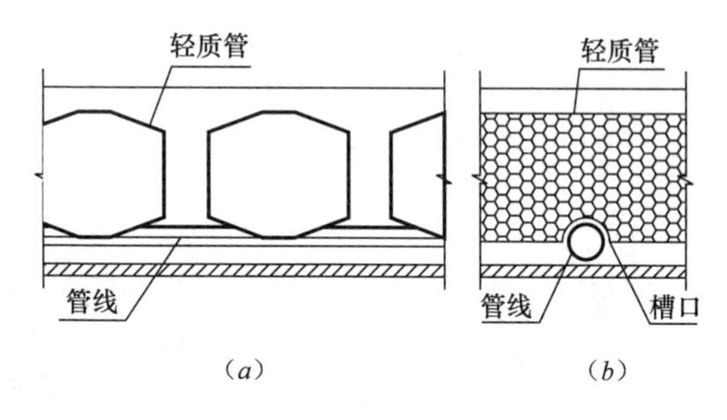

图 3　轻质管与管线相交处理

(a) 横截面；(b) 纵截面

(6) 安装板上铁定位马凳：马凳制作和安装方式有两种：一是架立于上铁下排钢筋下皮与下铁上排钢筋上皮之间；二是架立于上铁下排钢筋下皮与底模板之间。两种形式都须满足设计与规范对钢筋位置的要求。此外，为保证抗浮措施有效，应尽量避免压迫轻质管，马凳安放位置须和抗浮控制点位置重合，见图 4。

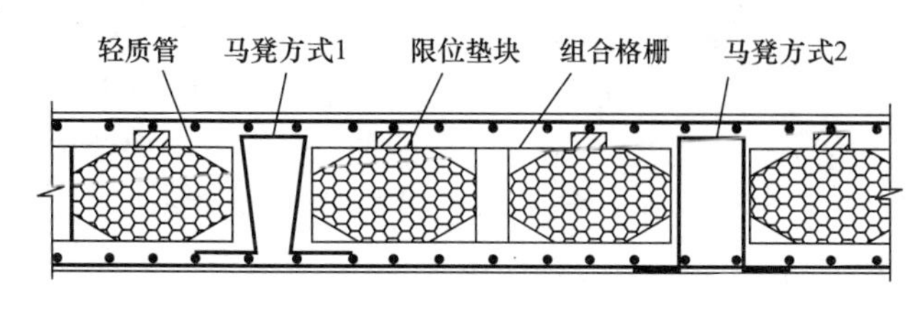

图 4　马凳安放位置示意图

(7) 安放板上铁与 LPM 轻质管间的垫块：在板上铁与轻质管间安放限位垫块，上铁与 LPM 轻质管接触较紧凑时，将限位垫块塞入其间即可。若上铁与轻质管间缝隙较大，须用铁丝将限位垫块绑扎在上铁下面，以保证浇筑混凝土时，振捣棒不会使垫块跑位。本工程采用塑料成品垫块。

(8) 进行抗上浮处理：抗浮控制点设在实心肋处，按矩形或梅花形布置，根据情况每道肋或隔一道肋交错设置，浮力较大时应增设控制点。无论任何情况，均须保证每平方米范围内不少于 2 个抗浮控制点。施工时要求每平方米布置 4～5 个抗浮控制点。

LPM 轻质管抗浮靠 14 号铁丝（直径 2.032mm）固定，固定时铁丝一端与模板下的支撑系统绑牢；另一端与板上铁拧紧，见图 5。

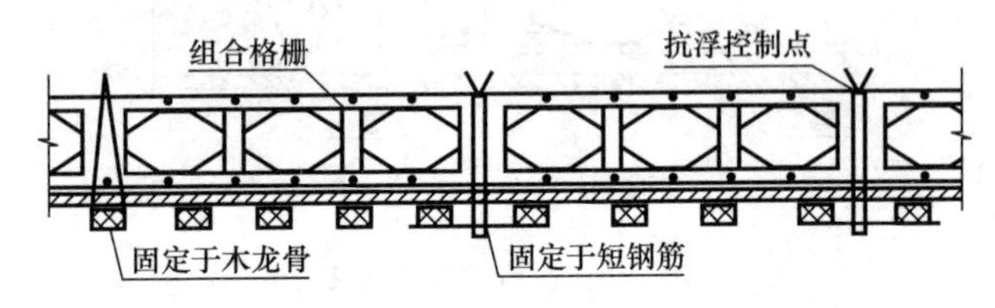

图 5　抗浮控制点布置及固定做法

(9) 隐检验收及浇筑混凝土：对隐蔽工程验收时，应对 LPM 轻质管的规格、数量、安装位置、定位措施、抗浮技术措施及轻质管整体顺直度进行认真检查，填写内模安装检验批质量验收记录，确认合格后，方可浇筑混凝土。本工程采用泵送混凝土，浇筑时严禁将施工机具直接放在轻质管上，操作人员不得直接踩踏轻质管。混凝土坍落度控制为 160～180mm，粗骨料的最大粒径小于 25mm。混凝土一次浇筑成型，要保证每道肋（包括块间肋和内肋）的浇筑质量，不得漏振和过振。振捣棒应避免触碰内模和定位马凳，沿顺筒方向推进浇筑。

简要小结：通过对 LPM 轻质管与格栅组合施工质量施工过程中的控制，在施工中要重视以下几点：

1）现浇混凝土空心楼盖施工应加强组织管理和技术管理，增强质量意识，认真按照现行规范、图集、施工方案及各项管理制度，做到“方案先行，样板引路”。施工前应做好技术交底，明确每道工序的施工要点，将质量责任落到实处。

2）现浇空心楼板施工的核心是组合模件的安装铺设，施工过程中务必严格按深化设计图执行。

3）应做好施工前各专业之间的沟通与协调，尤其是水、电专业的沟通配合，还应注意做好各工序间的交接检查工作，避免返工。

4）浇筑混凝土时要有专人看护，发现问题及时处理。应避免振捣棒直接与轻质管接触，为保证振捣密实，可采用小型振捣棒，以免破坏轻质管。

5）LPM 轻质管由聚苯泡沫构成，施工或保管不当易造成白色污染，需加强材料运输、保管、安装铺放过程的管理。应轻拿轻放，发现破损及时修补或更换。现场安装时要按需供给，施工面上不过多堆放，以免影响其他工种施工，并可减少人为破损。

6）LPM 轻质管在运输及保管、安装等过程中必须将安全工作放到第一位，制订可靠的消防措施及应急预案，检查落在实处。

5. 建筑门窗质量与保温性能分析

建筑行业是一个耗能大户，一方面各种建筑材料的生产过程需要消耗大量资源及能源；另一方面，为了在建筑物内部创造一个适合人们生活、生产和活动的环境，建筑物在使用过程中还将不断地消耗能源。由于建筑物使用寿命至少 50 年，所以建筑在长期使用过程中的能源消耗比建筑材料的生产能耗更多。窗户是建筑物的“眼睛”，在建筑设计中是一个独特的构件。一方面，窗要阻挡外界环境变化对室内的侵袭；另一方面，窗是使人在室内能够与室外及大自然沟通的渠道，人们可以通过窗户得到光和热、新鲜空气、观赏室外景物，满足人们心理上的要求。由于窗户同时承担着隔热与沟通室内外这两个互相矛盾的任务，因此，对窗户进行处理的难度就比较大。

窗户是建筑围护结构中保温隔热最薄弱的环节。近些年来，建筑玻璃的应用量越来越大，不仅公共建筑中大量地应用玻璃幕墙，而且住宅建筑也越来越讲究通透，窗户的面积越来越大，有些住宅甚至于整个开间的外“墙”都是玻璃。从保温隔热的角度讲，玻璃显然不是一种好的外围护材料。玻璃的导热系数很大，通过它的温差传热就很大。另外，太阳辐射可以直接通过玻璃进入室内，在炎热的夏季，这是空调负荷的主要组成部分。从建筑节能的角度，对玻璃在建筑中的应用应该有所限制。目前，已经颁布实施和即将颁布实施的居住建筑节能标准都对窗的节能性能提出了比较高的要求。因此，设法减少门窗的能耗，推行节能外窗是建筑节能的重要内容。

1. 门窗自身的耗能

建筑房屋外围护体门窗上的能量损失方式主要是：辐射传递、对流传递、传导传递、空气渗透。门窗上中空玻璃内侧单片玻璃吸收了热量，热量移动到冷的外面玻璃上并释放到外面。热量损耗通过玻璃（以辐射方式）、通过分开两片玻璃的间隔层材料和边部的密封条、窗框（以传导方式）、通过两片玻璃中间气体的运动（以对流方式）以及通过开启扇、窗框结构及门窗在墙体上的安装结构（以空气渗透方式）在窗户上发生。不论用什么材料制成的窗，如能对上述几种热交换提供最有效的阻断和控制，才能称为好的节能窗。目前，没有办法避免能量的损失，但通过优化门窗的配置和合理地组装、安装门窗，可以减少能量的损失。

为了更好地达到对几种热交换的阻断，制成真正的节能窗，首先需要了解节能门窗是由哪些因素组成？构成门窗的各种玻璃性能如何区分？不同的地区选择什么样的玻璃制作节能门窗？如何配置高性能节能门窗？高性能的节能门窗靠什么保证长久的寿命等多方面的因素，这样才能确保制作出合格的节能门窗，同建筑物预留洞的安装质量也十分重要。

2. 节能门窗的组成

构成节能门窗的材料包括：①窗框材料，包括构成窗户主体的框材料、扇材料等；②五金件，包括执手、连接件、传动件等；③辅助材料，包括压条、密封条、玻璃垫块；对于PVC型材来说，还要包括钢衬等；④玻璃，包括各种可以使用的平、弯玻璃，透明或者不透明的玻璃等；⑤从建筑外围护角度来看，构成门窗系统的材料还包括窗框填缝材料，如岩棉、泡沫等密封材料。由于外窗通常由窗框（扇）料和玻璃部分组成，因此，窗

（扇）料的导热系数和窗框部分的传热系数对外窗的保温性能有重要影响。几种常用的窗框材料的导热系数 λ 如表 1 所示。窗框部分的传热系数 K 如表 2 所示。外窗玻璃部分的传热系数 K 如表 3 所示。

常用窗框材料的导热系数 λ W/(m^2 · K) **表 1**

玻璃	钢材	铝合金	PVC	松木	玻璃钢
0.76	58.2	203	0.16	0.17	0.52

窗框部分的传热系数 K W/(m^2 · K) **表 2**

普通铝合金框	断热型铝合金框	PVC 塑料框	木框
5.9～6.2	1.8～3.6	1.9～2.5	1.6～2.6

外窗玻璃部分的传热系数 K W/(m^2 · K) **表 3**

玻璃种类	单片 K 值	中空组合	中空 K 值
透明玻璃	5.8	6mm 白玻＋12mm＋6mm 白玻	2.7
吸热玻璃	5.8	6mm 蓝玻＋12mm＋6mm 白玻	2.7
热反射玻璃	5.4	6mm 反射＋12mm＋6mm 白玻	2.6
Low-E	3.8	6mm 白玻＋12mm＋6mm Low-E	1.9
Sun-E	3.7	6mm Sun-E＋12mm＋6mm 白玻	1.8

3. 影响节能门窗的主要因素

（1）窗型是影响节能窗性能的第一要素：使用中发现推拉窗不是较好的节能窗，平开窗、固定窗是较理想的节能窗。推拉窗在窗框下滑轨来回滑动，上有较大的空间、下有滑轮间的空隙，窗扇上下形成明显的对流交换，冷热空气的对流形成较大的热损失，此时用什么隔热型材做窗框，都较难达到节能效果。

平开窗，窗扇和窗框间一般均用良好的橡胶密封压条。在窗扇关闭后，密封橡胶压条压得很紧，几乎没有空隙，很难形成对流；热量流失主要是玻璃、窗扇和窗框型材本身的热传导和辐射散热以及窗扇与窗框接触位置的空气渗透和窗框与墙体之间的空气渗透等。

固定窗，由于窗框嵌在墙体内，玻璃直接安装在窗框上，玻璃和窗框已采用胶条或者密封胶密封，空气很难通过密封胶形成对流，很难造成热损失。在固定窗上，玻璃和窗框传导为主要热损失的来源。如果在玻璃上采取有效措施，就可以提高节能效果。从结构上讲，固定窗是最理想的窗型。

（2）玻璃同样也是影响节能窗的重要因素：除窗的结构外，窗的最大导热和辐射面积就是玻璃，可以通过对玻璃品种进行选择及合理使用，达到很好的节能效果。

（3）窗框材料也是影响节能窗的重要因素：窗框材料已经发展成由铝合金型材、塑料型材、塑钢型材、不锈钢型材、断桥隔热铝合金型材、各种复合型材以及各种腔体断热型材等多种形式材料并存的局面。只要构成窗框的材料不完全是金属，而在金属之间形成断热部分，那么这样的窗材就可以称为节能型材。

（4）最后，影响节能窗性能的因素是窗户的安装水平。标准的门窗安装程序及优质嵌缝材料，是保证节能门窗的必备条件。

4. 多腔节能铝合金门窗设计

（1）借鉴发达国家（如欧洲）节能门窗的经验十分必要：节能铝合金门窗的设计，离不开欧洲的先进经验。随着门窗节能标准在欧洲的相继提出，传热系数 K 值从 1977 年 3.5W/(m^2 · K) 提高到 1995 年 2.0W/(m^2 · K)，到了 2001 年为 1.6W/(m^2 · K)。不到 30 年的时间里，传热系数提高了 60%，也就是说门窗的能耗减少了 60%。而天津目前只把传热系数 K 值从过去的 4.0W/(m^2 · K) 限制在 2.7W/(m^2 · K) 以内，与欧洲相比差距很大。几个典型的铝合金型材断面设计如表 4 所示。

（2）多腔节能铝合金门窗的设计理念：从上面的典型设计，可得出这样的结论：隔热条是多腔或整体的节能设计，传热系数明显要低。多腔节能铝合金门窗总结了欧洲的成功设计经验，并结合国内的节能政策、经济形势、实际使用情况，改进并完善了现有节能产品的基础上进行节能设计，使其在经济性、节能性、适用性等方面，充分满足建筑的功能和要求。

多腔节能铝合金门窗节能设计离不开国家的节能政策，例如，从《天津市居住建筑节能设计标准》表 4.2.1 中可以看到，窗墙面积比大 0.4 的外窗传热系数必须低于 2.7W/(m^2 · K)，而现代建筑都在追求外观的通透性，大的窗墙面积比不可避免地出现。因此，多腔节能铝合金门窗设计时，必须考虑传热系数在 2.7W/(m^2 · K) 以下。而且在不改变断面结构的前提下，通过玻璃的设置，传热系数可达到 2.7W/(m^2 · K) 以下。经试验得出的普通铝合金型材门窗配置不同种类中空玻璃的传热系数，如表 4 所示。

普通铝合金型材门窗配置不同种类中空玻璃的传热系数 表 4

样品规格	玻璃品种	窗框比 (%)	传热系数实测值 [W/(m^2 · K)]
PLC 2021	6+12A+6Low−E	20	2.26
PLC 1119	6+12A+6Low−E	27	2.37
PLC 0514	6+12A+6Low−E	44	2.62
PLC 1414	6+12A+6Low−E	34	2.34
PLC 0924	5+18A+5Low−E	35	2.31
PLC 1414	6+12A+6	28	2.84
PLC 15			

综上所述可知，由于窗户是建筑围护结构中保温隔热最薄弱的部位。近些年来，建筑玻璃的应用量越来越大，不仅公共建筑中大量的应用玻璃幕墙，而且住宅建筑也越来越多，窗户的面积也越来越大，有些住宅甚至于整个开间的外“墙”都是玻璃，为此，在对窗户用型材及对玻璃的选择中认真考虑，使建筑门窗达到节能减排和绿色建筑用材质量要求。

6. 房屋建筑门窗用中空玻璃节能问题

建筑房屋外窗是外围护结构的重要组成部分，是建筑外围开口最多的部位，也是建筑室内与外部围护阻隔最薄弱的环节。文献资料表明：在整个建筑能耗中，外窗耗能约占建筑围护部件总能耗的50%。据此可见，建筑节能的关键是外窗的节能。而外窗玻璃是建筑围护结构中最大的热桥处，也是能量损失最大的部位，因此，建筑用玻璃又是建筑节能考虑的关键所在。现在，房屋广泛采用中空玻璃作为节能玻璃使用，但是否所有中空玻璃均具有较好的保温隔热性能，下面以三北夏炎热冬寒冷地区气候特点及建筑物正常投用为例，就建筑外窗采用中空玻璃的节能效果进行分析探讨。

1. 玻璃节能评价的主要参数

由于玻璃是透明体的建筑用材，通过玻璃的传热除对流、辐射和传导三种形式外，玻璃还具有太阳能量以光辐射的形式直接透过。因此，对玻璃的一般衡量是通过进行能量传播的参数包括热传导系数、太阳能总透射比及遮蔽系数等。三种常用建筑玻璃性能对比见表1。

常用建筑玻璃性能指标对比 **表1**

玻璃品种	热传导系数 [W/(m^2·K)]	太阳能透射比 (Tvis)(%)	玻璃遮阳系数 (S_e)
5mm单层透明玻璃	6.00	88	0.92
(5C+12A+5C) 中空透明玻璃	3.00	75	0.84
(5C+12A+5C) 中空遮阳型Low-E玻璃	1.88	58	0.48

从上表可以看出，中空遮阳型Low-E玻璃与单层透明玻璃的太阳能总透射比和玻璃遮阳系数相比分别降低了34.1%和47.8%，因此，使用中空遮阳型Low-E玻璃对于隔离太阳辐射的能力有较大的提高。而中空透明玻璃和单层透明玻璃的太阳能总透射比和玻璃遮阳系数相比分别降低了14.8%和8.7%，因此使用中空透明玻璃对于隔离太阳辐射的能力有一些提高，但是影响并不大；而中空遮阳型Low-E玻璃与单层透明玻璃的热传导系数相比较降低了68.7%，使用中空遮阳型Low-E玻璃对于因温差引起的热传导有较强的阻隔能力。而中空透明玻璃与单层透明玻璃的热传导系数相比，也降低了50%，据此采用中空透明

玻璃对于因温差引起的热传导有一定的阻隔作用。

2. 建筑工程中空玻璃节能性

由于中空玻璃的实际能耗一个方面是受玻璃的热传导系数，太阳能总透射比和玻璃遮阳系数等因素的共同影响，而另一方面又会受到当地气候环境和建筑物运行状态的影响。因此，对于中空玻璃节能效率的问题，必须根据建筑物所处位置、使用功能和当地具体条件综合考虑。对于西北地区采用夏季制冷的公共建筑物，通过热增益量和效能系数的分析探讨，对中空玻璃节能效率进行综合权重和定量化分析。

（1）热增益量的浅析：热增益量是反映玻璃综合节能的指标，系指室内外温差为 15℃时透过单位面积 3mm 厚透明玻璃，$1m^2$ 在地球纬度 30 度处海平面，直接从太阳接受的热辐射与通过玻璃传入室内的热量之和。相对热增益量越大，表明在夏季外界进入室内的热量越多，玻璃的节能效果然就越差。玻璃真实的热增益量由建筑所处的地球纬度、季节、玻璃与太阳光形成的夹角，以及玻璃的性能共同决定。影响热增益量的主要因素是玻璃对太阳能的控制能力，即遮阳系数和玻璃的隔热能力。玻璃相对热增益量（Q_z）的表达见式（1）：

$$Q_z = Q_{fs} + Q_{CDDL} = 0.889 \times S_e \times \psi + K(T_e - T_i)t \qquad 式(1)$$

式中 Q_{fs}——透过单位面积玻璃的太阳得热，W/m^2；

Q_{CDDL}——透过单位面积玻璃传递的热能，W/m^2；

ψ——透过单位面积玻璃的太阳辐射得热量，W/m^2；

S_e——玻璃遮阳系数；

K——玻璃的热传导系数，$W/(m^2 \cdot K)$；

T_e——室外温度，K；

T_i——室内温度，K；

t——日照时间，h。

本计算以南方某市（夏热冬暖）地区为例，建筑外窗玻璃采用 5m 单层透明玻璃、（5C+12A+5C）中空透明玻璃和（5C+12A+5C）中空遮阳型 Low-E 玻璃三种组合型式玻璃，对其总热增益量进行计算与分析。在本计算中，外窗玻璃的能量交换为两种状态：第一种状态是在白天，有太阳辐射得到热量，室内空调制冷系统处在运行状态；第二种是夜晚间状态，没有太阳辐射得热，室内空调制冷系统处在关闭状态。所以，外窗玻璃的总热增益量为两种状态下得热量之和。

计算条件：白天 7:00—18:00，室外温度为 31℃，室内温度为 26℃，太阳辐射得热量为：南向 1365W/m²，东西向为 3482W/m²，北向为 1945W/m²。在夜间的 19:00—6:00，室外温度为 26℃，室内温度为 36℃，按照现行《公共建筑节能设计标准》GB 50189—2005，由于办公室夜间空调系统不运行，考虑到建筑电气和设备得热，所以室内温度高于室外较多，太阳辐射得热量为 0：计算结果见表 2。

夏热冬暖地区外窗热增益量计算　　　　表 2

朝向	玻璃品种	Q_z 白天/(W/m²)	$Q_{fs}+Q_{CDDL}$	Q_z 夜晚/(W/m²)	$Q_{fs}+Q_{CDDL}$	Q_z/(W/m²)
南向	5m 单层透明玻璃	1116.3	376.2	0	−782.0	691.6
	(5C+12A+5C) 中空透明玻璃	1019.4	183.6	0	−396.0	806.8
	(5C+12A+5C) 中空遮阳型 Low-E 玻璃	582.5	115.3	0	−248.2	449.5
东西向	5m 单层透明玻璃	2847.8	367.3	0	−782.0	2423.0
	(5C+12A+5C) 中空透明玻璃	2601.2	183.6	0	−396.0	2387.7
	(5C+12A+5C) 中空遮阳型 Low-E 玻璃	1485.8	115.2	0	248.2	1352.6
北向	5m 单层透明玻璃	1591.5	367.3	0	−782.0	1166.8
	(5C+12A+5C) 中空透明玻璃	1453.3	183.6	0	396.0	1241.0
	(5C+12A+5C) 中空遮阳型 Low-E 玻璃	831.1	115.2	0	248.2	697.2

从表 2 中可以看出，在夏热冬暖地区白天玻璃热增益量集中

在太阳辐射，例如，东西方向在白天中空透明玻璃的热增益量中93.4%为辐射得热，传导及对流得热仅为6.6%。这主要是中空透明玻璃与单层透明玻璃相比，虽然热传导系数大幅下降，但是遮阳系数的减少并不明显，阻隔太阳辐射热作用的提高非常有限；另外，在夏热冬暖地区采用中空遮阳型Low-E玻璃的热增益量与中空透明玻璃的热增益量相比大幅度降低，这主要是由于中空遮阳型Low-E玻璃的遮阳系数较中空透明玻璃的减少很多；同时，在夏热冬暖地区夜晚由于室内温度高干室外温度，所以通过外窗玻璃可以散出余热，降低室内温度。但是因中空遮阳型Low-E玻璃和中空透明玻璃的保温性能比较好，因而又成为一种不利于散出余热的屏障。在南北及东西方向的中空遮阳型Low-E玻璃全天24h的热增益量，较单层透明玻璃分别降低了35.0%、40.2%、44.2%。说明在夏热冬暖地区公共建筑采用中空遮阳型Low-E玻璃，具有良好的节能效果。南北朝向中空透明玻璃全天24h的热增益量较单层透明玻璃提高了16.7%、6.3%，而东西向的基本持平。表明在夏热冬暖地区公共建筑采用中空透明玻璃，同人们通常的理解认识正好相反，造成这种错解是由夏热冬暖地区自身的气候特点及建筑物使用功能所决定。

通过以上分析可以知道，中空遮阳型Low-E玻璃白天玻璃热增益量较单层透明玻璃降低近50%，虽然夜晚散热远不及单层透明玻璃，但全天的热增益量比较少，也即是表示夏热冬暖地区采用中空遮阳型Low-E玻璃的空调制冷系统能耗，要远低于单层透明玻璃，对建筑物的节能比较有利。但中空透明玻璃白天玻璃热增益量略低于单层透明玻璃，而夜晚散热远不及单层透明玻璃，因而造成整天热增益量更大，通俗地讲，就是在夏热冬暖地区使用中空透明玻璃的空调制冷系统的能耗要高于单层透明玻璃，对建筑节能不利。

（2）对光的效能系数分析：上述中求得三种玻璃，即中空遮阳型Low-E玻璃及中空透明玻璃白天的热增益量低于单层透明玻璃，除了由于热传导系数的作用外，其中遮阳系数的降低也起到十分重要的作用。随着中空遮阳型 Low-E 玻璃、中空透明玻璃遮阳系数的降低，太阳光的总透射比也会随即降低，将会直接影响室内自然采光的质量。为了确保室内有良好的照度，必须增加白天的照明能耗。为了更进一步考虑中空遮阳型 Low-E 玻璃及中空透明玻璃对空调制冷系统能耗及照明能耗的双重影响，在此采用光的效能系数（ψ）来评价其综合节能效率。ψ 指太阳能总透射比 T_{vis} 与遮阳系数 S_c 的比值，体现了透过窗玻璃获取采光和得热的比值关系，即：$\psi=T_{vis}/S_c$。

从理论上讲，在建筑设计中可以通过选择用具有光谱选择性功能的玻璃，集中对太阳辐射中热效应最强的红外波段予以阻隔，使遮阳系数 S_c 的比值大幅降低。而可见光部分仍然更好地通过玻璃进入室内，使光的效能系数大于 1.4，以满足白天自然采光的需求，降低白天在照明的能耗。而事实上，中空透明玻璃遮阳系数的降低是利用增加两个反光面实现，不具有光谱选择性，在阻隔太阳辐射热的同时，阻隔了更多的可见光透射，可以说中空透明玻璃白天的制冷能耗的降低，是建立在失去一些天然采光的基础之上的。但是，中空遮阳型 Low-E 玻璃具有更好的光谱选择性，在阻隔太阳辐射热的同时，保留了相对多的可见光透射进入室内。

另外，根据 $\psi=T_{vis}/S_c$ 式可以算出，中空透明玻璃的效能系数为 0.89，单层透明玻璃的效能系数为 0.96，而中空遮阳型 Low-E 玻璃的效能系数为 1.21。这表明，考虑空调制冷耗能和照明耗能的情况下，中空透明玻璃的综合节能效率同样低于单层透明玻璃和中空遮阳型 Low-E 玻璃。

（3）中空透明玻璃与单层透明玻璃能耗模拟试验：为了更进一步验证上节中对中空透明玻璃热增益量的分析结果，模拟试验选择了市区某 10 层办公楼，采用中空透明玻璃与单层透明玻璃情况下的空调能耗，该办公楼为正方形外表，边长约 40m，层高为 4m，朝向为坐北向南，屋面及外墙传导热系数指标，按照现行《公共建筑节能设计标准》GB 50189—2005 选取，外墙玻璃选用表 1 中的中空透明玻璃与单层透明玻璃，未考虑外遮阳技术。采用 DEST 软件模拟了各个朝向窗墙面积比从 0.1 增加至 0.7 时空调制冷能耗状况，模拟试验结果如图 1 所示。

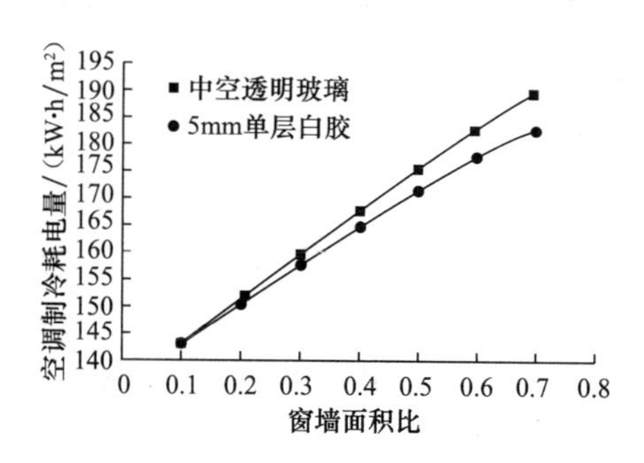

图 1　中空透明玻璃与单层透明玻璃的制冷能耗模拟

从图中可以看出，采用中空透明玻璃的办公室房屋，其空调制冷能耗大于采用单层透明玻璃，由于建筑体形、朝向及其他围护结构基本相同，因此外窗材质是造成能耗差异的唯一因素。伴随着窗墙比的增大，能耗的差值也随之增大，表示玻璃热增益量对空调制冷能耗的影响不断增加。

综上所述，在夏热冬暖地区公共建筑采用空调制冷系统为前提，通过对中空遮阳型 Low-E 玻璃、中空透明玻璃和单层透明玻璃的总热增益量和光的效能系数理论计算与分析，并通过中空透明玻璃和单层透明玻璃的模拟试验验证工作，得到的结论是：在夏热冬暖地区外窗得热主要是来自太阳辐射热，受遮阳系数影响明显，但与热传导系数 K 值关系不大；夏热冬暖地区的房屋，南北朝向中空透明玻璃全天的总增热量大于单层透明玻璃，东西朝向与单层透明玻璃基本持平；采用中空透明玻璃时，空调制冷负荷比单层透明玻璃更高；中空透明玻璃光的效能系数低于单层透明玻璃。

因此，在夏热冬暖地区的建筑节能中推广使用中空透明玻璃，因与地区气候特点和建筑物的运行模式不相适应，是一个错误的引导，由此带来的用料增加和构造复杂更加剧了资源的浪费。如果采用中空遮阳型 Low-E 玻璃，可以得到更加有效的节能效果。

7. 泡沫混凝土的研究及工程应用现状

混凝土已经成为世界上各种工程中最常用、使用量最大的建筑材料。目前，随着我国资源节约型社会的建设，建筑节能材料的研究应用已成为混凝土行业的一个热点。作为多孔材料的泡沫混凝土，具有轻质保温、节能环保等特点，正在建筑节能领域扮演着越来越重要的角色。最近的工程应用及研究表明，泡沫混凝土的应用范围不仅仅局限于用作墙体保温材料，还可用作防火材料、抗震材料、吸声材料等，具备普通混凝土不能胜任的特殊性能。

1. 泡沫混凝土的性能研究

（1）泡沫混凝土发泡剂评价体系的研究，在国内目前还没有针对泡沫混凝土的专项生产和使用规范。对于发泡剂，各地都有自己的评价指标，一些文献资料介绍中提出了评价发泡剂的 9 个指标，其中使用效率、与水泥和粉煤灰等浆料的结合性、泡沫稳定性、保质期、毒副作用等为主要指标，并给出了相应的评价手段和计算依据，并与实际情况进行对比，效果良好。

（2）泡沫掺量对混凝土的性能影响：泡沫混凝土因为拌合过程中引入气泡的滚轴作用，相比于一般的混凝土具有较好的工作性能；但是，其泡沫掺量不能过大，否则会引发泌水，不利于工作性。一般认为，随着泡沫剂掺量的增大，泡沫混凝土浆体的流动度逐渐减小，这是由于泡沫量的增大使混凝土的自重降低，导致混凝土流动性降低。当泡沫剂掺量增大到 0.2%时，流动度基本保持不变。通过试验发现，不同配合比的泡沫混凝土的干表观密度、抗压强度，随泡沫掺量的增加而降低，孔隙率随泡沫掺量的增加而增大。

（3）外加剂对泡沫混凝土性能的影响：除了波特兰水泥和快硬水泥，常在泡沫混凝土中掺入 30%～60%的粉煤灰和 10%～

40%的粒化高炉矿渣，改善其性能，并且达到对废弃材料的利用、降低造价的目标。加入水泥掺量10%的硅粉，可以有效提高泡沫混凝土的强度。扈士凯进行了矿渣、粉煤灰、钢渣与天然膨润土四种掺合料对泡沫混凝土性能影响的研究，发现掺入15%的矿渣，可提高混凝土的强度，但更大的掺量会降低混凝土强度，需要激发矿渣的活性。粉煤灰的加入降低了材料的湿密度和强度，说明粉煤灰没有明显的消泡作用，且活性不如矿渣。钢渣和天然膨润土有明显的消泡作用，不利于制作泡沫混凝土。郑念念等研究粉煤灰掺量对泡沫混凝土力学性能的影响，30%～50%掺量的粉煤灰可制成抗压强度在3MPa以上的泡沫混凝土，满足屋面保温承重结构和墙板的结构要求，并对泡沫混凝土的早期收缩有较好的抑制作用。王武祥研究发现，掺入粉煤灰的泡沫混凝土90d强度比28d强度有较大提高，密度500～800kg/m^{3}四个等级的混凝土强度提高可达100%。原因在于水泥水化反应和火山灰效应的共同作用。陈兵等通过掺入微硅灰来改善泡沫混凝土性能，混凝土早期强度和后期强度都得到较大提高，据此制得密度为800～1500kg/m^3、强度为10～50MPa的高强泡沫混凝土。早强剂的加入是泡沫混凝土使用过程中的常用手段，重庆大学研究了硫酸钠与硫酸钙两种早强剂对煤矸石-粉煤灰泡沫混凝土性能的影响，发现5%掺量的硫酸钠对混凝土的早强效果明显，但是产生的孔径较掺硫酸钙的泡沫混凝土要大，且连续孔较多。应根据实际需要，选择合适的早强剂。

（4）纤维增强泡沫混凝土性能的研究应用：纤维因其特有的增强效果，被广泛用于混凝土材料中。詹炳根等得出，玻璃纤维可增强泡沫混凝土的抗压强度和抗折强度，极大地改善了韧性，且不影响泡沫混凝土的热工性能，还能抑制泡沫混凝土的收缩，特别是早期干缩开裂。一些试验表明，聚丙烯纤维显著提高了泡沫混凝土的劈裂抗拉强度，且其增长幅度随着泡沫掺量的增大而增大，在相同的泡沫掺量条件下，得出聚丙烯纤维有减小泡沫混凝土收缩的作用。

（5）泡沫混凝土性能的一些相关性问题：一些试验总结出，泡沫混凝土轴向压缩应力-应变曲线基本分为四个阶段：平台阶段、密实阶段、屈服阶段、衰退阶段。研究还发现，一般情况下，泡沫混凝土的屈服强度会随着密度的提高而提高。气孔的形态和分布同样会影响压缩力学性能，通常孔径越小，分布越均匀，泡沫混凝土具有更优的压缩力学性能。Jones等研究了泡沫混凝土的水化热试验，测得水泥掺量从600kg/m^3减少到300kg/m^3，水化热峰值下降了40%；掺入20%的粉煤灰后，水化热峰值下降了24%。并研究了孔隙率对泡沫混凝土强度的影响，用硬化水泥浆体研究中常采用的多孔材料强度与孔隙率的关系式进行回归分析，均得到了较好的相关性。同时，对泡沫混凝土的微观结构研究表明，泡沫混凝土内部主要由气孔和气孔壁构成，它们的大小、分布情况、形状决定了泡沫混凝土的性能。泡沫混凝土主要晶相为$Ca(OH)_2$、$CaCO_3$、钙矾石等，还有少量未水化的硅酸二钙。

2. 泡沫混凝土的应用研究现状

在一些发达国家，如美国、加拿大、日本、意大利等西方发达国家，泡沫混凝土被广泛用于建筑墙体材料、港口挡土墙、海上石油平台、补偿地基沉降、高速公路吸声屏障等领域。随着我国节能减排政策的进一步实施，泡沫混凝土的研究与应用面临着更多的机会和更大的挑战。目前，我国泡沫混凝土的最新应用主要集中在以下几个方面。

（1）泡沫混凝土制品：泡沫混凝土砌块是泡沫混凝土在墙体材料中应用量最大的一种，规格多、加工性能好，施工和保温隔热同步解决。在我国南方地区，一般用密度等级为900～1200kg/m^3泡沫混凝土砌块作为框架结构的填充墙，主要是利用该砌块隔热性能好和轻质高强的特点。在北方地区，泡沫混凝土砌块主要用作墙体保温层。

中国建筑材料科学研究院采用GRC隔墙板生产工艺结合泡沫水泥的研究成果，开发出了粉煤灰泡沫水泥轻质墙板的生产工艺，并得到了应用。在保持传统 GRC 墙板性能的基础上，明显降低了产品的成本，而且大大改善了浆体的流动性，使成型更为方便。

（2）泡沫混凝土作为填充及回填材料：与普通混凝土相比，采用泡沫混凝土回填具有施工简便、速度快、充实度高、管道上浮力小、综合成本低等特点，消除地下空穴可能造成塌方等危害。山西引黄工程连接段采用密度为 1200kg/m^3 的泡沫混凝土，基本填满了整个洞穿管与隧洞间的孔隙，抗压强度完全满足设计要求（2.0MPa）。赵维霞等研制出矿渣型泡沫混凝土（矿渣约占20%）和集料型泡沫混凝土（粉煤灰占 25%，膨胀珍珠岩占15%）两种配合比，用于现场浇筑、泵送注浆等不同施工要求。

（3）泡沫混凝土是良好的吸能材料：泡沫混凝土因其内部多孔而形成无数的自由面，能量经这些自由面的反射、折射、叠加，不断地衰减，从而保护结构免遭破坏，在民用和军事上都有广阔的应用前景。据介绍，通过爆炸试验研究得出，密度越低的泡沫混凝土，经过该层的爆炸冲击波峰值应力、应变急剧减少，具有更好的防爆性能。中科院武汉岩土力学所将泡沫混凝土与橡胶分别用于西藏嘎隆拉隧道的防震层，发现泡沫混凝土具有良好的抗震作用，而且没有橡胶容易老化且需反复施工的难题，减少人员及材料的浪费。

（4）泡沫混凝土可作为吸声材料：随着我国交通事业的发展，高速铁路、高速公路工程仍在快速建设，而对于住在这些工程周边的居民来说，隔绝噪声才能为他们带来安静、舒适的生活环境。泡沫混凝土因其多孔特征成为吸声材料的重要选择。周栋梁等进行了泡沫混凝土作为吸声材料的试验，确定随着气孔率增大，再掺入 0.5%的聚丙烯纤维，泡沫混凝土可达到良好的吸声效果。增加泡沫混凝土的背后空腔，可提高低频噪声的吸收效率。

（5）泡沫混凝土可作为防火材料：2011 年底，上海胶州路特大火灾引起了全国人民的关注，造成火灾的原因是保温材料聚氨酯泡沫的易燃性，燃烧产生的有毒气体让很多市民遇难。作为保温材料的泡沫混凝土导热系数低，具有很好的防火性。傅秀新等利用泡沫混凝土制作了防火型保险柜，试件的干密度越低，内部温度越低，表明耐火隔热性能越好。试件内部空间测温点的最高温度为135.0～140.5℃，这些温度均低于160℃，试件内部放置的新闻纸经耐火隔热试验后，仍然保持可用性。说明干密度在试验范围内的泡沫混凝土均能达到现行《保险柜耐火性能要求和试验方法》GB/T 16810—2006规定的对P类防火型保险柜耐火隔热性能的要求，为泡沫混凝土开辟了新用途。

通过上述浅要介绍可知，近年来，泡沫混凝土因其优异的性能正在工程建设中发挥着重要作用。但是，从目前来看，关于泡沫混凝土的研究和应用还存在一些不足之处。

首先，理论研究方面，目前国内还没有一套完整的泡沫混凝土试验、生产、使用规范，致使泡沫混凝土的大规模推广受到了制约。另外，目前的研究仍然局限在宏观力学性能，对于泡沫混凝土的耐久性能研究很少有文献资料介绍。其次，在应用方面，目前国内生产泡沫混凝土的厂家规模较小，使用的发泡剂和发泡设备也不统一规范，不利于泡沫混凝土的应用。有时，为了提高施工时混凝土的和易性而提高水灰比，会引起泡沫混凝土的收缩开裂、吸水率提高，均不利于泡沫混凝土的长期使用。为了进一步推广泡沫混凝土在我国建筑工程的应用，还需不断研制高效发泡剂及复合外加剂，在提高与水泥相容性的基础上增加泡沫混凝土的强度，优化原材料配合比、工艺流程及设备，从微观角度进一步研究泡沫混凝土的各种性能及影响因素，早日提高泡沫混凝土研发技术的应用效率。

8. 泡沫混凝土在屋面保温工程中的应用

泡沫混凝土是通过泡沫机的发泡系统，将发泡剂用机械方式充分发泡，并将泡沫与水泥浆体均匀混合，然后经过泵送系统进行浇筑施工，经自然养护后形成的一种含有大量封闭气孔的新型轻质混凝土，属于气泡状保温隔热材料。其突出特点是在材料内部形成大量的封闭气孔，使泡沫混凝土材料具有质轻、保温、隔声、减震、不燃等优良特点，既可工厂化生产成各种形状的预制品，又可现场浇筑，在建筑节能保温、地下回填、人造景观等工程中具有广泛的应用前景。本文重点介绍泡沫混凝土在某住宅小区屋面保温工程中的施工应用。

1. 泡沫混凝土的特点

（1）质量轻：干密度 300～900kg/m^3；

（2）良好的保温、隔热性能：导热系数为 0.07～0.25W/(m·K)；

（3）良好的抗压性能：抗压强度大于 0.5MPa。泡沫混凝土质量经焦作市建设工程质量监测站检测，符合 Q/JHN 001—2009 要求，可直接在建筑屋面上施工。根据屋面形状、厚度及尺寸要求，制作出各种形状的屋面保温隔热层，节省时间、减少中间工序，效率可提高 1～2 倍。

2. 原材料与设备

（1）组成原材料：即水泥，天山牌 32.5 级复合硅酸盐水泥；粉煤灰，当地电厂产；发泡剂，某化工厂产的磺酰肼类化合物发泡剂；

（2）主要使用机具：搅拌机；发泡机；潜水泵；高压橡胶管；木刮杠或刮板量尺等。

3. 施工准备及工艺

（1）施工条件要求：

1）应有完善的施工组织设计并已完成技术交底，并经过批准；

2）土建专业已完成屋面楼板抹灰，并经验收同时已将屋面清理干净；如屋面干燥不适宜施工时，应用水浸湿；

3）施工的环境温度不低于 5℃；低于 5℃时应停止施工，夏季不存在温度问题；

4）进场水泥和发泡剂必须进行检查验收，包括产品的技术文件（说明书和合格证）、标志和外观检查，必须时应抽样进行相关检测，按要求提前做好复试检验工作。

（2）设备的安装：

1）设备安装摆放。搅拌机、发泡机和水袋等的摆放场地应平整、布局紧凑、方便操作；

2）安装供水系统。将搅拌机供水潜水泵和发泡机冷却水潜水泵放入水袋内，把水管分别接到搅拌机和发泡机上，依靠自来水给水，供水量应满足生产需要；

3）安装供电系统。把潜水泵、搅拌机的供电电缆分别接到发泡机的接线箱内，发泡机供电电缆接到施工现场的供电系统，逐一检查电机的正、反转。接发泡机电缆时，应在承建方电工指导下进行，严禁私自连接；

4）高压胶管的安装。胶管的连接采用管钳旋紧，要求不漏水，连接处应衬垫密封垫（圈），高压胶管应从施工面连接至发泡机混合筒。要求各接头连接紧密、不漏浆液。

（3）设备的维护与管理：

1）设备到场，安装完管路、线路后，压清水进行闭路试验，检查接管质量。停机后，管路中压力回到零后，才能拆管；

2）机器运转过程中严禁将手、头伸进机器转动部位，防止造成身体伤害。检修机器时，要先切断电源；

3）露天放置机器时，必须用雨布覆盖，防止电机和电器部分漏电或损坏。

（4）施工设备的操作：

1）试机当主泵开关后 20s 内开启潜水泵开关，输送缸换向开始后，关泵送开关；

2）将发泡剂插管插入发泡剂桶内；

3）打开发泡筒下端阀门至排空位，开启调频开关，发泡机开始运转。待发泡筒下端流出液体时，关闭该阀门；当上端泡沫排放正常后，关闭调频开关。

（5）开机生产完成试机工作后，可进行屋面保温施工。发泡机的操作步骤是：

1）根据生产量和保温要求配方，调节输送次数、水胶比；

2）先开启水泵 2min，再开启搅拌机进料，待浆料接近 2/3 筒时，开启发泡剂输送系统，输送料浆，进行浇筑施工；

3）根据高压胶管出口的发泡浆体情况，调节符合施工要求的浆泡比。

4. 屋面泡沫混凝土保温施工

（1）施工工艺：屋面保温施工的工艺流程为：基层处理→找标高、弹线→抹灰饼和标筋→洒水湿润→浇筑泡沫混凝土面层→木刮杠找坡→浇筑后自检清理→验收。

（2）工艺过程处理控制：

1）基层处理。先将基层上的灰尘扫掉，用钢丝刷和斧子刷净、剔掉灰浆皮的灰渣层，用 10％的火碱水溶液刷掉基层上的油污，并用清水及时将碱液冲净。

2）找标高、弹线。根据女儿墙上的＋50cm 水平线、屋面找坡的度数往下量测出面层标高，并弹在墙上。

3）抹灰饼和标筋（或称冲筋）。根据女儿墙四周墙上的面层标高水平线及 2％的坡度，拉线开始抹灰饼（5cm×5cm），横竖间距为 1.5～2.0m，灰饼上平面即为屋面保温层的标高。如果楼面较大，为保证整体保温层坡度，还需抹标筋（或称冲筋），将泡沫混凝土铺在灰饼之间，宽度与灰饼宽相同，用木抹子抹成与灰饼上表面相平。铺抹灰饼和标筋的砂浆材料配合比，均与泡沫混凝土保温层相同。

4）洒水湿润。用发泡机的输送系统把水打到屋面基层，均匀洒水一遍，使屋面润湿。

5）铺泡沫混凝土保温层。在灰饼之间（或标筋之间）浇筑泡沫混凝土，用木刮杠将泡沫混凝土铺均匀，并同时用木刮杠按灰饼（或标筋）高度找 2％的坡。铺混凝土时，如果灰饼（或标筋）已硬化，木刮杠刮平后，同时将利用过的灰饼（或标筋）敲掉，并用泡沫混凝土填平。

6）木抹子搓平。木刮杠刮出2%坡度后，立即用木抹子搓平，从内向外退着操作，并随时用2m靠尺检查其平整度。

7）养护：保温屋面做完后24h，洒水养护，保持湿润，养护时间不少于3d，进行屋面找平施工期间不得进行交叉作业，以防踩踏破坏。

8）对表面进行自检，存在缺陷认真修补处理，准备验收。

（3）屋面泡沫混凝土构造保温层分上人屋面和不上人屋面两种构造形式。

1）不上人屋面的构造保温层（找坡层）：泡沫混凝土［干密度300kg/m^3，导热系数0.073W/(m·K)］找2%坡（最薄处80mm）；结构层：钢筋混凝土屋面板。

2）上人屋面的构造在不上人屋面的基础上增加保护层：8～10mm厚地砖铺平拍实，缝宽5mm，1∶1水泥砂浆填缝。

5. 质量控制内容

（1）保证项目：

1）水泥、粉煤灰、发泡剂的质量必须符合设计要求，满足施工及验收规范的规定；

2）泡沫混凝土的水泥、粉煤灰和水的配合比以及灰浆和泡沫的配合比要准确无误；

3）屋面面层与基层的结合必须牢固、无空鼓。

（2）基本项目：

1）泡沫混凝土屋面保温层表面平整度、表面疏松和表面裂纹必须满足设计标准和验收规范的要求，泡沫混凝土屋面保温层的允许偏差：表面平整度10mm/2m；表面疏松40mm；表面裂纹2mm。

2）屋面坡度应符合设计要求，无积水、不渗漏。

综上浅述，泡沫混凝土在屋面保温工程中的应用表明，其材质设计灵活、施工方便、节能环保、成本低廉，可以进行多层组合式构造施工，保温层整体性好，与基层和面层结合牢固、紧密，使用寿命长，保温隔热性能高。泡沫混凝土可在平面和立面应用，具有较好的社会效益、经济效益和广阔的建筑市场应用。

9. 新型节能保温材料现状及阻燃技术的应用

近年来，随着国内经济稳定增长及科技投入的增加，促使建筑物向规模大型化、集中化、立体化、构造特殊化、设备复杂化的趋势发展，但与许多同纬度发达国家相比，房屋的保温隔热性能还有一定差距。目前，国内大多数建筑的外墙材料以钢筋混凝土、烧结多孔砖及加气砌块为主，墙体的导热性相对较高，在受到太阳的照射后，这些围护材料的墙体很容易吸收太阳热能，并辐射到室内空气中，使得室温升高。因此，发展新型保温墙体材料不但前景广阔，而且势在必行。目前，屋面、墙体保温材料保温节能效果好，但防火阻燃性能较差，有时出现龟裂、空鼓、脱落问题。保温墙体材料除具有保温隔热性能，还需具有防火阻燃性能。央视新址工地火灾事故的教训十分惨痛，通过专家初步现场勘察结果显示，央视新址北配楼着火后，燃烧主要集中在钛合金下面的保温层材料，这种材料防火阻燃性能差，具有表皮过火燃烧蔓延极快的特点。因此，瞬间从北配楼顶部蔓延到整个大楼。目前，这种新型材料在全国很多建筑中都有使用。鉴于此，开展新型节能保温阻燃材料的研究势在必行，以满足国家对材料既节能保温又防火阻燃的需求，大力发展并推广应用保温隔热技术和材料的阻燃是眼下急待解决的实际问题。

1. 保温节能材料在国内外研究现状及发展趋势

发达国家的美国在1975年第1次颁布了ASHRAE（美国采暖、制冷及空调工程协会）标准90—75《新建筑物设计节能》。以此为基础，1977年12月官方正式颁布了《新建筑物结构中的节能法规》，并在45个州内收到很明显的节能效果。美国国家能源局、标准局及全国建筑法规和标准大会，不断地在建筑节能设计等方面提出新的内容，每5年便对ASHRAE标准进行修订。如日本住宅金融公库，早在1979年颁布了住宅建筑保温隔热标准，规定了建筑部分热阻，并对所用的各种保温材料规定了最小限度。丹麦 1985 年比 1972 年采暖面积增加了 30%，但采暖能耗却减少了 318 万吨标准煤，采暖能耗占全国总能耗的比重也由 39%下降为 28%。由此可见，国外的建筑节能法规 30 多年来，取得了显著的社会效益和经济效益。

我国墙体、屋顶和门窗单位面积的传热量，是气候条件相近的发达国家的 2～5 倍，建筑用能浪费同国外相比浪费极其严重。在欧洲，新建房的采暖能耗已经降到 20 世纪 70 年代的 1/4～1/6。近几年，德国还提出了“零能耗”的建筑理念。目前，我国建筑能耗占社会总能耗的 27%左右，建筑能源应用效率仅为发达国家的 1/3 左右。我国长期建筑设计标准大多是沿袭 20 世纪 50 年代以来的低标准，房屋围护结构隔热性能差，导致建筑用能效率偏低，造成了极大的能源浪费，使用新型墙体保温材料非常必要。因此，发展新型保温墙体材料不但前景广阔，而且势在必行。

我国保温墙体材料，如加气混凝土、石膏板、石膏空心条板、纸面石膏板、空心砌块、空心砖的推广应用，已取得一定的节能效益。近年来，又发展了多种轻质大板材料及结构，如 GRC 板、聚苯夹芯板、彩钢泡沫夹芯板、岩棉及玻璃夹芯板等，通过应用表明各有特色，但主要问题是价格高。同时，还存在防火等级差、吸潮吸湿吸水率大、结构设计及施工规范不配套等，很难普遍推广。目前，屋面保温仍采用传统的水泥膨胀珍珠岩、加气混凝土块、炉渣较多。也有采用聚苯板等有机泡沫保温，但其防火等级低，屋面渗漏也是老大难问题。近年来，在北京及其他一些城市的住宅节能示范小区采用憎水膨胀珍珠岩及硅酸盐复合绝热涂料作墙体和屋面保温，取得较好的使用效果及节能效果。国内目前研究、生产和使用比较广泛的保温墙体材料主要可分为以下几类：膨胀聚苯板薄抹灰外墙外保温系统，胶粉聚苯颗粒外墙外保温系统，无机保温砂浆（或玻化微珠保温砂浆）系统及一些传统常用的保温绝热材料等。

（1）膨胀聚乙烯苯板薄抹灰外墙外保温系统：膨胀聚苯板薄

抹灰外墙外保温系统在北京率先推广应用，并迅速推广到天津、河北、东北西北广大地区，在南方一些省份及上海、江苏、湖南等，是我国保温节能工程推广较快的系统之一。它使用的保温材料主要为聚苯乙烯泡沫板，辅助材料有专用膨胀蘑菇锚钉、耐碱玻纤网格布、聚合物粘结砂浆、抹面砂浆、外墙涂料或装饰面砖等。施工方法是选用聚合物粘结砂浆将聚苯乙烯泡沫板粘贴于墙体上，用专用膨胀蘑菇锚钉铆固，将耐碱玻纤网格布用防渗抗裂砂浆贴在聚苯乙烯泡沫板上，然后再抹防渗抗裂砂浆，刷外墙涂料或做面砖装饰。其优点有：保温节能效率优良，施工也比较规范；缺点是：防火性能很差、工艺繁杂，且对基层墙体的平整度要求极高、工程造价高（70～90 元/m^2）、保温层牢固程度和使用寿命期限都较差，工程应用上常出现粘结不牢固、抹面防渗抗裂砂浆大面积龟裂、空鼓、脱落等现象，特别是装饰层为面砖时尤为严重，出现面砖与保温层大面积脱落的质量事故较多。

（2）胶粉聚苯颗粒外墙外保温系统：胶粉聚苯颗粒外墙外保温系统是继膨胀珍珠岩保温材料之后，应用于外墙内外保温节能的一种主要材料，北方、南方都在推广应用量较大。它的主要保温材料是聚苯颗粒，辅助材料是聚合物胶粉料、耐碱玻纤网格布、膨胀蘑菇锚钉等。施工方法是将聚苯颗粒与聚合物胶粉料加水预混均匀成浆料状，平抹上墙，然后待其干燥后贴耐碱玻纤网格布，抹防渗抗裂砂浆，最后刷外墙涂料或面砖饰面，面砖饰面的必须用镀锌钢丝网及膨胀蘑菇锚钉固定。优点有：保温节能效果好、保温层与墙体容易粘结，且对基层墙体的平整度要求不高、施工工艺简单、工程造价较低，一般不再出现大面积龟裂、空鼓、脱落问题，技术上也可行。由于搅拌后的浆料与粉抹传统水泥砂浆一样容易，且粘结强度非常好，所以容易推广、普及；缺点有：防火性能较差，但比膨胀聚苯板薄抹灰系统要好一些。胶粉聚苯颗粒保温系统的保温效果与保温层的强度主要的技术矛盾是：保温浆料中聚苯颗粒含量越多，水泥胶粉料含量就越小，保温层的强度就低，而保温节能效果就越好；如果保温浆料中的水泥胶粉料含量越多，聚苯颗粒料含量就越小，保温层的强度就越高，而保温节能效果就越差。故胶粉聚苯颗粒保温系统在施工时的材料配比需严格按照《胶粉聚苯颗粒外墙外保温系统》JG158—2004的要求配制，才能保证系统的保温节能效果；其次，施工中应注意细部处理，如墙面伸缩缝的预留、耐碱玻纤网格布或镀锌钢丝网的搭接及膨胀蘑菇锚钉的数量和锚栓的长度等，均应在施工中加强质量控制，才能保证整个系统的安全、稳定，达到耐久性的使用要求。

（3）无机保温砂浆（或玻化微珠保温砂浆）系统：无机保温砂浆（或玻化微珠保温砂浆）系统是一种新型保温隔热材料，保温材料选用无机中空玻化微珠，配以聚合物胶浆料，这种高密度集成的微型中空保温隔热系统的优点有：①由于玻化微珠为无机材料、防火性能好；②抗压强度和压剪粘结强度高；③耐候性好、干缩性小、不用网格布；④施工简便，工程造价较低。缺点有：无机玻化微珠由于密度较大，故其导热系数也较大，保温节能效果也就较差，而为了达到与胶粉聚苯颗粒同等的保温节能效果，一般的措施是加大保温层厚度，因此也就加大了自重力，影响了保温系统长期安全使用的稳定性能，所以在节能要求达到50%～65%时，该保温系统不宜采用，而且也达不到所要求的节能效果。

（4）传统常用的保温绝热材料：岩（矿）棉和玻璃棉统称为矿物棉，属于无机材料。岩棉不燃烧、价格较低，在满足保温隔热性能的同时还具有一定的隔声效果，但质量优劣相差很大，保温性能好的密度低，抗拉强度也低，耐久性比较差。玻璃棉的手感好于岩棉，可改善工人劳动条件，但价格较高。聚苯乙烯泡沫塑料是以聚苯乙烯树脂为主要原料，经发泡剂发泡而制成的内部具有无数封闭微孔的材料，其表观密度小、导热系数小、吸水率低、隔声性能好、机械强度高，而且尺寸精度高、结构均匀，因此在外墙保温中应用较广。硬质聚氨酯泡沫塑料具有优越的绝热性能，导热系数低，这是其他材料无法与之相比的。同时，其特有的闭孔结构具有优越的耐水汽性能，不需要额外的绝缘、防潮，简化了施工程序，但因其价格较高且易燃，限制了其广泛使用。

总体来说，发展新型保温材料不但前景广阔，而且势在必行。目前，国内外研究的保温墙体材料正朝着轻质、高性能（高效防火阻燃功能和可靠性、耐久性）、无机化、施工安装简易化、绿色环保的趋势发展。

2. 新型节能保温材料的阻燃技术研究和应用

目前使用最广泛的外墙外保温材料在使用后暴露出一些问题，其中最为突出的是防火性能差。由于外墙外保温材料引发火灾的典型案例，如中央电视台新台址园区文化中心“2.9”特别重大火灾事故等。因此，保温材料的火灾危险性引起了公众的高度关注和重视，并且成为保温材料可持续发展的一个关键技术。为此，公安部消防局于2009年给公安部四川消防研究所下达了《新型节能保温材料阻燃技术研究》任务。课题组在充分调研现有外保温材料技术的基础上，综合考虑经济性、可靠性、实用性，经过两年多的工作，研制出一种便于涂抹施工，适用于外墙外保温的浆料型节能保温阻燃防火材料。

（1）保温隔热无机轻集材料的研究使用情况：一般情况是硅酸盐类复合保温砂浆的导热系数有随着密度增大而增加的趋势，因此，保温材料的功能通过其中的核心组成——无机轻集料来实现。目前，市场上的无机轻集料类有开孔膨胀珍珠岩、闭孔膨胀珍珠岩、玻化微珠、膨胀蛭石、陶砂等。其中的陶砂（一般指陶粒中小于5mm的细颗粒），即使是特轻密度陶粒，其密度小于300kg/m^3，也较其他轻集料大，导热系数也就自然大了，加厚保温层虽也能达到保温设计要求，但是同时也加大了结构自身负载，且成本随之增加。因此，陶砂作为保温材料使用受到了一定限制。膨胀蛭石因为吸水性很强，最终制品的平衡含水率较高，而水的导热系数比空气的导热系数大得多，导致最终制品的导热系数相应增大，因此，它作为保温材料使用也受到了一定限制。

本项目研究中，经过初步的筛选工作，保温体系的核心组成——无机轻集料，确定为导热系数小的膨胀珍珠岩和玻化微珠。其中，膨胀珍珠岩又分为传统的开孔膨胀珍珠岩和球型闭孔膨胀珍珠岩。

（2）胶粘剂的改性提高：由于节能保温防火阻燃材料除具有保温隔热、隔声、防火阻燃和较好的理化性能外，还要求其在高温中不炸裂和产生裂缝，同时还应具备耐候、耐水、施工简易、粘结性强等特点，因而节能保温防火阻燃材料所用的胶粘剂是关键组分之一。为使节能保温防火阻燃材料在火灾或高温下能保持一定的强度和结构完整性，选择的胶粘剂应当是能在高温下转化为耐高温的胶结材料或能被烧结的粘结材料。该节能保温阻燃浆料体系的主体胶凝材料为普通硅酸盐水泥，在粘结强度、抗裂性、防水性和耐候性等方面存在一定缺陷。因此，必须加入辅助胶粘剂对其进行改性。

在研究中，采用在胶粘剂分子结构中引入无机阻燃元素，赋予材料良好的阻燃性能；另外，将几种胶粘剂拼合或反应形成复合胶粘剂，赋予材料良好的综合性能。利用合成胶粘剂相互之间能取长补短、流平性好、成膜后韧性好等特点，来达到预期目的。该保温防火阻燃材料的辅助胶粘剂是一种以有机硅改性聚丙烯酸酯类乳液，以提高胶粘剂的耐候性和在高温下的粘结性及阻燃性。聚丙烯酸乳液主链由C—C键构成，侧链为羧酸酯基等极性基团，这一结构特征赋予其粘附力强、耐氧化、耐气候和耐油性等优点；其主要缺点为耐污、耐水、透湿性较差。聚有机硅氧烷（简称有机硅）主链Si—O—Si为无机结构，侧链为$—CH_3$等有机基团，因而是一类典型的半无机半有机高分子。聚有机硅氧烷Si—O键能高、内旋转能垒低、分子摩尔体积大、表面能小，导致其具有优异的耐高低温性、耐水性、电绝缘性、耐化学性能和较高的阻燃性。用有机硅对丙烯酸酯进行改性，可综合两者的优点，改善丙烯酸酯“热粘冷脆”、耐候、耐水、耐高温等性能，提高成膜物的力学性能。我们采用在丙烯酸乳液分子结构引入有机硅等其他基团的共聚法，改善聚硅氧烷和聚丙烯酸酯的相容性，抑制有机硅分子表面迁移，使两者分散均匀，从而达到改善聚丙烯酸酯乳液物理机械性能的目的。使研究的新型节能保温防火阻燃材料不仅有高效的保温隔热、耐候、耐水性能和良好的阻燃效果，遇火时的粘结性也大大提高。

（3）阻燃添加剂的研究情况：节能保温防火阻燃材料另一关键成分——阻燃添加剂，其对节能保温防火阻燃材料的防火性能影响极大。选择的阻燃剂必须能与胶粘剂和防火体系其他成分相互配合，另外还要考虑经济性、火灾时基本不产生毒气和浓烟以及对保温防火阻燃材料的物理性能基本无影响，同时还要提高保温防火阻燃材料的耐候、耐水、防腐蚀等性能。研究中采用在有机阻燃剂中加入复合无机阻燃剂材料的技术路线，首先研究一种新型复合无机阻燃剂为保温防火阻燃材料的阻燃防火体系，使该阻燃剂不仅有良好的阻燃效果且无毒，燃烧时基本不产生浓烟和毒气。采用锥形量热计、热分析仪、扫描电镜等研究该复合无机阻燃剂在保温防火阻燃材料中的阻燃机理和它对燃烧产物安全性、环保性的作用；并利用这些测试手段，深入研究在节能保温材料中加入该复合无机阻燃剂后，如何获得优良的防火阻燃效果，并且具有优良的理化性能和环保性能。

通过研究资料了解到，如硼酸盐类、磷酸盐类、金属氧化物阻燃剂的阻燃效果较好。它们不仅有良好的阻燃效果且无毒，燃烧时不产生浓烟和毒气，无环境污染，原料来源丰富，是一种新型的绿色环保型阻燃剂。在研究中，采用在有机材料中加入无机复合阻燃剂材料的技术路线，使其研究的新型节能保温防火阻燃材料不仅有高效的保温隔热性能和良好的阻燃效果，且无毒，燃烧时不产生浓烟和毒气、原料来源丰富、成本亦低。对其复合阻燃剂的热分解机理、阻燃机理、表观密度、导热系数、吸水率、隔声性能、耐久性、机械强度等方面进行研究。根据有关资料及国内资源情况，先对预选的阻燃剂进行单项性能试验。通过热重和差热分析，确定阻燃剂的隔热性和阻燃性，并对其密度、吸水、耐热性、防腐蚀性等性能也进行了测试。我们选用的防火体系阻燃剂是磷、铝复合阻燃剂，它是以磷酸、氢氧化铝为原料，在一定条件下反应而制得。

（4）节能保温防火阻燃材料的试验研究结果：据介绍，试验人员通过“试验→检测→分析→调整配方→再检测→再分析”这样大量的试验研究，研制出在一定温度下，用有机硅改性丙烯酸乳液的最佳量值，摸索和研究共混改性乳液、防火体系和阻燃添加剂、轻质骨料及其他成分合理配比的最佳量值。在节能保温防火阻燃材料配方设计的具体方法上，我们利用先进的检测仪器，借助正交设计等优选方法，达到提高配方设计的效率及可靠性的目的，从而得到具有优异的防火隔热性能和理化性能的节能保温防火阻燃材料的配方。

综上浅述可知，目前已经研究出的新型节能保温防火阻燃材料，具有综合性能优良、达到国内外先进水平的特点。它防火阻燃性能高，燃烧性能为 A_1 级材料；该节能保温防火阻燃材料是一种轻质保温隔热、隔声防火阻燃材料，密度小，料浆干表观密度为 292kg/m^3，抗压强度为 350kPa，导热系数为 0.072W/(m·K)，会给建筑物的轻量化及其他如基础的处理带来极大的好处。该保温防火阻燃材料是一种多功能材料，不仅可用于房屋墙体节能保温防火阻燃，还可用于吊顶、隔墙外、管道等的防火保护，这就扩大了它的应用范围。该节能保温防火阻燃材料是一种绿色环保性材料，无毒，燃烧时基本不产生浓烟和毒气，环保、安全，材料烟气毒性按《材料产烟毒性危险分级》GB/T 20285—2006，达到准安全一级（ZA_1 级），且具有耐久性好、装饰性强、施工简易等特点。随着高层建筑的不断增多、消防法规和防火规范及建（构）筑物结构中节能法规的深入贯彻实施，该项材料成果将具有广阔的推广应用前景。

10. 新型复合保温墙体在寒冷地区的应用

根据多年来对北方寒冷地区建筑墙体保温系统的研究和工程

应用实践，为克服应用近 20 年的 XPS 板施工工艺及保温性能方面的不足，决定采用新型聚氨酯硬泡与胶粉聚苯颗粒保温浆料的复合保温技术。聚氨酯硬泡与胶粉聚苯颗粒保温浆料复合保温墙体，是一种新型的建筑外保温墙体。它采用基层界面剂处理基层墙体构成界面层，将硬泡聚氨酯喷涂于基层墙体上，在硬泡聚氨酯表面涂刷双亲合力界面层进行界面处理，以解决有机材料即聚氨酯硬泡与无机材料即聚苯颗粒保温浆料之间的粘结难题。该保温体系包括：基层、界面层、喷涂聚氨酯保温层（聚氨酯保温板条）、双亲合力界面层、胶粉聚苯颗粒保温层、抗裂砂浆夹耐碱网格布（热镀锌钢丝网）、柔性抗裂腻子层及饰面层（涂料或墙面砖）。本系统采用无氟双组分硬泡聚氨酯现场喷涂，并复合胶粉聚苯颗粒保温浆料施工工艺。门窗口及装饰线条等采用聚氨酯发泡胶（OCF）粘结聚氨酯板处理；1～4 层采用热镀锌钢丝网构成保护层，外贴外墙砖。5 层以上利用抗裂砂浆与耐碱玻纤网格布复合构成保护层，然后涂覆柔性抗裂腻子、弹性防水涂料饰面层。通过配套选用断热铝合金外窗及 3 层中空玻璃等围护结构，实测节能达到并超过了节能 65%的远期目标。

1. 节能材料施工程序

（1）基层墙体处理：工程墙体基层包括清水混凝土墙体基层和陶粒混凝土空心砌块墙体基层，均应进行平整处理。喷涂施工前，应首先对外墙体的垂直度和平整度进行测量。若墙体垂直偏差大于 10mm，则应采用 1∶3 水泥砂浆进行找平。干燥 7d 后，涂刷一层基层界面剂；墙体垂直偏差小于 10mm 时，剔除墙面上残留的灰渣等凸出物后，直接涂刷基层界面剂。

（2）放线做灰饼打点：沿着建筑物外墙表面每隔 2m 距离挂垂直线，同时在门窗洞口上下檐处挂水平控制线。根据基层平整度确定聚氨酯保温层外表面位置，厚度控制在 35mm。每条垂直线位置处均应粘标点，要求满粘、密封。门窗洞口四周、阴阳角粘贴聚氨酯板，以保证门窗口及阴阳角的平直度。标点采用胶粘聚氨酯板，并同时加塑料锚栓固定的形式，厚度与保温层同为

35mm。

（3）喷涂聚氨酯保温层：聚氨酯硬泡体由异氰酸酯与多元醇再加发泡剂、催化剂、阻燃剂等，经发泡机加压、加温，通过加热保温管道泵送到喷枪混合室混合后，用压缩空气喷涂于基层表面瞬间发泡而形成。喷涂发泡时要求分层喷涂，每层厚度不得大于 20mm，在外墙基层上形成无接缝的聚氨酯硬泡体。基层表面应干燥、含水率不大于 8%，雨天、基面潮湿时不得施工。必须时刻控制发泡平整度，以前期设置的标点为基准，其平整度误差为±5mm。当厚度达到 5～10mm 时，按 450mm 间距、梅花状分布插定厚度标杆，然后继续喷涂聚氨酯保温料。喷涂聚氨酯保温料前，用塑料薄膜、塑料板等将门、窗、脚手架等非涂物遮挡、保护起来，以免造成污染，同时应防止物料对邻近建筑物、行人、车辆等造成污染，风力大于 5 级时，应停止施工。

（4）修整清理保温层及界面层：聚氨酯保温层喷涂 20min 后，用裁纸刀、手锯等工具开始清理、修整遮挡保护部位以及超过规定厚度 2mm 的突出部分。由于喷涂发泡为手工操作，喷涂时很难做到完全平整。传统的聚氨酯硬泡保温墙体单独采用聚氨酯硬泡进行保温，发泡后必须用电动打磨工具进行磨平，要求打磨人员按点线打磨，并随时用靠尺测量平整度，打磨后表面平整度误差为±3mm，并需特别注意边角的平整性。这种施工方法不仅工程量大，而且对施工进度和费用影响很大，同时打磨所产生的粉末极易污染周边环境。采用新型的聚氨酯硬泡与聚苯颗粒保温浆料复合保温墙体，不需人工打磨，从而避免了该工序施工所带来的弊病。而聚氨酯保温层喷涂 4h 内做双亲合力界面层处理，界面砂浆可用辊子均匀地涂覆于聚氨酯保温基层上。

（5）胶粉聚苯颗粒保温浆料施工控制：胶粉聚苯颗粒保温浆料是将废弃的聚苯乙烯泡沫塑料加工破碎成 0.5～4.0mm 的颗粒，作为保温隔热主体材料，并掺入一定量的粉煤灰。此外，由于聚苯颗粒是有机材料，和水泥基料的粘结性能较差，因而通过添加适量的乳胶粉，构成有机无机复合保温浆料，使浆料与聚苯颗粒的粘结强度显著提高，并能有效降低胶结材料的刚度、提高材料的柔性、减小保温层的干缩、消除保温层出现的裂缝，从而满足外墙外保温材料对强度、抗裂性和防水性（吸水率）等方面的基本要求。

先将适量水倒入砂浆搅拌机内，然后倒入1袋25kg胶粉料搅拌3～5min后，再倒入1袋125L聚苯颗粒继续搅拌3min，搅拌均匀后倒出使用，施工时稠度可适当调整。浆料应随搅拌随用，在4h内用完。抹胶粉聚苯颗粒保温浆料应分两遍施工，间隔在24h以上，后1遍施工厚度要比前一遍施工厚度小，一般在10mm左右为宜。表面用铝合金大杠搓平，平整度3mm左右，达到设计厚度即可进行下道工序，即耐碱网格布的施工。

（6）耐碱网格布施工质量工艺：胶粉聚苯颗粒保温浆料固化干燥（用手按不动表面为宜，一般3～7d）后，方可进行5层及以上部位抗裂保护层即耐碱网格布的施工。先将3～4mm厚抗裂砂浆均匀抹在保温层表面，随后立即将已裁剪好的耐碱网格布用铁抹子压入抗裂砂浆内。相邻网格布的搭接宽度不应小于50mm，同时要避免网格布皱褶、空鼓、翘边。楼层阳角处两侧网格布双向绕角、相互搭接，各侧搭接宽度不小于200mm。门窗洞口四角应增加300mm×400mm的附加网格布，沿45°方向铺贴。要求平整、光滑，不能有网的痕迹，阴阳角处平直、光滑，造型处及门窗口部位线条平直、棱角分明。最后，进行TS203柔性腻子及弹性防水涂料及外墙砖的施工。1～4层墙面由于采用外墙砖饰面，故采用热镀锌钢丝网构成保护层。

2. 聚氨酯硬泡与胶粉聚苯颗粒保温浆料

复合保温与EPS板及XPS板的比较聚氨酯硬泡与胶粉聚苯颗粒保温浆料复合保温与原设计保温层（EPS板及XPS板）的性能比较，如表1所示。

复合保温材料与 EPS 板与 XPS 板的性能比较　　表 1

项目	复合保温材料	EPS 板	XPS 板
导热系数［W/(m・K)］	硬泡 0.024，浆料 0.06	<0.041	<0.028
厚度（mm）	硬度 35，浆料 25	70	50
粘结性能	粘结力强	需胶粘剂、锚栓固定	需胶粘剂、锚栓固定
体积稳定性	收缩率小于 2%	需陈化处理	易收缩变形
防火性能	B_2 级，不燃	B_2 级	B_1 级

由表 1 可以看出，外墙采用喷涂聚氨酯硬泡与胶粉聚苯颗粒保温浆料复合保温体系，其保温性能及其他主要性能指标均明显优于现阶段通常使用的建筑墙体保温材料 EPS 板及 XPS 板墙体，应用于北方寒冷地区具有显著优势。

（1）材料的保温隔热性能：聚氨酯硬泡的保温隔热性好，密度大于 30kg/m^3 的硬泡为多面体闭孔结构。用喷涂硬泡做墙体保温材料，它与墙体整体无缝密封、无空腔、无锚钉，粘结牢固。外层胶粉聚苯颗粒保温浆料复合保温增加了墙体的保温性能。

EPS 板保温施工时需专用胶粘剂，为有空腔粘结，而且需锚栓固定。空腔中若有空气流通，保温性能降低，一般空腔修正系数应为 1.1～1.2。如果实际施工时，EPS 板保温层点粘或者板与板之间以及板与墙体之间缝隙过大，在正负风压和温差作用下，因对流传热，则保温性能降低更多。锚栓部分存在冷桥，极易在寒冷的季节产生结露等现象。XPS 板与 EPS 板一样，也是有空腔粘结，需要专用锚栓固定。粘结施工较为困难，表面需要涂界面剂，为保证粘结质量，其表面需打毛。空腔中如果有空气流通，保温性能与 EPS 板一样降低，锚栓部位亦有冷桥。

（2）材料的稳定性能：聚氨酯硬泡体在±70℃温差变化及空气湿度 45%～75%环境下，尺寸变化率极低。聚氨酯的耐腐蚀能力很强，在酸雨、CO_2 的作用下不会发生变化，外层胶粉聚苯颗粒保温浆料的保护效应进一步提高了其稳定性。而 EPS 板出厂后，需陈化处理才可以使用，陈化时间一般常温下需 40d 或高温（60℃）5d。XPS 板可粘性差，需双面涂界面剂，表面需打毛，稳定性能较差，使用期间易收缩变形、表面开裂。

（3）材料粘结密封性能：聚氨酯本身就是一种很好的胶粘剂，其结构中含有的极性基团—NCO 对材料的粘结力极强，不同基层墙体与喷涂聚氨酯的粘结强度如表 2 所示。

不同基层墙体与喷涂聚氨酯的粘结强度　　表 2

基层墙体	粘结强度（MPa）	破坏面
混凝土	0.32	聚氨酯断裂
水泥砂浆	0.35	聚氨酯断裂
黏土实心砖	0.30	聚氨酯断裂
瓷砖	0.28	聚氨酯断裂
钢板	0.33	聚氨酯断裂
铝塑	0.32	聚氨酯断裂

由表 2 可看出，聚氨酯直接喷涂于上述基面上，不需任何处理剂。只要基层含水率小于 10%，就能有效粘结，实现无缝无空腔整体密封。其与外层胶粉聚苯颗粒保温浆料的粘结采用双亲合力界面剂，保证了墙体的粘结密封性能。

（4）材料防水性能：因聚氨酯硬泡气泡为闭孔，闭孔率大于 92%，自结皮闭孔 100%，吸水率大小与密度有关，密度越大，吸水率越小，所以规定，墙体保温聚氨酯硬泡密度不小于 30kg/m^3，吸水率小于 3%，保温层完全可以阻止室内水蒸气向外迁移及室外湿气向室内迁移。聚氨酯硬泡本身吸水率极小，既可作保温层，又可起到防水作用。

（5）材料防火性能：聚氨酯硬泡加阻燃剂后，燃点为 150℃，垂直燃烧时间小于 90s，燃烧距离小于 50mm，聚氨酯阻燃 B_2 级。胶粉聚苯颗粒不燃烧。EPS 板及 XPS 板可以达到阻燃 B_2 级以上，由于表面采用薄抹灰系统，防火性能降低。

（6）材料的耐久性能：据研究资料结果表明，聚氨酯硬泡在 130℃下可使用 30 年，在正常温度下加 HCFC 硬泡的导热系数只提高了 0.0067W/(m·K)，从而证明硬泡 25 年应可保持良好的保温性能。

综上浅述，在北方地区某文化教育中心工程外墙体保温中，采用无氟双组分聚氨酯直接喷涂到经界面处理的基层墙体表面发泡，与复合胶粉聚苯颗粒保温浆料共同组成保温层。由聚氨酯板条控制保温层厚度，并成为胶粉聚苯颗粒保温层分格缝。工艺简洁，具有很强的可控性和可操作性。聚氨酯硬泡与胶粉聚苯颗粒保温浆料之间无空腔粘结、无空鼓、无开裂、无脱层，尺寸稳定，收缩率小。其整体性好，无热桥效应，还兼具防水、防潮功效。外保护层由聚合物砂浆夹耐碱玻纤网格布、柔性腻子、弹性防水涂料构成高效保温的复合墙体，完全消除风压破坏和冻胀破坏。工程实践证明，该复合保温墙体充分利用了聚氨酯优异的保温性能及胶粉聚苯颗粒保温浆料的饰面平整和性能稳定的优势，是技术先进、保温性能优良的外墙外保温体系。聚氨酯硬泡与胶粉聚苯颗粒保温浆料复合保温技术的推广使用，符合我国北方地区寒冷气候条件下的实际需求。

11. 内嵌 EPS 轻型保温混凝土砌块墙体施工控制

为环保节能，禁止使用烧结黏土砖以来，混凝土空心小型砌块作为主要砌体材料，其本身保温性能较差，还要与其他保温隔热材料复合使用，才能作为建筑物外围护结构。而使用胶粉聚苯颗粒保温砂浆抹灰或用聚苯乙烯泡沫板镶贴后，又存在强度偏低及耐久性差、造价偏高和现场施工受室外气候条件影响的缺点，容易造成保温层的渗漏、空鼓开裂、翘角脱落的质量问题，同时外表面装饰还必须用钢丝网及锚固件加强。而轻型内嵌 EPS 复合保温混凝土空心砌块，将空心砌块和 EPS 苯板两者有机结合，见图 1，具有墙体结构新颖、保温节能效果好、质量轻且外观好、耐腐蚀等优点，在一些地方已得到应用。

1. 轻型内嵌 EPS 保温混凝土砌块特点

（1）采用轻型内嵌 EPS 复合保温混凝土空心砌块砌筑的墙

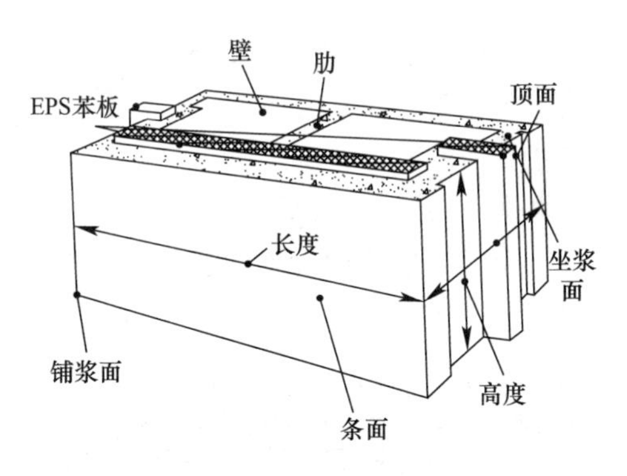

图 1　EPS 复合保温节能砌块构造

体，表面平整及垂直度符合施工验收标准，并且省去了抹灰及固定钢丝网工序，加快工期节省费用，墙体构造见图 2。

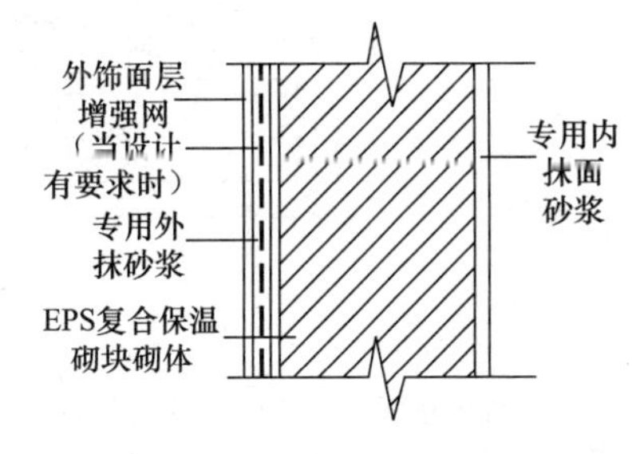

图 2　EPS 复合保温砌块墙体构造

（2）小型空心砌块和 EPS 苯板两种材料的构造处理，解决了混凝土小型空心砌块自身的热、裂、渗质量隐患，并且有效地处理因外贴苯板强度低、耐久性差和造价偏高问题，节省基体表面抹灰层，苯板加贴网格布等几项工序及用材，经济效益明显。

（3）通过在混凝土小型空心砌块内插两排保温板，一排在砖内；而另一排在砖两边并伸出砖外 5mm，解决纵墙缝保温问题，并处理了因砖平面铺砂浆 10mm 对横墙缝的保温，使墙体的纵横缝之间都有保温层，保温板的覆盖面积达到外墙面的 98%以上，并在墙柱等部位外贴陶瓷保温板处理热桥现象，使建筑物表面达到隔热保温效果，强度高且方便施工。

（4）EPS 节能保温混凝土小型空心砌块的物理力学性能是：排孔数≥2 排，表观密度≤1200kg/m^3，抗压强度≥2.5MPa，吸水率≤20%，干燥收缩率≤0.045%，抗渗透性≤10mm，抗冻强度损失≤25%，当量导热系数≤0.28W/（m·K)，碳化系数≥0.8，软化系数≥0.75。

2. 施工操作重点控制

（1）绘制砌块排列布置图：砌筑前要根据房屋设计图纸，结合砌块外形尺寸与配套型号，设计砌块排列图，经过审核，调整无误后再进行砌筑，砌块排列示意见图3。

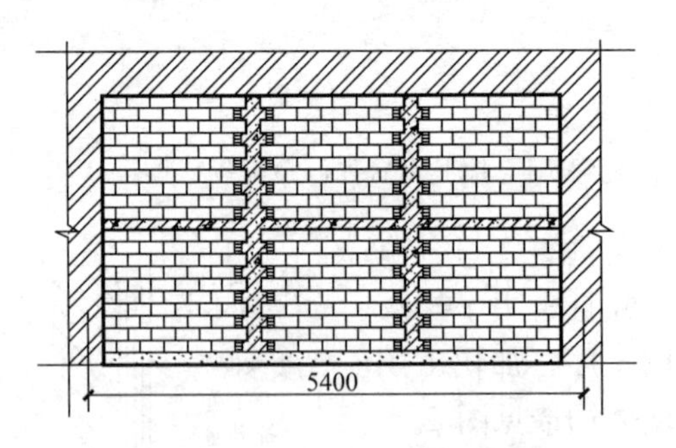

图3 砌块排列示意

墙体的平面布置设计应以2m为基本模数，特殊情况下可采用1m。竖向设计及墙的分段净长度宜用1m为模数，排列设计应使用主砌块规格占总量的75%考虑，主规格尺寸为390mm×190mm×190mm，减少辅助规格砌块的数量及种类(辅助规格砌块长度≥150mm)，辅助规格砌块一般尺寸为190mm×190mm×190mm，个别马牙槎部位可采用八五水泥砖配模数，设计预留孔洞、管线槽口及门窗、设备等固定点和固定件，应在墙体排列图上详细注明，并设置控制缝。

（2）对基层的处理。首先，对基层的不平整处采取剔除或抹补砂浆找平，待基层清理干净后，及时进行弹线放线工作，依据施工图纸放出第一皮砖的轴线和洞口线；其次，要对墙体根部进行处理。墙体下部一皮砖要采用PU发泡填缝剂灌注实，或者采用一皮自保温实心砌块砌筑，或是设置高度大于200mm的现浇混凝土带。

（3）对交接面拉结、抗裂防渗处理。墙体与混凝土柱、剪力墙交接处要采取用拉结钢筋处理，拉结钢筋应采用预埋或后锚固形式与框架柱进行有效连接，见图 4。

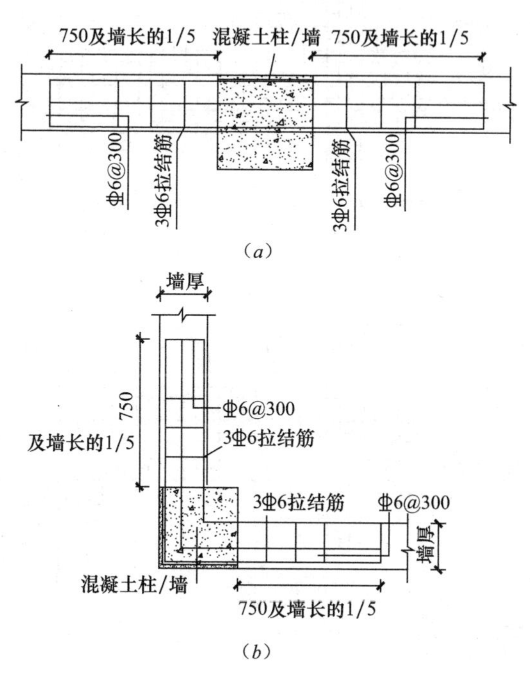

图 4　墙体与柱或剪力墙拉结钢筋构造

（a）墙体与混凝土柱交接处；（b）墙体与剪力墙交接处

墙体与混凝土梁、柱、剪力墙交界面应采用抗裂砂浆和热镀锌电焊网进行加强，抗裂砂浆及钢丝网应延伸至自保温墙体及混凝土梁、柱、剪力墙保温材料均大于 200mm，采用 EPS、XPS 板等保温材料进行保温处理时，抗裂砂浆及钢丝网要完全覆盖在保温材料上，见图 5。

（4）自保温墙体的要求。

1）墙体应采用专用抹灰砂浆处理，外粉刷层要根据房屋立面分层设置分格缝，水平间距不要超过 3m，并使用高弹塑性、高粘结力、耐老化的密封材料嵌缝。

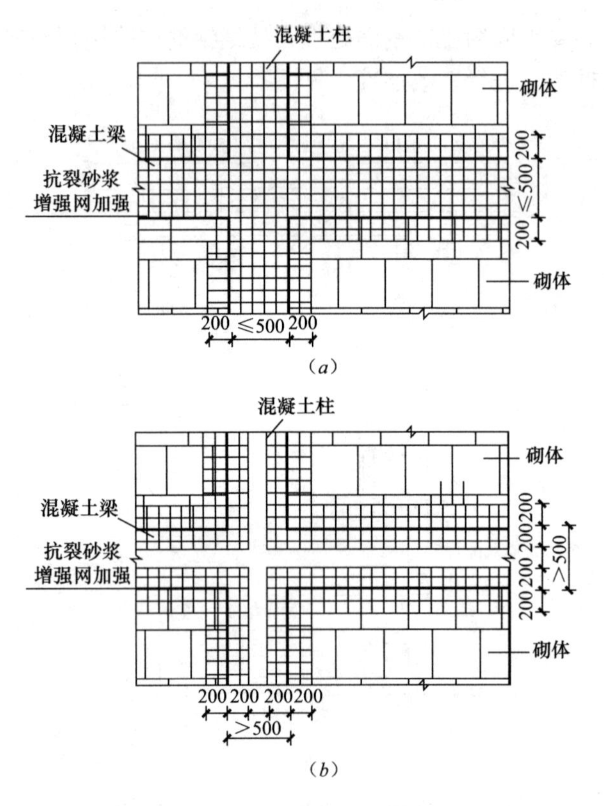

图5　梁柱交界面抗裂处理

(*a*) ≤500；(*b*) >500

2）当墙体直线段大于5m时，应增加间距≤3m的构造柱，砌体无约束的端部及宽度大于2m的洞口必须设置构造柱，构造柱应进行保温处理。

3）每层墙高的中部应增设高度120mm的混凝土水平带，且进行保温处理。

4）墙体的门窗洞口两侧200mm范围内的砌块要采用PU发泡填缝剂灌注实，也可使用配套的实心砖砌块砌筑。窗台要加设现浇混凝土压顶，其高度大于200mm。窗台混凝土压顶可结合混凝土水平带构成整体。门窗洞口上方要设置钢筋混凝土过梁，两端搁置长度大于 300mm，凡是混凝土部分均要进行保温。

5）其他构造措施也必须符合现行《混凝土小型空心砌块建筑技术规程》JGJ/T 14—2011 等的相关规定。

（5）热桥部位的构造处理。在混凝土框架梁柱，水平带及门窗洞口及过梁等外部可能产生的热桥处，要采用陶瓷保温板粘贴处理。与结构每边搭接不小于 200mm，与锚固件及固定件间距小于 600mm，见图 6。

（6）交界面构造处理。在墙体与框架柱连接处，沿着墙向上每隔 500～600mm 设置拉结筋，钢筋一端伸入在墙体内；另一端预埋在框架柱内，也可以通过植筋锚固措施，确保与框架柱的有效连接。拉结筋伸入填充墙内的搭接长度，当抗震设防烈度为 6、7 度时，锚固不应小于墙长的 1/5，且大于 750mm；当抗震设防烈度为 8 度时，锚固应沿墙的全长埋设。当墙体用不同材料时的处理，交接处用镀锌焊钢丝网加强，且每边搭接长度大于 200mm。

3. EPS 节能保温砌块的施工控制

（1）墙体在施工前根据实际尺寸编制砌块平立面排块图，根据排块图进行排列摆块，以主规格保温砌块为主，辅以相应的辅助砌块，以确保搭接及错缝、灰缝符合设计要求。

（2）因在砌块灰缝处均采用了 EPS 节能保温材料隔断，保温隔断材料在施工时应避免脱落，脱落处要及时补足，采用 1∶3 水泥砂浆砌筑。

（3）墙体砌筑应从房屋外墙转角定位处开始，砌筑皮数、灰缝厚度及标高要与提前设置的皮数杆控制线相一致。皮数杆要竖立在墙体转角处和交接处，间距不要过长，宜在 15m 以内为好。同时，在砌筑前不要对砌块浇水。如果当时气候干热，可用喷壶预先洒水处理。

（4）砌块应错孔搭砌，反砌及搭砌长度大于砌块全长的1/3；砌块竖向灰缝及水平灰缝要采取挤浆手法砌筑；砌块上墙后对准皮数杆，配备锤子以挤压方式使砌块竖向灰缝与水平灰缝两侧浆

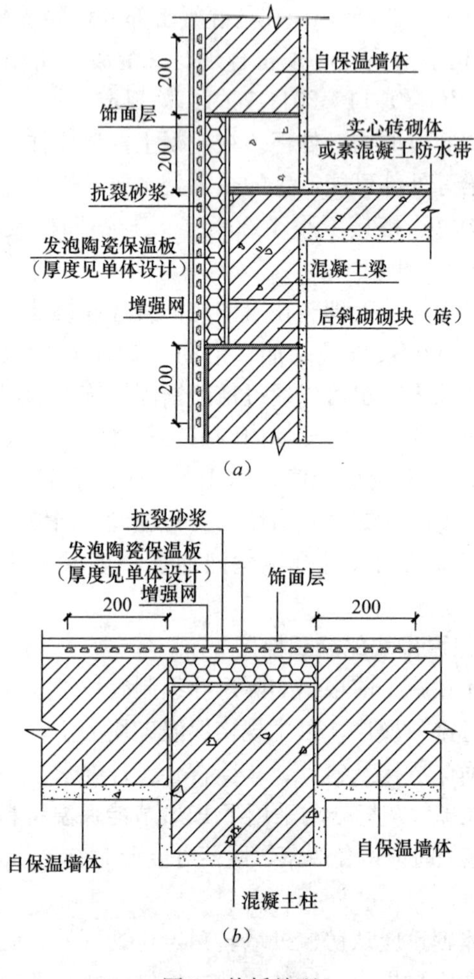

图 6　热桥处理

（a）框架梁；（b）框架柱

流出，并同时将放置上墙的砌块一次性就位合适。

（5）砌筑砂浆应随铺随砌，砌块灰缝应横平竖直，水平灰缝宜采用坐浆法满铺砌块全部壁肋或砌块的封底面；竖向灰缝宜采用满铺端面法，即将砌块的端面朝上铺满砂浆再上墙挤紧，然后再加浆插捣密实。水平灰缝砂浆饱满度大于90%，竖向灰缝砂浆饱满度大于80%。水平灰缝砂浆厚度和竖向灰缝砂浆厚度宜为10mm，并不得小于8mm、大于12mm。墙面应随砌用原浆勾缝补平，缺浆处压实在缝隙处压成凹缝，一般低于大面2mm为宜。

（6）外墙和纵横墙交接处应交错搭接，临时间断处应砌成斜槎，斜槎水平投影长度不应小于斜槎高度，更不允许留直槎。埋在灰缝中的拉结筋或者钢丝网片，必须放置在水平灰缝的砂浆层中，不允许有露筋。固定圈梁或挑梁侧模的水平拉杆，扁铁或螺杆应在小砌块灰缝中预留4个直径大于12mm孔穿入，不要在砌块上凿孔打洞。同时，砌体应分次砌筑，日砌筑高度不要超过1.4m。砌体接近梁板底部时应留一定空隙，在停置至少14d后，再用C25细石混凝土塞填密实。

（7）门窗洞口两侧应保证洞周顺直。如果用空心砌块，必须按设计要求，采用PU发泡剂等保温材料灌孔洞。门窗框必须牢固地固定在门窗洞两侧预埋的混凝土块上，门窗框与洞口间隙要使用密封嵌缝材料嵌填，再用砂浆抹平。如果用砂浆处理不好，还要进行打胶密封。

（8）在墙上预留施工方便通行的临时洞口，其侧面离交接处墙面要大于500mm，洞口净宽度不要超过1m，应沿墙高每隔600mm在水平灰缝中预埋2根8mm钢筋，钢筋埋在砂浆中长度每边不应小于800mm。洞口顶端应设置过梁，临时洞口补砌的砌体与原砌体空隙用砂浆填实，墙面用抗裂砂浆粘贴热镀锌钢丝网加强，钢丝网伸出洞口两侧不小于150mm。

（9）砌体孔槽周边要采取可靠的防裂、防渗措施。孔槽洞间隙应先用砂浆分层填实，并沿着洞长方向用抗裂砂浆粘贴热镀锌钢丝网加强，钢丝网宽度要超出孔槽洞两侧各100mm以上。

4. 热桥部位陶瓷保温板的施工

（1）施工前应根据建筑物外形实际尺寸进行排板设计，按照设计排板进行画线分格。在外门窗洞口及伸缩缝，装饰线条处弹水平及垂直控制线。在房屋外墙阴阳角及其他必需处画出垂直基准线，弹出水平基准线。在施工过程中，每层适当挂水平控制线，以确保板块的垂直度及平整度。

（2）施工时应优先选用主规格的保温板，主规格保温板尺寸为600mm×1200mm，辅助规格保温板和局部不规则板在现场裁剪，尺寸偏差按±2mm控制。

（3）陶瓷保温板与墙体的粘贴可以用点粘或是条粘，涂胶面积不得小于板面积的40%。如果是点粘贴，胶点的涂抹面积直径在90～100mm的圆形状，各胶点中心之间的距离应在200mm左右，板的边缘均匀涂抹粘贴砂浆，其宽度大于80mm，边缘的中间应留有长80mm的空隙，见图7。

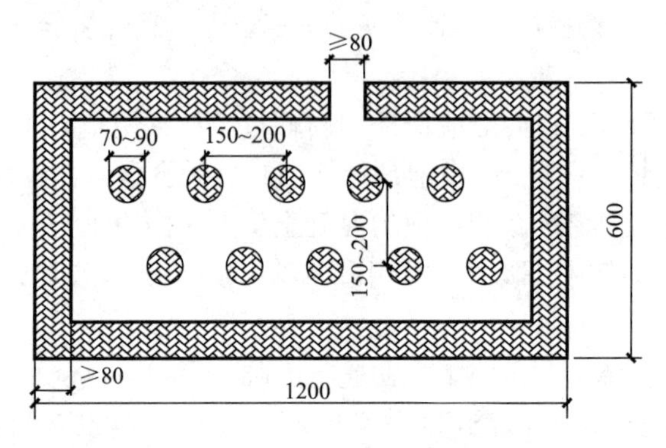

图7 陶瓷保温板点粘示意

（4）保温板粘贴施工应用力均匀，并随即用2m长直尺和托线板检查平整度和垂直度。粘结可靠牢固，不得有空鼓松动；墙角处的保温板应交错互锁；粘贴时要注意清除板边溢出的胶液，使板与板边之间无碰头灰、拼缝严密。缝宽如果达2mm时，要用相同厚度的聚苯板条填宽紧，板块之间差值<1.5mm。

（5）有固定件的应在保温板粘贴7d后进行，按设计的准确位置用冲击钻打孔，锚固到基底不少于70mm，并做拉拔试验；同时，对板面进行保护，防止雨水冲刷及烈日暴晒；如果在冬季，还要采取保温措施。当室外温度高于38℃或者低于0℃时，不得施工。

（6）陶瓷保温板在粘贴时不得浇水浸湿，专用的抹面砂浆压实、抹平，基底必要时要进行界面处理，其抹灰厚度必须小于20mm，一遍抹灰厚度不得超过12mm，注意压实，防止空鼓。

（7）施工质量重点控制要求：施工质量除了遵守国家现行《砌体结构工程施工质量验收规范》GB 50203—2011及《混凝土小型空心砌块建筑技术规程》JGJ/T 14—2011规定，还要满足以下几点：

EPS节能保温砌块的外观尺寸允许偏差长、宽、高均控制在±3mm以内。砌体轴线位移小于10mm，垂直度小于3m为5mm；大于3m为10mm；表面平整度，2m直尺最大为4mm；门窗洞口高宽为5mm；外墙上、下窗口位移用经纬仪检查，小于15mm。

通过上述浅要分析介绍可知，轻型内嵌EPS保温混凝土砌块在一些工程中的应用十分成功，它改变了传统结构中墙体以保温板为主的外保温围护形式，不仅减少了能源的消耗，加快工期、降低造价，且解决了外贴保温板可能产生的空鼓开裂、翘角脱落及渗漏等质量问题，也解决因其强度低、耐久性差及造价偏高的不足，确保了工程质量。对推广使用轻型EPS节能保温混凝土砌块，可提供可靠的应用保证。

12. 无机保温砂浆的质量应用控制要求

随着建筑节能减排工作的深入推进，墙体保温工程在全国南北各地开展。早期首选的保温材料是有机保温材料。虽有较好的保温性能，但也有施工和易性差、易燃、易老化开裂等自身的弱点，有被淘汰的趋势。特别是在2010年上海的“11.15”火灾之后，有机保温材料因为达不到A级的燃烧性能，便加速了其淘汰速度。尤其是公安部（公消〔2011〕65号）文件规定中，彻底禁止了有机保温材料的生存空间，取而代之的便是无机保温材料的研究应用。

无机保温材料有无机保温砂浆和无机保温板材两类产品。与有机保温材料相比，无机保温材料有其独特的优点。除了良好的保温性能外，还具有防水、阻燃、安全性好的特点，其燃烧性能为A级，完全符合公安部所提的阻燃要求。同时，也具有稳定的物理和化学性能，属于绿色环保无公害产品，因而受到市场的欢迎。但由于无机保温材料投放市场的速度过快，相关的规范和规程都未及时跟上，给监理人员的质量控制带来一些难度。

1. 现行的规范、规程的规定

（1）国家现行规范、规程的相关要求：首先，就相关的规定来说，还没有一套完全专门针对目前市场上所使用的无机保温材料的规定。目前所沿用的规范或规程都是前几年发布的针对聚苯颗粒以及膨胀珍珠岩、膨胀蛭石为颗粒的保温材料，只有极少的条款提及无机保温砂浆。从国家的层面说，有《建筑节能工程施工质量验收规范》GB 50411—2007 和《建筑保温砂浆》GB/T 20473—2006 两种。前者偏重于施工，是建设管理部门编制的；后者偏重于材料，是技术监督部门编制的。还有一个行业标准《外墙外保温工程技术规程》JGJ 144—2004，从技术上对于保温工程从材料到施工都作了详细规定，但可惜只有聚苯颗粒保温浆料的内容。于是，有的检测单位就以聚苯颗粒浆料的要求来对无机保温砂浆的保温系统进行检测。这里的系统是指从基层处理的界面剂到表层的面砖或涂料；就材料质量的检测而言，是按照《建筑保温砂浆》GB/T 20473—2006 的要求。然而，该规范将建筑保温砂浆仅仅定义为“以膨胀珍珠岩或膨胀蛭石、胶凝材料为主要成分，掺加其他功能组分制成的用于建筑物墙体绝热的干拌混合物。使用时需加适当面层”，没有包括目前市面上广泛应用的以玻化微珠或陶砂等为颗粒的无机保温砂浆。目前，对于材料的检测就是参照这个规范进行的。该规范对硬化后的砂浆性能规定见表1。

砂浆硬化后的物理力学性能 **表 1**

项目	技术要求	
	Ⅰ型	Ⅱ型
干密度（kg/m^3）	240～300	301～400
抗压强度（MPa）	≥0.2	≥0.4
导热系数（平均25℃）[W/(m·K)]	≤0.07	≤0.085
线收缩率（%）	≤0.3	≤0.3
压剪粘结强度（kPa）	≥50	≥50
燃烧性能级别	A级	A级

从上表可以看出，对于无机保温材料，根据其干密度可分成两类，即Ⅰ型和Ⅱ型。但目前使用的种类远多于两类，上海的标准就分成4类。这个标准是目前判定材料是否合格的依据。一般型式检验报告上要判明合格与否，但在委托检验的报告中，有的只注明检验结果而不判定合格与否。这就要对照设计和相关的具体规定，由监理工程师自己来判定。

（2）例如，上海地区的地方规范、规程要求：现在上海地区在保温方面的地方规范主要有《建筑节能工程施工质量验收规程》DBJ 08—113—2009和《外墙外保温砂浆技术要求》DB31/T 366—2006。与国家规范一样，这两个规范中前者也是建设管理部门组织编制的，主要是针对施工；后者是技术监督部门编制的，着重针对材料。专门针对无机保温砂浆系统的应用技术规程正在编制中，目前网上已经看见征求意见稿了。现行使用的规范都是推荐性规范。

每一种材料都应当有一个推荐性规范或者是标准图集。这个推荐性规范是企业和上海市建设工程安全质量监督总站联合编制的，如DG/TJ 08—205—2009等。正在制定的《无机保温砂浆系统应用技术规程》则将目前广泛使用的无机保温砂浆都包括在其中。当这套新的地方规范出台，就有了统一的可应用标准。对无机保温砂浆的定义会是“由无机轻质骨料（膨胀玻化微珠、陶砂等）、胶凝材料（水泥或石膏）、矿物掺合料、保水增稠材料、憎水剂、纤维增强材料以及其他功能添加剂等，在工厂按一定比例混合均匀的粉状材料”。这个定义明确了现阶段广泛使用的无机保温砂浆的内容，在材料性能上列出可操作的要求，见表 2。

水泥基无机保温砂浆的性能指标　　表 2

项目	性能指数			
	Ⅰ型	Ⅱ型	Ⅲ型	Ⅳ型
外观	均匀、无结块			
干密度（kg/m^3）	≤350	≤450	≤550	≤650
导热系数［W/(m·K)］	≤0.07	≤0.08	≤0.10	≤0.12
抗压强度（MPa）	≥0.5	≥0.8	≥1.2	≥2.5
拉伸粘结强度（MPa）	≥0.10	≥0.15	≥0.20	≥0.25
耐水拉伸粘结强度（浸 7d）（MPa）	≥0.08	≥0.10	≥0.15	≥0.20
抗冻性	15 次冻融循环后质量损失率≤5%，抗压强度损失率≤20%			
软化系数	≥0.60			
体积吸水率（%）	≤20			
线性收缩率（%）	≤0.25			

从表 2 列出的指标上可以看出，在抗压强度上无机保温砂浆有很大的优势，数值上是有机保温砂浆强度的两倍以上。在保温性能上，与有机保温砂浆也基本接近。这个规程的早日颁布，便于施工过程中及监理在质量控制中查找控制依据。

2. 严格供应商的资格审查

监理在施工现场对于无机保温砂浆的控制，首先应从审查供应商的资格开始。按照各地区的具体规定，建筑砂浆是要经过备案并出具备案证明。但在保温砂浆方面有一点特殊，虽然也进行了备案，但不是在主管部门的机构备案，而是在建材协会备案。在地方建筑建材业网站上查不到备案结果，所出具的备案证明是建筑材料行业协会颁发的。有一点遗憾的是，厂家备案的结果在建材行业协会的网站上也往往查不到，只有电话询问，到协会去查，才可能有结果。这样做可信度就会下降，中间环节会复杂得多，不利于材料的广泛应用。

3. 材料进场的质量控制

（1）进场必须进行验收：除了审查供应商的资格，就是审查供应商所提供的资料试验资料。主要有出厂合格证明和两种检测报告。一种检测报告是型式检验报告，这种报告规范上都是规定一年一次，就是说超过一年的检测报告是无效的；另一种检测报告就是出厂检验报告，或者叫质量保证书，有的出厂检验报告上只注明检验结果，不对照标准判定是否合格。监理应该对照标准去看，与设计所要求的指标值是否相符，不符的应该拒绝；材料进场后就是验收，然后取样复试。按照规定，三项指标即导热系数、抗压强度和干表观密度必须复试。由于复试的时间比较长，要 50d 后才能拿到结果，必须适当提前进行。现场的实物验收就是抽查材料的外观，不能有结块、受潮的现象。有一点值得强调的是包装袋上的日期，如果包装袋上没有打印生产日期，那就无条件退货；还要看包装袋上的日期与质保书上的日期是否吻合。验收合格后，要求将材料堆放在防雨、防潮的地方。

（2）取样品复试：抽取样品在进场验收后进行。《建筑节能工程施工质量验收规程》DBJ 08—113—2009 第 4.2.6 条规定，“同一厂家、同一品种产品每 6000m^2 建筑面积（或保温面积 5000m^2）抽样不少于 1 次”。根据这个标准，要换算出 5000m^2 保温面积所用的量，一般厂方在说明书上会注明每平方米的耗用量，求出 5000m^2 的耗用量，就是每次取样所代表的数量。

4. 施工过程的质量控制

（1）样板控制引路：在正式施工前，一般都要先做出样板间，再根据样板情况开展大面积施工，规范上也有这个要求。样板的施工必须在监理的监督下进行，否则不应予以认可。样板除了材料外，施工的过程也必须严格按照施工方案进行；有的保温施工都已经形成工法了，更应该按照工法施工。样板应该在新建的建筑物墙面上进行。有的在围墙或其他废弃的墙上做，那样不规范，应避免。样板完成后要经过验收，验证施工方案是否可行、是否还有要改进的地方，然后开始大面积施工。

（2）施工环境控制：从目前使用和掌握的材料来看，绝大多数的保温砂浆，其施工时的温度会在自然环境温度的5～40℃之间，同时不能下雨和暴晒。这在材料说明书上都有很具体的要求。有的材料对于风力大小也有要求，不能超过5级；湿度以10%～80%为宜。

（3）隐蔽验收控制：虽然抹灰工序不需要旁站监督，但在保温砂浆的粉刷过程中，监理要勤巡视，需要关注的地方很多。比如，基层的清理、界面剂的使用、每次粉刷的厚度、玻纤布（或钢丝网）的铺贴、窗框边角处的局部处理、锚栓的数量和规格等等。按规定，锚栓伸入基层的有效长度不小于30，杆身有螺纹，要拧进去。但在施工中，有时为了追求速度，几榔头就扎进去了，这样大大降低了锚固的效果。对于抗裂砂浆的面层，无论是嵌入钢丝网还是玻纤布，都必须平整地铺贴，然后由抗裂砂浆覆盖，形成保温砂浆的保护层。这些需要隐蔽的地方，都需要监理签字确认。不加强巡视就不能有效地控制，其结果是会留下质量隐患。

（4）留取试块的相关要求：与其他的抹灰不同的是，其保温砂浆也要留取试块并且是同条件试块；要通过同条件试块，确认保温材料的抗压强度、导热系数和干表观密度。试块留取的数量是每个检验批不少于3组，检验批的划分是每1000m^2为一个检验批。但也可以根据施工工艺和流程，由施工和监理共同确定检验批的数量，最大不超过3000m^2为一个检验批，每一个检验批不得少于3组同条件试块。

5. 检验批的验收要求

（1）资料的核查规定：当施工所有项目结束后，按照检验批对完成的界面进行验收；对无机砂浆保温，有基层处理以及保温砂浆、抹面层、变形缝、饰面层等每个分项工程，根据工程量的大小分成检验批。每个检验批都要进行验收后，才能进入下道工序施工。

（2）现场检测规定：现场检测的内容有保温层厚度的检测、锚钉的拉拔试验、平整度和垂直度的检测。保温层的厚度在检查灰饼时就有所控制。问题是对于最薄处的厚度也有要求，确保不能低于设计厚度的90%。在检查基层时通过目测检查，确实因偏位太大而不能保证保温层厚度的，要对基层进行凿除处理，完工后的检测依然必要。其他检测都有章可循，唯有拉拔试验的检测频率规范没有明确。如果仅检测一组，对于较大的工程来说有些偏少，至少是不同的基层应各做一组。另一个问题是要注意基层材料的质量对拉拔的影响。如果基层是混凝土空心砖，其壁厚一般达不到30mm，这就要对其灌芯，至少是靠外侧的一排孔要用混凝土灌实。否则，锚钉伸入墙里的长度就不足，不能满足要求。这项工作要在砌筑时完成，要是到抹灰时再来做就为时已晚。

作为一种保温材料的系统来说，还要包括其装饰面层，一般是涂料和面砖两种。装饰面层的做法与其他装饰装修工程没有什么明显的区别，就是面砖的使用上有一些要求。这应属于设计的范畴。

无机保温材料已经在一些地区广泛使用，技术本身需要进一步探讨。对于承担质量控制来说，在控制的方法上更需要做一些深入的研究，然后再不断地摸索、不断地积累经验、不断地提高，保障无机保温砂浆的广泛应用。

13. 夏热冬暖地区自保温砌块的热工设计应用

为促进夏热冬暖地区建筑节能工作的深入进行，住房和城乡建设部先后在2005年和2012年颁布并实施了《公共建筑节能设计标准》GB 50189—2005及《夏热冬暖地区居住建筑节能设计标准》JGJ 75—2012等国家标准，为这类地区居住建筑的节能设计提供了依据。外墙的热工性能对保证居住建筑达到节能50%的目标非常关键，所以，这些标准都对建筑外墙的传热系数提出了明确的要求。建筑自保温砌块作为夏热冬暖地区最常见的外墙自保温材料，已经得到了广泛应用，但是由于地域经济发展水平和生产厂家专业水平的差异，该广大地区建筑砌块的热工性能良莠不齐，提高和规范砌块的热工性能已经成为当前急需解决的现实问题。

1. 使用自保温砌块的思路

夏热冬暖地区建筑自保温墙体的热工性能，主要是保温和隔热性能。检验保温性能优劣的指标是传热系数，也是建筑能耗直接相关的指标；而评价隔热性能优劣的指标是热惰性指标，它直接影响到室内热舒适性能。以下主要探讨对自保温砌块传热系数的影响因素。以夏热冬暖地区最常见的 390mm×190mm×190mm 规格砌块为例进行研究。对于常见的空心砌块，矩形孔的平均传热系数最小、正方形孔次之、圆形孔最大，所以，在采用矩形孔的前提下，选取典型的多排孔空心砌块进行研究。提高自保温砌块热工性能可采取以下三个途径：

（1）加大砌块厚度，采用多排孔；

（2）填充高效保温材料，组成复合砌体；

（3）组砌复合砌体。但对于夏热冬暖地区，建筑墙体厚度基本限定在 200mm 左右，加厚砌块尺寸和组砌复合砌体基本很难实现，填充高效保温材料、采用多排孔是可取的方法。同时，夏热冬暖地区近年来关于自保温砌块研究和实践的成果表明，提高砌块材料自身的热工性能和设计良好的孔形尺寸，对砌块的节能性能也很关键。因此，可从孔的排数、排列方式、砌块自身材料以及孔洞填充材料入手，对砌块热工性能进行定量分析，得出建筑自保温砌块热工设计的一般规律和设计重点。选取的砌块模型见图 1，并按照孔洞排数及排列方式对各个砌块模型进行。

2. 热工计算分析

利用二维有限元计算软件对图 1 所示的各个砌块模型进行模拟计算，砌块自身材料分别选取三种典型材料：普通混凝土、粉煤灰陶粒混凝土和火山灰混凝土，这三种材料的导热系数 λ 分别为 1.28、0.90、0.57W/(m·K)；孔洞填充材料选取常见的保

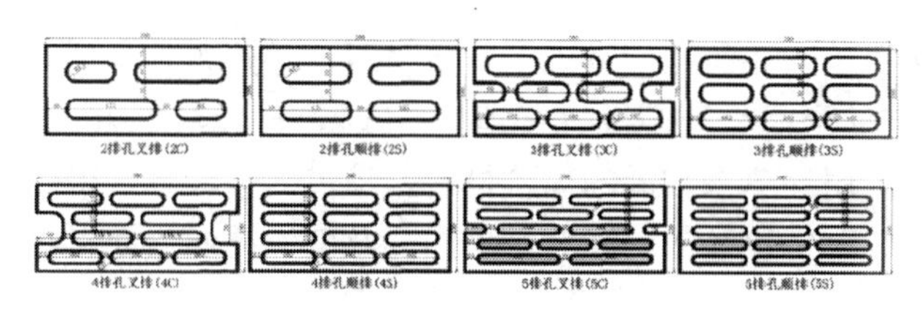

图 1　用于保温性能分析的砌块模型

温材料：胶粉聚苯颗粒浆料、EPS 板、硬泡聚氨酯（PU），其导热系数 λ 分别为 0.060、0.038、0.022W/(m·K)。经计算，得出图 1 中砌块模型在采用拟定材料的情况下的传热系数（见表 1）。表 1 中，传热系数值包括墙体内外两面各 20mm 厚的抹灰层，其中 2C、2S、3C、3S、4C、4S、5C、5S 代表孔洞的排数及排列方式，如 2C 代表两排孔叉排、2S 代表两排孔顺排。

各不同匹配方案下砌块的传热系数　　　　表 1

砌块自身材料	孔洞填充材料	传热系数 [W/(m²·K)]							
		2C	2S	3C	3S	4C	4S	5C	5S
普通混凝土	空气	1.91	1.93	1.53	1.62	1.40	1.49	1.20	1.39
	胶粉聚苯颗粒浆料	1.56	1.61	1.15	1.27	1.16	1.28	1.04	1.27
	EPS 板	1.49	1.55	1.09	1.21	1.09	1.22	0.94	1.19
	硬泡聚氨酯	1.44	1.51	1.04	1.16	1.03	1.16	0.85	1.13
粉煤灰陶粒混凝土	空气	1.45	1.46	1.22	1.26	1.11	1.12	0.94	1.02
	胶粉聚苯颗粒浆料	1.09	1.12	0.83	0.87	0.87	0.89	0.78	0.89
	EPS 板	1.01	1.05	0.76	0.80	0.79	0.81	0.68	0.81
	硬泡聚氨酯	0.95	1.00	0.70	0.75	0.72	0.75	0.59	0.74
火山灰混凝土	空气	1.31	1.32	1.13	1.16	1.03	1.02	0.86	0.93
	胶粉聚苯颗粒浆料	0.96	0.98	0.75	0.77	0.79	0.78	0.71	0.79
	EPS 板	0.88	0.91	0.67	0.70	0.70	0.71	0.61	0.71
	硬泡聚氨酯	0.82	0.86	0.61	0.65	0.63	0.65	0.52	0.64

（1）材料导热系数：导热系数是建筑材料固有的热物理性

质，从建筑节能的角度来说，建筑材料的导热系数越低，对建筑保温隔热越有利。所以，在砌块设计时，在经济、可行的同时，应尽量使用导热系数低的建筑材料。经过模拟计算，得出了砌块自身材料对传热系数的影响，见图 2 及砌块孔洞填充材料对传热系数的影响。

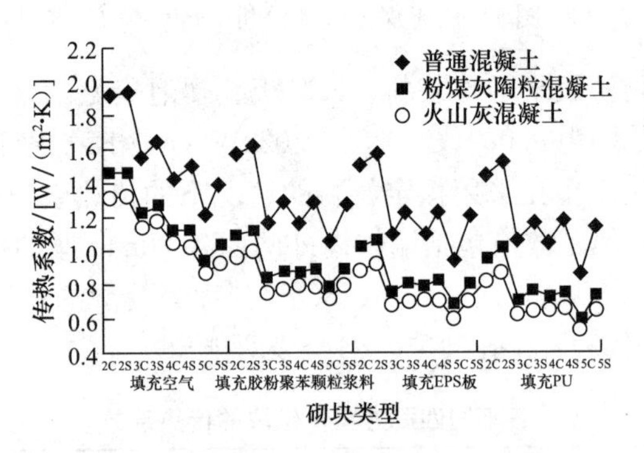

图 2　自身材料对混凝土空心砌块传热系数的影响

从图 2 可以看出，由于材料导热系数的不同，其传热系数差异显著。粉煤灰陶粒混凝土比普通混凝土的导热系数平均低 30%，而其相对应的砌块传热系数平均低 30%；但火山灰混凝土比粉煤灰陶粒混凝土导热系数平均低 37%，而其对应的砌块传热系数平均仅低 11%。这就说明，砌块材料自身导热系数的降低与其对应的砌块传热系数的减小不是简单的线性关系。当材料导热系数低到一定程度后，再降低导热系数已经不能有显著改善，反而会在经济上不可行。同时，在砌块孔洞中填充保温材料可以明显降低砌块的传热系数。结合砌块模拟计算得到的热流分布图（见图 3、图 4）分析可知，虽然空气的导热系数很低，可以起到一定的保温作用，但是由于孔洞中存在空气的对流换热和辐射传热，导致空腔传热加剧；在空腔内填充保温材料后，就从根本上切断了对流和辐射传热，同时由于保温材料导热系数很低，又减少了导热，所以，其综合保温性能有明显改善。图 3 表明，在孔洞中填充胶粉聚苯颗粒保温浆料后，可使得传热系数平

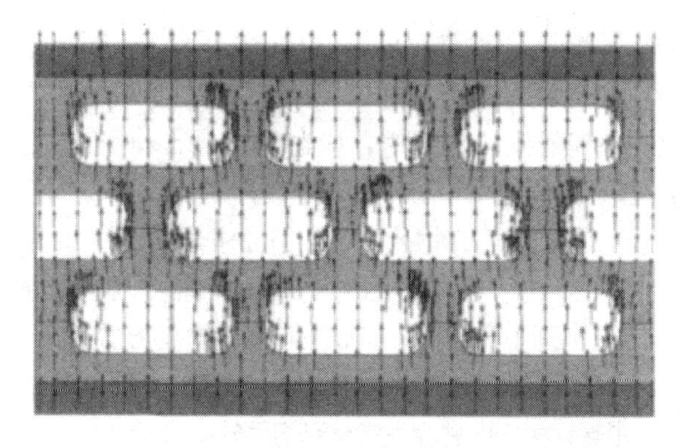

图 3　无填充 3 排孔混凝土空心砌块热流矢量分布

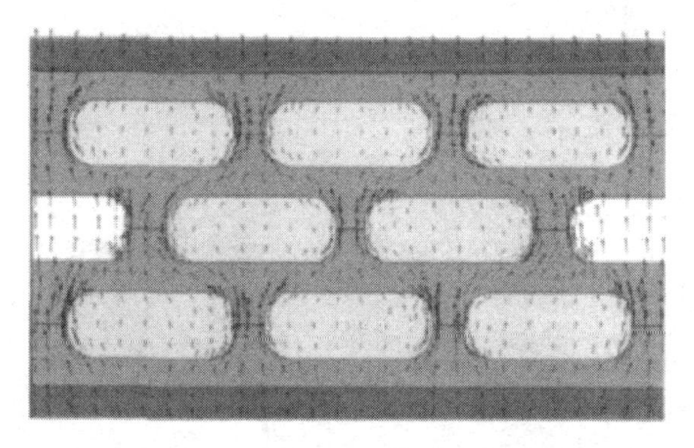

图 4　有填充 3 排孔混凝土空心砌块热流矢量分布

均降低 22%，但填充不同保温材料，对其传热系数影响较小，填充胶粉聚苯颗粒浆料、EPS 板、硬泡聚氨酯（PU）的砌块传热系数依次降低 6%～8%。所以，应根据填充材料的实际性能，宜在经济、可行的条件下进行填充。

（2）孔洞排数影响：增加砌块的孔洞排数实际上等效将隔热材料均匀分布于砌块内，从而达到降低砌块材料的平均导热系数，进而改善砌块保温性能的目的。当砌块孔洞中间不填充保温材料（即填充空气）时，孔洞的排数对混凝土空心砌块传热系数的影响较大，平均每增加 1 排孔，传热系数降低 10%～15%；当填充保温材料后，3 排孔砌块的传热系数明显低于 2 排孔砌块，其传热系数平均降低 24%；但大于 3 排孔后，增加孔洞排数对保温性能无明显改善。

因此，在建筑砌块设计时，应避免设计 2 排孔砌块。对于孔洞中内填充保温材料的砌块，孔洞排数控制在 3 排左右比较经济、合理；对于孔洞内无填充物的砌块，孔洞排数越多热工性能越好，但考虑砌块成形难度以及砌块强度等因素，宜控制在 4 排孔。

（3）孔洞排列方式影响：砌块孔洞的排列方式对传热系数有一定影响，砌块孔洞排列方式对砌块传热系数的影响结果见图 5,图 6、图 7 为 3 排孔砌块热流密度分布图。

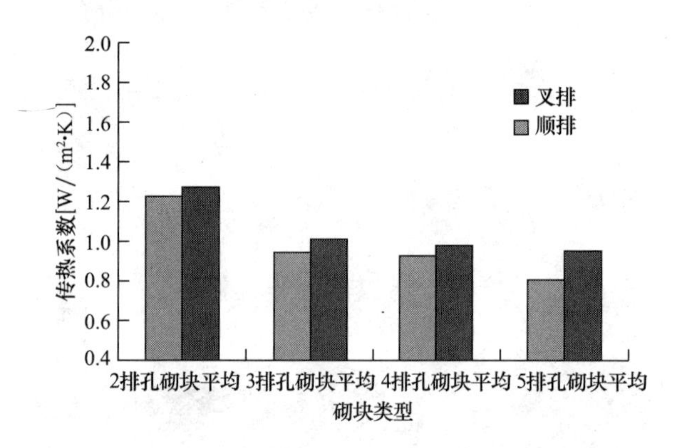

图 5　孔洞排列方式对混凝土空心砌块传热系数的影响

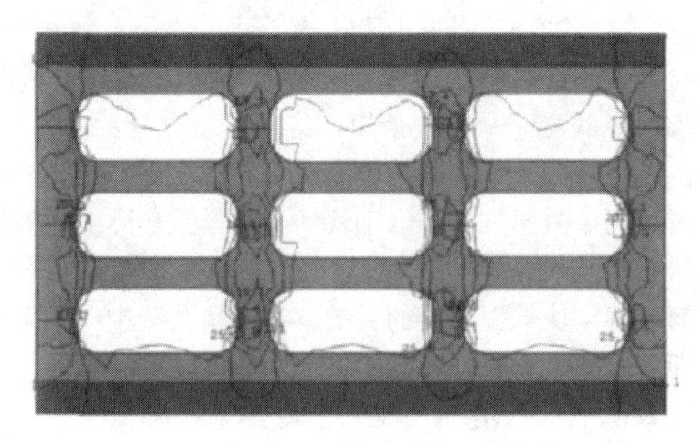

图 6　3 排孔顺排混凝土空心砌块热流密度分布

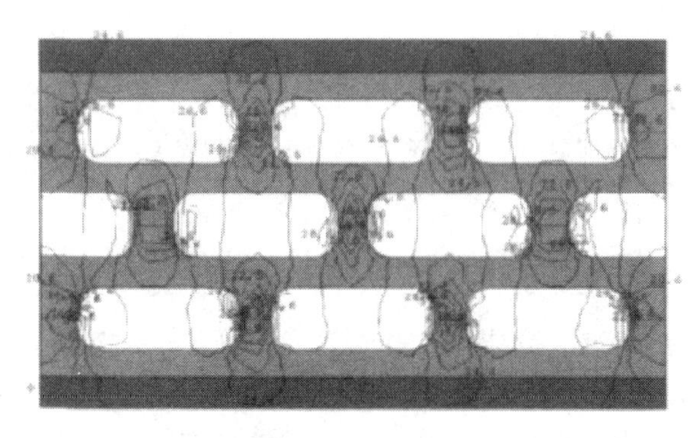

图 7　3 排孔叉排混凝土空心砌块热流密度分布

从图 5 可知，孔洞排数越多，采用叉排方式的优越性越明显，如：2 排孔时，叉排方式的砌块比顺排方式的砌块传热系数平均要低 2.9％；5 排孔时，叉排方式的砌块比顺排方式的砌块传热系数平均要低 15.3％。

从上述图可以看出，孔洞采用叉排的方式有助于传热系数的降低。采用 3 排以上的孔型设计时，宜采用叉排孔洞的方式。从图 6、图 7 可知，砌块孔洞采用顺排方式时，仅竖向热流明显，基本不存在横向热流。采用叉排方式时，砌块内部存在明显的横向热流。这就说明，砌块孔洞采用叉排方式可以延长砌块内部热传导的路径，其效果是使得热阻增大，从而降低传热系数。

通过上述对自保温砌块的热工性能分析可知：

（1）在夏热冬暖地区，砌块自身材料及孔洞填充材料、孔洞排数及排列方式是影响自保温砌块传热系数的主要因素，宜在综合考虑这些因素的基础上进行设计；

（2）当砌块孔洞无填充物时，影响砌块传热系数的首要因素是孔洞排数；当孔洞内填充保温材料时，影响砌块传热系数的关键因素是砌块自身材料及孔洞填充材料的导热系数；

（3）就现阶段建筑节能要求来看，在建筑砌块设计时，采用 3～4 排孔的砌块比较经济、合理，当成形工艺、材料技术等技术条件更加成熟时，可以考虑设计 5 排孔以上的高性能节能砌块；

（4）孔洞采用叉排的方式有助于砌块传热系数的降低，采用3排以上的孔型设计时，宜采用叉排孔洞的方式，保温性及经济性更趋合理。

14. 夏热冬暖地区建筑用中空玻璃的节能分析

外窗是建筑围护结构的重要组成部分，是建筑外围护开口长期暴露部位，也是建筑室内与室外能量阻隔最薄弱的环节。有关资料表明，在整个建筑能耗中，外窗的能耗约占建筑围护部件总能耗的40％～50％。可见，建筑节能的关键是外窗节能。而外窗玻璃是建筑围护结构中最大的热桥，也是能量损失最大的部位之一，因此建筑玻璃又是建筑节能研究的重点。目前，我国广泛采用中空玻璃作为节能玻璃，但是否所有的中空玻璃均具有良好的保温隔热性能呢？本文以夏热冬暖地区的气候特点和建筑运行状态为例，就建筑外窗选用中空玻璃的节能问题进行分析讨论。

本文分析探讨的夏热冬暖地区是地处我国的南岭以南，包括建筑气候区划的Ⅳ区的几乎全部，这些区域的气候特点是最冷月平均气温高于10℃，最热月平均气温25～29℃，日平均气温高于25℃的天数达110～210d，年日照时数达1700～2500h，年日照百分率达40％～60％，太阳辐射强度很高。因此，该区域的建筑节能一般可不考虑冬季的保温，重点是室内夏季的通风、隔热及散热问题，对外窗玻璃的主要要求以隔绝太阳辐射热为主，中空玻璃应用的前提要求和外部条件都发生了一定的变化。

1. 玻璃节能评价的主要参数

由于玻璃是透明材料，通过玻璃的传热除对流、辐射和传导三种形式外，还有太阳能量以光辐射的形式直接透过。因此，一般衡量通过玻璃进行能量传播的参数有热传导系数、太阳能总透射比、遮蔽系数等。三种常用建筑玻璃性能的对比见表1。

常用建筑玻璃性能指标的对比　　表 1

玻璃品种	玻璃热传导系数（K 值）[2] [W/(m^2 · K)]	太阳能总透射比[12]（T_{vis}）（%）	玻璃遮阳系数（S）
5mm 单层透明玻璃	6.00	88	0.92
(5C+12A+5C) 中空透明玻璃	3.00	75	0.84
(5C+12A+5C) 中空遮阳型 Low-E 玻璃	1.88	58	0.84

从表 1 可以看出：

（1）中空遮阳型 Low-E 玻璃与单层透明玻璃的太阳能总透射比和玻璃遮阳系数相比，分别降低了 34.1%、47.8%，因此，采用中空遮阳型 Low-E 玻璃对于阻隔太阳辐射的能力有很大的提高。而中空透明玻璃与单层透明玻璃的太阳能总透射比和玻璃遮阳系数相比，分别只降低了 14.8%、8.7%，因此采用中空透明玻璃对于阻隔太阳辐射的能力虽有提高，但影响不是很大；

（2）中空遮阳型 Low-E 玻璃与单层透明玻璃的热传导系数相比降低了 68.7%，采用中空遮阳型 Low-E 玻璃对于因温差引起的热传导有较强的阻隔能力。而中空透明玻璃与单层透明玻璃的热传导系数相比也降低了 50%，因此，采用中空透明玻璃对于因温差引起的热传导有一定的阻隔能力。

2. 公共建筑中空玻璃的节能综合分析

由于中空玻璃的实际能耗一方面受玻璃的热传导系数、太阳能总透射比和遮阳系数等因素的共同影响；另一方面又会受到当地气候特征和建筑物运行状态的影响。因此，对于中空玻璃节能效率问题，应当根据建筑物所处的地理位置、建筑物的使用功能等实际条件进行综合考虑。以广州地区采用空调制冷的公共建筑为例，通过“热增益量”和“效能系数”的分析，对中空玻璃节能效率进行综合权重和定量化分析。

（1）热增益量的分析：热增益量是反映玻璃综合节能的指

标，指室内外温差为15℃时透过单位面积玻璃（3mm透明，$1m^2$）在地球纬度30°处海平面，直接从太阳接受的热辐射与通过玻璃传入室内的热量之和。相对热增益量越大，说明在夏季外界进入室内的热量越多，玻璃的节能效果越差。玻璃真实的热增益量是由建筑所处的地球纬度、季节、玻璃与太阳光所形成的夹角以及玻璃的性能共同决定的。影响热增益量的主要因素是玻璃对太阳能的控制能力即遮蔽系数和玻璃的隔热能力。玻璃相对热增益量（Q_Z）可用式（1）表达：

$$Q_Z = Q_{FS} + Q_{CD/DL} = 0.889 \times S_e \times \phi + K(T_e - T_i) \times t$$

式中 Q_{FS}——透过单位面积玻璃的太阳得热，W/m^2；

$Q_{CD/DL}$——通过单位面积玻璃传递的热能，W/m^2；

S_e——玻璃遮阳系数；

ϕ——透过单位面积的太阳辐射得热量，W/m^2；

K——玻璃的热传导系数，$W/(m^2 \cdot K)$；

T_e——室外温度，K；

T_i——室内温度，K；

t——日照时间，h。

本例以广州地区的气候特征为例，建筑外窗玻璃采用5mm单层透明玻璃、（5C+12A+5C）中空透明玻璃和（5C+12A+5C）中空遮阳型Low-E三种玻璃，对其总热增益量进行计算与分析。在本例中，外窗玻璃的能量交换分为两种状态，第1种状态是白天状况，有太阳辐射得热，室内空调制冷系统处于运行状态；第2种是夜间状况，无太阳辐射得热，室内空调制冷系统处于关闭状态。所以，外窗玻璃的总热增益量为两种状态下得热量之和。

计算条件：（1）白天：7：00～18：00，室外温度为31.1℃，室内温度为26℃，太阳辐射得热量为：南向1365W/m^2、东、西向3482W/m^2、北向1946W/m^2。（2）夜间：19：00～6：00，室外温度为26℃，室内温度为37℃（根据《公共建筑节能设计标准》GB 50189—2005，由于办公建筑夜间空调系统不运行，考虑到建筑电气、设备得热，所以取室内温度高于室外温度）；太阳辐射得热量为0。计算结果如表2所示。

夏热冬暖地区外窗玻璃热增益量　　表2

玻璃品种		$Q_{Z白天}$（W/m²）		$Q_{Z夜间}$（W/m²）		Q_Z（W/m²）
		Q_{FS}	$Q_{CD/DL}$	Q_{FS}	$Q_{CD/DL}$	
南向	5mm单层透明玻璃	1116.4	367.2	0	−792.0	691.6
	（5C+12A+5C）中空透明玻璃	1019.3	183.6	0	−396.0	806.9
	（5C+12A+5C）中空遮阳型Low-E玻璃	582.5	115.1	0	−248.2	449.4
东西向	5mm单层透明玻璃	2847.8	367.2	0	−792.0	2423.0
	（5C+12A+5C）中空透明玻璃	2600.2	183.6	0	−396.0	2387.8
	（5C+12A+5C）中空遮阳型Low-E玻璃	1485.8	115.1	0	−248.2	1352.7
北向	5mm单层透明玻璃	1591.6	367.2	0	−792.0	1166.8
	（5C+12A+5C）中空透明玻璃	1453.2	183.6	0	−396.0	1240.8
	（5C+12A+5C）中空遮阳型Low-E玻璃	830.4	115.1	0	−248.2	697.3

从表2可以看出：

1）夏热冬暖地区白天玻璃热增益量集中在太阳辐射，如东西向白天中空透明玻璃的热增益量中93.4%为辐射得热，传导、对流得热仅为6.6%。这主要是中空透明玻璃与单层透明玻璃相比，虽然热传导系数大幅下降，但遮阳系数的减小不明显，阻隔太阳辐射热作用的提高非常有限；

2）夏热冬暖地区采用中空遮阳型Low-E玻璃的热增益量与中空透明玻璃的热增益量相比大幅度降低，这主要是由于中空遮阳型Low-E玻璃的遮阳系数较中空透明玻璃的减小很大；

3）夏热冬暖地区夜间由于室内温度高于室外温度，所以通过外窗玻璃能够散出余热，降低室内温度。但由于中空遮阳型Low-E玻璃和中空透明玻璃的保温性能良好，因此它又成为一种不利于余热排出的“阻碍”；

4）南、北、东西朝向中空遮阳型Low-E玻璃全天24h的热增益量较单层透明玻璃分别降低了35.0%、40.2%、44.2%。说明夏热冬暖地区办公建筑采用中空遮阳型Low-E玻璃具有较好的节能效果；

5）南、北朝向中空透明玻璃全天24h的热增益量较单层透明玻璃提高了16.7%、6.3%，而东西向的基本持平。说明夏热冬暖地区办公建筑采用中空透明玻璃的得热要多于单层透明玻璃，这与我们通常的认识恰恰相反，造成这种结果的主要原因是由于夏热冬暖地区自身的地理气候特点和建筑物自身的使用功能。

通过以上分析可以得到，中空遮阳型Low-E玻璃白天热增益量较单层透明玻璃降低近50%，虽夜间散热远不及单层透明玻璃，但全天的热增益量较少，也就是说夏热冬暖地区采用中空遮阳型Low-E玻璃的空调制冷系统的能耗要远低于单层透明玻璃，对建筑节能非常有利。但中空透明玻璃白天热增益量只略低于单层透明玻璃，而夜间散热远不及单层透明玻璃，因此全天的热增益量更大，也就是说夏热冬暖地区采用中空透明玻璃的空调制冷系统的能耗要高于单层透明玻璃，对建筑节能不利。

（2）光的效能系数分析：上述中得到的中空遮阳型Low-E玻璃、中空透明玻璃白天的热增益量低于单层透明玻璃，除了由于热传导系数的作用外，其实遮阳系数的降低也起到非常关键的作用。随着中空遮阳型Low-E玻璃、中空透明玻璃遮阳系数的降低，太阳光的总透射比也将随之降低。这将直接影响室内自然采光的水平，为保证室内正常的照度，必须增加白天的照明能耗。为了全面考虑中空遮阳型Low-E玻璃、中空透明玻璃对空调制冷能耗和照明能耗的双重影响，本文采用光的效能系数（ψ）来评价其综合节能效率，ψ指太阳能总透射比T_{vis}与遮阳系

数 S_e 的比值，体现了透过窗玻璃获得采光量和得热量的比值关系。即：$\psi = T_{vis}/S_e$。理论上讲，在建筑设计中可以通过选用具有光谱选择性功能的玻璃集中对太阳辐射中热效应最强的红外波段予以阻隔，使 S_e 大幅下降，而可见光部分仍能够较好地通过玻璃进入室内，使光的效能系数大于 1.4，以满足白天自然采光的要求、降低白天照明能耗。而实际上，中空透明玻璃遮阳系数的降低是依靠增加 2 个反光面实现，不具有光谱选择性，在阻隔太阳辐射热的同时，阻隔了相对更多的可见光透射。可以说，中空透明玻璃白天制冷能耗的降低是建立在失去部分天然采光的基础之上。但中空遮阳型 Low-E 玻璃具有较好的光谱选择性，在阻隔太阳辐射热的同时，保留了相对较多的可见光透射到室内。

另外，根据式（1）可以算得，中空透明玻璃的效能系数为 0.89，单层透明玻璃的效能系数为 0.96，而中空遮阳型 Low-E 玻璃的效能系数达 1.21。这说明考虑空调制冷能耗和照明能耗的情况下，中空透明玻璃的综合节能效率同样低于单层透明玻璃和中空遮阳型 Low-E 玻璃。

（3）中空透明玻璃与单层透明玻璃的建筑能耗模拟试验：为了进一步验证（1）中对中空透明玻璃热增益量的分析结果，模拟了广州地区某栋 10 层办公楼采用中空透明玻璃与单层透明玻璃情况下的空调能耗。该办公楼平面为正方形，边长 40m，层高 4m，正南北朝向，屋面、外墙热传导系数等指标按照《公共建筑节能设计标准》GB 50189—2005 选取，外窗玻璃分别选用表 1 中的中空透明玻璃与单层透明玻璃，不考虑外遮阳措施。采用 DEST 软件模拟了各朝向窗墙面积比从 0.1 增加到 0.7 时的空调制冷能耗水平，模拟试验结果见图 1。

从图 1 可以看出，采用中空透明玻璃的办公建筑，其空调制冷能耗大于采用单层透明玻璃。由于建筑体形、朝向和其他围护结构完全相同，因此外窗材质是导致能耗差异的唯一原因。而随着窗墙比的增大，能耗的差值随之增大，说明玻璃热增益量对空调能耗的影响不断增大。

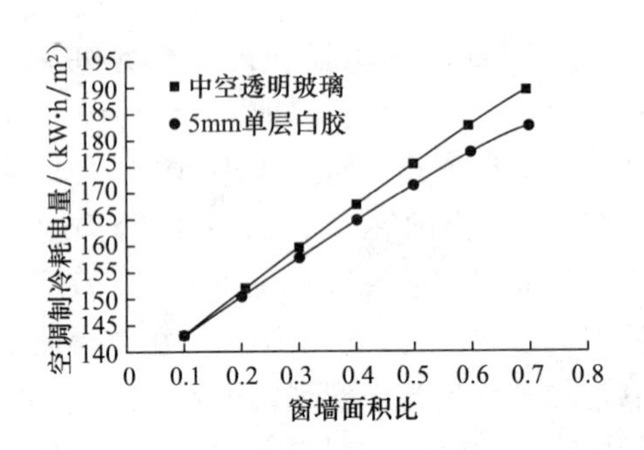

图 1　采用中空透明玻璃与单层透明玻璃的制冷能耗模拟

通过上述对夏热冬暖地区公共建筑中空玻璃的节能分析可以表明，夏热冬暖地区公共建筑室内采用空调制冷系统为前提，对中空遮阳型 Low-E 玻璃、中空透明玻璃和单层透明玻璃的总增热量和光的效能系数的理论计算与分析，并通过中空透明玻璃与单层透明玻璃情况下的模拟试验进行验证，得到如下结论：

1）夏热冬暖地区外窗得热主要来自太阳辐照，受遮阳系数影响显著，与热传导系数 K 值关系不大；

2）夏热冬暖地区建筑，南、北朝向中空透明玻璃全天的总增热量大于单层透明玻璃，东、西朝向与单层透明玻璃基本持平，采用中空透明玻璃时，空调制冷负荷比单层透明玻璃更高；

3）中空透明玻璃光的效能系数低于单层透明玻璃。因此，在夏热冬暖地区建筑节能中推广使用中空透明玻璃，与该地区气候特点和建筑的运行模式不相适应，是一个错误概念，由此带来的用料增加和构造复杂更加剧了资源的浪费，但采用中空遮阳型 Low-E 玻璃，可很好地达到建筑节能的目的。只有合理选择玻璃品种，才能有效节省能源。

15. 城市道路照明工程节能改造措施

城市道路照明系统是夜间人行和车行交通的安全保障，在满足照明功能的条件下，必须重视环境及节能减排。由于现代城市对道路照明的要求越来越高，但并非是照明度越亮越好，以适合城市道路安全通行为目标。目前，节能作为我国的一项基本国策，已经越来越受到各行各业的重视。道路照明是一个很大的电力消耗，在保证道路照明需要的前提下，节能很有必要。照明节能方案与技术还有很多工作要做。

根据建设部《"十一五"城市绿色照明工程规划纲要》提出的节能减排要求和目标，需要大力推广应用绿色节能照明新产品、新技术，合理控制道路照明亮灯时间，严格控制高耗低能的道路照明设施建设，加大节能改造力度。

当前，随着LED照明技术的不断发展，主要是以其功率的增加、效率的提高、成本的下降，LED照明越来越多地被各类照明工程所采用。LED不但在装饰性照明领域，在功能性照明领域也已占有一席之地。如信号灯、汽车尾灯、防水防爆型电筒，包括一部分室内照明及道路照明。本文对城市道路照明的发展现状进行研究，深入讨论LED节能灯在城市道路照明建设与改造当中的应用前景，分析影响城市道路照明节能改造效果的主要因素，提出适合我国城市道路照明建设改造的建议，为今后的城市道路照明设计与改造起到一定的借鉴作用。

1. 道路照明的发展现状

城市道路照明有其特殊的功能性，道路照明的设计需要考虑众多因素，比如包含照度充足、照度均匀度、节能以及维护便利等。此外，照明灯具应具备高效率、照明利用率佳、恰当的配光、寿命长以及防水防尘等特点。对于城市道路照明已经进行了严格的规定。为了满足道路照明的指标，同时为了加大路灯的间距、减少灯杆数以降低造价以及减少对环境的影响，道路照明设计应选用合理配光的灯具，通过计算来平衡和确定路灯的间距、杆高以及功率。现今，常规的道路照明设计应根据不同的路幅，采用100～400W的大功率高压钠灯，灯杆的间距约为30～40m，杆高约为9～12m。

在一些发达国家，各大城市都建设有完好的道路照明系统。为了兼顾安全和节能性能，一般将城市道路进行分区定级，再分别规划与施工。比如，机动驾驶照明、行人照明、公共广场照明、标志建筑物照明等。根据这些等级分类，市政系统将道路主支干分区域，施以不同标准的照明密度、照明强度、照明设施等建设。国内部分学者也做了大量的研究，重点阐释了当前我国城市道路照明取得的成绩以及存在的不足，存在的问题主要有两条：

(1) 未严格参照有关标准来指导城市道路照明规划与建设。一些城市虽然意识到照明系统的重要性，却不肯投入资金建设道路照明；而有些城市则过分地强调夜间形象，投资大量资金，却不合理规划照明线路，耗费大量的资源。

(2) 忽视节能减排。有些城市道路照明过分贪图虚华，忽视了场所自身的属性，盲目采用大量高科技、高功率的照明产品。

2. LED 节能灯具在道路照明应用中的前景

不论是从功能性还是从美观性上考虑，灯具起到了决定性作用。随着节能灯具技术的迅速发展和关键技术的突破，在城市道路节能照明建设与改造中，有效利用节能灯具将会直接提高照明系统的节能减排能力。商品化、发光效率大于 100lm/W 的照明级高亮度白光 LED（HBW-LED，以下简称为 LED）技术的飞速发展，其能耗仅为白炽灯的 1/10。另外，其工作寿命可达 10 万小时以上，为第四代照明带来了前所未有的机遇，是一种具有广阔应用前景、性能优良的道路照明光源。

随着科技的不断进步，特别是近些年来，半导体材料应用技术的高速发展，LED 在颜色种类、亮度和功率都发生了极大的变化。LED 路灯在道路照明中的应用也越来越引起各方面的关注。LED 作为一种固体照明光源，以其长寿命、高光效、多光色及一次配光定向照射功能，可在安全低电压下工作，也可连续开关闪断，能轻松实现 0～100％调光功能等诸多优势，成为新一代光源的发展趋势。其优势体现在：

(1) 超长寿命：LED 光源有人称它为长寿灯。固体冷光源，环氧树脂封装，灯体内也没有松动的部分，不存在灯丝发光易烧、热沉积、光衰等缺点，比传统光源寿命长5～10倍。

（2）绿色环保：光源中没有水银，没有污染；光谱中没有紫外线和红外线，而且废弃物可回收；低电压，可以安全触摸，属于典型的绿色照明光源。

（3）节能：LED作为点光源，如果设计合理，很大程度上可以直接解决传统光源必须依靠光发射来解决的二次取光及光损耗问题。因其对光照射面可控，理论上可以做到在目标区域内完全均匀，能避免传统光源“灯下亮”现象中的光浪费。同时，其技术进步空间很大，随着LED效率的快速提升，LED路灯在节能方面显示出了巨大的潜力，符合节能减排的国家政策。

（4）光效优势：因为人眼在道路照明的背景亮度中处于中间视觉状态，人眼视觉响应是随环境照明变化的，在中间视觉状态下LED路灯比常用高压钠灯路灯的发光效率高，通过光谱加强等优化方法，可以得到发光效果令人满意的LED光源。

（5）调光优势：LED灯具可实现0～100%连续调光，可根据环境光照及交通状况灵活调整光输出，在保证照明质量的同时降低不必要的功耗。采用传统钠灯及金卤灯的路灯，一般只能实现小范围的调光控制，应用中不可避免地受到其最低工作电压要求的局限性。正因为LED拥有如此巨大的优点，似乎全世界的目光都聚焦在LED这个新型的光源上，被誉为21世纪的绿色照明产品，甚至人们预言未来会取代大部分传统光源。为此，我们在部分道路上安装了几款国内规模较大的几个厂家的LED路灯，对目前LED路灯能否在城市道路照明发挥应有的作用进行了试验。

3. 某道路照明节能改造

（1）项目节能改造方案

某道路全长约2040m，行车道宽度24m，路灯采取中心对称布置方式，灯具数量114个。在实施节能改造工程前，首先，应对改造项目现有的能耗情况、运行效果进行诊断，诊断的方法主要包括资料搜集分析、理论计算及现场测试等三种；其次，根据诊断结果对项目进行改造的可行性及预计达到的节能量进行合理的评估，从而制定科学的改造方案。

1）改造前诊断本项目在改造前，对道路照度、照明配电系统进行了现场测试，测试方法及相关结果如下：

A. 照度测量范围

在道路纵向应为同一侧两根灯杆之间的区域；在道路横向，现场灯具采用对称布灯或双侧交错布灯，宜取二分之一路宽。

B. 照度测量布点方法

道路照度测量应将测量路段划分为若干大小相等的矩形网络。照度检测采用数字式照度计。照度测量的测点高度应为路面，道路照度测量可采用中心布点法和四角布点测测量。

C. 照明配电系统

某道路的照明配电系统共设置 2 个配电箱进行控制。其中 L_1 配电系统（自编系统），其大概控制约 56 盏灯的道路照明，L_2 配电系统（自编系统），其大概控制约 56 盏灯的道路照明。L_1 及 L_2 配电系统的整体测试数据见表 1。

机动车照明配电系统测试表　　　　表 1

系统名称	区域范围	单相平均电流（A）	系相平均电压（V）	平均功率因数	总功率（kW）	备注
L_1 照明系统	某路段	28.3	232.2	0.86	17.2	控制灯 57 盏
L_2 照明系统	某路段	24.0	231.4	0.92	15.3	控制灯 57 盏

D. 改造主要采用的技术措施

a. 合理优化照明设计参数：通过抽检机动车道 23 个区间的路面平均照度，检测结果均达到《城市道路照明设计标准》CJJ 45—2006 的要求，且远高于标准要求（道路路面平均照度实测值为 20.5lx，标准要求为 15lx），通过合理优化照明设计参数从而实现节能。

b. 更换高效的节能灯具：将现有的高压钠灯置换成能效较高的 LED 灯。

c. 重新规划配电系统：对照明系统进行合理的改进，尤其是要合理布置配电系统，并做好相关维护工作。

（2）节能效果计算

改造方案制定完成后，应对节能效果进行理论计算，通过计算进一步核实改造方案的可行性。

1）节能量估算值

各配电系统的节能量计算公式如下：

$$\Delta P = P_Y - P_H \tag{1}$$

式中 ΔP——节能量，kW；

P_Y——改造前的能耗值，kW；

P_H——改造后的能耗值，kW。

若改造前后各配电系统管辖灯具数量不变，则改造后 1h 的节能量计算见表 2。

L_1、L_2 配电系统节能计算 **表 2**

序号	系统名称	区域路段	改造前灯头耗能（kW）	改造后灯头耗能（kW）	灯头节能能量（kW）	配电系统节能（kW）
1	L_1	某路路段	19.4	9.41	9.89	10.52
2	L_2	某路路段	19.3	9.41	8.98	9.46

2）节能率

节能率计算公式如下：

$$\xi = (\Delta P / P_Y) \times 100 \tag{2}$$

式中 ξ——节能率，%；

ΔP——节能量，kW；

P_Y——改造前能耗值，kW。

根据以上公式即可计算出 L_1 配电系统的节能率，改造后的 L_1 配电系统节能率约为 51.2%，L_2 配电系统节能率约为 48.6%，节能效果明显。

综合上述几个方面，通过现场测试及理论分析说明城市道路照明应充分重视节能，需要从以下三个方面着手：一为设计理念要杜绝越亮越好的观念，如改造前照度值设计偏大，改造后可按照国家标准或者行业标准适当降低照度值；二为选择好性能好的光源和灯具，充分发挥 LED 节能灯的优势；三是要对照明系统进行合理的改进，尤其是要合理布置配电系统，并做好相关的维护工作。同时，当地政府也应积极支持节能环保照明，在政策上给予鼓励性补贴，努力探索道路照明节能的新途径。

16. 房屋建筑工程节能的现实与发展

建筑节能和节能建筑是近年来出现频率较高的两个词汇，但是深思之余，发现不同文献和报道对其理解有所差异，还有些报道似乎混淆了两者的区别。本文拟探讨建筑节能与节能建筑之间的辩证关系，以求形成科学、合理的认识，更好地为落实我国十一五单位 GDP 能耗降低 20%的节能规划服务。

建筑节能是指在建筑物的规划、设计、新建（改建、扩建）、改造和使用过程中，执行节能标准，采用节能型的技术、工艺、设备、材料和产品，提高保温隔热性能和采暖供热、空调制冷制热系统效率，加强建筑物用能系统的运行管理，利用可再生能源，在保证室内热环境质量的前提下，减少供热、空调制冷制热、照明、热水供应的能耗。节能建筑是指遵循气候设计和节能的基本方法，对建筑规划分区、群体和单体、建筑朝向、间距、太阳辐射、风向以及外部空间环境进行研究后，设计的在使用过程中能显著降低能耗的建筑。节能建筑在我国一般指按照国家出台的节能设计标准设计建造的建筑。

1. 建筑节能的现状与发展

（1）我国建筑节能面对的形势与挑战：能源与环境是 21 世纪人类共同面临的两大难题，快速发展的中国问题尤其突出。随着近年来市场经济的快速发展，城市建设规模不断扩大，各种产业园区、大型建筑群和小城镇不断涌现，每年新增建筑近 16 亿～20 亿 m^2，以这样的建设增速，预计到 2020 年，全国总建筑面积将达到 700 亿 m^2。加上我国的城市化进程加快，2005

年我国城市化率已达 43%，每年平均有近 2000 万农村人口进入城市，而城市人口能源消耗远高于农村人口。同时，随着人民生活水平和舒适性的提高，单位建筑面积能耗呈刚性上升趋势。建筑能耗作为满足建筑功能和建筑舒适性服务所必需的能耗，目前在我国总能耗中已占到 19%～20%，但仍然低于发达国家 30%～40%的平均水平，因此，我国建筑能耗对能耗总量的相对值和建筑能耗的绝对值都面临持续增长的压力。而另一方面，由于持续增长的需求和城市能源结构的调整，全国范围内能源供应形势趋于紧张，能源供应已不能满足经济和环境可持续发展的需要。我国的电力负荷连年增加，特别是夏季高峰电力不足和峰谷差增大，许多城市不得不拉闸限电；全国多个城市出现天然气短缺和提价，能源已经成为制约我国经济进一步发展的瓶颈。我国的建筑节能势在必行，但任务艰巨。

（2）我国节能建筑的发展形势：我国从 1998 年至今颁布了多项居住建筑和公共建筑节能设计标准，制定相对 1980 年建筑用能水平节能 30%、50%到 65%三步走的计划。2010 年，新建建筑分步骤普遍实施节能率为 50%的《民用建筑节能设计标准（采暖居住建筑部分）》JGJ 26—95、《夏热冬冷地区居住建筑节能设计标准》JGJ 134—2001、《夏热冬暖地区居住建筑节能设计标准》JGJ 75—2012、《公共建筑节能设计标准》GB 50189—2005 以及《建筑照明节能标准》。为加强终端能耗管理，正在研究建立我国节能建筑评定体系，即将出台《建筑节能管理条例》及《建筑能效测评与标识技术导则》。近年来，随着国家宣传力度的加大，节能建筑已经为广大人民所了解，节能建筑发展迅速。国内省份围绕节能设计标准提出该地区的具体节能规范，对建筑外墙、外窗等设计细节进行了规定，并制定了相应不达标时的处罚措施。但由于我国经济发展水平落后，推行节能建筑的时间较短，节能建筑在总建筑面积中所占的比例仍然较低。建设部 2003 年的数据显示，全国只有 1%的既有建筑和 5%的新建筑达到了国家规定的节能标准。目前我国城乡共有建筑 400 亿 m^2，其中95%是非节能建筑，目前每年还要新增近20亿m^2新建建筑，预计到2020年我国还将新增300亿m^2建筑面积。可见，我国节能建筑的推广虽有成绩，但任务仍然十分艰巨。

（3）建筑节能的发展阶段：国际上“建筑节能”概念的内涵发展历来与建筑主导思维的发展和能源形势息息相关，经历了三次大的变迁。1973年发生世界性石油危机后，发达国家迫于能源短缺最早提出了建筑节能，当时建筑能源系统以舒适性为唯一目的，建筑节能实质就是通过限制用能，以减少能源消耗，这虽然对发达国家渡过能源危机起到了一定作用，但限制用能，特别是减少新风量，降低了建筑室内环境的健康性能，这成了后来一系列建筑病态综合症的根源。此后，随着舒适建筑向健康建筑发展，环境舒适性要求的提高使建筑节能改为“在建筑中保持能源”，力图在不增加建筑能耗的同时提高建筑的健康性和舒适性，这就是现在的“提高建筑中的能源利用效率”的雏形，其进步在于并不是单纯意义上的节省能源，而是从积极意义上提高效率。目前，国际上建筑理念已发展到绿色建筑阶段，注重建筑与自然环境的协调和生态平衡，以求达到可持续发展。对于建筑能源系统，除了普通意义上的建筑节能，还强调可再生能源在建筑内的利用和减少对地球的环境污染。在当代中国，由于跨越式的快速发展，现在通称的建筑节能的解释有多种说法，但基本应该包含提高能源利用效率和发展绿色建筑的含义。

2. 建筑节能和节能建筑中存在的问题

建筑节能和节能建筑近几年的发展在促进建筑节能的大众认识、推动建筑节能市场化等方面较为成功，但同时也暴露出一些问题：我国的建筑节能日益得到重视，但收效不尽理想；对节能建筑的本质认识不够，对建筑节能和节能建筑的关系不清；地方节能标准从节能50%到65%不断攀升但落实不够，一些新建商业项目中滥用零能耗、绿色建筑和生态建筑名称进行不实宣传等。

（1）建筑节能数字化问题：节能不能仅仅停留在政策层面，

不能仅仅只是一种口号或装饰，建筑节能需要落到实处并收到实效。建筑节能是一项系统工程，其中节能设计是前提、落实施工是基础、用户使用是关键，做好建筑节能需要政府、设计院、施工单位、建设方和用户协同努力。目前，我国的节能设计已经成为强制性标准，但落实的情况尚未完全解决。建设部刚完成的一项调查显示，在所调查的 17 个省市中按 5%的比例抽调今年的新建建筑，北方 90%的住宅建筑按节能标准设计，但只有 30.6%实现了设计标准；中部地区仅 19%的建筑按节能标准设计，其中 14%得以实施；南部最差，只有 11.2%的住宅建筑进行了节能设计；在南北交界地区，节能设计占 58%，不过施工投用后只有 23%按设计完工。最新调查表明，我国新建建筑设计执行节能标准的比例为 59%，但发展极不平衡，北方供暖地区达 80%～90%，夏热冬冷地区为 20%，夏热冬暖地区仅为 10%。另外，即使设计执行了国家规定的节能标准，但施工却不能真正达标（即采用阴阳图纸应付图纸审查），也会大大影响节能的效果。2005 年，建设部对 16 个省市 3000 多个在建工程进行调查发现，施工过程中按节能设计标准施工的建筑中，北方地区的比例为 50%，夏热冬冷地区的比例不足 20%，夏热冬暖地区的比例不足 10%。但同时，各个地区提高节能设计标准，按照住房和城乡建设部要求，在 2006 年新建建筑严格实施节能 50%的设计标准基础上，北京、天津将率先实施节能 65%的标准，其他一些地区也在计划自行制定更高的标准。这样就出现了重标准而轻落实的趋势，建筑节能有可能变成数字化的不落实。

（2）节能建筑标签化：节能建筑也出现了一些将部分技术标签化的趋势，具体体现在把一些技术当作节能建筑的标签来贴。特别是一些房地产开发公司，为追求宣传效果而炒作技术，建筑节能体系应是一个整体集成，不可分割开来。采用某一两项技术来代替系统优化，是不可取的。辩证法告诉我们，不存在能够解决建筑节能的万灵技术，经济、合理的节能建筑应当是根据当地的气候条件、技术的地域适用性和资源稀缺情况优化设计的结果，而不是简单的某一两项节能技术的堆积。比如，寒冷地区的外围护结构可以多增加投资做厚，但夏热冬冷地区过厚的围护结构冬天固然可以保暖，但夏天却可能增加空调系统的能耗。太阳能在西部地区资源远比东部丰富，但太阳能光伏发电却主要建设在东部。地源热泵在南方无须冬天供暖的条件下无法发挥热泵冷暖两用的优势，且容易造成冬夏土壤热不平衡而造成运行困难。节能建筑应该优化选择，发展因地制宜的成套技术，要适应当地的气候条件，地域之间可以有所差别。

（3）限制用能一刀切做法：建筑节能是否应该设置上限和分段价格，这是最近节能法规制订中出现的一个有争论问题。诚然，我国的建筑节能必须设置量化指标，但建筑能耗首先是一种满足舒适性的消耗，必须以不降低合理的舒适性为前提。尤其是居住建筑的能源消耗是一种消费，代表的是生活水平的提高，可以引导合理和节约的消费观念，但没有理由限制使用。对于能耗较大的公共建筑，尤其是财政支付的政府建筑，则应首先制订严格的能耗使用标准。因此，对于建筑节能不能搞一刀切，必须有差异地区别对待，保护合理消费，同时反对浪费。如国外对私人住宅采用税收减免来鼓励节能，私人住宅如果更新供暖、空调等家庭耗能设施，以提高能效，使制冷设备相对于 2001 年达到节能 15％，将能够得到 75 美元的税收减免信用，节能 20％能得到 125 美元的减税信用，节能 25％能得到 175 美元的减税信用；安装太阳能热水系统、太阳能光伏系统以及燃料电池系统的住宅，将能得到总造价 30％、最高 2000 美元的税收减免信用；甚至更换室内温度调控器、安装节能窗，维修室内制冷制热设施的制冷剂泄漏等，也可获得全部成本 10％的税收减免。这样，将政府建筑和居住建筑分开，各自采用软硬兼施的政策值得借鉴。

（4）混淆建筑节能和节能建筑：建筑节能是以节省建筑能源消耗为目的的系统工程，是节能措施落实得到的能源相对节约量，其单位用 $kW \cdot h/m^2$。节能建筑是以降低建筑物能耗指标为目的的设计和建造方式，其衡量指标是建筑物的能耗指标，单位用 W/m²。前者是在使用过程中形成的，而后者是设计值，而节能设计规范中的各项指标是从设计角度提出的，只是对应设计工况的具体指标，和实际的使用是有差异的，两者既有区别又有联系。对以上两者关系的混淆，造成了一些错误的说法。比如说，我国建筑的建筑能耗达到全国总能耗的 30%，其实只是我国的建筑设计总负荷达到了全国总能耗的 30%，实际的建筑负荷在全国总能耗的 20%左右。另一种错误的说法是我国的建筑负荷相当于几个三峡的发电量，其实也只能说是我国的建筑设计总负荷相当于几个三峡发电量。

而另外一种模糊认识是对建筑节能的“重手段、轻目的”。由于建筑节能是相对节能，看不见摸不着，并且会随着建筑技术的发展而发展，因此没有绝对的节能建筑，只有相对的建筑节能。现在，相当一部分人潜意识认为建筑节能即是修建节能建筑，修建好节能建筑即完成了建筑节能，这种只重手段、不重目的是无法完成建筑节能任务的。开发商仅仅把节能技术当作项目的卖点之一，对于这些技术是否真正为建筑降低能耗并不关心。其结果往往是，成本提高了，房价提高了，节能效果却微乎其微。最近，上海市的住宅能耗调查就发现，经过节能改造的建筑反而出现了能耗增加的情况。因此，对我国的建筑节能必须多方协作，尤其是应加大对建筑使用过程中的引导和管理。

（5）节能建筑不能贵族化：一些地方房地产开发商近年来营造了许多所谓高端技术路线的节能建筑，依靠堆积的先进技术炒作卖点，将节能建筑所需要增加的成本抬高到数千元人民币。其实，同等规模的建筑完全可以在成本投入相同或差幅不大的情况下实现节能，这已为国内外许多节能建筑的实践所证明。关键是开发商如何有效集成各种价廉物美的技术与产品。并不是所有的产品只有国外的才能达到技术要求，国内的诸多技术与产品完全可以取而代之，完全可以做出低价和平价的节能建筑。如此，建筑节能才有生命力。我国的人均国民收入还处于世界100名开外，因此我国的建筑节能应该是体现国情的建筑节能，真正能够推广和做到寿命周期节省的建筑，而不是都做成节能技术示范楼。老百姓是算经济账的，节能住宅可以节省空调、暖气的费用，但造价也比普通建筑高5%～15%。如果购买一处100m^{2}左右的房子，可能就要贵上几万元。而普通居民每年需要开空调的时间比较有限，大致三四个月的时间，可省的这笔电费其实有限，因此觉得不划算。节能建筑的建造必须以寿命周期计算来决策，不是一定要采用最先进的技术，而是要因地制宜地采用最合适的技术。当前，对节能建筑的建造既不能只是应付检查的形式之举，也不该变成开发商拿来做噱头的卖点。我们的节能建筑刚刚起步，不应该现在就出现节能建筑贵族化的趋势，而是应该把有限的资金花在普通建筑上，用合理的投资实现尽量大的节能效益。

3. 对我国发展建筑节能的建议

基于以上对建筑节能和节能建筑的辩证认识，我国的建筑节能任重而道远，笔者认为以下几点可供我们借鉴：

（1）理清建筑节能与节能建筑的辩证关系。节能建筑是反映建筑本体的一种特性，是建筑节能的必要而不充分条件。建筑是一个整体，节能应贯穿其中，两者既应各司其职又应紧密合作。建筑节能必须依靠使用者落实，节能建筑依靠建设者落实；建筑节能更加依靠管理和宣传，节能建筑更多依靠技术和材料；没有绝对的节能建筑，只有相对的建筑节能；推进建筑节能需要真正落实节能建筑，节能建筑是建筑节能的基础但并是建筑节能的全部含义。

（2）注重节能建筑的落实：我国虽已颁布了居住建筑和公共建筑等一系列节能设计标准，但监督管理措施滞后，实施的比例并不高，节能建筑在总建筑中的比例仍然很低。笔者认为，当务之急不是急于不断提高节能设计标准，而是要保证现行节能设计标准全面落实，既有建筑改造分步落实。应该完善节能设计标准和既有建筑改造的实施细则、管理办法及经济性奖励政策，要完善节能建筑的责任追诉制。只有随着节能建筑比例的提升，建筑节能才能有稳步发展的基础。

（3）区分公共建筑和居住建筑，分别给以限制和激励政策：要引导为主加强建筑节能：对政府建筑和用财政拨款建设的建筑，实行更加严格的能源管理措施，以政府建筑节能来带动建筑节能。例如，对政府建筑可增加节能标准中强制性条文的数量；所有大型政府建筑，必须进行权衡计算和能耗模拟；严格控制政府建筑的采购过程，进入政府采购清单的供暖空调设备，必须达到相应能效等级标准中的节能标识等级。对城市中单位面积能耗较大的公共建筑则应该根据地域和用途制定建筑能耗的上限，防止浪费。而对于住宅建筑节能，应该尽快实行产品准入和能效标识制度等市场调节机制的力度。对于能效等级低的产品和能效标识级别低的建筑，应加征消费税和固定资产投资税。而对能效等级高的产品、利用可再生能源的产品和能效标识级别高的建筑，则应对生产企业实施退税、对消费者给予能效补贴。同时，加强对公众的宣传教育，使建筑节能规则化、具体化，更深入人心。

（4）应从国外引进的新技术、新材料和新设备，需要分析其对于我国气候、使用习惯、经济性、可维护性等方面的适用性，适合的才是最好的，不能盲目克隆国外的技术到国内。

（5）建立和完善建筑能耗的检测、统计、审计和披露制度：目前，我国应该尤其重视建立建筑能耗的后期跟踪和披露制度，将建筑寿命周期内的能耗统计和披露制度化、规范化、透明化，应该尽快制订一套公正、规范的建筑节能检测手段，实现对建筑的节能现场检测，将建筑能耗变成国家和老百姓都能看得见、算得清的明白账。这对推动建筑节能落实、政策制定和提高老百姓的认知程度，都有积极意义。

综上所述，我国建筑节能目前还处于初级的阶段，即从单纯的节省用能向可持续发展的绿色建筑转变，应该避免不合理的限制用能，而以提高系统能效和扩大建筑能源利用范围为主要技术方向。进一步深化建筑节能，不能仅仅依靠提高节能建筑的实施标准，也要加强落实和因地制宜的综合规划，避免节能数字化和技术标签化等不良趋势，完善统计、审计和能耗披露制度，使建筑节能全程有法可依、有法必依，才能将建筑中的节能减排落到实处。

四、建筑给水排水技术的施工应用

1. 建筑给水排水节能技术综合应用

建筑给水排水的节能主要体现在节电方面，包括给水加压和热水制备两大部分，主要形式又分为系统的选用及优化节能和设备、器具节能两类。

1. 给水加压节能技术

（1）变频供水技术的应用：

随着变频技术的普及，变频（泵）供水技术也成为近年来建筑给水中主要的节能技术之一。其主要工作原理是水泵投入运行前，首先应设定水泵的工作压力等相关运行参数。水泵运行时，由压力传感器连续采集供水管网中的水压信号，并将其转换为电信号传送至变频控制系统，控制系统将反馈回来的信号与设定压力进行比较和运算。如果实际压力比设定压力低，则发出指令控制水泵加速运行；如果实际压力比设定压力高，则控制水泵减速运行。当达到设定压力时，水泵就维持在该运行频率上。如果变频水泵达到了额定转速（频率），经过一定时间的判断后，如果管网压力仍低于设定压力，则控制系统会将该水泵切换至工频运行，并变频启动下一台水泵，直至管网压力达到设定压力；反之，如果系统用水量减少，则系统指令水泵减速运行。当降低到水泵的有效转速后，则正在运行的水泵中最先启动的水泵停止运行，即减少水泵的运行台数，直至管网压力恒定在设定压力范围内。这种技术实现根据管网用水量来变频调节水泵转速，使水泵始终在高效率工况下运行，应用于高峰时段和非高峰时段用水负荷变化较大的情况时，系统节能尤为明显，是一种公认、十分有效的节能措施。

（2）管网叠压或无负压供水技术应用：

伴随着城市快速发展，市政给水管网不断改造与完善，大中型城市的市政给水管网的水压趋于稳定、供水保障性不断提高，同时在节能低碳的大趋势下，管网叠压供水技术孕育并发展起来，并且在近些年建筑供水领域中成为一项很流行的技术，其特点就是将“管网叠压”供水机组从市政管网直接吸水叠压供水。泵房内不设水箱，既节能又不易产生二次污染、减少占地，是一种具有推广价值的技术。管网叠压供水设备主要由稳流罐、气压水罐（可选）、水泵机组、压力传感器、自动控制柜等部分组成。工作原理是自来水管网的水首先进入稳流罐，供水泵的进水口与稳流罐出水端相连，当市政供水压力 P_1 低于用户所需压力 P_2 时，压力传感器反馈压力信号给控制器，供水泵开始运行。若市政管网供水量大于水泵流量，系统形成叠压供水。用水高峰时，若市政管网供水量小于水泵流量，稳流罐内的水还可以作为补充水源。此时，稳流罐上的负压消除装置打开，空气得以进入，罐内真空破坏，确保市政管网不产生负压。用水高峰过后，负压消除装置关闭，稳流罐内水得到补充，系统恢复到叠压供水状态。可见稳流罐是管网叠压供水技术应用的关键，其作用是缓解供水压力的波动，还能根据需要储存一定的水量，更为重要的作用是防止负压的产生。管网叠压供水技术的最大优势，是在于可以利用供水管网剩余水压和减少来自外界的二次污染。另外，在此基础上再增加变频控制器和气压水罐，可以将节能的效应发挥得更加完备。

（3）优化给水系统：

选择节能的加压设备，再配以合理的系统设置，将会使节能的效果最大化。目前，常用的给水方式有十余种之多，不同的供水方式有各自的适用条件。同时，对于能量的利用也是不同的，在综合考虑其他因素的基础上，应该注意对能量的利用。比如，脱离实际而去讨论储水箱设置在屋顶或底层、哪种方式更节能，是缺乏严谨性的。应根据实际情况具体分析，才更有说服力。另外，需要合理地确定高层建筑给水系统竖向分区，一方面是为了避免出现超压现象，使管路和卫生器具遭到破坏；另一方面也减少了能量的浪费，大量的支管减压既不节能也不合理，增加了建设及运行费用。

2. 热水制备中的节能技术

能源根据其可利用于不同领域的能力分为不同的等级，即能源品位。在建筑能耗中，生活热水、供暖能耗占了相当的比例。如果寻找到可靠的低品位能源，用以替代传统的高品位的电能，将会产生巨大的节能效益。在土壤、阳光、水、空气、工业废热中，蕴藏着无穷无尽的低品位热能。成熟化利用这些低品位热能，将是一场能源结构调整的绿色革命。

（1）太阳能热水技术是最成熟的节能措施：

太阳能是无污染的清洁能源，并且取之不尽、用之不竭，同时还具有便于利用、热转换效率高等优势。所以，太阳能的利用不但越来越受到人们的重视，而且其应用的领域也越来越广泛。在我国太阳能热利用方面，目前应用最广泛、技术最成熟的就是太阳能热水技术。其中，太阳能热水器技术发展最为成熟，已形成较完整的产业体系。早在2007年，国家发改委就下发了《推进全国太阳能热利用工作实施方案》文件，其中把强制推广太阳能热水器写入方案。根据国家发改委能源所的一份研究报告，到2008年年底，我国太阳能热水器使用量和年产量均占到了世界总量的一半以上，已经成为世界上太阳能集热器最大的生产和使用国。

现在，太阳能热水技术正在向大型化、集中式发展，集热器、水箱、循环设备全部集中设置，热水由统一管道配给，进一步提高供水可靠性，节省投资。深圳侨香村住宅小区所有楼的屋顶上均安装统一的太阳能集热器，太阳能热水服务户数超过2000户，目前是全国、也是全世界最大的太阳能集中热水系统。由此可见，太阳能用于水加热在建筑节能中已经是常用的技术，关键的问题是怎么能更合理、有效地使用该技术，如辅助热源的选择、辅助热源的启停控制、适合使用太阳能热水的地域划分、热水器与建筑一体化设计等问题，还有待进一步完善，从而使其节能效益达到最大化。

(2) 热泵热水技术应用：

人们不断发现，在土壤、阳光、水、空气中蕴藏的低品位热能的温度与环境温度相近，很难直接利用，需要利用相应的设备把这些低品位的热能提高到建筑中可以利用的温度，这种设备统称为热泵。根据低品位的热能来源不同，又可分为地源热泵、水源热泵、空气源热泵等。建筑中能耗最大的两个单元就是暖通与生活热水。热泵技术的出现，使得这两个单元能耗的降低取得了质的突破。简单地说，热泵就是可以把低温物体的热量传送给高温物体的装置，其核心是利用逆卡诺原理，即借助一小部分高品位的电能，推动压缩机对一种称作“制冷剂”的工质做功，即在常温常压下让工质能通过热交换器吸收低品位的热能的热量；然后，再通过另外一个热交换器，将工质得到的热量传递给待加热的介质。这个过程中，电力驱动的压缩机对工质做工，并使工质的形态、温度、压力等特征发生变化。通常，热泵机组主要由蒸发器、冷凝器、压缩机、膨胀阀等几大部分组成，用来制备热水时，还包括循环水泵和热水箱等末端设备。

热泵制备热水过程中，热水得到的热量包含了从环境中吸收的热以及压缩机输入做功的大部分。由压缩机消耗的功转化成的热仅是热泵输出的热量的一小部分，而大部分是自然界提供的低品位“自然能”，同时这种能量是廉价和取之不尽的。所以，热泵与直接使用电能相比是一种高度节能的机械装置，曾被称为“热放大器”。热泵热水技术在建筑节能中应用范围广泛，如酒店、宾馆等类型的建筑热水主要用于客房及其配套服务上，对热水的供应要求（如水量、水温、时间）很高，采用集中锅炉或电加热供水的方式，日常的运行费用非常大，热泵热水技术在这类建筑中有比较大的发展空间；热泵热水技术还很适用于学校或者工、企业生活车间有大型集中淋浴室的工程中。因为这类项目的供水都有用水量大、用水点集中、用水时间集中的特点，便于实现运行谷电模式，使经济效果更加突出。笔者设计的广州新白云机场某货运站项目，就采用了空气源热泵热水技术为其分拣车间内的集中淋浴房提供热水。共选用 5 台空气源热泵，总热量输出 190kW，配电量仅 40kW，节省了大量的电能；另外，恒温游泳池因其散热量比较大，补充加热能耗高也一直是受关注的问题。热泵作为恒温游泳池加热方式，也是一种不错的选择。

(3) 多热源组合技术的应用：

建筑热水制备中最常见的组合形式就是太阳能加电辅助或者热泵加电辅助等，这些组合一定程度上减少了电能的使用。但当太阳能或热泵因客观环境制约而效率降低时，电能的消耗仍较大。如将上述两种技术结合起来，扬长补短、互为备用，不但将电能的使用量降到最低，同时也增加了热水系统的保障性，是目前集中热水系统热源设备发展的一个新方向。南京大学建筑规划设计研究院的林康立在实际工程中采用太阳能与空气源热泵结合的热水系统，节能效果明显，环保和减排效果也良好；但两套系统组合使得一次投资费用较高，投资回报要在 5 年以上才能收回。对太阳能与热泵结合的方案，宜按具体情况和水、电、气价格等因素进行综合可行性论证后，才可确定使用。另外，不同能源的热泵之间也具有结合利用的可能，利用热泵系统的共性，而把多个热源通过各自的换热器与热泵系统连接，形成一个多热源耦合的热泵系统，多种热源互为协调、互为备用最为经济。

(4) 废水热回收利用问题：

废热不论在现行《建筑给水排水设计规范》GB 50015—2003（2009 年版）中，还是在《公共建筑节能设计标准》GB 50189—2005 中，都被作为热水系统的首推热源之一，废水热回收就是废热利用的一种。根据所利用废水的水温不同，所采用的利用方式也不同。当废水水温远高于热水系统设计水温时，可以采用换热器直接换热的方式利用废热；当废水水温接近热水系统设计水温时，就需要采用热泵的方式利用废热。

废水热回收的经济性要结合具体情况综合分析，应优先选择废热量高、废水量大的情况。如生产过程中产生大量高温工业废水的企业，完全可以在废水循环再利用的环节中，进行废热的回收利用，用于车间的淋浴或者厂区宿舍的生活热水，既有效降低了废水的水温，又减少了生活热水的加热成本。再如，北京某污水处理厂就是利用现有的大量的污水资源，通过热泵机组提取污水中的低品位热能，利用于厂区的冬季供暖系统。笔者也曾经在某五星级酒店项目中做过废水热回收的可行性分析，废水主要来自淋浴废水和盥洗废水，回收热主要用于生活热水系统的预加热。如果采用普通换热器换热，估算下来可回收的热量仅约占每日制备热水耗热量的3%～4%，经济性就很差，没有推广应用的可能性。

3. 建筑给水排水节能技术

（1）减少污水、废水和雨水的提升动能，减少设施耗电量：

当无法依靠重力直接排至室外市政网管的污水、废水及雨水，只得依靠加压提升排放，提升水量的多少直接关系着提升设备的耗电量。在满足功能需要的前提下，应尽量减少布置于地下或底层存在排水的房间，或者采用挑檐、幕墙封顶等作法，减少落入采光井、进排风井和下沉庭院的雨水量，因为重力流排放不仅节能，而且安全、可靠。

（2）节水型节能设备的选择使用：

对于建筑生活用水来说，节水实际上就是节能。针对一栋建筑而言，节水可以减少加压设备的提升水量，从而降低加压设备能耗；而针对整个城市而言，每一栋建筑都节水，那么城市供水厂的运行费用和能耗都会大幅降低，经济效益显而易见。

节水的措施有很多方法，如选择节水型龙头、一次最大冲洗水量6L的节水型两档冲洗水箱坐便器、脚踏式自闭式冲洗阀蹲便器、感应自闭式冲洗阀小便器等节水型器具；水池、水箱溢流水位均设报警装置，防止进水管阀门故障时，水池、水箱长时间溢流排水；供水系统分类别设多级计量，便于需找事故漏水点；

选择环保节水部门推荐使用的节水型冷却塔，冷却水循环利用率≥98.5%；洗车房采用汽车清洗循环水处理设备；游泳池设循环水处理系统、降低补水率等具体措施。

（3）其他节能技术应用：

采取这些措施不仅仅省电，而且节水也节能，管径的减小、管道的简化、阀门的节省、设备机房占地面积的减少等，所有节省投资的方式都属于广义节能的范畴。减少工程中的估算，对所有细节都精打细算，才能使节能最大化。

4. 简要小结

通过上述对建筑给水排水现在进行节能方法的应用可知，各级主管部门的关注、重视十分关键。在2003年，热泵热水器已被列为国家科技部“火炬计划”；2005年，我国首条整体式空气源热泵热水器的总装生产线在上海建成；2006年，国家《绿色建筑评价标准》发布并实施；2007年，国家发改委下发《推进全国太阳能热利用工作实施方案》文件；2010年，北京小区变频供水系统改造试点开始。所有的信息都表明，给水排水行业在国家下大决心用大力度建设可持续发展社会的大环境下不断进步，各种节能技术和设备正在快速发展并逐渐得到更广泛的应用。节能要搞实质，不是搞空头。节能与实用性、安全性、经济性等多种因素综合考虑，才是完善的设计，才是从目前国情的实际需要出发。

2. 我国建筑排水技术的应用及进展

建筑排水主要包括建筑物自身与小区内的污废水排水管道系统、雨水排水管道系统、污废水分散处理与利用、雨水控制与利用等。这个领域既含有最古老的给水排水内容，如建筑雨水、污水管道，又蕴含着我国一些新兴的给水排水前沿技术，如雨水源头控制利用、点源污废水再生利用等。通过技术进步满足不断提高的居民需求，是各项建筑排水内容的共同特征。

1. 污废水排水管道系统

建筑内的污废水管道把各家各户的室内排水口连通在一起，

将人类在室内生活中产生的污废水收集进管道系统并排入市政污水管道。这个系统必须具备两个最基本的功能：第一，把户内产生的污废水迅速、及时地排出到室外管网，且不堵塞、不漏水；第二，阻止管道系统中的臭气、有害气体、生物甚至传染致病微生物，经户内排水口进入到室内，危害人类生活。完善这两个功能，一直是目前且将来也仍然是建筑排水领域技术创新和科学研究的主题。我国近年来这方面取得了较大的进展：

（1）特殊单立管排水技术如雨后春笋般迅猛发展，该系统中横支管与立管连接的特制配件及立管底端配件可把立管中的空气压力绝对值显著减小，取消住宅、宾馆客房、医院病房内卫生间的（排水）通气立管，两根管缩减为一根管，节省了卫生间的面积，并且管内气压特性反而得到改善。

（2）基础性研究和成果集中涌现，如：首次设立国家级课题试验研究（住宅）建筑排水管道系统；国家规范中，首次明确把生活排水立管中的气压值作为立管通水能力的判定依据；存水弯水封性能的评价指标逐渐深化，不断有试验证实相同的水封深度抵抗正、负压破坏（水封）的能力具有显著差异。在水封深度之外，还存在其他的重要评价指标；塑料排水立管的通水能力被人为夸大，近 20 年后开始得到纠正；污、废水排水立管通水能力的传统理论在试验中发现不准确等等。

我国建筑排水系统的技术进展在改善着系统的基本功能，排水不畅、卫生间空气质量差等顽疾有了明显改观。通过室内排水口传播致命疾病的悲剧（如淘大花园非典悲剧），也有望不再发生。上述技术发展的难点在于，立管内介质压力的变化规律及改善、立管通水能力的确定等无法依据水力学规律进行描述、指导，管内空气的运动发挥着更重要的作用。给水排水技术人员在建筑排水系统的科学研究与技术开发中，只好采用实尺模型进行频繁的试验（其实也包括屋面雨水系统），从大量的试验数据中总结规律。100 余米高的万科试验塔及其他多个高层试验塔的相继建造与落成，将为我国建筑排水技术的飞跃发展奠定基础。

2. 屋面雨水排水系统

我国屋面雨水排除目前广泛采用20世纪我国雨水道研究组自主开发研制的65型、87（79）型雨水斗屋面雨水系统。该系统的问世解决了我国新中国成立后工业厂房曾经普遍存在的屋面泛水、地面冒水等问题。几十年来，该系统虽经“缺少理论计算公式”的诟病和质疑，但依然为工业、民用建筑给水排水设计工程师所广泛采用，显示出了其顽强的生命力。此系统的运行机理是：在很小的雨量时，水流呈无压流态；对通常遇到的降雨，如多年重现期以内的降雨，系统内呈气、水混合流态；当遇到暴雨，如几十年重现期的降雨，使系统达到最大排水流量时，系统呈现为满管有压流态，即遵从伯努利方程描述的规律。该系统的开发设计理念主要是：

（1）尽量阻止空气从雨水斗进入系统，以增大系统排水能力；

（2）屋面雨水应由管道系统有组织排除，系统应留有足够的余量，排除超设计重现期雨水。由此，系统的设计参数预留了非常大的安全余量，设计排水能力仅取试验最大排水能力的50％或更低，如：雨水斗约0.3～0.4，立管约0.5，悬吊管仅按敷设坡度计算排水能力，不叠加试验中存在的压力梯度因素。该系统的最大特点是：安全余量大、设计简单、易掌握。近些年，在大型、复杂屋面中采用的压力流（虹吸式）屋面雨水排水系统，对雨水斗采取了更加严格的措施，以减小斗前水深和阻止空气进入，同时把系统的试验最大排水能力作为设计排水能力，用足全部安全余量，系统的尺寸（雨水斗、悬吊管、立管的口径）由此大幅度减小。并且，由于系统按最大排水能力状态即满管有压流设计，可以采用给水输水管道公式，即伯努利方程计算，悬吊管的敷设坡度便不再影响其输水流量，这使得工程设计中雨水悬吊管的敷设坡度不再重要，甚至可以坡度为零。在大型屋面或复杂屋面建筑工程中，雨水悬吊管的小坡度甚至无坡度布置，会节省珍贵的竖向空间，压力流（虹吸式）雨水系统由此在这类工程中显现了突出优势，得到了普遍采用。

然而，压力流（虹吸式）屋面雨水系统不预留安全余量的计算与设置，使得超设计重现期雨水无法及时从该系统排除，由此，屋面溢流设施就成为该系统必不可少的配套构成。当屋面没有条件设置溢流口时，甚至不惜重复设置第二套雨水管道系统，以溢流超设计重现期雨水。此外，压力流（虹吸式）屋面雨水系统以减小尺寸、牺牲安全余量为代价，并没有换来系统造价的降低，反而使工程价格成倍地提高。因此，一般情况下，在非大型屋面建筑中采用压力流（虹吸式）屋面雨水系统，显然失去了技术经济合理性。

3. 雨水的源头控制与利用

城镇化过程的迅速发展造成大面积的自然地面被硬化，雨水径流大量流失。这一方面破坏了雨水水文循环，同时又加重了城市洪涝。对硬化面雨水进行控制与利用、修复城市雨水水文循环的必要性，近几年已迅速得到给水排水业界的广泛共识。但雨水应该从源头着手、就地控制、就地利用的认同，尚处于缓慢的进程中。

城市雨水的源头即市政道路所连接的各建设工程项目区域，包括居住区、商业区、校园、厂区、广场、公园等等，一般可用“建筑与小区”统称。这些场所或区域占据着城市约 70%的面积，其雨水通常由雨水口和管道收集起来再进入市政雨水管网。它们既是城市雨水的源头，又是城市雨水的主体。控制、利用了这部分雨水，就几乎实现了对城市雨水的主要控制。雨水控制与利用的技术途径是把由于地面硬化形成的雨水径流增量拦截住，并通过入渗或回用消纳掉。雨水的源头控制和利用具有以下明显优势：

（1）源头区域有充分的条件拦蓄、消纳雨水。建筑与小区中一般有足够的绿地，在技术条件允许入渗的区域，可通过绿地下凹或埋地入渗设施拦蓄、入渗硬化面上的雨水，也可对硬化路面铺装透水材料，直接蓄渗雨水。建筑与小区中，一般还存在大量的杂用水或景观水用户，在缺水地区可拦蓄硬化面雨水，回用于生活杂用水或景观补充水，及时消纳雨水。充足的入渗面、大量的雨水用户，为雨水的就地消纳提供了充分条件。

（2）可减少市政雨水负担及城市洪涝。雨水源头控制、就地利用工程的目标是把雨水外排流量及总量维持在建设项目地面硬化前的水平，即维持在常年降雨的外排径流系数 0.2～0.3。而目前城市建筑与小区中的综合径流系数普遍在 0.6 以上，建筑稠密城区甚至达 0.8。在源头即建筑与小区中控制和利用雨水，可大幅度减少其外排雨水量、减少市政雨水管及道路汇集的雨水量，缓解城市洪涝。

（3）源头区域入渗雨水、回用雨水比较经济。建筑与小区中就地采取措施入渗和回用雨水，可减小市政雨水排水管网规模、省略回用雨水输送管网。在城市给水排水设施中，管网的投资一直占主要部分。因此，可见源头控制与利用雨水的经济性优势。

（4）与小区中入渗雨水、回用雨水可减小热岛效应和节省自来水。在居住区中入渗雨水，增加土壤含水量，地面温度会随之降低，从而减缓居住区热岛效应；把雨水回用于小区中的杂用水、冷却塔补水、景观水体补水等，会减小自来水的用量，起到节水效果。源头控制、利用雨水，在实现削减雨水排放量的同时，又可得到节水和改善小区生态环境的附加收益。

我国已经颁布了国家标准《建筑与小区雨水利用工程技术规范》GB 50400—2006 和国家标准图《雨水综合利用》10SS705，雨水控制与利用的产品标准编制工作也相继展开，这些标准化工作将对雨水源头控制利用技术的广泛应用起到很大的推动作用。此外，开展雨水控制与利用，还需要给水排水专业彻底转变传统观念，把对雨水的迅速、及时排除，转换为尽可能就地截留、消除。

4. 点源污废水的再生利用

在村镇、城乡结合部、独立别墅区、旅游风景区、度假区、机场、车站等没有市政排水管网的区域，其生活污、废、水需要经过处理，达到地面水体排放标准后才可排放。当这些区域缺水且有杂用水、环境用水需求时，则对这些欲排放的水再增加一级深度处理即可回用，取得节水的社会效益和经济效益。这类回用水和城区内的建筑中水性质一样，都属于分散的点源污废水处理、再生回用，其技术需求及特征几乎一致。这类回用水和建筑中水的管理也一样，都属于建筑工程的附属物，由建筑物业掌控运行。

根据建筑中水的多年实践经验，点源污废水的再生回用的技术虽然不太复杂，但实现正常运转、正常发挥作用却非常困难。在目前众多的建筑中水处理系统中，只有旅馆类建筑的中水处理运转较好些，这类建筑的突出特点是：中水处理有工程部技术人员管理；中水使用的部位或器具有日常的服务员维护；自来水收费高。正视建筑中水技术、认真总结中水工程实践正反两方面的经验，不仅是发展建筑中水的需要，也是解决点源污废水处理与再生利用问题的有效途径之一。同时，随着全国点源污废水处理技术的发展，建筑中水应用技术也一定会日臻成熟，成为缺水地区有效的节水手段之一。

综合上述浅要分析，建筑工程运行过程中所产生的污、废水，要经过排水管道系统、雨水排水管道系统、污废水分散处理与利用、雨水控制与利用等方式，充分处理并合理利用水资源十分重要。

3. 刚性防水技术的应用与发展期望

建筑工程常用的防水技术分为柔性和刚性两种，一般是以柔性防水采用得较多，而刚性防水较少，本文主要是分析刚性防水技术的应用与发展问题。刚性防水的定位就是确定什么是刚性防水、刚性防水包括哪些内容。“刚性”从词典的解释为：“坚硬、不易变化的”。刚性防水是指形成的刚性体，从物理学上指形状和大小保持不变的刚性防水物体。能够形成刚性防水物体的材料有很多，如钢铁（金属）、玻璃、塑料、水泥、树脂、膨润土等。过去有关资料对刚性防水技术的界定为：是指以水泥、砂、石为原料，并掺入少量外加剂或高分子聚合物材料，起到抗裂防渗、达到防水的作用。我们现阶段拟界定为：主要由水泥胶结材料，形成的刚性防水物（构造）体，即为刚性防水；包括聚合物水泥、树脂、矿物质材料等。作为新型建筑用防水材料的膨润土，现在还在发展实用中。其他刚性材料根据发展程度可作参考。

对于刚性防水的划分，如按前面界定的材料，拟将刚性防水分为三部分：

（1）混凝土结构本体自防水：主体是防水混凝土，一般使用减水剂、膨胀剂、防水剂、密实剂等。

（2）混凝土结构（以此为主）表面涂、渗防水：主体是防水涂、渗层，一般使用树脂涂料、聚合物水泥涂料、防水砂浆、渗透结晶型材料等。

（3）注浆：主要是针对构造节点和缺陷进行灌注处理，采用特种水泥、树脂等，也包括新建工程的预处理。

1. 刚性防水工程发展浅述

建筑始于防水是必须的，人类因为首先有了防水的需要才开始建筑活动；刚性防水始于石灰砖瓦的产生。由于刚性防水材料的发展应用，大大延长了建筑物的使用寿命。无论是古代建筑还是现代建筑，都证明了刚性防水材料的优越性。具有代表性的刚性防水工程有：

（1）古希腊的帕提农神庙（公元前 447～前 432）。当时采用的是石板瓦屋面，屋顶采用了 8480 块石板瓦，每块重 20～50kg，但由于屋面支撑的梁檩为木材，经过 600～700 年屋顶即损坏，后来只留下断壁残垣。

（2）古罗马输水道（公元 14 年）。是位于目前法国南部尼姆市的一条长 50km 的输水道。这条输水道在戛合地区一段现今保存完好，共有 3 层桥拱，长 275m，最高处 49m。这条输水道在《共产党宣言》中，称为人类创造的伟大奇迹之一。

（3）罗马万神庙（公元 118～125 年），采用穹顶式屋面，直径 44.4m、高 44.4m，是世界现存建筑中保持最完好的。

（4）埃及吉萨金字塔（公元前 2551～前 2472 年），基座长 230.33m，高 146.59m（现存高度 137m），体积 260 万 m^3。

（5）我国的洛阳石窟、天龙山石窟、乐山大佛等原都有屋面建筑覆盖，但由于屋面建筑为木结构，难以经受长期水汽的侵蚀而损坏。

（6）世界上第 1 条地铁——伦敦地铁（19 世纪 60 年代），采用了刚性防水技术。现在隧道的盾构技术，盾构的管片其实也是采用了刚性防水为主的技术。

（7）据国外有关资料介绍，屋顶种植绿化已经有 200 年的历史，有的资料讲 130 多年，按当时的技术采用的即为刚性防水。

2. 刚性防水技术的目的性

防水属于依附性技术，随着工程领域的拓展而发展，随着依附条件的变化而改变。由此，防水技术的发展将是多样化的，刚性防水的作用也将会逐步加强。所以，我们应正确理解、客观反映刚性防水技术。

（1）刚性防水材料的发展及应用

我国刚性防水材料的应用技术是以现代硅酸盐水泥（波特兰水泥）应用为标志的，现代水泥的应用已经有近 200 年（1824 年）的历史。中国的现代建筑史起于 20 世纪 20 年代（被动引进和主动发展），现代建筑主要是以新中国建立为标志。主要历程是自 1950～1960 年间，采用集料连续级配防水混凝土；1960～1970 年，采用富砂浆普通防水混凝土；1970～1980 年，采用外加剂防水混凝土。这期间，水泥砂浆的应用主要以级配与操作工艺相结合的方式。1980 年开发补偿收缩混凝土至今，防水外加剂的发展渐趋多样化。在刚性防水技术方面，我们与发达国家差距比较大。刚性防水技术发祥于欧洲，日本在引进欧洲技术的基础上得到了发展。1877 年，日本水泥砂浆防水已在隧道工程中应用（日本 1873 年开始生产水泥）。欧洲 19 世纪末～20 世纪初已经开始生产水泥外加剂；而日本1905年开始输入应用水泥外加剂，1910年开始生产，20世纪20年代已经在地铁工程、地下工程得到应用。近20多年来，我国刚性防水技术在引进国外技术的基础上得到了快速发展，制定了相关的标准；但是与国外还有一定的差距。国内刚性防水技术的相关标准见表1。

国内刚性防水技术相关标准 **表1**

标准号	标准名称
GB 18445—2012	《水泥基渗透结晶型防水材料》
GB/T 23445—2009	《聚合物水泥防水涂料》
GB 23439—2009	《混凝土膨胀剂》
GB/T 25181—2010	《预拌砂浆》
GB 23440—2009	《无机防水堵漏材料》
JC/T 986—2005	《水泥基灌浆材料》
JC/T 1018—2006	《水性渗透型无机防水剂》
JC 474—2008	《砂浆、混凝土防水剂》
JC/T 984—2005	《聚合物水泥防水砂浆》
GB 22082—2008	《预制混凝土衬砌管片》
CECS 195：2006	《聚合物水泥、渗透结晶型防水材料应用技术规程》
GB/T 50448—2008	《水泥基灌浆材料应用技术规范》
JC/T 1041—2007	《混凝土裂缝用环氧树脂灌浆材料》
JGJ/T 178—2009	《补偿收缩混凝土应用技术规程》
JGJ/T 211—2010	《建筑工程水泥-水玻璃双液注浆技术规程》
JGJ/T 212—2010	《地下工程渗漏治理技术规程》
DL/T 5148—2001	《水工建筑物水泥灌浆施工技术规范》

近20年来，掺膨胀剂的补偿收缩混凝土是我国刚性防水技术的主要形式，膨胀剂的年销售量从1990年的1.8万吨，发展到2010年的185万吨，增长速度很快，使用量居世界同类产品之首，销售趋势见图1。

从当前的情况来看，混凝土膨胀剂的使用尚有很大的发展空间。掺膨胀剂的补偿收缩混凝土被广泛应用于我国高层建筑和地下室、地铁和隧道、水工建筑、海工、军工、核电、水利、人防

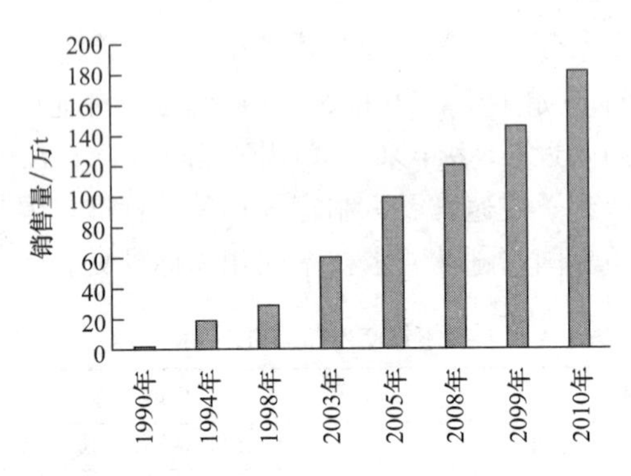

图1　中国混凝土膨胀剂的年销售量趋势

等不同工程领域。由于应用工程众多，选择有代表性的工程作简要介绍。

1）北京昆泰大厦：初建于1994年初的北京昆泰大厦是北京朝外商业中心第1幢现代化大厦，东西长204m，南北宽53m，地下3层，地上主楼22层，总建筑面积12万m^2，其中地下室约3.5万m^2。槽底标高－17.10m，地下水位－12.00m，整座地下室不做外防水，不设永久伸缩缝，由4条沉降后浇缝把基础分成5块。基础为筏形基础，塔楼部分底板厚1.8m，其余为1.5m和1.2m。混凝土设计强度及防水等级为C30P16，使用掺加UEA膨胀剂的补偿收缩混凝土，取消外防水，实现结构自防水，并延长建筑物伸缩缝间距，补偿大体积混凝土部分冷缩。该工程最下层的地下室常年处于地下水位之下。在此之前，已经有北京中百公司住宅楼地下室、北京赛特购物中心地下室、天津市第一中心医院地下室、大连华南商业大厦地下室、南昌纺织大厦地下室、呼和浩特市运动衣厂住宅楼地下室、福州市扬桥四街1号楼地下室等一大批工程使用了补偿收缩混凝土结构自防水技术，并取得了良好的效果。但是，这些工程一是规模较小，最大长度均不足100m；二是埋深较浅，多为一、二层地下室。较大的工程，如北京当代购物商城（88m×88m）等，多采用刚柔双防水技术。

北京昆泰大厦于1994年4月24日开始浇筑地下室结构混凝土，至1994年12月结构主体竣工，地下室回填后即无渗漏，取得了良好的抗渗防裂效果，且使用至今不渗、不漏。据施工单位测算，仅取消外防水一项，就节约工期近80d，节约外防水费用100余万元，工程获结构长城杯奖。该工程的地下室防水施工技术，成为当时北京地区混凝土结构自防水的典范工程。

2）天津市津滨水厂工程：天津市津滨水厂供水能力50万t/d，清水池由8个40m×40m×4.5m的方形混凝土现浇水池组成，每2个小池子由连通管连接。混凝土设计强度等级C30P6，池壁厚度为350mm，属薄壁结构。该结构不设后浇带，也不做外防水，属于超长的钢筋混凝土结构。为防止出现有害裂缝，该工程严把材料关、注意混凝土温度控制等技术措施，精心施工，模板拆除后经闭水试验至今，未发现有害或无害裂缝，这在天津市首屈一指，产生了良好的社会效益和经济效益，也为混凝土水池防裂提供了宝贵的经验。在水池结构中使用膨胀剂做结构自防水的工程遍布我国各省区。如大连市石家屯配水厂（25m×30m×4m)、齐齐哈尔市污水处理厂、保定污水处理厂、石家庄桥西污水处理厂、北京海淀游泳馆游泳池、天津石化公司污水处理池、青岛污水处理厂、乌鲁木齐市供销大厦消防水池、昆明第三污水处理厂、上海白龙港城市污水处理厂等。此外，其他刚性防水技术也同时得到了全面的发展，目前在水池结构的设计和施工中，采用补偿收缩混凝土、密实剂、防水混凝土、防水砂浆已经是通行做法。建筑室内防水的做法现在大部分采用防水砂浆。刚性防水技术不断在发展，应用领域也在不断拓展。

（2）刚性防水技术的再认识

重新再认识刚性防水，实际上是重新认识“刚柔结合”的防水技术可行性问题。“刚柔结合”是以刚为主、柔性为辅，结合刚而不是“柔刚”结合；现在是本末倒置，“刚柔结合”成了以柔为主，有的否定刚性防水（包括现在正使用的《屋面工程技术规范》对于种植屋面的现浇混凝土，不作为防水层）。关于种植屋面的刚性防水有两个误区：第 1 个是刚性防水的混凝土不能防植物根的穿刺；第 2 个是刚性防水不能独立作为防水层。关于第 1 个误区，到现在未见到植物根对混凝土的穿刺试验；认为植物的根可以穿透岩石，就可以穿透混凝土，实际岩石有缝隙，通常条件下混凝土是很难产生类似岩石中的缝隙；第 2 个误区，混凝土产生裂缝不可避免，渗漏是必然的。这只是理论上的推论，现实工程的应用并非都如此。有的地区种植屋面采用细石混凝土做防水，已经推广应用 20 多年，防水效果仍很好。

据介绍，在 30 多年前四川已有采用细石混凝土做蓄水屋面的工程。由于植物与基质土的覆盖，加上水的养护改变和提高了混凝土的性状，在一定种植条件下刚性防水完全可行。“刚柔结合”不是一成不变的定律，主要不是大面上的结合（但现在所说的“刚柔结合”主要是大面上），“刚柔结合”主要体现在节点部位。防水大面是可以刚刚结合的（基层刚——混凝土，面层刚——防水砂浆面层），但“刚刚结合”也需要柔性处理，柔性处理也体现在节点部位（如盾构管片的交接部位）。“刚刚结合”在有些条件下比“刚柔结合”要好。如一个宾馆的洗浴中心水池的池壁及池中的柱子（池壁、柱子采用混凝土浇筑），某防水公司设计采用改性沥青防水卷材在池壁、柱子上做防水，面层贴瓷砖。显然，采用防水砂浆比改性沥青防水卷材要好，既保证防水质量，又降低工程造价。由于对“刚柔结合”理解的片面性，致使目前现有规范的规定限制了某些刚性防水技术的应用。如深圳地铁发表的《地下复合结构设计理念及技术措施》中“叠合结构自防水的实践及研究”讲了三个重点：

1）节省资源、降低成本、提高效率、简化施工工艺、提高结构的安全度和耐久性；

2）用哲学思想指导设计的理念，把“做了比不做好”变为“把最简单的事情做好”；

3）实践证明，“混凝土本身的抗裂质量是地下工程防水之本，是唯一的保障”。其中，又讲到现行《地下工程防水技术规范》GB 50108—2008 中规定不当与限制："单层地下连续墙不应直接用于防水等级的地下工程墙体；限制了地下连续墙的发展"。《地下工程防水技术规范》GB 50108—2008 中规定："胶凝材料用量不应少于 400kg/m^3，水胶比应小于 0.55，坍落度不得小于 180mm。防水混凝土采用预拌混凝土时，入泵坍落度宜控制在 120～160mm。"而深圳地铁 3 号线规定："坍落度不得大于 100mm"。同时，还规定："C30P8 混凝土在满足抗渗等级、强度等级和耐久性条件下，水泥用量不宜小于 260kg/m^3"；深圳地铁 3 号线规定："水泥用量不得大于 280kg/m^3"。文章提出了相应的技术措施，提出了以"混凝土结构自防水为主"的设计理念。刚性防水适宜于覆盖和遮蔽性的工程，如地下工程、室内的厕浴间、有覆盖的屋面（种植、上人）；也适用于地铁隧道、港口、堤坝、桥梁、机场、道路等方面的应用。

（3）加强刚性防水技术的开发研究及引进

要系统了解国外刚性防水技术，选择引进适合我国的技术；同时，总结应用的经验，促进开发我国的刚性防水技术；并根据工程需要，结合存在的问题，加强刚性防水技术的工程试验验证工作。刚性防水技术的发展也必将促进柔性防水技术的发展，我们需要全面地推进工程防水技术的发展。发展刚性防水技术，符合节能减排和可持续发展战略发展刚性防水技术，提高建筑防水寿命，缩短施工周期，可以大幅度降低维修成本。推广刚性防水技术，节约大量有机防水材料，有助于缓解我国石化资源紧缺的现实及发展需求。

简要小结：刚性防水是包括混凝土结构本体自防水、混凝土结构表面涂抹、渗防水外加剂以及注浆技术在内的多种防水技术的总称，水泥胶结材料将是今后很长时间的主导材料，刚性防水因其自身的耐久性、与主体结构寿命的同步性，需求广阔。在系统了解国内外刚性防水技术、总结国内外应用经验的基础上，应加强刚性防水技术的引进、开发及试验研究工作。由于有机、无机材料技术的融合，建筑防水材料的发展也不是非"柔"即

"刚"，同时向韧性和弹性发展。开展刚性防水技术的研究，并不排斥柔性防水技术的研究；在积极推进刚性防水技术的同时，也要做好柔性防水技术研究发展工作，从而全面地推进我国工程防水技术的健康发展。

4. 建筑给水排水设计应用中若干问题的探讨

根据多年的理论与工程设计应用实践经验，就房屋建筑物室内给水、排水、消防专业方面存在的一些问题作一分析探讨。

1. 消防水箱设置不合理的问题

《建筑设计防火规范》GB 50016 明确规定：设置临时高压给水系统的建筑物应设置消防水箱（包括气压水罐、水塔、分区给水系统的分区水箱），重力自流的消防水箱应设置在建筑的最高部位。工程实践中发现存在以下一些具体问题：

（1）有多个建筑物的小区，仅在一个建筑物屋顶设置高位消防水箱。该建筑物的建筑高度最高，但由于小区地形变化，导致建筑物室外地坪高程变化，使该建筑物屋顶并不是小区最高点。这样设置的共用高位消防水箱，即使消防水箱的容积能满足扑救初期火灾的需要，亦不符合规范要求。在这种情况下，应与建筑规划专业人员仔细计算小区的最高点，不以某个建筑物本身高度为标准，而以小区建筑物最高屋顶为设置水箱的依据。

（2）工程实践中大量存在屋顶生活消防合用水箱的现象，存在不少弊病：一般合用水箱的生活用水不到全部水箱容积的50%，使得水的更新周期>24h，水中余氯不足，降低了生活用水的水质。再者，消防管网试水过程中，由于阀门关闭不严，使得消防管网中有水渗入水箱中，导致水质污染。基于以上原因，生活、消防水箱应分开设置，才能满足各自的需要。

2. 生活给水系统节能问题

《建筑给水排水设计规范》GB 50015 明确规定：居住小区的给水系统，应尽量利用城市市政给水管网的水压直接供水。当市政给水管网的水压、水量不足时，应设置贮水调节和加压装置。

《住宅建筑规范》GB 50368—2005 亦明确规定：生活给水系统应充分利用城镇给水管网的水压直接供水。实际工程中，高层建筑给水系统分压设置、水压利用等情况较好，而在多层建筑中则建筑给水水压情况不尽如人意，往往无法满足各自需要。

（1）未利用市政水压，直接采用水泵加压供水。这种情况多发生在小区所在市政管网水压偏低的地区。以某住宅小区为例，该小区以 6 层住宅楼为主，层高为 3m，则 1～6 层所需水压分别为 100kPa、120kPa、160kPa、200kPa、240kPa、280kPa。市政给水压力为 170kPa，市政管网至该楼给水接入口水头损失为 10kPa，故市政管网水压能满足三层以内给水水压要求。而开发商未认真考虑市政管网水压利用问题，采用水泵加压直接供水方式，造成能源的很大浪费。如果按 1～3 层直接利用市政水压供水，4～6 层采用市政加压供水方案，则 1～3 层供水水压由 280kPa 下降至 160kPa，节能效果十分显著。

（2）室内水压过高，大大降低了管材及卫生器具的寿命。这种情况在高层多层混合小区比较常见。未仔细考虑小区内建筑物的分区给水情况，仅简单地将供水水泵机组设计为高压区泵组及低压区泵组，更有甚者仅采用一种型号的主泵供水。对此，即使采用变频调速水泵机组，仍造成大量电能浪费，使多层建筑物室内水压过高。这种情况下，应将多层建筑及高层建筑的低区（1～7 层）作为一个系统设置独立的水泵及管网，且应考虑多层建筑室内给水系统的减压问题，统筹考虑小区的供水方案。

（3）室内水压偏低，影响住户正常使用。这种情况主要因为未认真考虑供水部门的供水情况，致使在夏季或用水高峰时常出现顶层住户水压不足的情况，不能保证住户室内给水系统的正常使用。对该种情况，应采取给水增压措施。

（4）外界条件变化后，未调整供水方案，引起住户水压水量不足。这也是常忽视的问题，尤其是供水部门由于某种原因导致供水范围内水压降低，或由于建筑物所在小区新增建筑物，导致用水量猛增，而水泵流量恒定，从而引起了水压降低，不能满足住户对水压的要求。

（5）忽视建筑物内热水管道的保温，该情况多由设计、施工或用户装修擅自拆除所造成，从而最终导致换热站耗热量增加，带来不必要的蒸汽及电能浪费。

对于上述存在的供水方案，应结合具体情况具体分析，科学、合理地制定出切实可行的方案。当外界条件变化后，能及时调整供水系统。

3. 排水通气管的设置不当

排水通气管的设置是经常被忽视的问题，其设置不当会带来意想不到的使用问题，具体问题是：

（1）在审查给水排水专业图纸时，发现排水通气系统设计无误。但当仔细对照本工程建筑专业图纸时，则发现了工程隐患。给水排水专业施工图中，通气管透气帽高出屋面 600mm，不小于当地的最大积雪厚度，似乎设计合理。建筑专业设计该工程时，采用了坡屋顶造型，在顶层平屋面上又增加了一个瓦楞铁材质的斜面，而给水排水设计者在设计排水系统时，未仔细对照建筑专业施工图，按照平屋顶考虑通气管设置高度。事实上，排水透气管设置在斜面装饰内，并未伸出屋面。上述问题在坡屋面工程中大量存在。这样做的后果是：当斜面装饰屋内与室内有孔洞连通时，通过排水透气管会有一些有害污浊气体从排水管道内散逸至室内，影响了住户室内的空气环境质量。正确的作法应该是排水透气管高出室外直接接触的屋面适当距离。该情况多数由于工程设计环节考虑不到位所造成。

（2）在实际工程验收时，发现大量的住宅小区在排水通气管顶端未装设风帽或网罩，这是绝对不符合施工规范要求的。不装设风帽或网罩的后果，比通常想像得要严重许多。许多居民的排水系统经常阻塞，后来经物业管理人员仔细分析，发现管道内部局部有硬块，将管道拆开后，发现是已硬化的水泥等杂物，管道的实际过水断面尚不足原来的 1/3，导致排水管道最大充满度低于设计最大充满度。后来经分析发现，本工程为上人屋面，透气管由于无网罩遮挡，水泥等杂物通过透气管掉进了排水管道，从而造成了排水不畅。该情况多由施工或物业管理不到位所造成。

（3）屋面金属排水管未考虑防雷问题，根据电气专业规范，屋面的金属部件需要与防雷带连为一体。许多给水排水专业设计人员在设计时，未将金属排水通气管向电气专业说明，从而导致电气专业未考虑金属管的防雷，这样给住户居住时带来安全隐患。而正确作法是设计时，给水排水专业应与电气、建筑等专业密切配合，把屋面金属管道等部件向电气专业交待清楚，结合建筑专业设置女儿墙的高度，工程竣工时检查是否符合设计要求，从而消除雷电灾害隐患。

在实践总结的基础上，建议在工程规划、设计、施工、监理、物业管理等各个环节，应始终以国家和地方实施的各项标准规范为依据，不折不扣地严格执行。尤其对极易被忽视的细节问题，更应高度重视，防止各种隐患存在，影响正常使用功能。

5. 建筑工程给水排水施工质量控制措施

在当前建筑给水排水施工中存在的主要现实问题，是在主体结构施工阶段，给水排水工程施工量较小，主要是预留、预埋，施工单位对此普遍不够重视，甚至连基本的给水排水专业人员也不配备。由此出现大量的预留洞、预留套管位置不准，甚至漏留洞口、漏埋套管，给工程留下了质量缺陷和事故隐患，造成在管道及设备安装时，在楼板、剪力墙上凿洞，使建筑主体结构千疮百孔，不仅浪费了大量的人力、物力，还降低了卫生间楼板等结构的承载能力；有些施工单位因预留错误，在不能凿打梁、柱时，勉强使用原来的预留洞、勉强安装，影响了建筑外观，留下漏水隐患。在建筑主体施工阶段，给水排水施工质量的好坏不但直接影响到整个给水排水分部工程的质量，而且影响到住宅整体的质量和安全。作为专业人员必须对此有足够的重视，并采取切实可靠的措施保证施工质量。

给水排水安装工程的施工，与其他工种的施工（如土建、电气、综合布线等）有着非常密切的关系。控制好它们之间的配合、协调施工，能节省工料，加快施工进度，确保工程质量。给水排水工程师须针对管道安装的不同阶段进行控制、协调、检查，有的放矢、严格要求，才能达到事半功倍的效果。在建设工程施工的不同阶段，给水排水管道施工安装的控制重点不同，其控制要点可概括为如下几个方面。

1. 施工前期的质量控制

（1）做好图纸审查：主要抓好以下几个方面：

① 设计图纸是否符合国家现行的设计规范和当地技术、经济政策及有关规定；

② 设计图纸是否满足建设单位的使用功能；

③ 设计是否符合施工技术装备条件，如需要特殊技术措施时，技术上有无困难，能否保证施工安全；

④ 图纸上尺寸、坐标、标高及管线交叉连接是否相符，器具安装基础、空间是否合适；

⑤ 核实主要给水排水设备、材料的使用规格和要求；

⑥ 消防设施、给水泵房等的位置及管线走向在施工前应通过当地主管部门的审查认可，并明确施工要求；

⑦ 各专业间应协调会审，及时解决专业间的错、碰、漏等问题，重点解决好与土建专业的协调，做好设备安装基础、土建预留洞和预埋管的技术交底工作。

（2）编写切实可行的施工组织设计：施工组织设计是指导施工的纲领性文件，其编制内容主要包括六个方面：

① 工程概况。把建筑形式、层高、结构做法交待清楚；

② 编制依据。必须是现行有效的施工合同、施工图纸、图册、施工验收规范、检验评定标准、地方法规要求、劳动定额等；

③ 施工准备。主要包括技术准备、物资准备、施工现场准备和施工人员的准备；

④ 施工技术方案。按照相应施工及验收规范的要求，说明

所采用的管材及附件、连接及敷设方式、防腐保温要求、工艺流程、质量标准、允许偏差、冲洗、试压、测试测量要求及步骤等；

⑤ 施工进度计划。按照本专业施工所需的条件和工序搭接要求、阶段性工期要求及总工期要求进行安排，做到工序搭接合理、以给水排水工程师为核心的组织体系，确定所监管项目行之有效的技术措施、组织措施，保证工程质量、提高生产效率、缩短工期，绘制施工进度计划表；

⑥ 施工技术措施。包括质保措施、成品保护措施、降低成本措施、安全措施、文明施工和冬雨期施工措施等。

（3）严格控制给水排水设备、材料的进场和检验。给水排水设备材料的品种、规格很多，为确保设备材料的质量和安全性能及降低成本，宜进行统一的管理和采购。相关采购部门应根据给水排水施工图设计的型号、规格、具体施工要求，分批进行采购。为保证工程质量，每批材料和设备进场时，施工单位材料员、质检员必须对进场材料的品种、规格、外观等进行验收。要求包装完好、表面无划痕及外力冲击破损，整根管外观应光滑、无色泽不均现象。检查管道的壁厚和圆度，查验生产厂商出具的产品合格证、质量验收报告及政府主管部门颁发的使用许可证等质量证明文件，尤其要注意生产批号。同一生产厂家、同一原料、同一配方和工艺，不同生产批次的产品质量会有差异，符合设计及施工质量验收规范要求后予以签认。材料进场后，按规定的批量及频率对进场的材料和配件进行见证抽样、送检。在未获得检验合格的证明文件前，不得用于工程中。对进货到场的设备材料，要做好防雨、防锈及防碎等防护工作。

（4）强化施工队伍的人员素质：施工人员必须持证上岗，施工队必须制定施工计划、进度安排、质量控制要求、安全用电管理等管理措施。

2. 施工阶段的组织协调和质量控制

在高层住宅主体施工阶段，施工现场的技术控制是给水排水施工的核心。在施工前，对所有技术人员就施工内容、安装要求、隐检要求等细则统一交底，施工时严格按照相关安装标准、图集、规范施工，协调好施工中碰到的问题，及时做好隐蔽工程的检查、记录等。给水排水涉及专业面多，有时也涉及多个施工单位。这时，给水排水施工应做好组织、协调和技术管理工作。

（1）预留洞的施工：在排水系统的排出管及给水系统引入管穿越建筑物基础处、地下室或地下构筑物外墙处，给水排水施工技术应跟踪检查是否按设计及施工规范要求预留了孔洞和设置了合格的套管（对有严格防水要求的，需采用柔性防水套管；一般防水要求的采用刚性防水套管；无防水要求的设预留孔即可），并要求管道安装完成后，其上部净空不得小于建筑物的沉降量，一般不宜小于 150mm。在首层室内地面回填及捣制混凝土前，应要求施工单位安装完成埋地的给水排水管道，注意伸出地面管道的垂直度及对照图纸有无遗漏，安装位置是否符合现场要求。给水管必须做水压及通水试验，当符合要求时，应及时给施工单位办理隐蔽工程验收手续，签发隐蔽验收记录。再要求施工单位将各预留管临时封堵好，配合土建堵孔洞和回填土。要求所有埋地金属管在安装前，按设计要求做好防腐处理。敷设好的管道应及时进行灌水试验，注意观察管道水满后水位是否下降，检查管道各接口及管本身有无渗漏。检查管道过墙壁和楼板处是否按要求设置了金属或塑料套管（排水立管穿楼板处需设置钢套管），注意检查各预留孔洞和套管位置及大小是否符合图纸及现场要求、有无遗漏。安装在一般楼板处的套管，其顶部高出装饰地面 20mm 即可；而安装在卫生间及厨房内的套管，其顶部应高出装饰地面 50mm，套管底部应与楼板底面平齐；安装在墙壁内的套管，其两端应与饰面平齐。

小区高层住宅楼的卫生间及厨房均采用现浇板，及时配合土建做好给水排水管道预留洞的施工，做到预留洞位置正确、洞口大小合适，避免砸洞、修洞，造成破坏现浇板及费工、费时的现象。特别是有人防要求的地下建筑，其相关需要隐检的人防、防水套管等，各管的安装标高、位置、规格、尺寸正确，固定牢固。焊接质量良好、焊缝饱满，无夹渣、咬肉、气孔，药皮清理干净，翼环高度、厚度符合要求。管壁内壁防锈漆涂刷均匀，无漏刷。给水排水隐蔽工程施工应及时、主动地配合土建施工，对需要有技术指标的隐蔽工程，如排水管道的灌水试验，在隐蔽前做到测试合格，以确保其满足设计和规范要求。隐蔽工程须及时隐检，当场记录。检查中发现不符合要求的，限期整改后重检，直至合格。对未经隐检而隐蔽的工程，视为不合格。

（2）给水管道的施工：生活饮用水管道现在主要用的有镀锌钢管、给水铸铁管和 PPR 管。所用管子管径、材质及管道接口材料必须符合设计要求，施工时重点做好三个方面：

1）管道连接（以镀锌钢管为例）主要有螺纹连接和法兰连接两种。螺纹连接质量控制：

① 管螺纹加工前检查绞板和管端，即板牙完好并安装正确，绞板后部三脚爪中心汇集在一点；管子外径符合要求，端部圆整、平齐；加工过程中控制切削量，防止绞出歪牙、烂牙；机械套丝时采用低速切削，手工套丝时用力均匀；套丝结束前慢慢放松板牙，以保持螺纹锥度。

② 管螺纹连接时掌握螺纹松紧度，用手将管件拧上后，管螺纹应留有足够的装配余量可供拧紧；填料顺时针方向薄而均匀地紧贴缠绕在外螺纹上，上管件时使填料吃进螺纹间隙内，填料不得被挤出；选用合适的管钳上紧管件，一次上紧螺纹，不得倒回。拧紧后的螺纹根部外露螺尾要符合有关规定；螺纹连接后应清除外露油麻，破坏的镀锌层应防腐。法兰连接质量控制要在安装前清除内螺纹及法兰封面上的铁锈、油污及灰尘，剔清密封面上的密封线；装上的管螺纹法兰中心线与管中心垂直，两片法兰间平行；垫片放置正确并拧紧螺栓。

2）管道安装：其质量控制要点包括定位正确，横管坡度符合设计要求且引入横管坡向泄水装置，安装好的管道横平竖直，纵横方向弯曲及立管垂直度等偏差要符合有关规定。

3）支架：支（吊、托）架的形式、加工质量及位置符合设计要求，支架孔眼采用电钻或冲床加工，支架和管座设在牢固的结构物上。

（3）排水管道的施工：生活污水管道主要有排水铸铁管、缸瓦管、陶土管和排水塑料管。目前，室内排水多使用排水塑料管（PVC管），其安装质量控制要点：

① 承插粘结接口用的胶粘剂应配套，粘结连接前先进行清洁处理。当将胶粘剂涂于承插口连接面后5～15s内，应立即将管子插入承口，并使管子插入后有大于1min的定位时间；

② 排水管的坡度设置应符合设计要求和施工规范，坡度均匀，严禁倒坡；

③ 坐标和标高的允许偏差、立管的垂直度误差及水平管道纵横向弯曲误差符合规范规定；

④ 检查口和清扫口的位置符合设计和规范规定，检查口的朝向便于检修，污水管起点清扫口与管道相垂直的墙面距离＞200mm，当污水管起点设置堵头代替清扫口时，与墙面距离＞400mm；

⑤ 支（吊、托）架的吊钩或卡箍的位置及间距，应符合设计和规范要求。

（4）管道附件及卫生器具的施工：各类阀门、水表、箱式消火栓、卫生器具及其给水配件（角阀和水龙头等）的安装位置、安装方式、安装标高和平直度应符合设计和规范要求。其中，阀门安装时应将其关闭，连接应紧密，安装完的阀门应符合使用功能要求；水表安装时，外壳距墙外表面的净距离为10～30mm，消防水龙带与水枪和快速接头的绑扎紧密牢固，并应服从当地消防主管部门的统一规定；卫生器具给水配件的连接应美观，铜管弯曲均匀，椭圆度＜8%，不得有凹凸现象；镀铬的配件安装时要使用扳手，不得使用管钳，以保持镀铬表面的完好无损；卫生器具镶接过程中，应与土建装饰施工配合恰当并做成产品保护，卫生器具的排水管径和最小坡度应符合有关规定，安装好的器具保持洁净、美观；地漏的箅子顶低于地面 5mm，地漏与地坪间的孔洞用细石混凝土仔细找补，防止地面漏水。

在给水排水施工过程中，一般在主体施工关键部位，比如地下室、转换层及标准层头两层的施工阶段，由于其工程量流水作业不够连续化，施工处于复杂变化的初期，很容易引起给水排水施工的混乱和错误。特别是地下室施工阶段，几乎所有的重要设备均设计安装在地下室，设备多、管线多，容易出现碰、漏、错、缺现象，此时各专业工程师应详细核对图纸，经核对无误后应严格按图施工。最后，应及时与业主、设计单位联系，解决施工过程中发现的有关技术问题，与此同时做好设备、材料选型与订货工作，在高层住宅主体施工阶段，给水排水施工管理还包括设备、材料的选型与订货的管理。

3. 施工后期的质量控制

现场施工基本结束后，还应做好后期质量控制。建筑给水排水系统除根据外观检查、水压试验、通水试验和灌水试验的结果进行验收外，还须对工程质量进行检查。对管道工程质量检查的主要内容包括：

① 管道的平面位置、标高、坡向、管径、管材是否符合设计要求；

② 管道、支架、卫生器具位置是否正确，安装是否牢固；

③ 阀件、水表、水泵等安装有无漏水现象，卫生器具排水是否通畅，以及管道油漆和保温是否符合设计要求。工程竣工前，应对所有阀门、水表、消火栓、卫生器具等设施作全面清理，保证箱、器具等内无污物，表面清洁。检查给水管道的水压试验、给水系统的吹洗、阀门的试压、排水管道的灌水试验及通水试验等测试项目及测试报告的编制，整理汇总所有隐蔽工程检查的隐蔽单、各种给水排水技术资料、合格证书、质保证书、各种电器及材料的测试报告等，并装订成册。根据工程实际施工情况编制完整的工程竣工图，整理汇总并装订成册，作为工程验收的依据和建设单位今后维修的原始资料依据。

上述是给水排水安装施工中经常遇见的一些常见问题的分析，有些在设计阶段可以避免，有些是施工工艺、施工方法等原因造成，在工程中尽量针对具体问题采取具体措施，以提高建筑给水排水工程的施工质量，保证其使用的安全性和稳定性。

6. 高层建筑给水排水设计施工技术控制

多层及高层建筑越来越多，因其建筑层数多、累计竖向高度高且用水需求量大、排水量也多，并具有集中使用和排放的特点。如果采用传统低层建筑的给水排水方式，就会造成管道系统中静压力过大，严重影响管道的正常使用，并且容易破坏管道配件，多高层给水及排水有着与低层不同的技术要求。

由于高层建筑具有其特殊性，为此必须在给水管网中要将竖向划分为多个区域布置，使下层管道静水压力降低。而且高层建筑有着明显的不同之处，如引发火灾的因素多、火势蔓延速度快且扑救困难等。因此，高层建筑消防系统的安全可靠性比低层建筑要求更高。由于目前消防设备能力有限，扑救高层建筑火灾的难度较大，所以高层建筑的消防系统应立足于自救为主；高层建筑的排水量大、管道长，管道中压力波动大。为了提高排水系统的排水能力、稳定管道的压力、保护水封不被破坏，高层建筑的排水系统应设置通气管或采用新型单立管系统。高层建筑的排水管道应采用机械强度较高的管道材料，并采用柔性接口；高层建筑的建筑标准高，给水排水设备使用人数多、水量大，一旦发生停水或排水管道堵塞事故，影响范围大。须采用有效的技术措施，保证供水安全、可靠，排水通畅；高层建筑动力设备多、管线长、易产生振动和噪声，需采取相应的技术措施。

而高层建筑给水排水工程的难点更加明显：在高层建筑中，由于土建施工时往往不够重视给水排水预埋处理，因此，易使得管道的预埋、空洞的预留位置不准确，甚至会导致出现漏留和漏埋现象；高层建筑中由于地下室的特殊性，在进行机电等设备设计时，大部分设备都设计安排在地下室，使得地下管线多、线路交叉冲突、降低空间利用率，影响地下室的使用功能；在高层建筑中，由于转换层和标准首层结构复杂、梁柱密集，管道敷设难度增大。

1. 建筑排水的施工质量要求

（1）高层住宅底部排水横管与排水立管连接方式：在高层建筑中，由于住户多、排水量较大，加上垂直高度较高的立管，造成排水立管底部形成正压。不适当的底部排水横管与排水立管的连接方式，会造成卫生器具污水反溢。因此，在排水管网施工时，立管底部设计时应选择大一个型号的管径，且必须满足相关要求。

（2）地漏的设置：在排水系统中，地漏是一个重要附属配件，能够迅速、有效地排净地面积水。规范中明确规定，对卫生间等需要从地面排水的地方应设地漏，但对厨房未作相应规定。在多、高层建筑中，厨房不能形成积水，只有少量的溅水，可以不设置地漏。

（3）排水管的选择及设置：排水管的选择及设置都是排水施工技术的重要内容。目前，排水管较多地选择用 UPVC 螺旋塑料管，这种管内壁的凸起螺旋形的导线，能够改善水流条件，降低噪声。对设架空层的高层建筑，上部的排水立管需在 2 层的楼板底转换的层内进行转换，避免影响底层居室的使用功能，转换后不应少于 2 根。

2. 给水工程施工质量要求

（1）给水系统施工要求：

给水系统施工工艺及施工技术要点：固定在建筑结构上的管道支架、吊架，按设计指定的固定位置及方式固定，以保证不影响结构的安全性能；阀门安装前，用手动试压泵对其作耐压强度试验；管道和设备安装前，清除内部污垢和杂物。安装中断或完毕的敞口处，作临时封闭；管道系统试压和清洗作法：

① 室内暗设或埋地的管道在隐蔽前进行试压；

② 各系统管道作水压试验，试验用压力表精度不低于 1.5 级，表的最大刻度为试验压力的 1.6～2 倍，压力表安设在系统

最低处，试压用水为清洁水。各系统试验压力中，本工程给水系统试验压力为1.00MPa；在试验压力下观测10min，压力降不大于0.02MPa，然后降至工作压力进行检查，不渗、不漏为合格；

③ 试验合格后，用清洁水对各系统管道进行冲洗，水冲洗速度不小于1.5m/s，水冲洗连续进行，以出口处的水色、透明度与入口处的目测基本一致为合格。管道冲出的脏物不得进入设备，设备冲出的脏物不得进入管道；给水管道在使用前，用每升水中含20～30mg游离氯的水灌满管道进行消毒。含氯水用漂白粉兑制，然后采用试压泵，将含氯水压入给水管内。含氯水在管中留置24h以上。

(2) 排水系统工艺流程及施工方法：

排水系统施工工序方法如下：

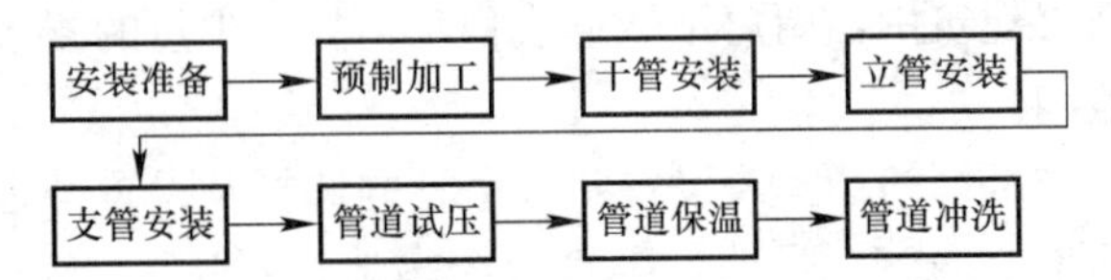

施工技术要点：固定在建筑结构上的管道支架、吊架，按设计指定的固定位置及方式固定，以保证不影响结构的安全性能；阀门安装前，用手动试压泵对其作耐压强度试验；管道和设备安装前，清除内部污垢和杂物。安装中断或完毕的敞口处，作临时封闭；管道系统试压和清洗作法：

① 室内暗设或埋地的管道在隐蔽前进行试压；

② 各系统管道作水压试验，试验用压力表精度不低于1.5级，表的最大刻度为试验压力的1.6～2倍，压力表安设在系统最低处，试压用水为清洁水，各系统试验压力中，本工程给水系统试验压力为1.00MPa；在试验压力下观测10min，压力降不大于0.02MPa，然后降至工作压力进行检查，不渗、不漏为合格；

③ 试验合格后用清洁水对各系统管道进行冲洗，水冲洗速度不小于1.5m/s，水冲洗连续进行，以出口处的水色、透明度与入口处的目测基本一致为合格。管道冲出的脏物不得进入设

备，设备冲出的脏物不得进入管道；给水管道在使用前，用每升水中含20～30mg游离氯的水灌满管道进行消毒。含氯水用漂白粉兑制，然后采用试压泵将含氯水压入给水管内。含氯水在管中留置24h以上。

排水系统施工方法如下：

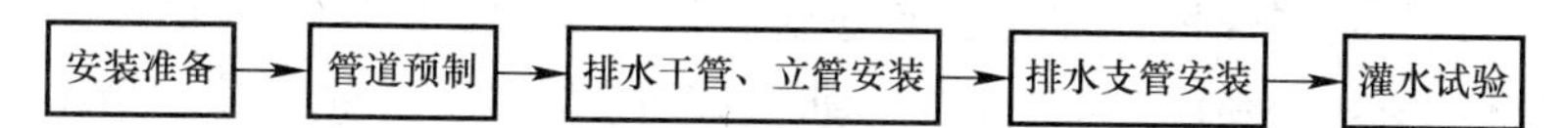

排水系统施工技术要点：排水塑料立管每层设置伸缩节；横支管上合流配件至立管的直线管段大于2m时，设置伸缩节。伸缩节之间的最大间距不得超过4m；排水塑料管管端插入伸缩节处预留的间隙为：夏季，5～10mm；冬季，15～20mm；排水塑料管立管上伸缩节设置位置靠近水流汇合配件，立管穿越楼板处为固定支承时，伸缩节不得固定，伸缩节承口应逆水流方向；按照设计要求的部位安设阻水圈；排水塑料管的配管及粘结工艺，技术要点：

① 锯管长度应根据实测并结合各连接件的尺寸逐层确定。锯管工具宜选用细齿锯、割刀等，断口应平整并垂直于轴线，坡口完成后，应将残屑清理干净；

② 管材或管件在粘合前用棉纱或干布将承口内侧和插口处擦干净，使被粘合面保持清洁、无砂尘与水迹。当表面粘有油污时，需用棉纱或干布蘸丙酮等清洁剂擦净；

③ 配管时，将管材与管件承口试插一次，在其表面（试插时）画出标记，插入深度不小于有关规定；

④ 刷时轴向涂刷，动作迅速、涂抹均匀、用量合适，不能漏涂或涂抹过厚，冬期施工时尤须注意。涂刷先涂承口，后涂插口；

⑤ 承插口涂刷胶粘剂后，立即找正方向将管子插入承口，使其准直，再加挤压。同时，使管端插入深度符合所画标记，并保证承插接口的直度和位置正确，而且还保持静待2～3min，防止接口滑脱。各预制管段节点间误差不大于5mm；

⑥ 静置养护到胶粘剂接口固化为止；排水塑料管堵塞时，不能使用带有锐边、尖口的机具清通。

3. 高层给水排水施工重视的一些问题

（1）给水重视问题：由于多高层建筑工程大量建造，使很多城市供水能力严重不足，且城市水厂发展速度滞后于住宅和公共建筑的发展速度，加之已有建筑管道的老化、承压能力快速下降，所以必须设置增压设施。但在设计和施工中，也要注意增压会造成静压过高。因为高层建筑高度大，生活用水常要进行竖向功能分区处理，生活用水一般按照用水点的静水压力不超过0.35～0.45MPa进行竖向分区。实践表明，当分区压力过大时底层水压较大，用水器具容易损坏且水流流速大，使用不便。所以，设计时用水点的静水压力就应该低于0.35MPa进行分区。生活用水增压后送到顶层水箱，然后用比例式减压阀向下供水。

（2）排水需重视的方面：建筑排水系统主要包括生活污水、生活废水、屋面及阳台雨水等。室内排水系统采用污水废水分流制还是合流制方式，应严格按照所在城市室外排水系统、地方主管部门的要求、建筑物的标准等来进行安装。同层排水是指管道在本层内敷设，采用一个共用的水封管配件代替诸多的P弯、S弯。一旦发生堵塞，本层内就能清理、疏通。作为一个新技术，近年来在高层建筑中得到了广泛应用。因为其管材一般采用热熔对焊，所以在安装中一定要满足施工技术要求，而且要确保管材材质有较强的密封性和抗外力破坏性。

（3）消防系统方面重视的问题：现在，大多数住宅小区、单体建筑及高层建筑大都设有消防水池二次加压设施。由于在城市规划中更多只关注区域集中消防供水系统，即在区域内不设多个消防水池及泵房，只设一个消防水池及加压泵房，以满足区域消防供水要求。但对于单个建筑体来说，如此设置在消火栓箱里应安装紧急启动消防泵按钮，按钮一合，消防水泵就立即启动。并且增加多功能控制阀，水泵起动时能自动打开阀门，停止时能自动关闭，还要确保在消火栓压力超压后，要采用减压稳压消火栓。

通过上述浅要分析介绍可知，建筑给水排水在多高层建筑中的重要性不言而喻。随着科技的发展，给水排水的设计也日趋人性化、合理化，更加环保、节能、减排，但如何将这些设计理念完全融入实际工程的应用中，则需要施工技术人员按照相应的施工检查验收标准，认真选择给水排水管材，优化工艺及严格工艺过程控制，不断实践、探索、总结，才能使给水排水施工技术更加成熟、完善，确保使用功能不受影响。

7. 聚氯乙烯卷材防水与临时防水工程应用

聚氯乙烯（PVC）防水卷材系统是由 PVC 防水卷材、PVC 防水防护膜、土工布及 PVC 外贴式和中埋式止水带以及其他防水保护结构灵活组合而成的地下防水系统的综合体。而 PVC 防水系统作业环境宽松、无特别要求、质量检测方便、施工过程方法简便、防水理念先进、机械化程度高、工艺成熟、作业人员不要求专门培训，只作简单交底便可操作，比较适合在多雨季节的地下工程施工中应用。

对于临时防水工程的理念，是指为实现工程所需要的工作面，安装和装修人员提前进入施工现场，介入全天候施工作业，达到使重要物项和使用的成品、半成品保护降低投入费用的目的，在建筑物施工作业面及楼层内部采取一些具体措施。临时防水工程具有易施工、造价低、效果比较好的特点，比较适合用于多雨季节和工程建筑项目工期紧的工程。

1. 建筑项目概况

在地下工程应用的经验基础上，参考单体建筑地下工程防水面积 1.2 万平方米，根据当时环境气候条件综合考虑，设计最终决定使用 PVC 卷材系统防水。其中，地基基础在施工前必须完成的防水面积约 $5700m^2$，可根据地基基础施工的总体安排、场地条件和机械设备调整前期防水工程施工范围。

该建筑临时防水工程是针对雨季的气候特点考虑，最大限度降低气候对施工过程造成的影响因素。项目实施的临时防水系统采用常用的工程物资，按项目施工顺序自下向上进行，在重要设备安装作业层、作业装修层上面进行逐层防护，实现对降雨、冷凝水及作业用水的保护区域划分，合理导流及有序组织排水，避免设备及重要物资和装饰面受浸泡，加快工程进度。其临时防水系统适合在南方多雨及潮湿环境应用，为设备提前进入和装修提前介入进行保护，具有一定的现实意义。

2. 卷材防水系统特点

现在，建设项目防水的主流设计有混凝土结构防水、水泥砂浆刚性抹灰防水、卷材防水层、金属防水层、涂膜防水及密封防水等几种。其中，卷材防水层应用最多、最广泛。

（1）提高作业环境的适应性，现在常见的有：SBS 高聚物改性沥青防水卷材、聚氯乙烯 PVC 防水卷材和三元乙丙橡胶类防水卷材，不同材质有着不同的配套施工工艺和特点。相对于其他防水卷材，其 PVC 防水系统的最大特点是其配套工艺适合湿度较大的环境条件下应用，仅仅要求在施工作业面无水即可。对于涂膜和其他卷材的粘结或热熔焊接施工，对基层无任何要求，有利于多雨水及潮湿环境下作业，在使用范围上更加广阔。

（2）机械化作业程度高，加快速度，作业用设备都属于小型器具，当 PVC 防水系统在平、立面作业时，除了阴阳角和止水带与卷材接口部位，自动焊缝的丁字节点部位需要人工热风焊处理外，其中异形部位的坑洞通过预制加工；现场接口焊接的作业方式中，约 3/4 的施工量可以使用热风焊机自动焊接，有效提高工程进度及降低作业难度。同时，使用人工量少、操作方便，人员无需专门培训即可施工。

（3）控制手段及检测方法完善。由于 PVC 防水系统具有特有的气密性和水密性检测方法，其节点手工焊接部位人眼不易发现的微小质量缺陷用电刷进行检测，是当前唯一具备对防水系统施工采取严格控制的有效手段，并对其他防水系统及涂膜施工有一定的借鉴效应。

（4）防水分区的理念。此工程的防水是通过外贴式止水带和中埋式止水带的组合使用，采用了现在各类型防水系统中独特的防水分区划分处理，避免某一部位因为渗漏而引起防水系统的失败，实现防水渗漏点快速找到、快速修复的功能，见图 1。

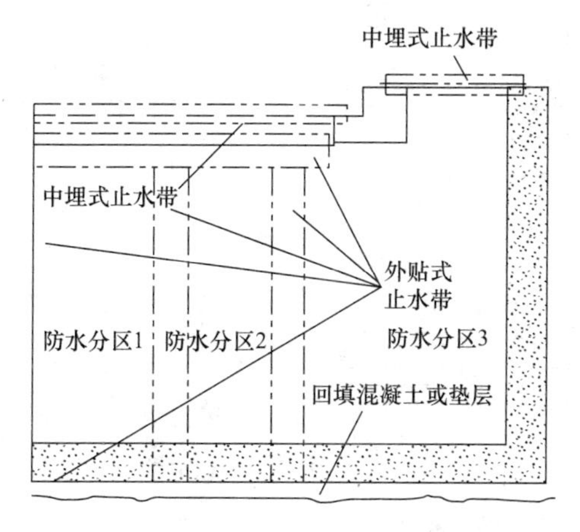

图 1　防水分区示意

3. 临时防水工程的特殊性

临时防水工程通过在临时建筑物防水作业平台砌筑导流沟、孔洞遮盖，围堰封闭及少部分卷材截流冷却水，楼梯及电梯间泄水，利用建筑物的电梯井等低坑集中水，考虑当地气候环境中降雨量、场地条件等因素，综合考虑配置水泵集中排水，达到建筑物室内的有组织排水，使房屋内部保持干燥。同时，创造更多的可施工面进行立体交叉施工，防水理念见图 2。

（1）对作业人员技术素质要求不高，无特别要求，一般土建专业人员当面交待清楚，都可胜任临时防水作业。

（2）使用材料无任何要求，常用的建筑材料都可以使用。用工地常用的灰砂砖可以砌筑导流沟、洞口及围堰等临时构筑物，一般砂浆可以罩面，废旧方木及模板、防雨布加工成孔洞遮盖及安全防护。

（3）一些建筑材料可以循环使用，因建筑物的临时防水系统要根据作业面的上移逐步逐层进行，且上下层结构形式、各种孔

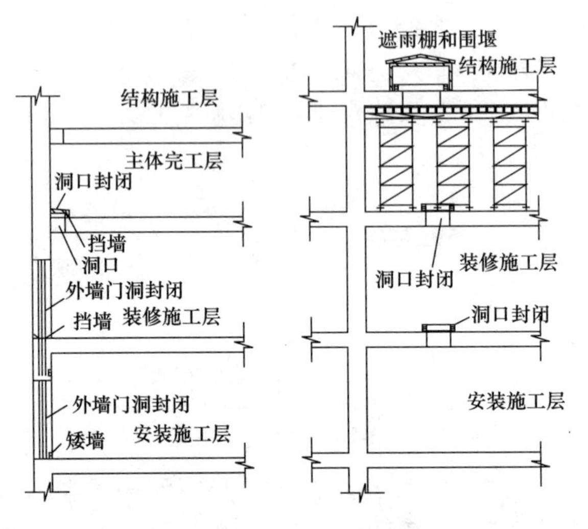

图 2　临时防水概念示意

洞、二次浇筑层变化不会太大，临时防水系统的各组成部分使用材料可以循环使用，有条件时可以考虑提前制作，变废物为新用。

（4）降水、排水设备型号、位置容易确定，安装使用方便。要根据施工前施工组织设计确定的有组织排水安排，一般采取位置相对固定的楼梯或电梯间作为集中和泄水点，水泵固定位置比较固定，使用及维修方便，安装自动控制更好。

4. 防水施工前的准备

（1）PVC 防水系统施工前的准备，因为防水工程对建筑物的正常使用十分关键，因此所有防水材料质量必须符合相应的质量标准。同时，要货比多家，采购价低货优的防水材料。在此基础上，制定作业方案的各种审批程序，消除实施前的各种不利因素。并安排好接口工作，明确质量标准和检验方法。根据工程量和工程进度来确定原材料、施工机具。对所有参与施工及作业管理人员进行必要的技术交底，并模拟操作方法及交待关键工序注意事项。

（2）临时防水工程施工前的准备，根据所安排安装及装修工程和主体施工进度计划，考虑需要进行临时防水施工作业的部位。准备需要进行临时防水施工部位的平面布置图，调查需要封堵的各类坑洞和二次浇筑区域，制订封堵措施，重点关注孔洞及临边防护，确保封堵工程的强度可靠。安排好排水走向的畅顺，核对集水坑池及围堰、导流沟砌筑的位置。根据气候条件及建筑物实际面积和场地状况，确定排水设备型号、数量，保证积水及时排除，不影响正常作业。

5. PVC 防水系统及其操作工艺

（1）PVC 防水卷材的施工：其系统见图 3。对于水平方向的防水卷材，把卷材顺序铺设于基层，卷材与基层之间无粘结处理，铺设完成后上面浇筑一层厚度大于 40mm 的混凝土保护层；而立面的防水卷材，先铺一层土工布用锚钉临时固定在墙面上并放置垫圈，采用热风焊接法将第二层防水薄膜焊接在垫圈上。同样方法，用热风焊接法将第三层防水薄膜焊接在防水薄膜有垫圈部位，最后铺一层土工布，用保护薄膜边缘将土工布固定。对于水平与竖直方向立面交接处，外墙止水带与防水卷材仍用热风焊接，水平向卷材的上翻与竖向立面卷材在外墙外贴式止水带处焊接。当后续工序出现损坏防水卷材时，采取刚性防水进行保护，如砌筑保护墙和悬挂塑料板方法。当后续工序不会出现损坏防水卷材风险时，要设置使结构可以自由位移的措施，采取安装有弹性的保护结构件。

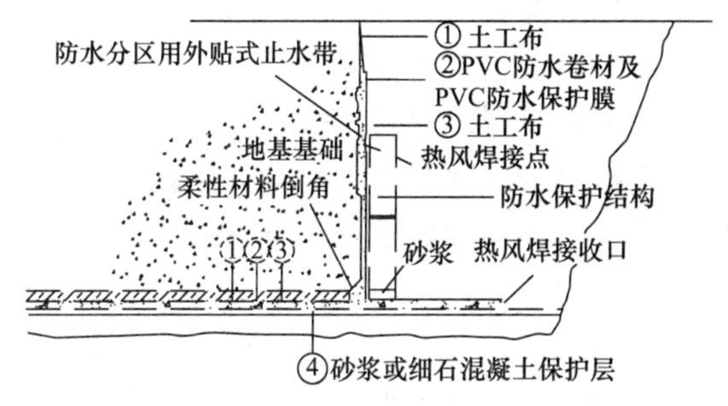

图 3　PVC 防水系统的构造

在防水施工中必须重视的问题是：基层要进行夯实整平，凸块不得超过 30mm 尖锐角，避免在承受重力时损伤卷材；铺贴完成后的卷材要覆盖遮阳照射，减少长时间受紫外线照射受伤，防止硬物穿刺，损坏失效；作业人员不要穿带钉鞋子，表面不堆放可能损伤卷材的杂物；焊接机械有可自动调整厚度和固定厚度两种，根据实际情况配置。

（2）卷材焊接质量控制，对于现场大量的卷材双焊缝施工，双焊缝宽度各为 10mm，中间留有空隙，把带色的气体或液体充入中间空隙并且要有一定压力，观察是否有渗漏及压力表变化，一般要求是液体不渗漏或者气压 3min 的变化＜0.1MPa 判定为合格，同时观察当气温高于 25℃ 时，液压和气压应低于 0.3MPa，避免损坏卷材及焊缝。

PVC 防水卷材的施工质量用气压表、充气针及打气筒、两把夹钳来进行双焊缝气密性检测，或者由液压表、喷壶及气压针、两把夹钳来进行双焊缝水密性检测；气压表、抽气筒或小型真空泵及检测仪完成丁字形、L 形节点的气密性检测；用电火花检测仪完成单焊缝和手工焊缝的检测。平面和竖向及丁字形、L 形节点是在检测气密性后，再做节点加强处理。

而阴阳角的焊缝是卷材施工的质量难点，由于该部位卷材的层数较多，人工焊接的技术要求较高且需要连续作业，每层焊缝都要用电刷检测，防止存在潜在的渗漏隐患。电测检查仪的操作应缓慢进行，要仔细查看是否有贯穿检测部位的银灰色亮点火花且伴有明显的爆裂声；当有这种现象时，肯定判断不合格。需要重视的是，不论采取裁剪式阴阳角焊接还是折叠式阴阳角处理法，都需要在焊接检查后在整个阴阳角按薄弱节点的理念进行补强。节点防水补强所使用卷材质量应与防水膜相一致，搭接大于 150mm。

（3）止水带的质量处置。因 PVC 止水带的长度有限，连接处只能采取焊接处理。焊缝因焊刀为尺形，只能是直缝，宜将止水带裁剪成十字形、丁字形或 L 形，保证切口槎处粘结牢固、止水可靠。对于中埋式和外贴式止水带，定位及固定措施不当，会造成止水隐患。因此，中埋式止水带的高度控制、位置确定及混凝土的浇筑下料、振捣工作应严格掌握；而外粘式止水带应紧贴模板并提前固定好，避免浇筑中把止水带挤压在混凝土中，造成位置变动，起不到止水作用。

同时，要对PVC止水带进行保护。由于止水带产生的损坏无法弥补，因此做好保护极其重要。施工前进行覆盖，防止紫外线照射；在迎水面回填时，防止硬物掉入；而封堵材料应具有一定刚度并采用不燃材料，防止在焊接中造成损伤。

（4）防水材料保护的重点。对于PVC防水卷材，如果用热风焊接的部位，保证干燥、干净，严禁有积水；立面卷材施工，要防止雨水沿墙面流进卷材内部，造成卷材鼓胀、脱落发生，使防水保护层失去作用。在潮湿环境下的焊接设备、电刷检测仪属于手执电动工具，尤其是电刷检测仪电压会超出安全电压，要特别注意检验人员的安全。在窄小范围的阴阳角，洞口手工作业的通风及个人防护十分重要。

6. 临时防水工程的施工控制

（1）设计方案考虑的主要要求：当确定临时防水工程时，首先要考虑的因素是：各楼层要保护的各种材料、设备及成品、半成品；根据这些保护对象及施工进度考虑采取保护的区域范围；采取的防护措施应方便施工，避免安全通道不畅，只要保护不受影响。

（2）策划临时防水区域。当确定必须做临时防水措施进行保护时，要充分考虑结构特点，尽可能利用永久或半永久的结构材料，如墙体、楼电梯及一些坑洞等，达到分区防护。要尽量减少排水路线的长度，集水面积要小及有组织排水，发挥防水能力。

（3）各种孔洞封闭。孔洞的封闭是临时防水工程中最常采取的措施和关键点。临时防水处理要根据实际洞口位置及规格尺寸，对其封闭形式可分为三种形式，即外墙洞口、紧贴洞口及一般洞口。

对于外墙需要封闭的洞口，主要考虑的是临边防护、防风，避免外洞口在大风或暴雨天受损失效；对于紧贴墙壁的洞口，要在洞周边用烧结普通砖等透水差的材料砌筑围堰，防止平台积水，沿孔洞流入装修施工层。综合考虑承载力和洞口尺寸，在洞口上方用方木和胶合板封堵，也要有排水坡度，胶合板上覆盖防水布。在靠近墙洞边抹 50mm×50mm 水泥浆压边，防水布涂刷红白色警示线。而一般洞口的封闭，与紧贴墙壁洞口的封闭方法大体相似。

综上所述可知，利用 PVC 卷材防水系统时，要进行可靠的方案设计控制措施，熟练的操作人员工序过程控制，采用科学的技术检测手段，可以满足防水系统的要求。临时防水工程因地制宜，在创造工作面时提前介入和合理施工，对重要材料及物资进行保护，对降低造价有积极作用。

8. 地下空间结构裂缝控制与防水设计

进入 21 世纪以来，伴随着国内城市化进程的加快，基础设施建设、商品住宅建设飞速发展，促进钢筋混凝土结构的长、大化和复杂化，混凝土结构裂缝问题已显得尤为突出，结构裂缝出现机率大大增加，有些已危及结构的安全性和耐久性，有的地下工程裂缝渗漏已严重影响其使用功能。一方面，商品混凝土广泛应用，其组成复杂、材料性质波动大，且普遍采用掺合料和外加剂，使混凝土具有较高的收缩变形；而对利益的最大追求，使有些建设单位在建筑构造设计上往往省工减料；对施工进度的追求，则使某些施工单位往往不重视规范对施工养护等方面的严格规定；这些都是造成裂缝大量出现的主要原因。

另一方面，在客观上而言，设计和施工人员实际上也缺乏有效的指导，尤其缺乏切实可行的材料控制措施，对材料的特性也了解、掌握甚少，这已成为当前混凝土结构裂缝控制的最大瓶颈。地下空间结构，包括各类指挥所工程、大型地下商场、大型地下车库、地下医院、公路隧道、高层住宅、别墅等的地下室工程和水池等，包括给水排水及环境工程等建设项目。考虑到此类工程的抗渗防裂性能对其正常使用及运转有着至关重要的作用，地下空间的结构设计必须重视裂缝的控制。在此，主要探讨在地下空间结构设计中如何有针对性地避免破坏性裂缝的产生，并阐述对相关问题的认识与在设计中可以采用的构造措施。

1. 地下混凝土结构裂缝的成因

钢筋混凝土结构在受力状态下出现裂缝，是一种普遍存在的现象，如混凝土因荷载作用下的拉应力，或温度收缩引起的拉应力等而出现的裂缝等。一般来说，在普通的钢筋混凝土结构中要求完全避免出现裂缝，不现实也完全没有必要。钢筋混凝土结构出现裂缝不可避免，但是在保证结构安全性和耐久性的前提下，裂缝是人们可接受的材料特征。钢筋混凝土结构在受力时，只有产生一定量的形变，才能发挥钢筋的承载作用。

混凝土的受拉形变往往伴随着裂缝的产生，当裂缝宽度控制在不影响结构件的受力性能、使用性和耐久性时，这些裂缝是正常的结构裂缝，无须处理；而过大宽度的裂缝，就会影响到结构的安全性、适用性和耐久性，这种裂缝可称为破坏性裂缝。破坏性裂缝一旦出现，必须进行相应的有针对性的处理。针对地下空间结构的防渗漏的功能要求，有关钢筋混凝土地下结构的设计规范、规程对裂缝控制有具体的宽度规定。

结构裂缝产生的原因很复杂，根据国内外的调查资料，引起裂缝有两大类原因：一种是由外荷载（如静、动荷载）的直接应力和结构次应力引起的裂缝，其机率约为20%；另一种是结构因温度、膨胀、收缩、徐变和不均匀沉降等因素由变形变化引起的裂缝，其机率达到80%左右。裂缝发生与材料使用、设计、施工和维护有关，为了在地下空间结构设计中做好裂缝控制工作，有必要先对地下空间结构中易发生破坏性裂缝的各种情况作一分析了解。

（1）荷载作用造成的裂缝

地下混凝土结构荷载裂缝是由于结构物受到外荷载（各种恒载、活载；水、土压力；地基反力等）作用下，导致混凝土内部产生的拉应力超过混凝土的抗拉强度，使混凝土产生裂缝。此种裂缝多为楔形裂缝，可分为弯曲裂缝、剪切裂缝、扭转裂缝。由于混凝土是典型的脆性材料，抗裂强度很低，因此，在设计中，荷载裂缝主要通过设置受力钢筋加以控制。

对地下结构来说，设计时一般容易由下列因素造成：各种工况下的水位变化、地质资料、水温及气温等各种环境参数等的基础资料有误或设计中遗漏某种极端工况；结构建模有缺陷，造成内力计算值与实际受力状况有较大偏差；设计中对一些内力和变形控制点、应力集中点把握不准，或忽视次要构件对内力分配的影响；计算不细致或漏算；构造措施不当等。

另外，除设计应考虑的工况外，其他由于施工不当、周边环境的突发因素或因擅自改变使用功能等原因造成的荷载变化等。

（2）混凝土收缩和温湿差变形造成裂缝

1）温差收缩：水泥水化是个放热过程，其水化热为165～250J/g，随混凝土水泥用量提高，其绝热温升可达50～80℃。研究表明，当混凝土内外温差10℃时，产生的冷缩值$\varepsilon_c=\Delta T/\alpha=10/10^5=0.01\%$，如温差为20～30℃时，其冷缩值为0.02%～0.03%。当其大于混凝土的极限拉伸值时，则引起结构开裂。混凝土在其硬化期间放出的大量水化热，使得混凝土结构内部的温度不断上升，以致在结构表面引起拉应力；在其后期的降温收缩过程中，又由于受到支座及周边混凝土的约束，而在混凝土结构中出现拉应力。因此，地下工程结构中的混凝土早期收缩裂缝主要出现在裸露表面，混凝土硬化后的收缩裂缝较多地出现在结构件的中部附近。

由于环境温度的变化会使混凝土构件产生热胀冷缩，这种由气候变化产生的温差，在地下工程结构设计中，称为中面季节温差。而混凝土结构温度分布不均，也会在结构内产生温度应力。影响混凝土结构温度分布的外部因素，包括接触媒介的温度、风速和结构方位朝向；内部因素主要有混凝土的导热系数、水化热、结构形状、是否有铺装层、结构表面颜色等。

中面季节温差产生的温度应力，一般可通过设置伸缩变形缝或在混凝土中添加外加剂，以及采用设置加强带、后浇带等措施解决。此类方法一般还能同时消减水化热的影响。壁面温（湿）差一般由于池壁两侧接触的介质具有不同的温度和湿度，从而形成的壁面温差和湿差，使得温（湿）度较低一侧的结构受拉，从而产生裂缝。这种壁面温（湿）差应作为一种荷载作用，在结构设计中应进行相应的结构裂缝验算。

2）塑性收缩：混凝土初凝前出现泌水和水分急剧蒸发，引起失水收缩。此时，骨料与水泥之间也产生不均匀的沉缩变形，它发生在混凝土终凝前的塑性阶段，故称为塑性收缩。其收缩量可达1%左右。在混凝土表面上，特别在抹压不及时和养护不良的部位出现龟裂，宽度达1～2mm，属表面裂缝。水灰比过大、水泥用量大、外加剂保水性差、粗骨料少、振捣不良、环境温度高、表面失水大等，都能导致混凝土塑性收缩而出现表面开裂现象。

3）自生收缩：密封的混凝土内部相对湿度随水泥水化的进展而降低，称为自干燥。自干燥造成毛细孔中的水分不饱和而产生负压，因而引起混凝土的自生收缩。高水灰比的普通混凝土（OPC）由于毛细孔隙中贮存大量水分，自干燥引起的收缩压力较小，所以自生收缩值较低而不被注意。但是，低水灰比的高性能混凝土（HPC）则不同，早期强度较高的发展率会使自由水消耗较快，以致使孔体系中的相对湿度低于80%。而HPC结构致密，外界水泥很难渗入补充，在这种条件下开始产生自干收缩。研究表明，龄期2个月水胶比为0.4的HPC，自干收缩率为0.01%；水胶比为0.3的HPC，自干收缩率为0.02%。HPC的总收缩中干缩和自收缩几乎相等，水胶比越小自收缩所占比例越大。由此可知，HPC的收缩性与OPC完全不同，OPC以干缩为主，而HPC以自干收缩为主。问题的要害是：HPC自收缩过程开始于水化速率处于高潮阶段的头几天，湿度梯度首先引发表面裂缝，随后引发内部微裂缝。若混凝土变形受到约束，则进一步产生收缩裂缝。这是高强度等级混凝土容易开裂的主要原因之一。

（3）因材料质量和构造不良造成的裂缝

混凝土主要由水泥、砂、骨料、拌合用水及外加剂所组成。要避免地下结构产生破坏性裂缝，混凝土用料是否适当及材料质量能否保证起着重要的作用。因用料不当或材料质量有问题而造成的裂缝，即便经修复后能满足正常使用，但往往仍留有隐患，所以一定要注重事前防范。有研究表明，水泥加水后变成水泥硬化体，其绝对体积减小。每100g水泥水化后的化学减缩值为7～9mL，如混凝土水泥用量为350kg/m^3，则形成孔缝体积约25～30L/m^{3}之巨。这是混凝土抗拉强度低和极限拉伸变形小的根本原因。研究表明，每100g水泥浆体可蒸发水约6mL，如混凝土水泥用量为350kg/m^3。混凝土在干燥条件下，则蒸发水量达21L/m^3。毛细孔缝中水逸出产生毛细压力，使混凝土产生“毛细收缩”。由此引起水泥砂浆的干缩值为0.1%～0.2%；混凝土的干缩值为0.04%～0.06%。而混凝土的极限拉伸值只有0.01%～0.02%，故易引起干缩裂缝。

（4）减水剂使用不当造成的裂缝

人们发现，自20世纪90年代中期推广商品（泵送）混凝土以来，结构裂缝普遍增多，这是为什么呢？除了与混凝土的水泥用量和砂率提高有关外，人们忽视了减水剂引起的负面影响。例如，过去干硬性及预制混凝土的收缩变形约为（4～6）$\times10^{-4}$，而现在泵送混凝土收缩变形约为（6～8）$\times10^{-4}$，使得混凝土裂缝控制的技术难度大大增加。研究表明，在混凝土配合比相同情况下，掺入减水剂的坍落度可增加100～150mm，但是它与基准混凝土的收缩值相比，却增加120%～130%。所以，在《混凝土外加剂》GB 8076—2008中规定，掺减水剂的混凝土与基准混凝土的收缩比≤135%。研究表明，掺入不同类型的减水剂，混凝土的收缩比是不相同的。一般是：木钙减水剂＞萘磺酸盐减水剂＞三聚氰胺减水剂＞氨基磺酸减水剂＞聚丙烯酸减水剂。这说明，商品混凝土浇筑的结构开裂机率大，与减水剂带来的负面影响有关，其机理尚不清楚。以上是从水泥混凝土物理化学特性分析其各种收缩现象，早期塑性收缩会导致结构出现表面裂缝。混凝土进入硬化阶段后，混凝土水化热使结构产生温差收缩和干燥收缩（包括自干收缩），这是诱发裂缝的主要原因。近十年大量使用商品混凝土，开裂增加，除与单方混凝土水泥和掺合料用量增加外，减水剂增加混凝土收缩值变形的负面影响也是一个重要因素。

有关地下工程结构的节点等细部构造要求，在相应的规范、规程中有规定。设计时，应注意使地下结构的整体满足结构选型及布置的合理性外，同时还应保证所采用的结构的计算模型与实际受力状态一致，这就需要通过构造措施来实现。如果设计采用的构造措施不当或缺失，就会使结构实际受力情况与计算模型不符，从而难免在结构中形成薄弱部位，以致产生破坏性裂缝。

2. 地下空间结构设计中的裂缝控制

王铁梦教授将设计构造上的措施归纳为两大类：即“抗”与“放”。“抗”的原则是通过提高混凝土结构的抗拉强度和极限拉伸，来抵抗混凝土干缩和温度变形；“放”的原则是通过创造混凝土结构自由变形的条件，来释放混凝土干缩和温度变形。两大原则并不对立，可以“抗拉兼顾”。

在结构设计上，“抗”的原则通常体现在对混凝土构件进行适当增加的配筋——其精髓为“细筋密布”；也就是说，在同样配筋率的条件下尽可能用细直径的钢筋，使钢筋的间距密一些，增加混凝土结构的极限拉伸，从而抵抗混凝土干缩和温度变形；“放”的原则通常体现在留设变形缝上，可设置伸缩缝、收缩后浇带、沉降后浇带等。

根据现行《给水排水工程构筑物结构设计规范》（GB 50069—2002）要求，裂缝控制通过抗裂度验算、裂缝开展宽度验算和构造措施来实现。对轴心受拉或小偏心受拉构件，应按不出现裂缝控制进行抗裂度验算。对此，构件的抗裂性能主要是由混凝土抗拉强度和构件受拉截面大小来决定。对受弯或大偏心受拉（压）构件，应按限制裂缝宽度控制，在水池设计中以此类工况最多。规范推荐的裂缝宽度验算公式如下：

$$W_{max} = 1.8\phi(\sigma_{sq}/E_s)(1.5c + 0.11d/\rho_{te})(1 + \alpha_1)\nu$$

$$\phi = 1.1 - 0.65f_{tk}/(\rho_{te}\sigma_{sq}\alpha_2)$$

式中 W_{max}——最大裂缝宽度，mm；

ϕ——裂缝间受拉钢筋不均匀系数，0.4～1.0；

σ_{sq}——纵向受拉钢筋应力，N/mm^2；

E_s——钢筋弹性模量，N/mm^2；

c——混凝土保护层厚度，mm；

d——纵向受拉钢筋直径，mm；

ρ_{te}——按有效受拉混凝土截面面积计算的纵向受拉钢筋配筋率；

ν——纵向受拉钢筋表面系数；

α_1、α_2——按受弯或大偏心受拉（压）情况所采用的系数；

f_{tk}——混凝土轴向抗拉强标准值，N/mm^2。

设计时，一般先根据强度计算结果初步确定配筋，然后进行裂缝宽度验算。在地下室与水接触的结构中，最大裂缝宽度一般应控制在0.2mm或0.25mm。运用上述公式进行验算时，可归纳出一些在相同配筋率下有利于裂缝控制的因素。例如，采用直径较细的钢筋或较高抗拉强度的混凝土等。下面，根据分析裂缝成因来探讨如何在设计中采取恰当的措施，以控制裂缝的发生和发展。

（1）荷载作用裂缝的控制

对荷载作用裂缝的控制，就是要求在设计时对结构各部位可能产生最大拉应力的截面进行计算分析，使其满足裂缝控制的要求。因而，应在结构设计基础资料的收集使用中做到完整、准确。这是因为：地下水位和土层情况的不同，会使地下室外墙的设计水土压力产生很大变化；基础持力层的不同，可能直接影响基础结构形式和沉降变形情况；气象资料决定了温（湿）度应力计算的可靠性。在掌握了全面、可靠的荷载作用基础资料后，就需要对结构建立正确的计算模型和选择合理的荷载组合，以确保其内力及变形的计算值与工程的实际工作情况一致。一般而言，此设计阶段的主要问题如下。

1）基础梁、板计算时采用的地基假定是否合理。目前，计算地基反力的三种假定（地基反力直线分布假定及半无限弹性体假定）的计算结果出入较大，所以，应根据各假定的适用条件，采用与实际情况最为接近的理论进行计算。

2）支座假定是否合理。地下室顶板、壁板、底板连接部位的支承条件决定了各构件的支座假定，采用合理的支座假定，才能据此计算出正确的内力分布。

3）荷载最不利组合是否选择正确。一般比较容易疏漏的是施工、检修阶段的荷载组合。

4）极端温（湿）差出现的部位及取值是否有误等。

设计时，一般应首先根据结构方案进行初步的荷载和内力计算。通过对计算结果的分析，来进一步调整结构受力体系，尽量使地下结构的各部位都能做到结构合理、受力明确、经济可靠。然后，对整体结构所有结构件进行详细的力学计算，得到在各个起控制作用的工况下各控制断面的内力设计控制值。在截面配筋设计中，应区分各构件是否需进行裂缝控制设计；若需进行裂缝控制设计，则应根据其受力性质分别进行抗裂度验算或裂缝开展宽度验算。通过调整配筋率、钢筋规格、混凝土强度等级或构件截面尺寸，来达到控制裂缝的目的。

（2）混凝土收缩和温湿差造成裂缝的控制

由于混凝土干缩和温度效应的复杂性，不论是计算还是弹性有限元分析的结果，与结构的时间情况均有较大的误差。计算结果可作为设计的参考，但不可以盲目依赖。结合以往的实际工程经验，在设计上采取构造措施，对控制混凝土结构的干缩和温度裂缝效果比较显著。此类裂缝的控制首先应根据规范规定，严格掌握混凝土配比及其用料的品种规格和级配，同时对混凝土灌筑和养护提出设计要求。另外，对超长基础可采取设伸缩缝、掺添加剂和设加强带、后浇带等措施。

(3) 超长基础的裂缝控制

根据现行规范要求，现浇钢筋混凝土在基底为土基时，应每隔 20m（地面式）或 30m（地下式或有保温措施）设一道伸缩缝；当为岩基时，减为 15m 和 20m；当为装配整体式时，可加长 5～10m。按此构造，一般能解除中面季节温差产生的温度应力，并消减混凝土收缩的影响。

伸缩缝的设置将结构完全切断，然而在具体设计中，有时会由于功能使用而难以做到，从而采用完全或不完全收缩缝来替代。这样做实现了伸缩缝的部分功能，在实际应用中一般也有效，但对于混凝土在温度作用下的伸展问题并未解决，而这有可能造成混凝土局部压碎的现象。因此，采用收缩缝除了在构造上应将表面开槽嵌填密封胶外，更重要的是设缝位置应尽量避开构件的主要受压区和应力集中区。由于变形缝的设置，需要采取严密的构造措施来保证，对节点处理、施工及材料等都有相当高的要求，其中任何一个环节的问题都会造成较严重的后果。规范规定，当有经验时可在混凝土中施加可靠的外加剂或设后浇带，减少其收缩变形，从而放宽伸缩缝的最大间距限制。在一些超长大体积混凝土的设计中，已开始越来越多地采用掺加添加剂、增设加强带、后浇带的方法，以减少或取消伸缩缝。

掺加添加剂主要是为了增强混凝土的均匀密实性能并消减混凝土自身结硬过程中的收缩变形。当混凝土的均匀密实性提高后，一旦混凝土因受力变形而开裂时，出现的裂缝较为细密，由此起到控制裂缝宽度的目的。由于建筑市场上各种品牌、型号的添加剂的性能和实际效果各不相同，同时规范中也明确了应以可靠经验作为采用依据，所以设计中应根据生产方提供的产品参数及使用方法，结合已有工程应用实例，针对具体项目，协同生产方通过试配检测来确定采用型号、用量和做法。采用添加剂后，伸缩缝的设置间距可有效加大，但并不是可以无限增大。

在超过现有添加剂产品的能力范围后，如果要求进一步加大伸缩缝间距或者不设缝，设计就应结合其他措施的采用，以考虑其可能性。抗裂防水剂类添加剂一般用在加强带处。如前所述，在混凝土收缩和温度应力最大处增设加强带，来对超长地下室进行分割。在加强带处，一般用通过增加混凝土强度和抗裂防水剂类添加剂的掺量，同时在加强带内增配温度钢筋，来提高此处混凝土的膨胀率和抗拉强度，消除混凝土内累积的拉应力。

很多设计中采用了后浇带，规范也允许在设置后浇带后加大伸缩缝最大间距。实际上，纯粹从后浇带的意义上理解，其作用相当有限，因为后浇带只能解决混凝土初期收缩的应力和变形问题，而无法解决混凝土后期收缩应力和中面季节温差产生的温度应力。但是，后浇带两侧为贯通施工缝且其中设有止水带，实际上也可看作是设了两条构造不完整的不完全收缩缝。因此，即使经验证明后浇带能取代伸缩缝，也不能说明是因为后浇带起的作用，而是因后浇带的设置而形成了收缩缝。

（4）材料质量和构造不良造成裂缝的控制

在现行规范中，对结构的材料作了相应的规定。设计时应注意遵守并针对具体项目提出更为明确和严格的要求。其一，浇筑混凝土不应使用过期水泥或由于受潮而结块的水泥，否则将由于水化不完全而降低混凝土的抗渗性和强度；其二，水灰比越大，则混凝土中多余水分蒸发后形成的毛细孔也就越多，这些孔隙是造成混凝土开裂的主要原因。砂石粒径不均匀、级配不良、粗骨料粒径过大且含量过高、含泥量过高，都会降低混凝土的和易性和密实度，易使裂缝产生和发展。

另外，混凝土中采用的外加剂也应满足一定的要求，以免影响混凝土的抗裂性。在保证材料质量的同时，结构各部位的构造是否合理、可靠，同样对控制裂缝至关重要。设计时，首先要通过合理的构造措施来保证结构实际受力状态与整体计算模型的一致性，然后针对各个构件、节点，都应按其在结构体系中的作用，分别采用相应的构造做法。合理、细致的细部构造设计，能起到控制裂缝的作用。对于影响到整个结构体系的问题，一定要从确定结构方案起，就考虑好相应的构造措施。理想的计算模型必须有可靠且可行的构造措施来保证，而当难以实施相应的构造措施时，应调整计算模型，使其符合实际受力情况。

综上浅述，从完整准确收集相关的基础资料开始，到采用合理的结构受力体系、准确细致的分析计算、全面可靠的结构截面设计与构造措施，直至最后的复核出图，对实现设计全过程的裂缝控制都非常重要。同时，设计中也要对材料的使用和施工养护提出明确要求，以避免由此引发裂缝。在设计中，只有尽可能多地考虑到裂缝可能产生的因素，并通过各种措施消除隐患，才能最大限度地避免产生破坏性的裂缝。

9. 房屋建筑给水排水节能节水技术措施

在建筑物的建造和使用过程中，需要消耗大量的自然资源，同时增加环境破坏和负荷，而能源供应紧张、缺水是一个全球性的大问题。据资料介绍：建筑能耗约占整个社会能耗的1/3，而建筑给水排水专业各项能耗中仅生活热水一项就占整个建筑能耗的10%～30%。由此可见，建筑给水排水专业在建筑节能工作中占有相当的分量，不容忽视。作为从事建筑给水排水专业的设计人员，在实际的给水排水设计中，除了满足用户用水安全稳定性及经济性，还应尽量考虑设计中的节能节水问题，在促进建筑可持续发展方面发挥应有的作用。

1. 节省能源

(1) 充分利用市政供水管网的压力，合理分区供水并根据城市供水规模不同，一般市政给水管网压力在0.2～0.4MPa，仅能满足多层建筑供水。对于高层建筑，城市管网水压难以完全满足其供水要求。在某些工程设计中，常将管网进水直接引入储水池中，白白损失掉了可用水头。尤其是当储水池位于地下层时，反而把市政压力全部转化成“负压”，非常不经济、合理。高层建筑的下面几层常常是用水量较大的公共服务商业设施，如：公共浴室、洗衣房、汽车库、餐厅、美发厅等，该部分用水量占建筑物总用水量相当大的比例。如果全部由储水池及水泵加压供水，无疑是一个极大的浪费。因此，高层建筑应根据当地市政管网的供水水压，确定经济、可行的给水方案，进行合理分区供水；一般3层以下楼层由市政管网直接供水；3层及以上可采用变频供水设备二次加压供水，或者叠压供水设备供水。这样，就充分利用了市政管网的压力，减少电能的消耗，达到了节能的效果。

（2）合理选用供水泵：建筑给水排水主要用能设备为水泵，因此，是否合理选择水泵，决定了建筑给水排水节能效果的好坏。水泵选择主要有如下几个方面：

1）选用高效率的水泵。目前，水泵品种繁多，其效率有高有低。一般而言，要尽可能使选用的水泵工况在高效段运行。另外，大泵的效率通常比小泵的效率高，在条件允许的情况下，应尽可能选用大泵；

2）注意水泵的大小搭配。因为一般离心泵运行的高效区流量范围为（1～0.5）Q，而建筑内每日每时用水量是不断变化的，用水量不均匀。因此，设计时应注意选配几种大、小泵（一般不超过三种），以适应用水量的变化；

3）尽可能采用变频调速水泵供水。高层建筑通常采用水泵水箱联合供水方式，由水泵将水提升到高位水箱，再向下供水。为防止一些用水点超压，需设置减压装置，造成不必要的浪费，而且由于水泵的频繁启动，也会造成电能的浪费。采用变频调速水泵直接供水，根据用水量需要自动调节水泵转速，避免电机频繁启动，从根本上防止电能浪费。有调查结果显示，采用变频调速水泵供水，节电率可达30％～50％。

（3）建筑热水供应要合理采用太阳能热水器：太阳能热水器利用光热转换原理，把太阳光转化为热能，提供生活所需热水。作为一种取之不尽、用之不竭的新能源，太阳能有不少优点：不仅运行费用低、使用寿命长，而且无污染、无噪声、无危险、节能环保。在建筑热水供应系统设计中，应优先考虑将太阳能作为热源的可能性，取代传统的燃油、燃气热水器及电热水器。随着太阳能技术的日臻成熟和完善，目前，全国有不少省市明确要求在多层及小高层建筑中使用太阳能热水器。

2. 节约水资源

建筑节水有三层含义：一是减少用水量；二是提高水的有效使用效率；三是防止泄漏。具体来说，建筑节水可从以下方面推进：新型节水卫生器具、设备的应用；合理开发利用中水、雨水等资源，分质供水；科学设计给水系统，加强用水管理和计量，降低供水管网漏损率；大力推进节水新技术的应用。

（1）新型节水器具及设备的应用：

1）使用新型管材和阀门：伴随着人民生活水平的不断提高，对水质的要求也越来越高，对于生活用水的安全和卫生有了新的要求。以往的设计中，生活给水管常使用镀锌钢管。镀锌钢管使用一段时间后，容易生锈而造成水质污染，特别是管网内水长时间不用，再使用时便会有锈水放出，导致水资源白白浪费。同时，镀锌管道接头处锈蚀后，也会产生漏水、渗水现象。随着技术的进步，新型管材层出不穷，如 PP-R 管、PE 管、PVCU 管、金属复合管、不锈钢管、铜管等，使用此类管材既能降低水质污染风险、保证用水安全卫生，又能很好地解决此类浪费问题。阀门也是给水系统中常用的配件之一，其材料、类型和质量的好坏影响用水的质量，应尽量选用铜芯或陶瓷阀芯等较节水型阀门。

2）使用节水型卫生器具及配水器具：卫生器具和选用不当，也极容易造成水资源的浪费，影响整个建筑节水的效果。卫生器具和配水器具的选择，既要考虑价格因素和使用对象，更要考察其节水性能。一般情况下，选用满足《节水型生活用水器具标准》要求的设备、器材和器具，即可达到节水效果。

① 给水水嘴应使用陶瓷芯等密封性能好、能限制出流流率的节水型水嘴。产品应在水压 0.1MPa 和管径 $DN15$ 下，最大流量不大于 0.15L/s。节水型水嘴和普通水嘴相比较，节水效果更

好。在水压相同的条件下，节水量为 3%～50%，大部分在 20%～30%。且在静压越高、普通水龙头出水量越大的地方，节水龙头的节水量也越大。因此，应在建筑中（尤其在水压超标的配水点）安装使用节水龙头，以减少浪费。

② 使用节水型大、小便器，坐便器水箱容积不大于 6L。设计人员在设计工作工作中应尽量建议用户选用大、小便分档冲洗的产品。两档冲洗水箱在冲洗小便时，冲水量为 4L（或更少）；冲洗大便时，冲水量为 6L（或更少）。在极度缺水地区，可试用无水真空抽吸坐便器。

③ 公共场所应采用延时自闭式或感应式便器冲洗阀和水嘴。延时自闭式阀在出水一定时间后自动关闭，可避免长流水现象。出水时间可在一定范围内调节，但出水时间固定后，不易满足不同使用对象的要求，比较适用于使用性质相对单一的场所，比如车站、码头等地方。感应式阀门可以克服上述缺点且不需要人触摸操作，可用在多种场所，但造价较高。

（2）合理开发利用水资源并采取分质供水

1）中水回收利用：中水指的是各种排水经过处理后，达到规定的水质标准，可在生活、市政、环境等范围内杂用的非饮用水。中水来源于建筑生活排水，包括人们日常生活中排出的生活污水和生活废水。根据不同的使用目的，中水水质应满足不同的标准。当中水用于人工湖等景观用水，应满足《城市污水再生利用　景观环境用水水质》GB/T 18921—2002；用于冲厕所、道路清扫、城市绿化、车辆冲洗，应满足《城市污水再生利用　城市杂用水水质》GB/T 18920—2002 的要求。我国的建筑排水量中生活废水所占份额，住宅为 69%，宾馆、饭店为 87%，办公楼为 40%。如果收集起来经过处理后回用，替代出等量的自来水，相当于节约了建筑供水量，提高了建筑节水率。据统计，仅用中水替代自来水作为冲洗厕所一项，住宅建筑节水率即可超过 10%。

2）雨水收集利用：雨水利用就是将建筑物屋面雨水或小区

道路雨水收集起来，经过净化处理后，获得某种符合规定水质标准的水并再生利用的过程。类似于中水回用，经净化处理后的雨水也可作为杂用水资源，用于厕所冲洗、城市绿化、景观用水等。雨水的净化处理工艺，可根据雨水来源、水质、水量和处理后水质标准来选择。小区道路初期雨水中COD浓度通常较大，处理成本相对比较高，而屋面雨水水质较好、径流量大，且便于收集利用，因而利用价值优于道路雨水。建筑物屋面雨水收集的一般构成是，由导管把屋顶的雨水引入设在地下的雨水沉砂池，经沉积的雨水流入蓄水池，由水泵送入杂用水蓄水池，经加氯消毒后送入中水管道系统。研究表明，初期雨水污染比较严重，一般对于降雨前2min的雨水应弃流处理。目前，世界上许多国家都展开了对雨水利用的研究，以节约水资源，减轻当地的用水和污水处理负担。如一些外国城市的建筑物上设计了收集雨水的设施，将收集到的雨水用于消防、小区绿化、洗车、厕所冲洗和冷却水补给等。

3）分水质供水：分质供水是指按不同水质要求供给不同水质的供水方式。按照“高质高用、低质低用”的用水原则，建筑物内相应地设置不同的供水管道系统。一般情况下，有三种管道系统，即：直饮用水管道系统、自来水管道系统和中水管道系统。大力提高建筑中水、雨水等非传统水源的开发利用，不仅能节约用水量，还能大幅提高建筑节水率和非传统水源利用率。

（3）科学、合理设计，加强管理和计量

1）选用合理的设计参数：建筑物给水系统给水设计，应根据不同的建筑物功能和地区差异，选用合理的用水定额等参数，应满足现行《建筑给水排水设计规范》GB 50015—2003，2009年版的要求。不同用水地区可参照《室外给水设计规范》GB 50013—2006的规定进行选择。有地方标准时，可参照相关条文确定合理参数。对于建筑物设计有中水、雨水等杂用水系统的，应减去相应的用水定额。

2）热水供应采用循环系统：人们生活质量的提高，对于热水供应的舒适度和使用质量也变得越来越重要了，集中热水供应系统也得到充分发展。目前，大多数集中热水供应系统水量浪费非常严重，主要体现在无效冷水的浪费。因热水装置开启后，不能及时获得满足使用温度的热水，而常常要放掉部分冷水才能正常使用。这部分冷水未产生应有的使用效益，而白白流失掉了。这种水流的浪费现象是设计、施工、管理等多方面的原因所造成。但从设计的角度讲，应在设计中合理考虑热水管网布置，避免环路中出现短流。同时，要进行热水循环系统多环路阻力平衡计算，使混合配水装置冷热水的进水压力相差不要过于悬殊，减少冷水出流量。现行的《建筑给水排水设计规范》第 5.2.10 条提出了两种循环方式，即立管、干管循环和支管、立管、干管循环，取消了干管循环，强调了循环系统均应保证立管和干管中热水的循环，对节水、节能有着重要的作用。因此，新建建筑的集中热水供应系统在选择循环方式时需综合考虑节水效果与工程成本，根据建筑性质、建筑标准、地区经济条件等具体情况，选用支管循环方式或立管循环方式，尽可能减小乃至消除无效冷水的浪费。

3）合理功能分区，减少超压出流的浪费：卫生器具给水配件在单位时间内的出水量超过额定流量的现象，被称为超压出流现象。它不但会破坏给水系统中水量的正常分配，还会产生无效用水量，浪费水资源。在给水系统中合理分区，采用一些减压限流措施，可以取得明显的节水效果，主要措施包括：①合理分区设计用水器具配水点的水压；②合理设置减压装置，包括减压阀、减压孔板或节流塞等。《建筑给水排水设计规范》第 3.3.5 条规定，高层建筑生活给水系统应竖向分区，各分区最低卫生器具配水点处的静水压不宜大于 0.45MPa，特殊情况下不宜大于 0.55MPa。而卫生器具的最佳使用水压宜为 0.2～0.3MPa，大部分处于超压出流。根据有关研究表明，当配水点处静水压力大于 0.15MPa 时，水龙头流出水量明显上升。因此，在高层分区给水系统设计中，当最低卫生器具配水点处静水压大 0.15MPa

时，应采取减压节流措施。

4）设置水表计量，避免管网漏损：在建筑物进户管、引入管设置水表进行准确计量，防止管网漏损，是提高节水效率的重要途径。建筑物的管网漏损主要集中在卫生器具、水箱和管网漏水，重点发生在给水系统的附件配件等处。为避免管网漏损，应采取以下措施：

① 给水系统中使用的管材管件，应符合国家产品行业标准的要求；

② 选用优质阀门；

③ 选用高灵敏度计量水表；

④ 加强日常管网检漏工作。

（4）采用真空节水技术：为保证卫生洁具及下水道的冲洗效果，可将真空技术运用于排水工程，用空气代替大部分水，依靠真空负压产生的高速气水混合物，快速将洁具内的污水、污物冲洗干净，达到节约用水、排走污浊空气的效果。一套完整的真空排水系统包括：带真空阀和特制吸水装置的洁具、密封管道、真空收集容器、真空泵、控制设备及管道等。真空泵在排水管道内产生 40～50kPa 的负压，将污水抽吸到收集容器内，再由污水泵将收集的污水排到市政下水道。在各类建筑中采用真空技术，平均节水超过 40%。若在办公楼中使用，节水率可超过 70%。

通过上述分析介绍可知，房屋建筑给水排水工程中节能、节水潜力很大，给水排水设计人员应充分认识到节能节水的重要性。在设计过程中，把节能、节水放到重要的位置，为保护自然水资源、节约能源，尽到应有的责任。

10. 密封材料在建筑防水工程中的应用

按照我国现行的规范、图集，密封材料在防水工程中有大量设计，几乎到了遇缝就设计密封材料的程度。而现实工程中，密封材料在防水工程中的用量却微乎其微，这可从密封材料生产企业在建筑防水工程中的销售量得到一些印证。形成这种怪异现象的主要原因为：

（1）重视程度不够：密封材料在防水工程中的重要作用并不被重视，对密封材料在提高防水工程质量所发挥的作用认识不足；

（2）使用位置不合理：对正确使用密封材料的工程部位认识不足，遇到缝隙就设计密封材料，这其中相当一部分设计对提高建筑防水性能不发挥任何作用，并造成了经济上的浪费；

（3）使用方法不科学：对基层的表面性能要求认识不足，基层处理不符合要求，只是把密封材料嵌入缝处，造成密封材料易产生粘结破坏，导致密封材料未充分发挥水密性作用。

1. 密封材料的分类与作用

密封材料分为定型和不定型（膏状）两种。定型密封材料包括橡胶止水带和遇水膨胀橡胶止水条；不定型密封材料包括硅酮密封胶、聚硫密封胶、聚氨酯密封胶、丙烯酸酯密封胶、丁基密封胶、改性沥青密封膏等。现主要探讨不定型密封材料在建筑防水工程中的应用问题。

整体性是防水层必须具备的基本保证，可在现实工程中防水层存在各种各样的透水接缝，密封材料应正确地应用到这些透水接缝处，把接缝两侧的防水层连接到一起。密封材料在接缝处发挥桥梁作用，通过使用密封材料使防水层具备整体性，使防水层之间的接缝具备水密性和气密性，这是使用密封材料的真正目的。

密封材料应满足两个条件：

（1）收缩自如，能适应接缝位移并保持有效密封的变形量；

（2）接缝位移过程中不产生粘结破坏和内聚破坏。在建筑防水工程中，密封材料处在长期浸水的状态时，也应满足收缩自如与接缝位移不产生粘结和内聚破坏的条件。

2. 密封材料的使用

（1）嵌入接缝：建筑接缝的深宽比设计应为0.5～0.7，缝底放置填充材料，用以控制密封材料的嵌入深度。填充材料上覆盖隔离材料，防止密封材料与缝底粘结。为防止接缝位移时密封材料溢出接缝表面，密封材料的嵌入深度宜低于接缝表面1～2mm。

密封材料与接缝两侧的基层粘结牢固，接缝位移时密封材料随之伸缩，从而使接缝达到水密、气密的目的。这种接缝密封适用于防水砂浆之间、防水混凝土之间以及防水砂浆、防水混凝土与金属（塑料）构（配）件之间的接缝密封。

（2）覆盖接缝：密封材料粘结于接缝两侧的基层上，当接缝发生位移时密封材料随之伸缩，从而使接缝达到水密、气密的目的。覆盖接缝密封适用于卷材之间、卷材在女儿墙和金属（塑料）构（配）件上收头的接缝密封。原《屋面工程技术规范》GB 50345—2004 对密封材料作了如下定义：能承受接缝位移以达到气密、水密目的而嵌入建筑接缝中的材料。根据定义，密封材料是“嵌入”建筑接缝中的。该规范的条文说明中，建议接缝深宽比为0.5～0.7。可以看出，该定义主要针对密封材料的第1种使用形式。覆盖接缝的密封形式在 GB 50345—2004 中有大量的设计，密封材料并没有嵌入接缝中，或者接缝的深宽比与规定的0.5～0.7相差甚远。此外，密封材料的定义也不包含定型密封材料的使用方式，因此，把密封材料规定为单纯地嵌入接缝中，没有包含密封材料的全部使用形式，似有不妥，值得提高、改进。

3. 密封材料在建筑防水工程中的应用

把密封材料应用到合理的工程部位，不仅可以使密封材料发挥应有的功能，而且可以避免浪费。

（1）必须设计密封材料的工程使用部位：密封材料是把防水层连接在一起的“桥梁”材料，因此，接缝两侧的材料必须具备防水性能。如果接缝两侧的材料不具备防水性能，或者其中一侧的材料不具备防水性能，水可以通过不具备防水性能的一侧渗透，在接缝中或接缝表面使用密封材料，就无实际意义。

建筑工程中适用于使用密封材料的接缝有五种：

1）柔性防水材料之间的接缝；

2）刚性防水材料之间的接缝；

3）柔性防水材料与刚性防水材料之间的接缝；

4）柔性或刚性防水材料与塑料或金属构（配）件之间的接缝；

5）塑料或金属构（配）件之间的接缝。

由于不定型密封材料均为柔性材料，应在迎水面使用，不适宜在背水面应用。在地下建筑规范、图集中，密封材料设计在混凝土变形缝的背水面，似有作用不够明显的问题。

（2）设计不考虑密封材料的使用部位：人们在下雨时穿的雨衣由多片防雨布组成，生产雨衣时，防雨布之间的接缝必须做防水密封处理。雨衣之内是服装，我们从来没有因惧怕雨淋而把服装的接缝也做防水密封处理。防水层如同建筑物的雨衣，因此，只要在防水层的接缝处使用密封材料，使接缝具备水密性，即可达到使用密封材料的目的。基层、结构层上的接缝，如同我们日常服装的接缝，完全不必具备水密性，即不必使用密封材料。在我国现行的规范、标准图集中大量设计了密封材料，通过工程应用认为，其中一些设计并不妥。以原 GB 50345—2004 为例，这类设计条文有：

1）结构层之间的接缝密封：结构层不是防水层，GB 50345—2004 第 4.2.10 条明确规定，屋面结构层不得作为 1 道防水层，即结构层不具备防水性能，因此，它们之间的接缝没必要为提高屋面防水性能而进行密封。涉及结构层接缝应用密封材料的条文有：第 4.2.1 条、第 6.4.1 条、第 6.5.2 条、第 6.7.2 条、第 7.1.2 条。

2）找平层之间的接缝密封：找平层也不是防水层，GB 50345—2004 没有赋予它防水性能，即使找平层之间的接缝处理得十分完好，也不影响水通过找平层下渗，因此，没必要对其接缝进行密封处理。涉及找平层接缝采用密封材料密封的条文有：第 4.2.5 条。

3）找平层和塑料或金属管（构）件之间的接缝密封：塑料

或金属构件具备防水性能，而找平层不具备防水性能，因此，它们之间的接缝仍然没必要进行防水密封。涉及找平层和塑料、金属构件之间的接缝密封的条文有：第5.4.5条、第5.4.8条。

4）防水层或防水构（配）件和不具备防水性能的墙体、梁柱之间的接缝密封：GB 50345—2004没有给一些墙体、梁柱规定防水性能，它们显然不具备防水性能，防水层或防水构（配）件和这类墙体、梁柱之间的接缝密封显然没有实际意义，水可以从不具备防水性能的墙体、梁柱渗透；如果必须进行密封，首先应解决墙体和梁柱的防水性能。涉及这方面的条文有：第5.4.7条、第7.1.3条、第7.4.2条、第7.4.3条。

4. 接缝两侧基层表面性能的要求

在实际工程中，接缝处渗漏的密封材料很少产生内聚破坏，大多数是产生粘结破坏。说明在这些缝隙中，密封材料与基层之间的粘结力不能满足接缝位移的需要。影响密封材料与基层之间粘结力的因素很多，除密封材料本身的性能外，与基层的表面性质有重要的关系。GB 50345—2004中第8.1.2条对使用密封材料的基层作出了严格规定，使用密封材料前，基层应牢固、干燥，表面应干净、平整、密实，不得有蜂窝、麻面、起皮、起砂等现象。这些规定对提高密封材料与基层之间的粘结力十分有利，应予肯定。对这一规定的解释，在条文说明中有详述。对条文说明中未涉及的方面，浅要叙述内容如下。

（1）基层表面处理干净程度的要求：要求基层表面干净的目的是，防止密封材料与基层之间存在隔离层，使密封材料与接缝两侧的基层之间具有较高的粘结力。一般认为，干净的标准是基层表面无浮灰，这是一种错误的认识。基层表面不仅应无浮灰，而且也不应有强度较低的材料，这种强度较低的材料起到了隔离作用，降低了密封材料与基层的粘结力。

对不同的基层，应清除的隔离层如下：

1）金属构（配）件：应清除其表面的铁锈、油污、油漆，必要时应采用砂磨、酸洗等措施，直至露出金属本体。

2）塑料管（配）件：制造商为追求塑料管（配）件表面光洁效果，在成型过程中加入了石蜡等润滑材料，石蜡附着在塑料管（配）件的表面，是一种看不到的隔离材料，应予以清除。清除的办法可采用棉纱蘸取有机溶剂（丙酮、油漆稀料等）擦拭。

3）水泥砂浆、混凝土基层：看似坚固的水泥砂浆、混凝土表面，存在一层强度薄弱的素浆层。这一薄弱层不仅产生隔离作用，而且耐水性能很差，严重影响了密封材料与水泥砂浆、混凝土基层之间的粘结力。对这一强度薄弱层，小面积可采用砂轮湿磨予以清除，大面积可采用基层处理剂对其加固，提高基层表面的强度和耐水性。

4）卷材基层：不同的卷材表面有不同的隔离层，如隔离纸、PE膜、铝箔、滑石粉等，这些隔离层必须予以清除，使密封材料粘结在卷材面层上。

（2）对基层表面的干燥程度的要求：由于现在建材市场上出售的水性丙烯酸酯类密封材料耐水性差、干燥收缩大，只能应用在干湿交替的工程部位，在长期浸水的防水工程中不宜采用。防水工程应优先选用采用溶剂型或反应固化型（油性）密封材料。使用溶剂型和反应固化型密封胶时，基层必须干燥，以提高密封材料与基层之间的粘结力。当基层为塑料、金属、防水卷材时，很容易做到干燥；当基层为水泥砂浆、混凝土时，应在完工后10d方可嵌填密封材料，并应在施工前充分晾晒干燥。基层的干燥方式应以自然干燥为主，尽量避免喷灯加热干燥。采用喷灯加热干燥时，火焰会损坏塑料管件和有机防水卷材，过度加热还会造成水泥砂浆、混凝土崩裂。对于有工期要求的工程，在规定的时间内基层不可能自然干燥时，应选用其他密封形式，如在水泥砂浆、混凝土接缝中设置遇水膨胀止水条，它依靠自身的膨胀力与基层连接在一起，对基层的干燥程度要求并不高，潮湿基层仍可使用。

（3）用界面处理剂：在基层表面应涂抹（刷）界面处理剂，在现实工程中，界面处理剂的作用往往不被重视。使用界面处理剂可达到几个目的：

1）增强密封材料与基层之间的粘结力，防止产生粘结破坏；

2）对于防水砂浆、混凝土基层，还可增强基层的耐水性能和强度。因此，各密封材料生产企业应根据自身产品的配方，针对不同材质的基层，提供与之配套的界面处理剂。

通过上述浅要介绍可知，使用密封材料时，接缝两侧的基层应具备防水性能，基层表面应进行必要的处理。要求密封材料的定义应包含密封材料的全部使用形式。采用选择适合工程需要的密封材料，业内人士认真思考密封材料的作用、原理，才能正确使用密封材料，达到真正防水的目的。

11. 绿色建筑给水排水专业设计的问题处理

随着科学技术的发展越来越快速，人类在对自然资源开发与利用的同时，也对自然环境造成了越来越多的破坏，这些破坏正在给人类带来巨大的灾害。人们逐渐认识到环境保护的重要性，于是绿色建筑的理念逐渐得到推广并达成共识。绿色建筑的主要理念就是在建筑的全寿命周期过程中，既要充分利用现有的各项资源，又要兼顾到对于环境将造成的不利影响。

现在，我国关于绿色建筑设计遵循的规范是《绿色建筑评价标准》GB 50378—2006。绿色建筑的设计部分主要有五个方面的指标，即：节地、节能、节水、节材和室内环境质量。自该规范执行以来，通过对于几个项目的实践认识，对绿色建筑给水排水专业设计有了一个逐步清晰的了解。对于设计中遇到的一些问题，有了更进一步的深层次认识。《绿色建筑评价标准》GB 50378 将建筑分为住宅建筑和公共建筑两部分进行考核。相对于给水排水专业而言，住宅建筑考核要求较高。主要原因是：绿色建筑设计中，最核心的指标是非传统水资源的利用。这个指标简单地说，就是非传统水源利用量与总用水量的比值。住宅项目由于生活用水不可能采用非传统水源，且占到总用水量的相当大的一部分，所以比值很难提高，也就相对难以达标。

1. 住宅项目绿色建筑设计

其对于项目绿色建筑设计达标条款的整体规划：绿色建筑评价标准中的条款则分为三类：控制项、一般项和优选项。控制项为绿色建筑的必备条件。也就是说，必须无条件地全部满足；一般项和优选项为划分绿色建筑等级的可选条件，其中优选项是“难度大、综合性强、绿色度较高”的可选项。优选项的价值较高，其价值在于超出了本专业的范围。当一个住宅项目希望评定绿色三星时，需要各专业共同努力，满足《绿色建筑评价标准》GB 50378 要求 9 条优选项中的 5 条，优选项对于每个专业来说都具有相当难度。当其他专业合计只能达到 4 条时，这一条就至关重要，以至于极其宝贵。

控制项是所有参评绿色建筑项目都必须满足的，共 5 条，内容分别是在：“第 4.3.1 条方案、规划阶段制定水系统规划方案，统筹、综合利用各种水资源；第 4.3.2 条中采取有效措施避免管网漏损；第 4.3.3 条中采用节水器具和设备，节水率不低于 8%；第 4.3.4 条中景观用水不采用市政供水和自备地下水井供水；第 4.4.5 条中要求使用非传统水源时，采取用水安全保障措施，且不对人体健康与周边环境产生不良影响。”这 5 条要求，即使对于每一个普通的设计来说都必须具备，相对容易满足要求，均应自觉遵守。

一般项共有 6 条，内容分别是：“第 4.3.6 条中合理规划地表与屋面雨水径流途径，降低地表径流，采用多种透水措施增加雨水渗透量；4.3.7 绿化用水、洗车用水等非饮用水采用再生水、雨水等非传统水源；4.3.8 绿化灌溉采用喷灌、微灌等高效节水灌溉方式；4.3.9 非饮用水采用再生水时，优先采用附近集中再生水厂的再生水，附近没有集中再生水厂时，通过技术经济比较，合理选择其他再生水水源和处理技术；4.3.10 降雨量大的缺水地区，通过技术经济比较，合理确定雨水集蓄及利用方案；4.3.11 非传统水源利用率不低于 10%。”绿色建筑评定分为三个级别，即：一星、二星和三星。三个级别标准依次提高，分别要求满足 6 条中的 3 条、4 条和 5 条。相对而言，第 1、2、3、5 条很容易达到，也就是说一星和二星比较容易达标。对于周边有中水厂的项目来说，第 4 条也很容易满足，也就是说很容易达到三星的要求；反之，对于周边没有再生水厂的项目来说，如果要参评三星建筑就必须满足第 6 条要求。优选项只有 1 条："4.4.12 非传统水源利用率不低于 30%。"这一条对于普通住宅而言，尤其是高层住宅项目很难实现。

2. 对非传统水源利用率的计算问题

对于周边没有城市再生水处理厂的项目，在绿色三星申报过程中，非传统水源利用率的计算是最为核心的设计内容。经过对于几个项目的实践发现，多层住宅、小高层住宅和高层住宅，其达标难度依次增加。多层住宅往往可以很容易达到 15%甚至更高，而高层住宅往往很难达到 10%的要求。究其原因，高层住宅人数相对较多，尤其在建筑专业需要完成节地指标时，会尽量加大人数，以满足《绿色建筑评价标准》GB 50378 规定的人均居住用地指标不高于 15m^2 的要求，这就给节水指标的完成造成了较大的困难。当 10%的非传统水源利用率难以完成时，可以考虑将冲厕用水改为由雨水回用来替代，从而帮助提高非传统水源利用。《民用建筑节水设计标准》GB 50555—2010 中，将住宅用水定额进行了拆分，其中冲厕部分用水占到了总额的 21%。应该说，这个比例还是比较高的，对于非传统水源利用率的提高帮助较大。当然，也要相应地增加一些内容，即雨水处理工艺要适当调整，并增加一套给水系统，包括变频供水设备、干管部分（高层住宅给水系统往往是需要进行分区的，所以需要增加公共管井面积）和支管系统。鉴于这些增加部分，所以要事先慎重决策、平衡利弊。

3. 绿化及道路浇洒年平均天数的确定

年绿化浇洒天数有几种不同的取值方法，分别是：在一年 365 天中、降雨天数需要扣除、降雨日及其前后各 1 天需要扣除。这三种取值方法各有合理性。一年 365 天是认为规范中每天用水量定额是考虑了全年平均的；降雨天数需要扣除，则认为降雨日就不需要浇洒用水量了；降雨日及前后各1天需要扣除，则认为降雨日及其前一天和后一天均不需要浇洒用水量了。应该说这三种取值方法也各有不合理的地方：第一种完全不考虑降雨，不尽合理，毕竟规范没有说明已经考虑了全年综合平均的因素，后两种考虑了降雨但是没有考虑量的问题，降雨日表示日降雨量不少于1.0mm，按照《建筑给水排水设计规范》第3.1.4条的内容：小区绿化浇灌用水定额可按浇灌面积1.0～3.0L/(m^2·d) 计算；即降雨量等于1.0mm时，仅能满足下限1.0L/(m^2·d) 的要求；如果在进行非传统水源利用率计算时，采用了2.0L/(m^2·d) 的参数。甚至在高层住宅项目中，为了提高非传统水源利用率，往往要用到上限3.0L/(m^2·d)，就存在矛盾了，更不用说降雨日及其前后一天了。另外，降雨日及其前后一天的理论在操作上有难度，毕竟降雨日是随机的，难以具体拆分，更不可能按人们的主观意识均匀分布。以年降雨日为120d左右的地区为例，如果均匀分布，是不是全年都可以寄希望于降雨来满足绿化及道路浇洒而不需要储存雨水？更不用说南方多雨地区了，显然这不合理。

4. 对中水系统的设置考虑

根据现行《民用建筑节水设计标准》GB 50555—2010第5.3.1条的规定：水源型缺水且无城市再生水供应的地区，新建和扩建的建筑宜设置中水处理设施。我国中部及南方大部分地区水系相当发达，水面所占比例很大，故不属于水源型缺水地区。从大环境来说，不考虑此区域住宅小区设置中水回用系统。具体到每一个项目中，中水水源应优先考虑采用城市市政再生水系统。在住宅小区内设置中水处理设施，主要考虑的不利因素是：首先，会有产生污染性气味的可能性，对住宅小区的品质产生不利影响，虽然在选址时可以尽量考虑布置在夏季主导风向的下游，但是选址的决定性因素往往是排水管网的走向，处理厂需要尽量布置在管网末端，以便最大程度地收集污水，并减少管网长度，所以不满足夏季主导风向下游的概率较大；其次，污水管网系统经济性较差，如果仅收集处理生活排水中的废水部分，而不处理污水部分，则需要在建筑内部采用污废分流的管道系统，室外部分也需要布置两路排水管网，大大增加了管网的造价；如果收集处理全部的生活排水，则水中的有机物浓度必然大大升高，对于中水处理工艺要求增高；所以，在住宅小区中设置中水处理设施，一方面，处理规模小，处理程度低，性价比差；另一方面，建成后的管理，需要有专业人员监督运行和日常维护，这是普通物业管理人员难以胜任的。现在许多城市在开发新区的初期就有再生水处理厂的规划，虽然尚未建成，但规划部门已要求区内所有开发项目均应预留再生水管线位置及相应的接口措施，等将来再生水厂建成后即可投入使用，因此在这些区域不建议住宅小区设置中水系统。

5. 雨水收集池容量的确定方法

对于雨水收集池的容量设计问题，按照规范要求，雨水收集池应能收集除去初期弃流以外的全部雨水。经过这样的计算，水池容积往往相当大，曾经计算过一个项目，水池容量达到了 $1000m^3$ 以上，起初以为计算有错误，但后来看到设计手册上有一个例题，项目和我们的大致相当，计算结果也确实达到 $1000m^3$ 以上。经过与概预算的工程师了解，做这样一个雨水池土建造价至少要 200 万元。另外，按 3m 水深考虑至少要 $300m^2$，换算到 $6m^2$ 一个车位，则至少可以布置 50 个车位。这样算来，其经济性很差、可操作性很低。通常的计算方法是按照蓄积天数来考虑，即储存几天的雨水使用量。这个方法的理论是：考虑降雨天数的不均匀性，将一定天数的雨水使用量储存起来。在下一场雨到来前，可以使用上一场雨的量，这样既提高了雨水利用量，又减少了对市政管网的压力。储存天数应结合各地的气象条件确定，年降雨日较多地区，因为降雨间隔较短，所以天数可以取值较小，一般可以考虑 3～5d；年降雨日较少地区，因为降雨间隔较长，所以天数可以取值较大，一般可以考虑 7～

10d。雨水收集池通常分为调节池和清水池两个部分，调节池用于在降雨时蓄积雨水；清水池则用于暂时存放处理过的可以直接利用的雨水。当需要使用时，再由提升泵从清水池提升至用水管网。所以，一般来说，调节池容量应占到总容量的绝大部分，而清水池容量应该比重较低，毕竟在清水池中停留时间太长，水质更容易发生变化。

6. 公共建筑绿色设计考虑

公共建筑与住宅建筑的条文内容基本上相同，均为 12 条，主要在非传统水源利用率方面有所区别。公共建筑的非传统水源利用率相对容易达标。毕竟公共建筑中，人数的指标相对较低，而绿化景观的指标却常常高于住宅，此消彼长，即便是非传统水源利用率指标的一般项和优选项均高于住宅项目，仍然容易满足要求，甚至能够超出许多。尤其是办公楼，相对于旅馆和商场等居住建筑和人员密集型场所，其用水定额中，根据《民用建筑节水设计标准》的拆分，冲厕占 60%～66%，这个部分如果再采用雨水回用，非传统水源利用率往往可以达到 60%，甚至更高。曾经有相关宣传资料，国内申报绿色三星的办公建筑，非传统水源利用率达到 60%以上的项目确实不少。而《绿色建筑评价标准》中公共建筑节水部分，对于优选项的要求也只有 40%。对于申报绿色三星项目来说，优选项是一个很有份量的得分点，可以分担其他专业的压力。

综上浅要分析探讨可知，现行《绿色建筑评价标准》为设计绿色建筑提供了指导性方向，并制定了规划目标。在现实的设计过程中，控制项和一般项相对容易满足，尤其当项目周边就有城市再生水处理厂，而且市政再生水管网已开通运营时，应当无条件地自觉贯彻规范要求，主动完成绿色三星的目标。当不具备再生水使用的条件时，我们应该合理地进行水系统规划，特别是在雨水收集利用方面制定合理的方案，努力达到绿色三星的要求。并且尽量合理地使用各种新产品、新技术，努力提高节水效率，使每一个项目都能体现出绿色建筑的设计理念，节约能源和水资源，使设计的质量达到符合社会需要的水平，满足《绿色建筑评价标准》的要求。

12. 公建预制外墙板系统接缝的防水处理措施

沿海地区多雨、多风，建筑物外墙的渗漏存在非常普遍，造成的后果会影响建筑物的正常使用及其寿命的降低，并导致物品霉变，墙体的防水是间歇性的，如其竖直面排水畅通，一般不会积水，但是风压力会增加水的渗透力量，尤其是在墙面有接缝及空鼓的部位，水进入后会对墙体进行缓慢渗透。因而在未进入饰面层时，外墙应通过板面弹性防水涂料和板缝构造防水设计，实现其功能。

1. 外墙表面防水涂层

外墙表面防水层所承受的剪切力较大，且直接受环境气候、风雨冰雪、太阳光照射、温度变化条件的影响，所用材料必然具有较大的抗压性、粘结牢固性、优异的耐老化性及延伸韧性，这是确保质量的关键。

（1）轻质加气混凝土墙板。蒸压轻质加气混凝土墙板是由多孔硅酸盐为主要材料，其表面积大、干燥收缩率低，但吸水量却大，造成墙板表面强度降低 0.5MPa 左右，影响到建筑物的使用功能，降低了房屋的耐久性年限。因此，必须采取有效的防水措施，对蒸压轻质加气混凝土墙板进行防水保护，防止外墙板产生较严重的渗透现象，使建筑物的耐久性得到保证。

由于蒸压轻质加气混凝土墙板表面抗拉强度较低，表面不宜用厚层砂浆类材料找抹平，而只能在板表面直接刷涂料饰面。在用涂料饰面前，首先应采用延伸率大于 200％的弹性涂料，更好地是采用复层饰面材料。而最常用的耐候饰面涂料是丙烯酸类水质涂料。它通过在自然环境下水分蒸发后成膜，因此形成涂层的时间较长，适合于表面强度较低的蒸压轻质加气混凝土墙板。这种涂料不仅具有良好的耐候性及耐碱性，而且更具备覆盖均匀性和可操作施工。

结合沿海及南方多雨地区的气候环境条件，其各种公共大型建筑单体在外墙板饰面设计时采取涂料饰面处理方案，选择耐候性和耐老化性能好的材料，将蒸压轻质加气混凝土墙板表面覆盖包裹漂亮。目的是既要起到优良的防水效果，又要避免长期暴露在自然环境中，易受二氧化碳及二氧化硫有害物质的侵蚀损坏。在饰面涂料选择时，优先选择符合经国际认证及符合国家质量标准的合格涂料，如 SKK 弹性涂料系列产品。涂料成膜后，其良好的附着力与伸缩弹性可发挥有效的防水性。

涂层设计时，蒸压轻质加气混凝土墙板表面涂层采用两种设计方案：其一，在蒸压轻质加气混凝土墙板表面底涂水性二道浆，面涂为柔丽洁；其二，在蒸压轻质加气混凝土墙板表面底涂1 为水性美乐底漆，调整材料为复层弹性防水材料，底涂水性二道浆，面涂为柔丽洁。根据建筑物立面接受雨水冲击及主导风向而灵活控制应用。

（2）预制混凝土墙板设计。预制混凝土墙板采用普通混凝土或轻骨料混凝土制作，一般混凝土强度等级为 C30，其本身具有一定的自防水性能。如将主体采取用多乐士外墙防水弹性涂料对预制混凝土墙板表面进行包裹，以避免空气中二氧化碳及二氧化硫侵蚀风化板面，降低墙面的耐候性。为了更加有效地防止外墙可能出现的渗透，在主体结构设计和板块之间连接时，要适当考虑主体结构可能出现的变形，预制墙板本身产生的结构应力对防水性能的影响，主要是考虑以下几点：

首先，合理控制层间位移角，使其达到最优防水效果。主体结构产生的变形会带动整个外墙板系统的变形，从而导致板缝的防水密封胶变形位移过多，超过防水密封胶弹性变形允许度，使防水密封胶体受伤而开裂，产生渗漏。而围护结构的设计应符合主体结构的需要，依照主体结构的层间变位，设计围护墙板与主体结构的连接节点。确保外墙板在地震及风荷载作用下，可适应主体结构的最大层间位移角。

其次，设计分格缝达到预防渗漏水。预制混凝土墙板利用连接节点外挂在主体结构上，当结构出现变形时，预制混凝土墙板系统必然会随着主体结构出现变形。为了减少主体结构变形对预制混凝土墙板防水系统的影响，在板块缝之间设计10～20mm的分格缝，防止因主体结构变形而引起的板块间挤压破坏，从而对整个预制混凝土墙板防水系统带来不利影响，如图1所示。

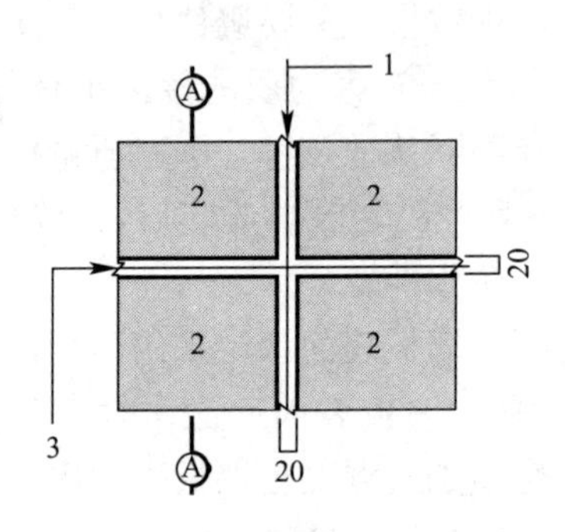

图1 预制混凝土外墙板立面

1—垂直分隔缝；2—预制混凝土板；3—水平分隔缝

最后，要认真设计连接节点的构造形式，减少温度应力。为了减少预制混凝土墙板本身温度应力对防水性能带来的不良影响，设计预制混凝土墙板连接节点时，将上端两个节点设计成为铰接，下端两个节点设计为固接。在出现温度应力时，预制混凝土墙板块自身可以利用上端铰接节点给予应力释放，同时配合分隔缝的留置，可有效防止预制混凝土墙板的开裂和挤压破坏，尽可能大幅度提高预制混凝土墙板的使用寿命及防水性能，如图2所示。

2. 板缝隙处防水设计构造措施

在板缝的构造设计上，通过构思适当的板缝填充材料来组成板缝的防渗漏系统：即防水密封胶、发泡聚乙烯圆棒、橡胶挡水板、铝箔面自粘防水板等发挥材料自身的优良特性，可有效提高预制混凝土墙板的防水能力。

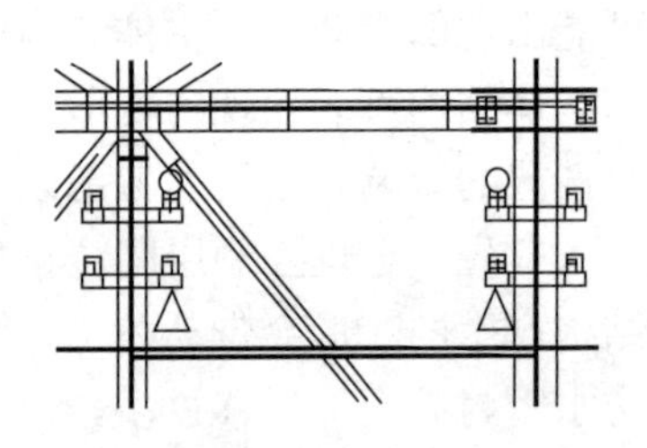

图2 预制混凝土墙板连接节点立面

（1）蒸压轻质加气混凝土墙板接缝处防水构造处理。使用蒸压轻质加气混凝土墙板，必须根据墙板本身的边缘设计构造，可以分为两种：即C形板和TU形板。C形板侧面为C形槽口；

TU 形板的一侧为凹形槽，而另一侧为凸形槽。按照不同的板形，其板缝的构造处理也不同，见图 3。

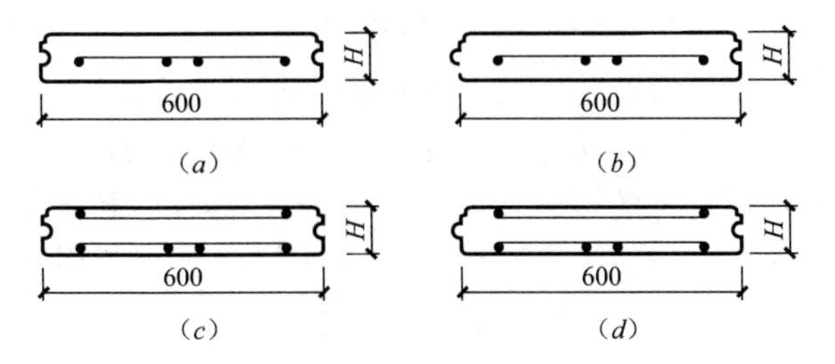

图 3　蒸压轻质加气混凝土墙板板型构造示意

(a) C 形板，断面配筋（单筋）；(b) TU 板，断面配筋（单筋）；
(c) C 形板，断面配筋（复筋）；(d) TU 板，断面配筋（复筋）

为了更加有效地预防渗漏发生，根据不同的板形构造，结合使用材料所具有的防水特性，其板缝宜采用不同的防水构造措施，常见的构造处理见图 4。

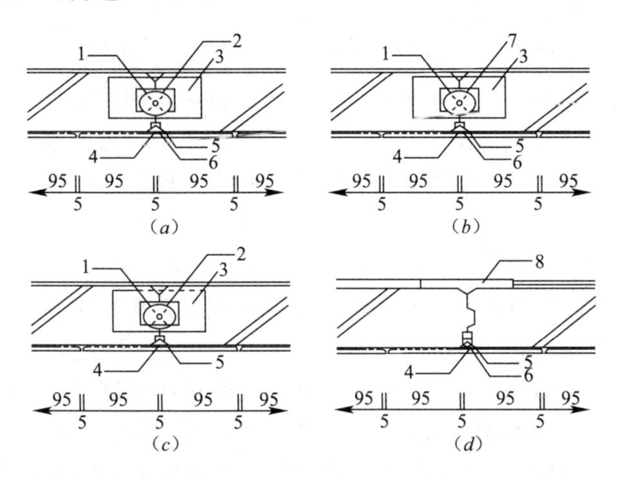

图 4　蒸压轻质加气混凝土墙板调整缝防水构造

(a) 插入钢筋工法板材之间的普通接缝部；(b) 竖墙滑动工法伸缩调整接缝部；
(c) 插入钢筋工法伸缩接缝部；(d) 竖墙摇摆工法板材之间的普通接缝部
1—充填砂浆；2—接缝钢筋；3—竖墙板；4—密封胶；5—底部密封；
6—PE 棒；7—带挂钩的接缝钢筋；8—垫缝板

在沿海多雨地区，公共建筑项目采用蒸压轻质加气混凝土墙板时，优先采用 TU 形板。由于该板形利用墙板自身凹凸卡槽形成的一般防水效果，同时在一定程度上也增强了整个蒸压轻质加气混凝土墙板系统的整体性。在原有普通防水构造设计基础上优化设计，利用蒸压轻质加气混凝土墙板材质本身的设计构造，在板缝部位做成特殊的构造处理，利用 SKK 弹性涂料来提高防水性能，即第一底涂料为水溶性美乐底漆 ES，调整材料为复层弹性系列；第二底涂为水性二道浆，面层则为柔丽洁。通过优化方案，使得整个蒸压轻质加气混凝土墙板防水性能在原来的基础上得到很大提升。

（2）水平方向调整缝防水构造措施。水平方向调整缝有三种类型：即 20mm 宽水平伸缩缝（竖装）；20mm 宽带有 TU 槽口的水平伸缩缝（横装）；10mm 宽带有 TU 槽口的水平伸缩缝（横装）。

在竖装工法施工时（图 5*a*），每隔一个板长会留置一道 20mm 水平伸缩缝，为了更有效地防水，结合用 PE 塑料圆棒同水平灰缝同宽的，采取两面密封形式，并在中间挤发泡剂。背面用蒸压轻质加气混凝土墙板勾缝剂，由此形成多道防水，可有效阻止雨水渗透。墙板外侧使用 SKK 弹性涂料覆盖，并对密封胶起到保护效果。

在横装工法施工时（图 5*b*、图 5*c*），水平缝有 20mm 宽和 10mm 宽两种板缝。当水平缝有 20mm 宽时，每 6 块板设有一道 20mm 宽伸缩缝，此伸缩缝的防水设计与竖装工法的防水构造相同，都是用直径 20mm 的 PE 棒和防水涂料在两侧密封，右中间挤发泡剂。背面用蒸压轻质加气混凝土墙板勾缝剂，形成多道防水阻止雨水的渗透。墙板外侧使用 SKK 弹性涂料覆盖，并对密封胶起到保护效果。

10mm 宽的普通板缝则选用 $D=10$mm 的 PE 圆棒，结合墙板本身设计的 TU 槽口达到防水的效果。施工时，将 T 形槽口朝上，中间形成一道挡水坎，起到阻止雨水的作用。背面用蒸压

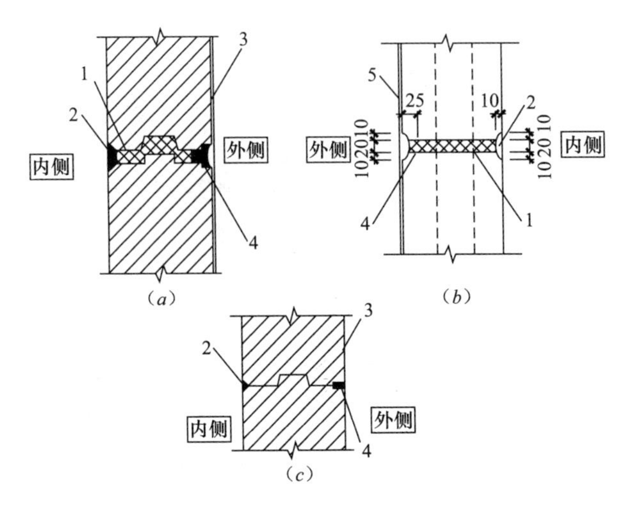

图 5　蒸压轻质加气混凝土墙板水平方向调整缝构造示意

(*a*) 竖装工法 (20mm 水平分隔缝); (*b*) 横装工法 (20mm 水平分隔缝); (*c*) 横装工法 (10mm 水平分隔缝)

1—发泡剂; 2—ALC 墙板勾缝剂; 3—第 1 道 SKK 水性二道浆, 第 2 道 SKK 柔丽洁, 第 3 道 SKK 柔丽洁; 4—PE 棒, 第 1 道 SKK 水性美乐底漆 ES, 第 2 道 SKK 月面复层弹性防水系列; 5—SKK 弹性防水涂料

轻质加气混凝土墙板勾缝剂，使整个构造利用不同材质材料具有的特性，构成有效的防水系统。

(3) 竖直方向调整缝防水构造措施。竖直方向调整缝分为竖装工法和横装工法，整个防水构造系统与水平方向调整缝一致，以减少施工的难度和复杂性，见图 6。

(4) 底部基础部位调整缝防水构造措施。底部基础部位水平伸缩缝的防水构造设计与中间部位板缝构造处理有些不同，由于底部基础为混凝土基础，在完成外侧密封胶和 PE 圆棒的施工后，在填中间板缝时，从背面用无收缩混凝土进行灌浆，最后再采用蒸压轻质加气混凝土墙板勾缝剂处理，使墙板与基础充分粘结为一个整体，防止雨水渗入，见图 7。

(5) 转角部位调整缝防水构造措施。板块转角分隔缝的交接处是防水比较薄弱的部位，该处采用 20mm 的调整缝，在接缝

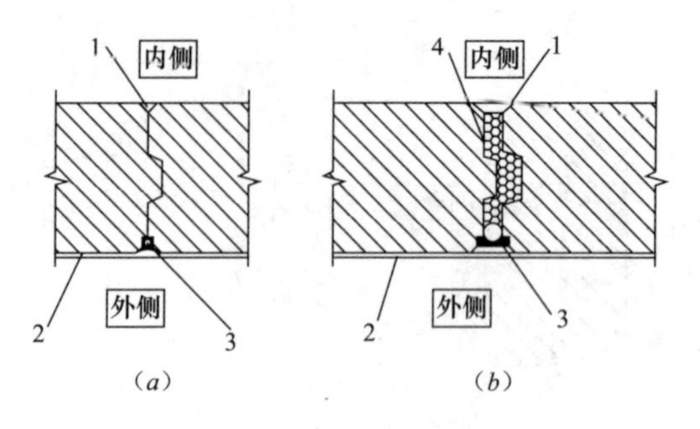

图 6　蒸压轻质加气混凝土墙板竖直方向调整缝构造

(*a*) 10mm 垂直分隔缝；(*b*) 20mm 垂直分隔缝

1—ALC 墙板勾缝剂；2—第 1 道 SKK 水性二道浆，第 2 道 SKK 柔丽洁，第 3 道 SKK 柔丽洁；3—PE 棒，第 1 道 SKK 水性美乐底漆 ES，第 2 道 SKK 月面复层弹性防水系列；4—发泡剂

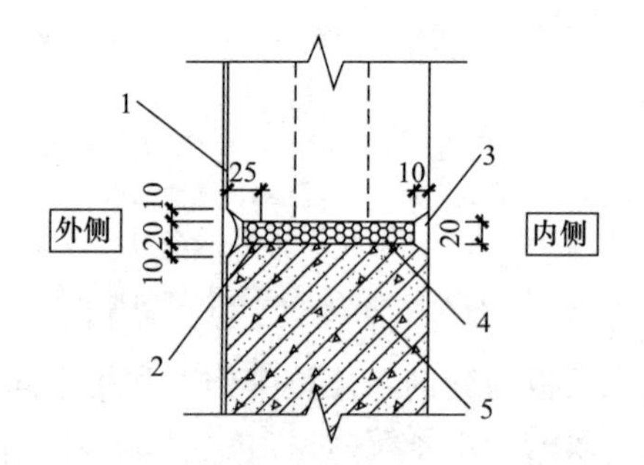

图 7　蒸压轻质加气混凝土墙板底部基础分缝缝构造示意

1—SKK 弹性防水涂料；2—D=20mmPE 棒，第 1 道 SKK 水性美乐底漆 ES，第 2 道 SKK 月面复层弹性防水系列；3—ALC 墙板勾缝剂；4—无收缩混凝土灌浆；5—混凝土基础

中间将发泡剂充分挤密实，背面利用墙板系统用勾缝剂进行修补，墙板外侧仍然用直径 20mm 的 PE 圆棒填缝，最后在 PE 圆棒外表面打防水密封胶，这样形成四道防水处理，既能有效地起到防水功能，又使房屋建筑能安全使用，形成任意角的转角，见图 8。

3. 预制混凝土墙板接缝防水构造

预制混凝土墙板边缘构造设计措施会直接影响到墙板系统，

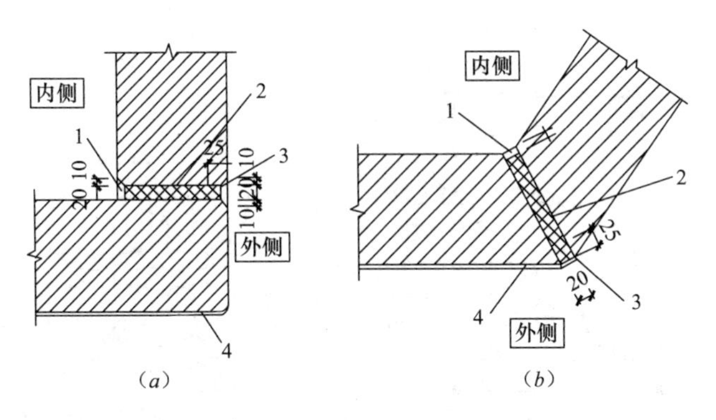

图 8　蒸压轻质加气混凝土墙板转角部位调整缝防水构造

1—ALC 墙板勾缝剂；2—发泡剂；3—D=20mmPE 棒，第 1 道 SKK 水性美乐底漆 ES，第 2 道 SKK 月面复层弹性防水系列；4—SKK 弹性防水涂料

可否有效地防止雨水和防水密封胶老化、失效，能否延长预制混凝土墙板系统的正常使用寿命。

（1）水平方向墙板缝接缝防水构造。水平方向墙板边采用楔形倒流处理，把雨水阻挡在外而不向内渗漏，斜口坡度构造使雨水在整个预制混凝土墙板外侧面顺势流淌，防止雨水冲刷防水密封胶。但是防水密封胶也容易受气候环境影响而加速老化，为保险计，还同时采取在板内置式单道防水处理，可大大延长防水密封胶的耐老化时间。

同时，采用直径为缝宽的 1.5 倍左右发泡聚乙烯圆棒为背面衬托材料，形成一个密闭的防水分隔缝。由于防水密封胶的耐久性是防水质量的关键因素，发泡聚乙烯圆棒的主要作用是控制板缝防水材料的设置厚度，也避免防水密封胶接缝三面粘结，使防水密封胶处在两面受力的工作状态。当主体结构产生变形时，防水密封胶可以适应主体的变形，起到预防粘结胶体开裂的作用，见图 9（a）。

（2）竖直方向墙板缝接缝防水构造。在竖直方向板缝构造处理时，用橡胶挡水板为第一道防水，而防水密封胶为第二道防水共同防水。橡胶挡水板是起到一个缓冲的作用，可有效阻止雨水

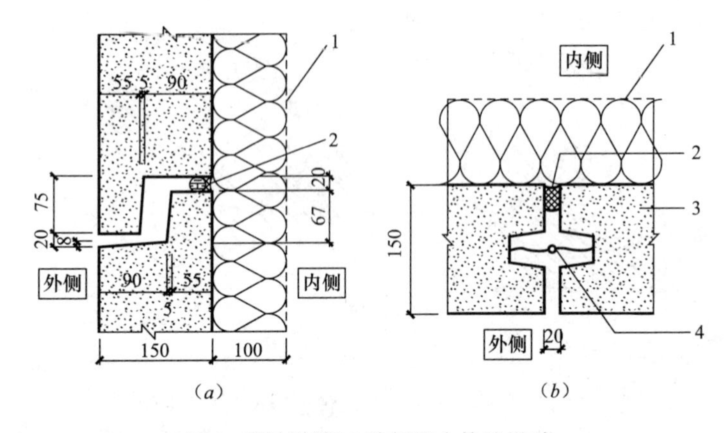

图 9　预制混凝土墙板防水构造设计

(a) 水平缝；(b) 竖直缝

1—100mm 厚隔音岩棉，外加哑光黑色油漆的钢丝网片；2—防水胶＋发泡聚乙烯圆棒（D=20mm）；3—预制混凝土板；4—橡胶挡水板

对防水密封胶直接的冲刷，防水密封胶可同时有效地防止雨水渗漏，大幅度延长与房屋的使用寿命，见图 9（b）。

(3) 十字板缝防水构造处理。水平缝与竖直缝交接形成的十字缝是防水的最薄弱部位，采用 300mm 长铝箔面自粘防水板来加强交接处的防水处理。此种铝箔板分隔了上、下部橡胶挡水板。当上部挡水板有水时，会自然流到铝箔板上；然后，再沿着楔形倒流缺口流到预制混凝土墙板外侧，从而起到防水的效果，见图 10。

(4) 底部基础连接板缝防水构造处理。墙根部基础的分隔缝同样采用内置式防水分隔缝，配合以混凝土矮小墩，形成封闭的防水带，既方便施工又能保证防水胶的耐久性，见图 11。

(5) 转角 L 形板防水构造处理。板块转角分隔缝的交界处同样是防水比较薄弱的部位，为了使板块的整体性得到提高，要将转角板制作成 L 形，与相邻板块分隔缝采取用普通分隔缝构造处理，达到提高墙板整体防水的效果，见图 12。

综上浅述，介绍了对水平方向板缝、竖直方向板缝、转角方

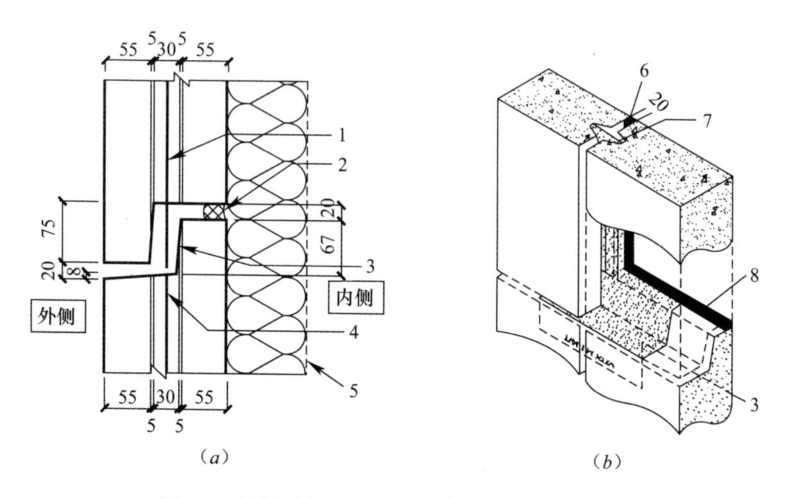

图 10　预制混凝土墙板十字板缝部位防水构造

1—上部橡胶挡水板；2—防水胶＋发泡聚乙烯圆棒（D=20mm）；3—铝箔面自粘防水板；4—下部橡胶挡水板（在防水板以下的垂直分隔缝中）；5—100mm 厚隔声岩棉，外加亚光黑色油漆的钢丝网片；6—竖直分隔缝，防水胶＋发泡聚乙烯圆棒（D=20mm）；7—橡胶挡水板；8—水平分隔缝；防水胶＋发泡聚乙烯圆棒（D=20mm）

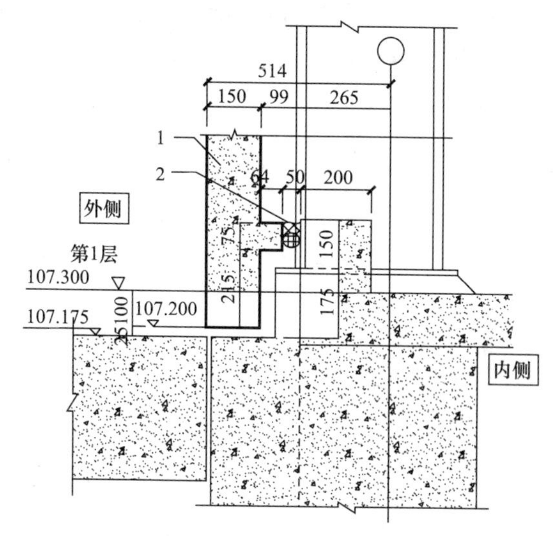

图 11　底部基础分缝连接节点

1—预制混凝土板；2—防水胶＋发泡聚乙烯圆棒

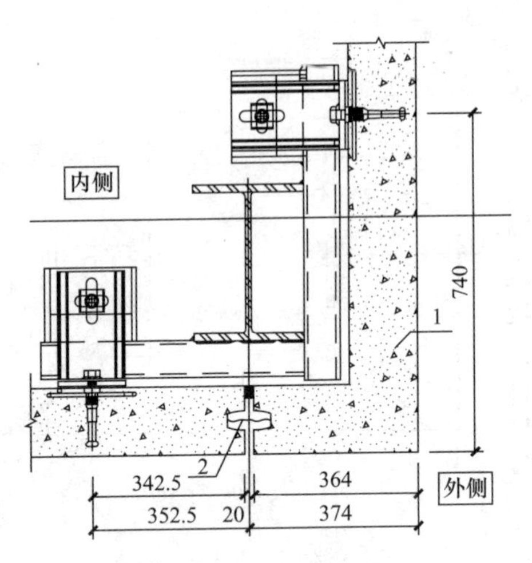

图 12　转角 L 形板块构造

1—预制混凝土外墙；2—橡胶挡水板

向板缝、十字方向板缝和基础底部连接板缝的优化设计构造措施，配合预制混凝土墙板和蒸压轻质加气混凝土墙板的防水设计构造处理，可有效防止雨水在墙面的渗漏，减少自然环境中太阳紫外线和雨水对防水密封胶容易老化产生的不利影响，有效提高蒸压轻质加气混凝土墙板及预制混凝土墙板接缝的防水功能，延长建筑物的使用寿命。

五、建筑材料在施工应用中的控制

1. 建筑新型及传统材料的应用

材料是建筑的语言，建筑师是借助材料在传达建筑思想，还是材料通过建筑师的加工得以最大程度地表现？是建筑师诠释了材料的功能，还是材料在为建筑提供最直观的表达方式？是材料成就了建筑的美感，还是建筑在成就材料？在这里，你能找到最新的建筑材料应用，并且能找到传统材料的别样表达。

1. 建筑曲线形成建筑物的纱衣

剑桥建筑学院设计并制成了两套曲线建筑网系统，一套系统配合剑桥建筑的 Eclipse 固定构件产品，能够准确贴合并有效固定支撑弯曲流线的网板材料；另一套系统选用柔韧性良好的网材，可以与定制的曲面钢结构框架进行贴合适配。曲线形建筑网结构是一种独特的建筑元素，能够为结构外观带来深度与动感。一些工程均需要应用曲线网结构，建筑公司因此带着各自的创新设计方案找到剑桥建筑，而剑桥则以自家的建材将这些变为了现实。

度假酒店作为城市中心度假项目的核心工程，是有史以来美国最大的私人投资建筑项目。如辛辛那提儿童医护中心停车场的曲面钢结构框架方案，由建筑事务所完成设计，剑桥建筑负责设计的实施。整个设计采用公司的 Parkade 建筑网系统这种革命性板丝组织网材，金属网交织而成的纵横曲线包覆建筑外立面。项目于 2009 年 8 月竣工。公司设计部门人员配置完备，能够辅助提供详细安装资料、架构设计、负载特性曲线，解决各项在剑桥建筑系统设计建筑过程中出现的问题，包括设计、提供产品规格参数、产品制造及安装工作。

建筑网系统由不锈钢、铜或黄铜制成。人工控制机器编制，可根据客户需求定制。网结构用途广泛，几乎可以覆盖任何表面，甚至可以作为空间隔断或新颖、别致的设计元素独立使用。在室内装饰方面，网结构主要有墙面装饰、顶棚覆盖或包覆电梯间等用途。在外部装饰方面，装饰性网结构常用于建筑外立面覆盖及室外通道和人行天桥的建筑当中。这种材料极具视觉冲击力，能迅速抓住人们的眼球。另外，金属编制结构还能保护窗体和开口，同时仍然不妨碍景观视野和必要的通风换气。网结构可应用于表面、墙/隔断、内部装饰、外部装饰。有如下技术指标：适应各类温度和环境要求；高耐火性能；高抗紫外线性能；高耐气候风化；高耐擦伤性；中低级重量；耐中度化学腐蚀；采用316 不锈钢；100%可回收。

2. 玻璃马赛克传统材料的现代演绎

马赛克瓷砖具有高贵而古老的传统魅力。几十年来，马赛克装饰的古老技术已经成为欧洲及意大利建筑传统的一部分。玻璃马赛克从一个全新和当代的角度诠释了传统材料，它使马赛克的珍贵特性与设计的现代感完美结合。自 1956 年成立以来，意大利 Bisazza 玻璃马赛克公司就以其独特的威尼斯玻璃生产工艺和引领潮流的时尚风格设计，在众多玻璃马赛克生产厂家中独领风骚。务实的企业精神、对商业市场前瞻性的规划，加上尊重传统生产工艺技法的同时，又辅以新颖加工技术的运用，使 Bisazza 的马赛克产品始终位于市场和时尚的前沿。多年来，Bisazza 瓷砖凭借精湛、成熟的制作工艺，被运用于全世界无数户外公共艺术装置、建筑空间及高档酒店、会所和一些最高档宾馆及 SPA 中心的内部装潢。每一款设计都体现了 Bisazza 马赛克对生活的重新演绎。马赛克成了理想的高端装饰奢侈品，可适用于现代任何居住环境。

3. 设计师的彩色六边形七巧板墙砖

在斯德哥尔摩设计周上发布的六边形墙砖色彩斑斓，在可持续性、经济性以及功能等方面，几乎达到了完美的平衡。这种组合式墙砖花色繁多，可拼组成不同图案，形成精美绝伦的壁画。墙砖由木质纤维制成，并混以水泥和水，具有吸声属性，可令室内音响效果大为改善。要求厂商生产刨花水泥板材，利用它对新工作室进行装饰。这种材料特性鲜明——风格简约、外观优美而环保。除此以外，它还具备大家都渴望拥有的吸声特性。墙砖的原料以碎木片为主，这些碎木片最初在北美被称为刨花或木丝。这种材料主要用于包装、缓冻填充料、隔热以及毛绒玩具填充料。木丝水泥的制造过程相当简单：首先，将地产原木切割成碎木片；然后，将碎木片同水和水泥混合，后者的作用是粘合剂，提高材料的强度；接着，混合物经过浇筑风干并最终成形。这样，一种吸声、防潮、耐火耐水的环境友好型材料就制造完成。

4. 透明光亮混凝土

受专利保护创造了混凝土传导光线的奇迹，拥有各类应用广泛的全新建筑材料。这一切成就都源自于匈牙利建筑师 Aron Losonczi 从 2001 年开始的研发工作。Litracon[R] 混凝土混合了光学纤维及精制混凝土，是世界上第一种正式投入商用的透明混凝土，并可按建筑预制块料形式生产。细小的纤维同混凝土混合，成为构件的聚合体。这种形式并非玻璃和混凝土两种材料的简单混合，而是形成了一种全新的材料。无论从内部结构还是外表面上来说，都达到了同质、同性。Litracon[R] 采用纯手工工艺，因而每块材料的纹理都独一无二。与 Litracon[R] 正好相反，Litracon pXL[R] 材料中的光学纤维由一种特殊的专利塑料所代替。这一改变及工业化的生产方式，令全新的 Litracon pXL[R] 材料的价格区间更趋合理。板材经过强化处理，甚至可作为层高大模板使用，令安装施工更为简单。pXL[R] 板材表面有序出现的发光点，如同 LCD 液晶显示屏上的一排排像素点。另外，还可以利用这些像素点轻松地构成各种图样，甚至是着色标志图案。而且，不仅能够生产普通平面板材，还能够生产诸如折叠形或曲线以及凹陷等融入 pXL[R] 科技的三维造型产品。除此之外，这一造型选择还将为公共雕像或街头照明设施的创意设计增添新的选择。

Litracon^{R}和 Litracon pXL^{R} 应用广泛，包括发光立面、窗体日光遮蔽、室内隔断墙体乃至室内建筑装饰等诸多设计及建筑领域。

5. 数字设计的装饰柱

装饰的柱子可以分两个部分来看待：第一部分是关于一个柱子的产生；第二部分是如何实现电脑中的柱子设计，比如如何制作以及物质化一个柱子。第一步明显更有趣。与传统的方式不同，用细化工序来设计建筑形式是一个崭新的方式。这一细化工序引人瞩目的方面是，它通过简单的程序运用简单地输入，但是最终创造出高度复杂的输出。这些工序制造出的形式拥有崭新、独特的形状，与那些通过传统工序制造出的形式不同。如果从细处审视这一细化工序，将注意到以下特点：

他们既不通过添加工序，也不通过减少工序来创造设计。因此，与建筑学（大量的添加工序）不同，细化工序中没有预先设计，然后组合并安排来制作形式和结构的优化成分。由此，细化工序制造的柱体形式通常无法用简化主义来解释（也就是说，你既不能将柱子形式拆分成各个组成部分，也不能找到创造出这些成分的过程中每一个独立的步骤）。细化工序作用于多重范围。第一次的迭代法结果确定了整体形式的粗略弧度、比例等；下一步，这些工序制造了柱体表面特点，比如小型的隆起、凹面、凸面等。后期的迭代法结果确定了在这一柱体形式顶部的纹理或者微结构。这一工程项目的核心程序是 Catmull-Clark 和 Doo-Sabin 两种算法。两种算法产生于 20 世纪 70 年代后期，其产生的目的是为了从粗糙的多边形网格生成光滑的表面。这些工序可以通过两个部分来理解：拓扑法则和加权法则。拓扑法则规定了如何通过创造新的顶点、边缘和表面，从输入网格组合中获得改进的网格组合；加权法则规定了如何根据输入网格顶点间的内插值，来计算这些新顶点的位置。参数的引入，使得这些加权法则拥有变量，从而制造出具有高度多样化特点的非圆形柱体形式。相反，传统的加权法则严格规定新顶点的位置是先前生成的顶点内插值。这些法则被修正，从而使沿着柱体表面、边缘和顶点常态的挤压成为可能。此项目中复杂的几何体，主要通过原有方式的这两个改变而实现。

项目的第二部分是关于实际制造出这些柱体形式，主要面临两个挑战。其一，根据柱体形式的制造工序，一些自交平面在这一几何形状中的内部与外部形式没有清晰的界限；其二，庞大的1600万个表面（比如柱体高度细化的处理）超过了大多数CAD程序和立体打印机的功能范围。用于精确计算各层次中每一个多边形的程序已经编写完成，该程序能为CNC铣刀或者激光刀提供切割路径。该柱体形式最终用激光刀以1mm的间距切割，然后搭建组合成有层次的模型。最终的模型共有2700层，高度为2.7m。过去两年时间里，我们一直在改进这个细化工序，并使这一生成式工序能够积极地顺应，我认为现在只是初步发现并意识到这一工序的潜力。鉴于这一工序的递归性以及各种参数，该工序输出的可能空间极大。必须找出实现这些工序的最优化方法。

6. 光纤发光混凝土

发光混凝土融合现代混凝土工艺，内嵌光学纤维线缆。建筑结构映射出一行行的纤维光点，在墙体反面构成形如数字化的点阵图案，而不必受到各种光影、明暗、颜色、凸凹或者物件因素的限制。而建筑结构本身的大小却基本上保持不变，不会因墙体厚度的增加，像映射图样一样显得奇特而怪异。混凝土的通透性让目睹眼前一切的人不禁产生无限遐想，更为紧凑、压抑的空间增添了几分奇妙的轻松、惬意。当光线逐渐点亮黑暗，蜿蜒的墙体送走白天，迎来夜晚的降临，它又会变回原本的混凝土石材功能。如果说，室内的人们在日间能够目睹室外喧嚣的轮廓，那么当夜幕降临，身处建筑之外的人们便能够通过这些混凝土墙观察到室内的活动，这些墙也成了一种信息媒介，有选择地呈现着室内外的生机与活力。

人造光源奠定了这个世界的基础，世界因此而进入无眠时代，这也正是全球化的一种象征。照明作为一种无处不在的元素，越来越成为一种形象符号，渐渐融入现代建筑。LUCCON正是一种兼具密实性、照明性和通透性的石材。这种创新方法所生产出来的绝热材料在透明度上，已经同“标准”的透明材料不相上下。即使是作为绝热层，从室内室外两面观看，该材料制成的板材也都呈现出典型的 LUCCON 特色外观。而且它的应用还远非如此：k 值最高达 0.18W/(m^2·K）的建筑模数产品已于 2009 年正式面世，并作为层高大模板建材投入使用。

此外，材料还在很多“较小”的领域得到了广泛应用。这种绝热材料的长、高分别可达 250cm 和 80cm，并且厚度及绝热值可随意选择，其中也包括不混有任何光线纤维线缆的替代材料，可供建筑收尾使用。LUCCON 的所有产品，无论颜色、造型和设计、表面光洁度以及表层涂料，均可随意定制。

7. 菱镁木丝吸声彩色天花板

木丝、水和菱镁矿是菱镁木丝吸引装置板的主要成分。可耐福建声系统公司自 1908 产品问世至今已有百年历史，现代技术的革新与传统价值观的不断碰撞，让这一传统工艺在生产条件已发生翻天覆地的变化，但生产原料与百年前毫无二致。木丝、水和菱镁矿仍然是木丝装潢板的主要成分。1mm 的精细木丝与碱烧菱镁矿混合，同时加水，然后条带化成模。这种独特的原材料组合及其制造工艺，决定了 Heradesign 装潢板的高贵品质及其功能。将这些纯天然原材料结合在一起，可以创造具有诸多良好特性的木丝装饰板：吸声、阻热、湿度调节、零辐射、具有扩散开放结构以及出色的潮湿和抗阻击性能。这种材料较多地应用于电台播音室、歌剧院、体育场、写字楼、会议厅等场所。

除了现有的吸声、防火、抗冲击、气候调节及融入创新生态因素等特性外，新型木丝吸声装潢板还融入了丰富的设计选择、表面结构、板式和颜色。

木丝精美的天然纹理极其适合用作创造性颜色设计的基础材料，具有无限的颜色范围——几乎可任意选择颜色体系的任何颜色。白色、浅色或单色 Heradesign 装潢板的上色都可采用。为提高室内空气质量，采用活性内装油漆，具有光催化效应，意味着可以降低灯光照射下空气中有机污染物，在暗沉的环境下也能营造出轻松、惬意的效果。

8. 建筑材料中的钠钙玻璃砖

创建于2001年，为建筑及室内装饰玻璃设计与生产的创始人兼公司CEO的罗德尼·班德（Rodney Bender）发明了Kilo-Lux专利玻璃产品，这种材料在加的夫的威尔士千年中心建筑中首次得以应用。IGP成为玻璃产品及艺术制品在很多应用领域及环境的标准制定者和生产商。同时，也与著名的悉尼歌剧院设计者约恩·乌松（Jorn Utzon）进行有关合作，以及同许多著名艺术及设计大师的合作。KiloLux的生产采用创新的加工方法，获得相关专利。通过加热玻璃使之相互粘合，形成巨型玻璃块，具有较高的压缩强度和良好的耐受恶劣气候、耐热冲击性能；可根据立面或墙体的具体功能要求，以多种方式组装粘合；由钠钙玻璃制成，专为建筑应用设计开发，具有良好的抗化学腐蚀及环境侵蚀的性能；已通过冻融、热冲击/日光遮挡性能等多项测试。它符合大多数室内外应用环境的要求。然而，也像其他所有玻璃产品一样，对与建筑结构及材料本身相互连接所采用的粘结方法有极高的要求。IGP针对各种室内外应用环境要求，设计开发了多套解决方案，并可根据具体情况提供咨询指导，可根据客户的具体要求进行定制生产。KiloLux材料可弯曲形成弧线，以适应造型需要，有多种颜色供选择，也可进行包括磨料水射流、喷砂雕刻及蚀刻等二次加工。

9. 手工雕刻的自然石瓦片

意大利工匠从气、火、水和土四大基本自然元素中获得启发，娴熟地运用自然石材打造出一个现代化的设计。运用原始的表面处理工艺，独具匠心地制作出具有纹理的石材——Ambra，看起来像两个分离的石头。抛光处理的表面颜色较深，亚光处理的表面颜色较浅。深色与浅色阴影的独特结合呈波浪状，这样的安排不仅是为了设计墙体，还为了使其形成梦幻之地。在这里，梦想家能够随海波逐流、轻踏浮云、遨游天际、感受火舞热焰，领略大地的质感与美好、激情与平静。这一雕刻的三维石瓦系纯手工制成。石瓦更像一个艺术品，为任何墙外装置或墙内装置增添了一丝戏剧性，尤其是当它得到照明的时候。“设计/质量/价格”之间不可思议的连接，使得石瓦物美价廉。

石瓦可用于建筑的内部和外部，可用于住宅和商贸。浴室、水疗/养生区域、游泳池区域、建筑大厅、装饰墙、饭店/高级酒吧、起居室、接待大厅、现代墙体，都有它的身影。天然石材颜色多样，Serena 沙石颜色变化较少，拥有少量深色小圆点；Swell Brown 颜色变化较少。表面多样，石瓦为手工制作，根据工匠的制作质量具有一定的差异，瓦边缘不是切割状。

10. 可照明玻璃幕墙高亮玻璃

高亮玻璃系列产品备受推崇的关键，就在于它本质的简单与用途的广泛，令设计师能够应用它来营造叹为观止的建筑艺术效果。这种材料的使用还会给人带来安全感和空间感，在充当隔断墙材料等一些室内应用中，这一作用尤为突出。降低了可见框架结构的使用，整洁、连续的线条带来了突出的外观印象，有不同的颜色、材质、安装样式及灯光效果可供选择。是大型玻璃立面的理想之选，既实现了最大限度的自然光照，也保证了室内照明的隐私性；是工作区隔断墙体的理想材料，保证优良光通透性的同时保护隐私。长度最大可达 6m，玻璃及入射光线连续、不受阻挡。

产品线通过推出多款兼具艺术价值与工程性能的产品，拓展了玻璃立面材料的应用范围。尤其是在曲面结构的应用，在世界各地的著名建筑中得到了体现。Lumaglass 品牌中最重要的产品便是皮尔金顿玻璃砖系统（Pilkington Profilit）。它应用广泛、性能优异，是一种出类拔萃的玻璃产品。如果搭配专利电致发光照明系统使用，用途必将进一步拓宽。部件少，设计务实，玻璃轨道可弯曲、切割成形或安置于斜面；产品高度灵活，施工阶段的设计变动或附加建筑容差均可轻松实现；玻璃及照明解决方案成本效率突出，应用广泛；符合相关法规要求，同时仍可满足设计安装需要；材料本身的高强度决定了其抵抗极强风荷载或大跨度荷载的能力；Lumaglass 品牌解决方案适用于各类传统方案无法满足要求的应用环境。自我支撑玻璃轨道配合紧贴轨道内缘的电致发光照明，是一种简单而高效的设计理念，并整体嵌入突出的金属边缘框架之内，整套设计令无数创意非凡的建筑设计得以实现。

11. 环氧树脂即透明高清晰度的建筑元素

环氧树脂产品由单色或彩色透明建筑元素构成，因此既可以用作家具材料，也可用作室内固定装置材料。彩色照明建筑元素基础是格栅网格，因此建筑物的构成成分较为多样，如钢、木材、铝和塑料。建筑可以由板材构成或者由空洞结构支撑，如功能各异、带有装饰的各种型号双壁式板材或者照明板材。所选结构的首要要求就是它能够满足所选功能设定的静态需要。由此，该特殊的支撑元素由彩色的人工树脂填满或镀层，根据要求选择颜色，材料的表面可以是凹面或者是三维样式。

通过这样的程序，我们能够制造独一无二的家具、楼梯台阶、隔断墙、地板或者装饰材料，每一样都按照顾客的要求制作。承重和不承重材料可能使用的范围，意味着其内部运用没有限制。视觉上令人兴奋的透明固态材料的运用，令它超凡的组合具有结构和光学亮度，引人注目。这一超凡的组合创造出视觉上透明的全能材料，具有显而易见的高质量。

2. 外墙外保温材料研究现状与应用

随着经济与社会的发展，世界对能源的需求也日益增大。在不断增大的总能耗之中，建筑能耗约占总能耗的 20%～35%。面对能源问题的日益紧张，建筑节能问题引起越来越多国家的高度重视。建筑节能就是在建筑中合理使用和有效利用能源，不断提高能源利用效率，降低建筑能耗；另一方面，建筑节能对环境保护也将产生直接或间接的影响，使用恰当的保温节能材料和建筑节能方法，可减少50%的CO_2排放。

我国目前的建筑节能水平还远低于发达国家，我国建筑单位面积能耗仍是气候相近的发达国家的3～5倍，因此，建筑节能依然是我国建筑业的一个重要课题。在建筑领域加强研发并推广应用新型建筑节能环保材料，是提高我国资源利用率、改善环境、节能减排、走可持续发展道路的重要途径，具有重要的现实意义。建筑外墙保温材料的分类方法多种多样，按材质可分为有机保温材料和无机保温材料两大类。不同材料具有不同的优缺点，无机保温材料属于不燃的保温材料，是国家提倡的首选保温材料。

1. 有机外墙保温材料

建筑领域目前采用的有机保温材料主要有模塑聚苯乙烯泡沫塑料（EPS)、挤塑聚苯乙烯泡沫材料（XPS)、聚氨酯（PU）和酚醛泡沫（PF）等。这些材料的防火安全性能较差、容易燃烧，均需通过添加一些阻燃剂，以达到国家规范的使用标准。

(1) 模塑聚苯乙烯泡沫塑料板：聚苯乙烯泡沫塑料板(EPS）是一类采用含有挥发性液体发泡剂的可发膨胀性聚苯乙烯颗粒为原料，经加热预发泡后，在模具中加压成型的具有微细闭孔结构的泡沫塑料板材。EPS质量轻、隔热性好、隔声性能优，具有一定的弹性、低吸水性、耐低温性，易加工，是一种隔热保温性能非常优良的材料。

EPS膨胀聚苯板薄抹灰外墙外保温系统是一种常见的外墙保温系统，具有优越的保温隔热性能、良好的防水性能及抗风压、抗冲击性能，能有效解决墙体的龟裂和渗漏水问题。该系统技术成熟、施工方便、性价比高，是保温节能建筑设计和建筑施工单位常用的隔热体系。EPS板薄抹灰外保温体系在法国、瑞典、美国、加拿大等国家已有30多年的应用历史，自20世纪80年代末引入我国，目前已在大中城市形成规模建筑，并取得非常好的社会效益和经济效益，得到了广泛的推广使用。近期，国内关于EPS的研究主要集中在通过添加阻燃剂纳米化工艺处理、设计聚合物的分子质量、选择特定比例组成的发泡剂及筛选具有调节聚合物分子间作用力的添加剂，将EPS的防火等级提高到B_1级。

（2）挤塑聚苯乙烯泡沫板：挤塑聚苯乙烯泡沫板，简称挤塑板（XPS板）。XPS是20世纪60年代研制成功的一种新型绝热材料，是以聚苯乙烯（PS）树脂为原料的连续性闭孔发泡的硬质泡沫塑料板，具有高抗压、吸水率低、防潮、不透气、质轻、耐腐蚀、不降解、导热系数低等优异性能。与EPS聚苯乙烯泡沫塑料板相比，其强度、保温、抗水汽渗透等性能有较大提高。在浸水条件下，仍能完整地保持其保温性能和抗压强度，特别适用于建筑物的隔热、保温、防潮处理。广泛应用于干墙体保温、平面混凝土屋顶及钢结构屋顶的保温，低温储能地面、低温地板辐射采暖、泊车平台、机场跑道、高速公路等领域的防潮保温及控制地面冻胀，是目前建筑业物美价廉、品质俱佳的隔热、防潮材料。

我国的XPS泡沫板使用较晚，1999年美国欧文斯科宁公司在南京投资建立了国内第一条XPS生产线。经过10年的发展，我国XPS泡沫行业已经实现了生产设备完全国产化，XPS在我国建筑保温材料市场份额已经超过了20%，并且呈逐年上升趋势。2009年，XPS总产量已达1000万平方米，行业生产线保有量约700条，企业数量约500家。生产XPS泡沫常用的发泡剂主要为HCFC222和HCFC2142b，这两种发泡剂都是消耗臭氧层的物质，同时也是很强的温室气体，因此，XPS泡沫行业面临着巨大的环保压力。

（3）聚氨酯：聚氨酯（PU）自20世纪30年代由德国化学家O. Bayer发明以来，迅速用于制造泡沫塑料、纤维、弹性体、合成革、涂料、胶粘剂、铺装材料和医用材料等，广泛应用于交通、建筑、轻工、纺织、机电、航空、医疗卫生等领域。在建筑上经常使用的聚氨酯品种有数十种，主要的类型有：聚氨酯硬泡、软泡、防水树脂、塑胶跑道、聚氨酯胶粘剂、聚氨酯涂料、聚氨酯密封胶等，应用在建筑节能中主要是聚氨酯硬质泡沫塑料。硬质聚氨酯是一种非常优秀的隔热保温材料，具有质量轻、热导率低、耐热性好、耐老化、容易与其他基材粘结、燃烧不产生熔滴等优异性能。在国外，硬质聚氨酯作为建筑保温材料得到了广泛的应用，特别在发达国家，硬质聚氨酯泡沫塑料在建筑保温领域已经占据主导地位。欧美等发达国家和地区，聚氨酯材料广泛用于建筑物屋顶、墙体、顶板、地板、门窗等作为保温隔热材料，占建筑保温材料的49%，而在我国这一比例尚不足10%。建设部从2006年起全面推广新型建筑节能技术，将聚氨酯材料作为传统建筑保温材料的替代品进行推广，并专门成立了聚氨酯硬泡建筑节能应用推广工作部门。

（4）酚醛泡沫：酚醛泡沫（Phenolic Foams，简称PF）被誉为保温之王，酚醛泡沫作为建筑节能保温材料，具有导热系数低、保温隔热效果好、不燃防火、防水透气、粘结性良好、刚性大、抗剥离强度高、耐候性及化学稳定性好、无毒、无味、无害、无刺激性等优点。使用酚醛泡沫作为建筑外墙保温材料，可以实现安全与节能的“双保险”效果。目前，酚醛泡沫建材作为封闭与控制火势的建筑外墙保温材料，已在国外投入广泛使用。法国马赛、里昂等城市建造的许多大型公寓，已将酚醛泡沫板安装在外墙上，再涂上保护层，以阻止大火燃烧蔓延。日本政府出台法规，将酚醛泡沫作为公共建筑的标准耐燃物。在我国，虽然采用酚醛泡沫生产的保温空调风管系统已经在水立方、北京地铁等高档公共建筑施工中得到运用，但因为尚未出台采用酚醛泡沫作为建筑外墙保温材料的规范，目前酚醛泡沫在我国民用建筑外墙中的应用还较少。

为进一步提高环保性，目前，无毒、不含破坏大气臭氧层氟利昂的酚醛泡沫保温建材得到了研究。对酚醛泡沫进行改性处理，可有效解决其脆性大、易粉化等问题。采用外加纤维改性，提高了酚醛泡沫的剥离强度，其脆性也得到改善。

采用环氧树脂改性酚醛泡沫，可以提高其挠度和韧性，但环氧树脂黏度过大，发泡工艺操作困难。用聚醚改性，其压缩强度可得到提高。

采用聚氨酯改性，酚醛泡沫的冲击强度和压缩强度、韧性、粉化程度、弹性等可以得到相应的改善。EPS、XPS、PU 等有机材料耐热差、易燃烧，而且在燃烧时释放大量热量、产生大量有毒烟气，不仅会加速大火蔓延，而且容易造成被困人员及救援人员伤亡，因此，这些材料在建筑外墙保温技术中应用受到了一定限制，在国外发达国家已明令限制或禁止使用。PF 密度大、整体强度差，而且成型条件要求较高，现场发泡困难，少量喷射成型设备为国外高价进口，目前还难以形成商业化生产。因此，发展无机外墙保温材料将是未来建筑保温材料的一个有益选择。

2. 无机外墙保温材料

无机外墙保温材料主要有岩（矿）棉、玻璃棉、膨胀珍珠岩、硅酸钙等，此类材料属于不燃性材料。自身不存在防火安全性问题，但是，普遍存在强度低、整体性差、吸水率高、冻融性差等问题，且制备工艺复杂，生产成本较高。因此，为利用无机保温材料的优良防火性能，尚需要对其进一步地探索、研究与完善。

（1）岩（矿）物棉：岩棉是以精选的玄武岩、辉绿岩为主要原料，外加一定数量的辅料，经高温熔融离心吹制成纤维状的松散材料。岩棉纤维在加入适量胶粘剂、防尘剂、憎水剂等外加剂后，经过逐层叠铺、压辊压制、固化炉固化等工艺，得到各种系列的岩棉制品。岩棉制品具有良好的绝热、隔冷、吸声及稳定的化学性能，有不燃、憎水率高、吸湿率低等特点。因此，岩棉广泛用于石油、电力、建筑、冶金、纺织、国防和交通运输等行业。国内岩棉的主要市场集中在石油、化工和电力三个部门，在建筑行业的推广应用还没有得到普及和高度重视。而作为外墙外保温的岩棉要求更高，酸度系数在 1.8 以上，才能保证岩棉的质量和性能。由于产品质量要求高、市场小，所以没有更多的企业对岩棉在建筑上的应用技术进行深入研究。岩棉作为 A 级防火材料应用于外墙外保温系统，在欧洲已经有几十年的历史，已形成了成熟的产品标准和系统认证指南。在国外，70%～80%的岩棉被应用在建筑领域。在日本，岩棉制品在建筑上的应用占到了95%，工业设备仅为5%。国内大多数岩棉还不能达到外墙外保温系统的要求，较国外产品有很大差距，这主要与国内岩棉的原材料、生产工艺水平相关。

现在，也有少数厂家已能生产出符合外墙外保温要求的岩棉，高强度岩棉板的抗拉强度最高可达到20kPa左右，但是厚度还无法突破100mm。因此，进一步提高岩棉的耐水性与强度，是岩棉生产行业当前应关注的关键点与突破口。矿渣棉以高炉渣或其他冶金炉渣为原料，如铁、磷、镍、铅、铬、铜、锰、锌、钛等矿渣。矿渣棉具有质轻、导热系数小、不燃烧、防蛀、价廉、耐腐蚀、化学稳定性好、吸声性能好等特点。矿渣棉制品主要有粒状棉、矿棉沥青毡、矿棉半硬板、矿棉保温管、矿棉半硬板缝毡、矿棉保温带、矿棉吸声带以及矿棉装饰吸声板等。在建筑物的填充绝热、吸声、隔声、制氧机和冷库保冷以及各种热力设备填充隔热等方面，得到了广泛应用。用于外墙外保温，还有待进一步优化性能，提高其强度和耐水性。因此，我国岩（矿）棉产业正面临巨大发展机遇。随着我国国民经济持续发展，向中等发达国家过渡，对节能、环境保护的日益重视，对舒适、健康、低能耗建筑的不断追求，作为主要绝热材料之一的岩（矿）棉材料，必将迎来高速发展的时期。

（2）玻璃棉：玻璃棉源自20世纪30年代欧文斯科宁公司发明的玻璃纤维，经过70多年的发展和推广，玻璃棉保温材料正越来越广泛地应用于住宅、中央空调系统、钢结构厂房、家用电器、火车车厢、隔声屏障等众多领域，极大地改变着人们的生活。玻璃棉以石英粉、长石粉、方解石粉、纯碱、硼砂等为原料。目前，用火焰喷吹法生产玻璃棉技术，由于环保程度低、单位能耗高、渣球含量高，已逐步淘汰。取而代之的是单机产量高、能耗低、无渣球的离心抽丝法生产工艺。

玻璃棉是由互相交错的玻璃纤维构成的多孔结构材料，具有密度小、导热系数低、吸声性能好、吸湿率低、过滤效率高、不燃烧、耐腐蚀等特性，是一种优良的绝热、吸声、过滤材料。玻璃棉制品品种较多，主要有玻璃棉毡、玻璃棉板、玻璃棉带、玻璃棉毯和玻璃棉保温管等。同国际 80%以上应用于建筑领域的状况相比，国内玻璃棉在建筑领域的应用量差距较大。我国传统的玻璃棉市场中，大约 90%的玻璃棉制品应用于国防、石油化工、建筑、冶金、冷藏、交通运输等工业领域，以及各种管道、贮罐、锅炉、热交换器、风机和车船等工业设备、交通运输设备上。

（3）膨胀珍珠岩：膨胀珍珠岩是将天然珍珠岩矿石，经过破碎筛选、高温煅烧，使其体积急剧膨胀制得的多孔、色白的颗粒状物质。膨胀珍珠岩高温下导热系数为 0.05～0.15kcal/(m·h·℃)，耐火度＞1250℃，体积密度为 40～280kg/m^3，是一种传统的建筑保温材料，应用非常广泛。膨胀珍珠岩具有质量轻、无毒害、隔热性能好、抗蚀、不燃等优良的物理化学特性以及使用成本低廉的特点，同时具备保温隔热及吸声等多重特殊性能，在当今社会节能型工业与民用建筑上的应用日趋广泛。膨胀珍珠岩用于建筑保温材料在欧洲占珍珠岩用途 50%，在北美占 60%，在日本占 55%，在我国占 65%，存在较大的需求空间。

现阶段，国内玻化膨胀珍珠岩均采用电膨胀炉生产，由于存在产量低、生产成本和产品售价高等问题，很难解决建筑市场目前的供需矛盾。为了进一步优化、拓展膨胀珍珠岩的使用性能，近年利用多孔膨胀珍珠岩吸附熔融石蜡而制备石蜡/膨胀珍珠岩相变材料。该种材料具有优良的热物理性，是一种性能优异的建筑墙体节能材料。膨胀珍珠岩吸水率较高，在墙体温度变化时，珍珠岩易因吸水膨胀产生鼓泡、开裂现象，吸水还降低了材料的保温性能。另外，由于膨胀珍珠岩保温材料多出于珍珠岩与水泥结合体，存在难以解决的强度与导热系数之间的矛盾。这些给其作为建筑保温材料带来了致命的缺陷。

(4) 硅酸钙：硅酸钙保温材料是一种以水化硅酸钙为主要成分，并掺以增强纤维的保温材料，具有体积密度小、导热系数低、耐高温和强度大等特点。目前，生产的硅酸钙保温制品有两大类：一类是以托贝莫来石（$5CaO \cdot 6SiO_2 \cdot 5H_2O$）为主要成分的硅酸钙保温制品，最高使用温度为650℃；另一类是硬硅钙石（$6CaO \cdot 6SiO_2 \cdot H_2O$）为主要成分的耐高温硅酸钙保温制品，最高使用温度为1000℃。托贝莫来石型硅酸钙是最先制造成功的硅酸钙保温材料，它以托贝莫来石族水化硅酸钙晶体为主体，平均密度不大于170～220kg/m^3，抗折强度大于0.3MPa，导热系数为0.055～0.062W/(m·K)，耐热度为650℃。硬硅钙石型硅酸钙绝热材料使用温度达1000℃。日本是世界上超轻硅酸钙绝热材料产量最大、技术最先进的国家，密度在110kg/m^{3}的硬硅钙石型硅酸钙制品已能批量生产。我国是研究硬硅钙石型硅酸钙绝热材料最活跃的国家之一。我国硅酸钙生产的优势在于原料丰富，尤其是江西粉石英的发现，大大降低了硅酸钙生产的技术难度与成本。但是，我国生产的高温硅酸钙制品超轻效果不好，主要问题在于石灰原料的选择、处理以及添加剂的使用技术上。

硅酸钙保温制品易出现的质量问题主要是破损率高、回收率低，有些产品最高耐热温度达不到要求，受热时易产生裂缝、收缩变形等。解决这些问题，在原材料、生产工艺及增强纤维材料的选择等方面，需进行大量研究。吸水率高、不防水是硅酸钙制品的最大缺陷之一，因此，如何改进其憎水性能，将是提高硅酸钙保温制品的一个重要研究方向，也是拓展其应用范围的一个重要途径。

(5) 其他无机保温材料：现在已开发的无机外墙保温材料还有玻化微珠、泡沫玻璃、陶瓷纤维板等。玻化微珠是一种酸性玻璃质溶岩矿物质（松脂岩矿砂），经过特种技术处理和生产工艺加工，形成内部多孔、表面玻化封闭，呈球状体细径颗粒，是一种高性能的新型无机轻质绝热材料。颗粒粒径在0.1～2.0mm，体积密度为50～100kg/m^3，导热系数为0.028～0.048W/(m·K)，漂浮率大于95%，成球玻化率大于95%，吸水率小于50%，熔融温度为1200℃。表面玻化形成一定的颗粒强度，理化性能十分稳定，耐老化、耐候性强，具有优异的绝热、防火、吸声性能。泡沫玻璃由碎玻璃、发泡剂、改性添加剂和发泡促进剂等，经过细粉碎和均匀混合后，再经过高温熔化、发泡退火而制成。它由大量直径约12mm的均匀气泡结构组成，制品密度为160～220kg/m^3。泡沫玻璃是一种性能优越的绝热、吸声、防潮、防火的轻质高强建筑材料和装饰材料，使用温度为－196～450℃，A级不燃，与建筑物同寿命，导热系数为0.058W/(m·K)。

陶瓷纤维板（硅酸铝纤维板）以硅酸铝纤维棉为原料，用真空成型或干制法工艺经干燥和机加工精制而成的一种耐火材料，产品质地坚硬、韧性和强度优良、抗风蚀能力优良、加热不膨胀、质轻、施工方便、可任意剪切、弯曲、是窑炉、管道及其他保温设备的理想节能材料。无机保温材料产品主要由天然矿物组成，原料易得、物化性能稳定、低毒或无毒、不燃、耐高温、无挥发、无污染，所有材料均可回收再利用，不造成二次污染，是一种环保型绿色建材。

但是，岩棉、玻璃棉也存在吸水率高、常温条件下热工性能不稳定等不足；泡沫玻璃造价较高、导热系数也较高；陶瓷纤维板是一种耐火材料，适合用于高温保温；膨胀珍珠岩吸水率高、热工性能差，其广泛应用受到限制。

3. 简要小结

现在，世界能源问题日益紧张，建筑节能作为节约能源的重要环节，将是全世界关注的焦点。建筑节能技术、建筑节能材料的研究，在近年来也得到了极大的发展。外墙外保温技术因其特有的优势被广泛采纳。目前，应用于外墙外保温的材料多种多样，其性能也各有优势。有机保温材料质轻、导热系数低但易燃，EPS、XPS、PU等在燃烧过程中会产生有毒气体，存在消防与环保问题；而无机保温材料具有不燃性，但普遍存在吸湿性和强度低等缺陷。因此，开发高强度、防潮、不燃、环境友好型的建筑节能材料，依然是建筑科学与材料科学的重要课题。

3. 聚丙烯纤维混凝土在建筑工程中的应用

当今的建筑物向高、大、宽迅速发展，平面形状结构复杂，产生的约束力大而对安全性要求更高，这样混凝土裂缝就比普通混凝土结构的裂缝更多，而高强、大流动度的混凝土密实性能必须要满足混凝土强度及抗渗等级的多项要求。从建筑使用防水角度看，从过去注重混凝土的密实性转向注重混凝土的抗裂性，应是重中之重。

1. 混凝土的自身结构防水措施

（1）膨胀补偿型混凝土：在混凝土中掺入适量膨胀剂，经水化反应生成 32 水硫铝酸钙结晶体产生膨胀，使混凝土凝结后体积微膨胀来补偿混凝土的凝结收缩应力，从而达到抗裂目的，如 UEA 膨胀剂等。但存在以下特点：

1）可靠度低，受施工条件、环境等因素影响大，如在 42h 内不及时连续浇水养护，不但不膨胀反而会收缩开裂；

2）掺量的范围较小，搅拌均匀度要求高，稍过量就会膨胀，产生裂缝或安全性不稳而龟裂；量稍小则达不到效果。

（2）填充密实型：在混凝土中掺入适量浮化的液态高聚物化学材料，使混凝土在拌合和凝结时高分子聚合物破乳，形成网状结构，填充和堵塞混凝土中的毛细孔隙而达到防水作用。但由于此种材料价格昂贵，如氯丁胶乳、环氧乳液等，所以也不适合在实际工程中大量应用。

（3）减水密实型：通过掺加各类型的减水剂，减小单位体积中水泥和水的用量，使混凝土中的水化热减小，减小混凝土的收缩裂缝，提高混凝土的密实性，达到密实防水的目的。但是，减水剂的用量必须严格控制。

（4）憎水型：一般是通过高分子材料与水泥中化学组分结

合，生成具有憎水性的网状化合物，分布在混凝土的颗粒中，使水分子在混凝土之间的界面表面张力提高而产生憎水效果。但是，在实践中很少单独使用。

（5）抗裂防水型：在混凝土中掺入适量的微纤维，搅拌过程中微纤维均匀地扩散到混凝土中，由于微纤维与混凝土有极强的结合力和抗拉强度，每立方米混凝土中含有数千万条的高抗拉强度的微纤维，从而产生了全方位的增强效果，削弱了混凝土的收缩应力，减少了混凝土的收缩裂缝。堵塞混凝土中的流水通道，进而达到防水效果。

综上所述，抗裂防水措施在混凝土本体刚性防水措施中，具有设计、施工方便及经济性等明显的优势。聚丙烯纤维混凝土作为防水措施，即属于抗裂防水型。

2. 聚丙烯纤维的特性

聚丙烯抗裂合成纤维是采用改性母料添加到聚丙烯切片中进行共混、纺丝、拉伸后，经过特殊的防静电及抗紫外线处理，并经过化学接枝和物理改性处理后，表面粗糙多孔，大大提高了纤维与水泥基料的结合力。加入混凝土/砂浆基料中，能轻易迅速地与混凝土/砂浆材料均匀混合，能有效防止和减少混凝土/砂浆的初期塑性裂缝，是混凝土/砂浆的“次要加强筋”。聚丙烯纤维的优越性能在于：

（1）提高混凝土的抗渗性；

（2）减少混凝土裂缝的产生和发展；

（3）增进混凝土的韧性、抗疲劳性，提高混凝土的抗冲磨性能；

（4）提高混凝土的耐久性能；

（5）提高混凝土抵御冻融破坏的能力。

与其他纤维相比，聚丙烯纤维具有以下优点：

（1）分散性好，握裹力强；

（2）高耐碱性，高抗辐射；

（3）抗冻防腐，增强韧性；

（4）物理加筋，抗裂补强；

（5）性能稳定，安全、无毒；

（6）施工简易，经济可靠。聚丙烯纤维的使用一般不需改变原设计的配合比，也不取代原设计的受力钢筋。每立方米混凝土掺量为0.6～1.2kg，一般掺量为每立方米混凝土0.9kg。广泛应用于水利水电、道路、桥梁、隧道、海港、码头、机场、泳池、人防工程和民用建筑工程等。

3. 聚丙烯纤维混凝土的防水性能与机理

混凝土专用聚丙烯纤维的物理性能如下：密实0.91g/cm³；抗拉强度276MPa；极限拉伸15%；无毒；耐酸碱性极高；熔点165℃；燃点593℃；导电、导热性极低。聚丙烯纤维混凝土的防水属于刚性本体防水，通过改善混凝土的抗裂和抗渗两个途径来提高防水性能。其防水机理建立在对混凝土固结、收缩的微观研究基础上。

（1）提高混凝土抗裂性能的机理：聚丙烯纤维阻滞混凝土塑性收缩、裂缝产生和限制裂缝的发展能力较强。混凝土的塑性开裂主要发生在混凝土硬化前，特别是在混凝土浇筑后4～5h内，此阶段由于水分的蒸发和转移，混凝土内部的抗拉应变能力低于塑性收缩产生的应变，因而引起混凝土内部塑性裂缝。掺入聚丙烯纤维后，由于其分布均匀，起到类似筛网的作用，减缓了由于粗粒料快速失水所产生的裂缝，延缓了第1条塑性收缩裂缝出现的时间。同时，在混凝土开裂后，纤维的抗拉作用阻止了裂缝的进一步发展。试验表明，混凝土塑性裂缝面积、裂缝最大宽度及失水速率，均随着纤维体积含量的增大而降低，说明聚丙烯纤维有效地提高了混凝土的抗裂性能。

（2）提高混凝土抗渗性能的机理：在混凝土中掺入适量聚丙烯纤维后，均匀分布在混凝土中彼此相粘连的大量纤维起了“承托”骨料的作用，降低了混凝土表面的析水与集料的沉降，从而使混凝土中直径为50～100nm和大于100nm的孔隙含量大大降低，有效提高了混凝土抗渗能力。此外，由于纤维的存在，减少了混凝土的收缩裂缝尤其是连通裂缝的产生，因而减少了渗水通道，提高了混凝土的抗渗性能。聚丙烯纤维混凝土和素混凝土抗渗性能试验结果表明：纤维含量为 0.5kg/m^3、0.7kg/m^3、1.0kg/m^3 的聚丙烯纤维混凝土抗渗能力，分别比普通混凝土提高 64%、73%和 75%。由以上分析可知，聚丙烯纤维可以大提高混凝土抗裂、抗渗能力，作为混凝土本体刚性自防水的效果显著。聚丙烯纤维加高效减水剂的防水方案，目前已为国内外众多防水专家所肯定，可广泛应用于地下室、屋面、蓄水池、污水池等工程。

4. 聚丙烯纤维混凝土的施工要点及注意事项

聚丙烯纤维掺入混凝土中，除不适宜采用人工搅拌外，对搅拌及施工工艺无特殊要求，只要适当保证搅拌时间即可，一般为 3～5min。搅拌时，可先将砂、石、水泥与水在搅拌机内均匀拌合后再加入纤维，亦可先将纤维与砂、石、水泥干拌后再加水湿拌，整个搅拌时间较拌制普通混凝土适当延长 1～2min。为改善拌合物的和易性，可掺加适量的引气剂、减水剂或高效减水剂，也可掺入不超过 10%的粉煤灰。拌合好的纤维混凝土由搅拌站运至工地，时间不应超过 30min；否则，应在混凝土运到工地后，再加入聚丙烯纤维。

5. 聚丙烯纤维混凝土在防水工程中的应用

（1）地下室外墙工程：某地下室面积为 1300m^2，基础埋深 −0.8m。因受地铁影响，地下室分两期施工，第 1 期外墙总长约 250 延米，采用普通防水混凝土 C50，数月后发现有数十条垂直细裂缝，渗入严重。第 2 期外墙总长约 70 延米，混凝土设计强度等级为 C50。采用 42.5R 普通硅酸盐水泥、中砂、5～25mm 连续级配碎石，掺加一定量的Ⅱ级粉煤灰和聚丙烯纤维及混凝土外加剂。实践证明，纤维混凝土对防止墙体细裂缝的出现有效。后来，又在污水池、水箱等结构中应用。至今，这批纤维混凝土构筑物均未发现因干缩而引起的微细裂缝，无渗漏现象。

（2）地下室基坑工程：某地下室基坑支护采用喷锚网工艺，

考虑基坑临江面抗裂、抗渗要求高，仅在该面的喷射混凝土中加入 0.07%体积掺量的聚丙烯纤维（不临江的另外三面未掺入纤维）。工程完工后，尽管该面水压较高，但未发现裂纹，仅在两边锚头有轻微渗水；而其他三面均发现了不同程度的裂缝，多处锚点渗漏严重，说明聚丙烯纤维对控制和防止混凝土的塑性收缩裂缝、提高抗渗性有显著功效。

6. 简要小结

在混凝土（砂浆）中添加适量聚丙烯纤维，是克服其开裂的有效途径，纤维在混凝土（砂浆）中形成的乱向支撑体系，会产生一种有效的二级加强效果，能较大幅度地提高混凝土的抗渗性和抗裂性。其经济性也相当可观，用于不同建筑结构部位则效果明显，例如：

（1）用于民用建筑内外墙抹灰等工程。每平方砂浆掺加 0.9kg 纤维，砂浆厚度 1cm，每平方增加的成本为 0.45 元，取代外墙贴瓷砖减少的每平方米成本至少在 10 元以上，10000 平方的内外墙减少的成本至少为 10 万元。同时，减少了内外墙裂缝的产生和发展，防止下雨渗水，减少了防水涂层成本，提高了使用寿命，降低了高额维修、维护成本。

（2）用于道路等工程，在满足工程要求的情况下，掺加纤维可以适当减少混凝土设计厚度，综合提高了道路质量和使用寿命，节约了工程成本。

（3）用于水利水电工程等，掺加聚丙烯纤维能大大提高抗渗性能，提高工程质量和使用寿命，造就百年大计工程。从长期来看，为国家节约了大量投资。

4. 聚丙烯纤维增强混凝土性能的应用

聚丙烯纤维具有耐化学腐蚀性强、强度高、加工性好、质轻、蠕变收缩小、价格低廉和在低掺量下对混凝土的抗裂、增韧效果显著等优良的技术经济性能，因而在建筑工程中得到越来越广泛的应用，它的物理性能见表 1。聚丙烯纤维是一种新型的混凝土增强纤维，被称为混凝土的“次要增强筋”，聚丙烯纤维混凝土是把一定量的聚丙烯纤维加入到普通混凝土的原材料中，在搅拌机的拌合下，使纤维受到水泥和骨料的冲击混合，然后均匀、随机地分布在混凝土中，使混凝土的耐久性能和物理力学性能得到显著改善，使其在屋面、路面、桥梁、大坝等实际工程中得到广泛应用。

1. 聚丙烯纤维混凝土的性能

（1）力学性能及抗疲劳性能：聚丙烯纤维的存在，能较大地增强混凝土的柔韧性和抗冲击性，从而增加混凝土的抗破碎性。聚丙烯纤维混凝土比普通混凝土的抗冲击能力提高1倍，柔韧性提高38%。当聚丙烯纤维掺率在$0.5\%\leqslant\rho_f\leqslant1\%$范围时，纤维掺量的变化对静力弹性模量没有太大的影响，但疲劳变形模量则随着掺率增大而增大，说明对动力荷载作用下的结构物，聚丙烯纤维能发挥更大的效果。聚丙烯纤维混凝土在一定程度上，能提高混凝土的抗弯强度。纤维含量在1%～2%的聚丙烯纤维混凝土抗弯强度，是普通混凝土的20～25倍。总之，聚丙烯纤维的掺入有效地提高了混凝土的冲击韧性、初裂后继续吸收冲击能的能力和延长混凝土的疲劳寿命、提高混凝土在疲劳过程中刚度的保持能力。

聚丙烯纤维物理性能 **表1**

密度	熔点（℃）	耐酸碱性	含湿量（%）	吸水性	抗拉极限（%）	抗拉强度（MPa）	弹性模量（MPa）	导热导电性
0.89	165	极高	≤0.1	无	≤15	≥280	≥3500	极低

（2）抗渗透性能：聚丙烯纤维混凝土的龟裂效果比普通混凝土高出90%～100%。这是由于纤维的存在，降低了水分在混凝土中的迁移性，减少了泌水和体积变化，减少了混凝土的塑性收缩，从而减少或消除裂缝的产生；同时，由于纤维在混凝土中均匀分散，减少了混凝土内部由于干缩和自收缩所产生的微裂纹，即使是在内部有原始裂纹的存在，由于纤维的存在，阻止了裂纹

的进一步扩展，从而阻断了水分的渗透，提高了混凝土的耐久性能。聚丙烯纤维是一类惰性材料，不吸水、不与酸碱发生作用，加入混凝土后，不会使原混凝土的水胶比及混凝土本身的性能发生变化，可保证原混凝土的稳定性。在混凝土中掺入一定比例的改性聚丙烯纤维，可以明显改善混凝土的抗渗性能。而且，掺入纤维的比例越高，抗渗性能改善越明显。聚丙烯纤维混凝土良好的抗渗性能，对延缓渗水、防止潮湿和有害介质对混凝土和钢筋的侵蚀起到良好作用，从而延长结构物的寿命。

（3）抗冻融性能：混凝土的抗冻融性能是耐久性的表征，也是寒冷地区混凝土所必需的性能要求。掺少量短切聚丙烯纤维的混凝土按混凝土抗冻试验法，经 25 次反复冻融，无分层与龟裂等现象发生。究其原因，由于纤维在混凝土材料内部各方向上的随机均匀分布，对材料整体产生微加筋作用，缓解了温度变化而引起的混凝土内部应力的作用，阻止了温度裂缝的扩展；同时，聚丙烯纤维混凝土抗渗能力的提高，也有利于其抗冻能力的提高。

（4）抗高温爆裂性能：高性能混凝土由于其组成，决定了它一般都具有较高的密实度，这一特性对于提高建筑物的耐久性来说很有利。但对于建筑物的防火来说，则有不利的一面。因为一旦建筑物发生火灾，致密的混凝土将使得建筑物内的水蒸气和热量无法排出，从而引起构件爆裂剥落、强度降低，严重地则会引起建筑物的倒塌。若在高性能混凝土中掺入聚丙烯纤维，当温度超过了聚丙烯纤维的熔点 165℃时，混凝土内的聚丙烯纤维熔化，挥发逸出，并在混凝土中留下了相当于纤维所占体积的孔道，这对于建筑物内由于温度升高所产生的水蒸气和热量的排出都很有利，由此亦改善了高性能混凝土的耐高温性能。

2. 聚丙烯纤维混凝土的应用

（1）在混凝土路面工程中的应用：用聚丙烯纤维混凝土作公路和飞机场跑道面，可有效控制路面的塑性龟裂抗冲击破碎和抗磨损能力提高 1 倍，抗疲劳性能增加 3 倍，使混凝土路面的完好性延长 5～10 年。

以聚丙烯纤维混凝土取代金属网作公路、桥梁路面的加强结构，成功解决了桥面混凝土容易产生裂缝的难题，并解决了无休止翻修问题。资料介绍，在郑州一新建路面出现严重断裂，用聚丙烯纤维修复 7d 后通车。另外，一些省市也用聚丙烯纤维混凝土修高等级公路或机场隧道混凝土面层应用，以保证混凝土最大限度的耐久性。

（2）在水工建筑物的应用：现代水利及枢纽工程要求水工混凝土具有优良的抗渗、防裂、耐磨、抗冲击韧性和耐久性等高性能。聚丙烯纤维特性可显著改善水工混凝土的上述性能，在水利工程中有广泛的用途。三峡工程为解决夏季施工出现的混凝土早期表面龟裂，按混凝土体积的 0.1％掺量在混凝土中加入聚丙烯纤维，经比较对照混凝土，混凝土强度（特别是早期强度）和抗冲磨性提高，改善混凝土的抗渗性，在水胶比 0.35 不掺粉煤灰的情况下，纤维混凝土各龄期抗压强度都比对照混凝土有较大增长，特别是 3d 抗压强度可以提高大约 20％，劈裂抗拉强度可以提高 10％；轴拉强度的增加率甚至高于劈裂抗拉；显著减少抗冲磨混凝十塑性裂缝和早期干缩裂缝，对尚处在塑性状态和硬化后的混凝土有很好的阻裂作用。资料介绍，在宁波白溪水库二期工程采用聚丙烯纤维混凝土浇筑面板坝获得成功，总浇筑面板 33 块，面积近 10000m^2。

（3）工业与民用建筑中的应用：建筑工程中常用混凝土预制构件、预制管道等采用纤维网混凝土后，能明显提高构件、预制管道的坚固性。特别指出，在运输和安装过程中，因纤维网混凝土提高了抗震和抗破损能力，减少的损失比加入纤维网增加的费用要合算得多。广州新中国大厦结构总层数为 56 层，其中地下室 5 层。为了克服地下室底板因混凝土浇筑长度较长、体积较大所引起的收缩变形和温度变形而形成的裂缝问题，设计中比较了目前应用最多的地下室底板防裂、防渗的处理方法；微膨胀防水混凝土、聚丙烯纤维混凝土及在混凝土中加设钢网的方案。最后，选用了在 C60 混凝土掺加 0.08％聚丙烯纤维的方案，并针对聚丙烯纤维混凝土的特点，施工中全底板均采用了这种混凝土。实际情况表明，整个大面积的底板未发现明显的裂缝，效果良好。在西安市南大街地下商业街、重庆市重点项目重庆市世界贸易中心地下停车场地坪和朝天门广场17000m^{2}光景台工程等众多工程中，聚丙烯纤维混凝土的使用都取得了成功。

大量工程实践证明，混凝土中掺加聚丙烯纤维，能大大提高混凝土的抗裂、抗渗、抗腐蚀等性能，提高混凝土的韧性和使用寿命，具有良好的经济效益和社会效益，值得广泛推广应用。

3. 聚丙烯纤维在混凝土应用中要注意的问题

（1）由于混凝土中的纤维吸附了一定水分，从而导致混凝土坍落度略微降低，在相同掺量的条件下，纤维细度越大，表面积越大，坍落度损失越大，故应根据纤维细度，调整用水量或减水剂用量。

（2）改性聚丙烯纤维的工作温度要求在－25℃以上，其冻脆温度在－35～－45℃，经常处于冻脆区间时，改性聚丙烯纤维的分子链将发生断裂，使纤维丧失原有的功能。

（3）选择纤维时，必须特别注意所选用纤维的物理力学性能、化学稳定性、耐老化性、亲水性和中水分散性是否满足工程需要，以免影响混凝土的抗裂效果。

5. 环保面砖调制涂料施工应用技术

外墙外保温系统的节能应用比较广泛普遍，过去在外墙饰面材料中，各种涂料、面砖等饰面材料为丰富建筑立面起了重要作用，而面砖以其特有的质感，也备受设计者、开发商的青睐；而今，在保温外墙面中面砖使用时，尤其在高层建筑中受到了较大的限制，甚至被人们为安全隐患而担忧。目前，在一些建筑物外立面采用了可以调制的具有环保型功能的面砖涂料面层，取得了较好的效果，优势较明显；该工艺与外保温系统配合施工，有效解决了以往外墙普通涂料抹面易开裂等问题，在外墙保温墙面及高层建筑使用可调制环保面砖涂料，大小可以调整，颜色可以根据设计调色，面砖成型好、施工灵活，省工、省时且方便、实用。

1. 施工应用特点

（1）基于外墙外保温系统构造，即基层墙体、粘结层、保温层、玻纤网格布、薄抹灰面基础上，完成可调制环保面砖涂料饰面层施工。

（2）饰面层施工方便，既可批刮也可喷涂，不需切割、勾缝，不空鼓脱落，简便灵活，表面平整，可实现花岗石、面砖等质感效果。

（3）大小、长短可调控，颜色可调制，横竖分格方向可控制，窗边、外墙阴阳角施工灵活、方便。

（4）省料、省工、省时。

1）省料。节省了以往面砖的施工切割、运输损耗，避免材料浪费；

2）省工。施工简便、灵活，可喷涂、可批刮，节省了面砖胶粘剂及粘贴工序，表面更加平整，大小、颜色可以调控、调制，可实现花岗石、面砖等质感效果，维护很方便；

3）省时。一次成型，省去了以往面砖的勾缝、清洗保养的时间，省去了检查墙面面砖空鼓的时间及切割工序，尤其是窗口、窗台、阴阳角的倒角打磨时间及工序。

（5）饰面层整体性好，很好地保护了外墙外保温；较好地克服了外保温涂料墙面会出现透底、漏底、暴露保温板的接缝，甚至导致外墙出现漏水现象。

（6）主要技术指标、外观要求见表1。

面砖涂料技术指标要求　　　　表1

序　号	检验项目	技术指标
1	在容器中状态	拌合后无结块、均匀一致
2	可施工性能	喷涂无障碍、顺利
3	低温贮存稳定性	多次试验无结块、凝结及成分变化
4	初期干燥抗裂性	无任何裂缝
5	表干时间（h）	≤4

续表

序　号	检验项目	技术指标
6	耐水性	96h无起鼓、开裂、剥落，与浸泡部位比较，颜色可轻微变化
7	耐冲击力	涂层无裂缝、剥落变化
8	耐温度变化	10次无涂层变化，无起鼓、开裂、剥落、空鼓，与标板比较，允许颜色可轻微变化
9	耐粘污	经过5次循环，试验后≤2级
10	粘结强度（MPa）	标准≥0.7　浸水≥0.5
11	耐老化	500h涂层无开裂、空鼓、剥落；粉化0级，变色≤1级

2. 施工工艺

在外保温安装、薄抹面施工完成后，再进行面砖涂料施工。其流程为：打磨→基面检查→涂抹双遍腻子→底漆涂刷→弹分格墨线→贴线条带→批刮涂料→撕线条带→清缝、描缝→面漆涂刷→成品保护→自检→整改→验收。

3. 施工控制重点

（1）墙面检查：其内容主要包括：

1）对局部开裂、凹陷等部位进行批刮处理，不满批墙面；

2）清理墙面污物、油迹、锈斑等影响涂料施工的杂物；

3）对表面平整度较差部位进行批刮处理，以达到规范对外墙平整度的要求。

（2）底漆施工：在施工前要检查并注意的问题：

1）施工应保证墙面基层已符合施工要求；

2）用短毛涂料滚筒及油漆刷，刷油性封底漆；

3）采用交叉滚涂方法，保证施工无遗漏、涂膜均匀；

4）不符合技术要求的，修补处理。

（3）底漆技术要求。

1）目测涂膜均匀，无漏涂；

2）手摸表面应被涂膜包围，无灰感；

3）容量面积比 $10m^2/kg$；

4）成膜时间 6～8h。

（4）弹分格墨线、贴线条带顺直：施工步骤：

1）施工应保证底漆已成膜并符合施工要求；

2）用水平仪测出水平位置，用墨斗弹出水平线；

3）根据面砖块面设计规格及缝宽要求进行分格；

4）用墨斗弹出分格线；

5）用纸模或美文纸根据缝宽贴出分格条带，贴纸时必须注意统一贴在分格线的同一边。

（5）面砖涂料批刮：

应保证底漆施工已基本干燥成膜，漆膜厚度 2～3mm，不符合技术要求的须修补处理。批刮技术要求：

1）容量面积比：符合产品规定的要求；

2）成膜时间：10℃以上，8h；≤10℃且≥5℃，12h。

（6）撕掉线条带、清理沟缝及描缝：施工方法步骤：

1）在未完全干透时撕去分割线胶带纸条（1h 左右最好）；

2）撕去分割线胶带，应注意边缘的损坏；

3）对损坏的边缘部位进行修补；

4）对缝带部位进行清理及修补沟缝。

（7）面漆施工：

1）施工注意事项：①施工应保证主材喷涂已符合设计及施工要求；②涂刷工具采用短毛涂料滚筒及油漆刷子；③采用专业厂家的面漆；④采用交叉滚涂方法，保证施工无遗漏、涂膜均匀；⑤不符合技术要求处修补处理。

2）面涂技术要求：①目测无色差，无明显流挂；②漆膜厚度 45±5μm；③容量面积比 3m^2/kg；④成膜时间 8～12h。

4. 材料特点

（1）可调制环保面砖涂料为工厂化生产、全自动化投料搅拌包装、开桶即用的厚质涂料，以合成树脂为基料、天然砂石为骨料、专有助剂为辅料。

（2）安全系数高，不易脱落。可调制环保面砖涂料产品体薄、质轻，厚度 2～3mm，重量为 3～5kg/m^2，只相当于普通面砖的 1/5～1/8，大大减轻了建筑质量。与墙体的粘结强度高，可达 25 年以上不剥离，不会产生开裂、结露和脱落等现象，用于高层建筑有良好的安全性。

（3）效果逼真、图案多样、设计灵活，有效增大了创意空间。通过不同纸条分隔设计，能做出各种逼真的外墙面砖装饰效果，品种丰富，更新速度快，装饰造型上也出现了越来越多的选择。

（4）性能良好，耐候性强，使用寿命长。可调制环保面砖涂料泌水透气，耐老化，抗沾污，抗拉伸，不褪色，耐候性、自洁性强。

（5）绿色环保，产业化生产，质量稳定。生产工艺由自动化设备控制，质量稳定、可控，无毒、无味、无害、无刺激性，符合环保要求，能保证系统的安全、可靠。

通过对可调制面砖涂料施工工艺的介绍，可调制面砖涂料在建筑物中的应用，丰富了立面效果，较好地克服了普通涂料外墙面易开裂、脱落、空鼓等质量通病，更重要的是减轻了建筑物的重量，并且对外墙外保温能起到更好的保护作用。

6. 绿色建筑的优越性是社会发展的必然

随着世界人口的增长及环境状况的恶化，世界各国要想促进国民经济又好又快发展，只有加强能源资源节约和生态环境保护，才能增强可持续发展的能力。因此，建筑业可持续发展必须满足国民经济又好又快发展的需要，同时建筑业自身也必须符合国家节约资源能源和生态保护的基本要求。目前，对建筑业的要求越来越高，由数量型转变为质量型。以下分别从节能、节地、节水、节材和环境保护方面，进行分析浅述。

1. 节省能源问题

（1）外墙外保温：从保温节能、经济、施工方面考虑外墙保温优先选用聚苯乙烯泡沫塑料板，其施工工艺如下：

1）弹控制线：根据建筑立面设计和外墙外保温技术要求，在墙面弹出外门窗水平、垂直控制线及伸缩缝线、装饰缝线等。

2）挂基准线：在建筑外墙大角（阴阳角）及其他必要处挂垂直基准钢丝线，每个楼层适当位置挂水平线，用以控制聚苯板的垂直度和平整度。

3）配制专用胶粘剂：保温粘结砂浆和抗裂粘结砂浆。

4）预粘翻包网格布：凡在聚苯板侧边外露处（如伸缩缝、门窗洞口处），都应做网格布翻包处理。

5）粘贴聚苯板：注意切口与板面垂直，阴阳角处必须相互错槎搭接，粘贴聚苯板时应轻柔、均匀挤压聚苯板，并用 2m 靠尺和拖线板检查板面的平整度和垂直度，粘贴时注意清除板边溢出的胶粘剂。

6）安装固定件：固定件安装应至少在粘完板的 24h 后再进行。固定件长度为板厚＋50mm。用电锤在聚苯板表面向内打孔，孔径视固定件直径而定，进墙深度不小于 60mm，拧入固定件，钉头和压盘应略低于板面。

7）网格布粘结：将网格布紧绷后贴于底层抹面砂浆上，用抹子由中间向四周把网格布压入砂浆的表层，要平整压实，严禁网格布褶皱。网格布不得压入过深，表面必须暴露在底层砂浆之外。

（2）保温：内墙保温采用复合墙体或加厚的废渣做成的轻质砌块，由于内保温占用使用面积，而且容易发霉，现在几乎不采取内墙内保温。

（3）绿化：

1）屋面绿化。利用屋面绿化改善城市环境面貌，提高市民生活和工作环境质量，缓解大气浮尘，净化空气，保护建筑物顶部，延长屋顶建材使用寿命，降低室内温度，削弱城市噪声，增加空气湿度，净化水源，提高国土资源利用率。

2）小区绿化。绿化是美化城市的一个重要手段，按照城市规划设计对小区进行绿化，在小区内种植灌木和草皮，产生一定的制冷效应，以尽量减少反射到房间的热量。依靠树木和潮湿绿地植被的呼吸作用，带走一定的热量，降低地面附近室外空气温度。树木的种植位置应根据树冠的高度和太阳高度角，与建筑保持适当的距离，避免正对窗的中心位置，尽量减少对通风、采光和视野的阻挡。

（4）塑钢门窗：塑钢门窗特性及优点：

1）抗风压性能：关闭着的外门窗在风压作用下，不发生损坏和功能障碍的能力。

2）水密性能：关闭着的外门窗在风雨同时作用下，阻止雨水渗漏的能力。

3）气密性能：关闭着的外门窗阻止空气渗透的能力。

4）保温性能：在门或窗户两侧存在空气温差条件下，门或窗户阻抗从高温一侧向低温一侧传热的能力，门或窗户保温性能用其传热系数或传热阻表示。

（5）中空玻璃：采用中空玻璃的优点：

1）隔热保温：中空玻璃空气层的导热系数小，所以中空玻璃具有良好的隔热保温性能。

2）隔声性：隔声的效果通常与玻璃的厚度、层数、空气层的间距有关，还与噪声的种类、声强有关。

3）防结露：玻璃结露后将严重影响玻璃透视和采光性能，中空玻璃接触到室内高湿度空气的时候，内层玻璃表面温度较高，而外层玻璃虽然温度较低，但接触到的空气温度也较低，所以不会结露，并能保持一定的室内湿度。

（6）厕所、厨房选用耐水材料：改性沥青防水卷材（SBS）属于热塑性弹性体防水材料，常温施工，操作简便。高温不流淌、低温不脆裂、韧性强、弹性好、抗腐蚀、耐老化。

（7）节约用电：

1）用电管理人员要经常深入施工现场，检查有没有出现设备空运转、长明灯等浪费用电的现象；

2）经常检查有没有人偷着使用电炉、热水器等大负荷电器设备；

3）经常检查照明设施，看有没有人使用大灯泡，能使用节能灯的尽量使用节能灯。在施工现场楼梯间、走道采用声控节能灯；

4）对浪费用电的，一经查实要实行严厉的处罚；

5）制定企业节约用电的措施，并张贴各用处用电户，造成一种节电的声势。

2. 节省建设用地

建设项目开工前，应进行土石方挖填平衡规划，开挖土方尽量用于回填。在城镇化过程中，要通过合理布局提高土地利用的集约和节约程度。重点是统筹城乡空间布局，实现城乡建设用地总量的合理发展、基本稳定、有效控制；加强村镇规划建设管理，制定各项配套措施和政策，鼓励、支持和引导农民相对集中建房，节约用地；城市集约节地的潜力应区分类别来考虑，工业建筑要适当提高容积率，公共建筑要适当提高建筑密度，居住建筑要在符合健康、卫生和节能及采光标准的前提下，合理确定建筑密度和容积率；要突出抓好各类开发区的集约和节约占用土地的规划工作。要深入开发利用城市地下空间，实现城市的集约用地，进一步减少黏土砖生产对耕地的占用和破坏。

3. 节约水资源

（1）建设工程用水

1）混凝土养护时，在混凝土表面铺设草垫、覆膜，可以在水管的前面加上喷头进行喷淋，这样就可以减少养护用水的用量和流失。

2）砌体材料需要提前浇水，浇水场地应硬化，防止水渗漏。

3）水管应该经常维修，以防跑、冒、滴、漏浪费水源。

4）在搅拌机、车辆清洗处设置沉淀池，排出的废水经二次或三次沉淀后，可二次使用或用作其他场合。

（2）生活用水

1）食堂洗菜水、淋浴间所用废水铺设管道流入厕所。

2）洗手、洗脸、刷牙时，不要将龙头始终打开，应间断性放水。

4. 节省材料

（1）建筑用钢筋：钢筋选购首先要选择大型钢材厂家产品，新疆主要用八钢或酒钢钢材。进场时，材料的堆放按施工规划平面图放置，避免二次搬运。检查钢筋合格证书、出厂检验报告，送试验室检测，经检测合格方可使用。检查钢筋是否平直、无损伤，表面不得有裂纹、油污、颗粒状或片状老锈。施工人员得按下料单对钢筋的规格、尺寸、弯钩准确的制作，制作加工按规范、标准及设计要求规定。施工现场采用热轧带肋等强度代换Ⅱ级螺纹钢筋，经预算核实节约钢筋。此外，利用短的钢筋头、铁板，制作楼板钢筋的马凳支撑、定位卡等。

（2）混凝土：目前，大部分采用集中搅拌站生产的商品混凝土，混凝土厂家优先选用甲级资质，浇筑的混凝土强度必须符合设计、规范要求。施工所用混凝土方量由技术员提前核实，数量精准。如所提材料多于实际用量，造成经济损失，混凝土超过初凝时间就作废；关键是混凝土的强度及其他性能指标应满足设计工程要求。

（3）模板：工程使用各种模板要进行周密计算，材料人员及木工组长提前做好材料计划，大模与小模之间的配合，钢模与木模之间的衔接。对于大体积的柱、剪力墙用模板，要在大模板厂家定做，一般工程多数使用定型钢模、钢框、竹模、竹胶板等，目前使用竹模、竹胶板的比例较多，由木工自行组装，结构表面比较理想。

5. 各类砌块

选用优质砌块，进场后查看出厂合格证、砌块的质量、尺寸、是否缺棱掉角。砌筑墙体时，先进行测算，砌块如何排列比较节约材料。所用砂浆强度要符合设计规范要求。砌筑配筋砌体时，构造柱五进五出垂直方向保持同一条直线，底部几批砖留成斜槎，以利于混凝土浇筑。

6. 环境保护措施

（1）文明工地施工现场道路及施工场地做硬化处理，硬化处理后的道路、场地应平整、无积水，排水畅通；

（2）施工区域内，各类物品按施工平面布置要求分区整齐堆放，并按 ISO9002 标准挂牌标识；

（3）现场搅拌机四周、材料场地周围及运输道路面上无废弃砂浆和混凝土，施工过程和运输过程中散落砂浆和混凝土应及时清理使用，做到工完场清，并明确责任人；

（4）机械维修保养符合机械管理规定，挂牌标识整齐划一；

（5）食堂卫生管理：上班人员在上班时间，必须穿戴白色的工作服、工作帽。炊具设备的卫生应保持用具整洁、干净，做到清洁卫生、专人负责、餐具消毒。剩余饭菜集中到垃圾桶，及时处理；

（6）浇筑混凝土时尽量安排在白天，时间段为 6：00～22：00。出入施工现场的车辆要及时浇水，清理车轮，每天由专人负责打扫路面，以免影响城市环境市容；

（7）在施工现场用密目式安全立网全封闭，作业层另加两边防护栏杆和 18cm 高的踢脚板。基坑四周用硬质材料全封闭，应设有防护栏杆，栏杆用红白油漆涂刷；

（8）模板、脚手架等拆除时，拆下的材料必须绑扎牢固或装入容器内才可吊下，严禁从高空抛掷；塔式起重机在吊卸过程中，将材料有序堆放。

综上浅述，我国绿色施工尚处在起步阶段，但发展势头良好，《绿色建筑评价标准》还有待完善提高，但缺乏与之相应的可操作性强的绿色施工评估体系，要更有效地推进绿色施工的实施，定量评价绿色施工的实施效果，国家必须继续深入进行“绿色施工”的理念的应用研究，应用“节约能源、节省土地、节约水源、节约原材、保护环境、以人为本”的绿色建筑新理念，走可持续发展的道路。

7. 建筑工程项目绿色施工管理模式应用

随着低碳经济时代的到来，绿色施工已成为业内最为关注的焦点。虽然2007年9月建设部以建质［2007］223号文颁布了《绿色施工导则》，对绿色施工做出了明确的规定，但真正落实绿色施工的企业寥寥无几，施工现场的资源消耗、环境污染、建筑垃圾等让人触目惊心。绿色施工存在着严重的动员不够、管理不善、监管不到位等一系列问题，亟待进一步完善和加强绿色施工管理。

1. 绿色施工管理的现状与问题

客观原因是绿色施工在我国正处于起步阶段，大部分企业仅仅关注"表层"上的绿色施工，如降低施工噪声、减少施工扰民、减少环境污染等，对绿色施工的理解不全面、不完整。对绿色施工技术也是被动接受，仍以传统的思维模式和规范的施工方式进行施工，不能系统地运用适当的技术和科学的管理方式，进行"绿色施工"的全过程管理。更不用说，企业把绿色施工能力作为企业的竞争力和发展方向。影响绿色施工管理的因素主要包括：

（1）缺乏绿色施工意识：由于缺乏大力度的宣传，再加上建筑行业多用的是农民工，教育水平偏低，在施工过程中他们对环境保护、资源消耗、能源节约等缺乏意识，甚至没有概念，工地的一些技术人员和管理人员也对绿色施工概念理解单一，对传统的一些不良做法已习以为常。

（2）企业经济利益驱动：由于绿色施工往往存在选材范围小、成本高（绿色建材）、先期投入大（如钢制大模板、提升脚手架等，虽然综合效益好，但是常常由于制造成本较高而得不到采用）、政府没有相应的要求和补贴等原因，施工企业都不会主动实施绿色施工，其结果必然是绿色施工叫得高、说得多，而做得却很少。

（3）技术相对落后：由于我国施工企业普遍存在人员素质整

体不高、企业管理水平较低的现象，企业对可持续发展缺乏重视、意识淡薄，仍采用传统的落后的施工工艺和设备，对成熟的新技术、新产品、新工艺用得不够。在企业管理中存在不规范、不科学、随意性大等问题，缺乏系统而全面的可持续发展的企业管理、企业制度、绿色施工等问题的研究。另外，在企业结构上，中小型企业偏多，这在某种程度上也限制了可持续技术的研发和推广应用。

（4）监管力度不够：现阶段在我国还缺乏对绿色施工管理的法律法规，也没有科学完善的绿色施工的技术标准，如缺乏建造过程的资源能源消耗和废弃物排放定额等。政府相关部门在施工现场管理中，更多地是关注文明施工和施工安全。部分业主单位虽然在施工招标中，要求企业通过ISO14001环保认证，但并没要求施工企业把绿色施工的技术与管理纳入施工的全过程。监理单位对绿色施工的管理也缺乏力度。

2. 绿色施工及管理的概念与内涵

（1）绿色施工概念：绿色施工是指工程建设中，在保证质量、安全等基本要求的前提下，通过科学管理和技术进步，最大限度地节约资源与减少对环境负面影响的施工活动，实现四节一环保（节能、节地、节水、节材和环境保护）。《绿色施工导则》作为绿色施工的指导性原则，明确提出绿色施工的总体框架由施工管理、环境保护、节材与材料资源利用、节水与水资源利用、节能与能源利用、节地与施工用地保护六个方面组成。“绿色施工”不再只是传统施工过程所要求的质量优良、安全保障、施工文明、企业形象等，也不再是被动地去适应传统施工技术的要求，而是要从生产的全过程出发，依据“四节一环保”的理念，去统筹规划施工全过程、改革传统施工工艺、改进传统管理思路，在保证质量和安全的前提下，努力实现施工过程中降耗、增效和环保效果的最大化。

（2）绿色施工管理内涵：绿色施工管理主要包括组织管理、规划管理、实施管理、评价管理和人员安全与健康管理五个方面。绿色施工管理要求：建立绿色施工管理体系，并制定相应的管理制度与目标，对整个施工过程实施动态管理，加强对施工策划、施工准备、材料采购、现场施工、工程验收等各阶段的管理和监督。绿色施工管理是可持续发展思想在施工管理中的应用体现，是绿色施工管理技术的综合应用。绿色施工管理技术并不是独立于传统施工管理技术的全新技术，而是用“可持续”的眼光对传统施工管理技术的重新审视，是符合可持续发展战略的施工管理技术。绿色施工管理的核心是通过切实可行、有效的管理制度和工作制度，最大限度地减少施工管理活动对环境的不利影响、减少资源与能源的消耗，实现可持续发展的施工管理技术。

3. 绿色施工管理模式研究

科学管理与施工技术的进步是实现绿色施工的唯一途径。建立健全绿色施工管理体系、制定严格的管理制度和措施、责任职责层层分配、实施动态管理、建立绿色施工评价体系，是绿色施工管理的基础和核心；制订切实可行的绿色施工技术措施，则是绿色施工管理的保障和手段。两者相辅相成，缺一不可。

（1）组织管理是绿色施工管理的基础：

绿色施工是复杂的系统工程，它涉及设计单位、建设单位、施工企业和监理企业等，因此，要真正实现绿色施工，就必须把涉及工程建设的方方面面、各个环节的人员统筹起来，建立以项目部为交叉点的“纵、横”两个方向的绿色施工管理体系。即：施工企业以“企业—项目部—施工公司”形成“纵向”的管理体系和以建设单位为牵头单位，由设计院、施工方（项目部）、监理方参加的“横向”的管理体系。只有这样，才能把工程建设过程中不同组织、不同层次的人员都纳入到绿色施工管理体系中，实现全员、全过程、全方位、全层次的管理模式，如图1所示。施工企业是绿色施工的主体，是

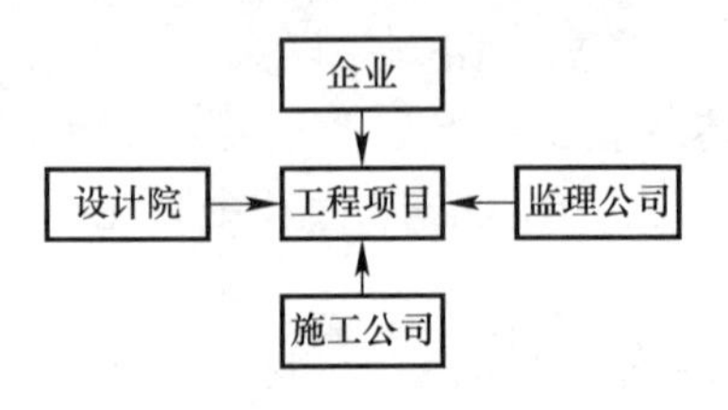

图1　建筑工程项目绿色管理模式图

实现绿色施工的关键和核心。加强绿色施工的宣传和培训、建立“企业—项目部—施工公司”“纵向”管理体系、成立绿色施工管理机构、制订企业绿色施工管理制度，是企业实现绿色施工管理的基础和重要环节，同时还要做好以下几点。

1）加强可持续发展的绿色施工理念的宣传和培训。要加强绿色施工的宣传和培训，引导企业职工对绿色施工的认识。加强对技术和管理人员以及一线技术人员的分类培训，通过培训，使企业职工能正确、全面理解绿色施工，充分认识绿色施工的重要性和熟悉掌握绿色施工的要求、原则、方法，增强推行绿色施工的责任感和紧迫感，尽早保障绿色施工的实施效率；

2）制订企业绿色施工管理制度。依据《绿色施工导则》和ISO14001环保认证要求，结合企业自身特点和工程施工特点，系统考虑质量、环境、安全和成本之间的相互关系和影响，制订企业绿色施工的管理制度，并建立以项目经理为首的绿色施工绩效考核制度，形成企业自身绿色施工管理标准及实施指南；

3）成立企业和项目部绿色施工管理机构，指定绿色施工管理人员和监督人员，明确各级管理人员职责，严格按照企业制度进行管理；

4）建立绿色施工评价指标体系。考虑各施工阶段、影响因素的重要性程度，参照相关绿色施工评价体系，制定企业自身单位工程绿色施工评价方法与评价体系。绿色施工还需要建立一个以建设单位为协调单位，设计、施工、监理等单位参与的“横向”管理体系。建设单位应向设计、施工单位明确绿色建筑设计及绿色施工的具体要求，并提供场地、环境、工期等保障条件，组织协调参建各方的绿色施工管理工作；设计单位应在材料选用等参照绿色建筑的设计标准和要求，主动向施工单位作整体设计交底；监理单位应对建设工程的绿色施工管理承担监督责任，审查总体方案中的绿色施工方案及具体施工措施，并要实施中做好监督检查工作。

（2）实施管理是绿色施工管理的关键环节：

实施管理是对绿色施工方案在整个施工过程中的策划、落实和控制，是实施绿色施工的重要环节，是建筑企业实现“低成本、高品质”的重要内容。其管理措施与手段主要有：

1）明确控制要点：结合工程项目特点和施工过程，明确绿色施工控制要点目标以及现场施工过程控制目标等，强化管理人员对控制目标的理解，将控制目标作为实际管理操作的限值进行管理；

2）实施动态管理：在施工过程中收集各个阶段绿色施工控制的实测数据，并定期将实测数据与控制目标进行比较，出现问题时应分析原因，从组织、管理、经济、技术等方面制定纠偏和预防措施并予以实施，逐步实现绿色施工管理目标；

3）制定专项管理措施：根据绿色施工控制要点，制定各阶段绿色施工具体保证措施，如：节水措施、节材措施、节能与节地措施、环保措施、人员安全与健康措施等，并加强对一线管理人员和操作人员的宣传教育。目前，大型企业都有自己绿色施工管理规程，但关键是落实。工程管理人员必须把绿色施工的各项要求落实到工地管理、工序管理、现场管理等各项管理中去。只有参与施工的各方都按绿色施工的要求去做、抓好绿色施工的每个环节，才能不断地提高绿色施工的水平。

（3）技术管理是绿色施工管理的保障：

绿色施工技术措施是施工过程中的控制方法和技术措施，是绿色施工目标实现的技术保障。绿色施工技术措施的制定应遵守国家和地方的有关法规和强制性规定，依据《绿色施工导则》和规范的有关要求，结合工程特点、施工现场实际情况及施工企业的技术能力，措施应有的放矢、切实可行，还必须做好以下几个方面的工作。

1）结合“四节一环保”制定专项技术管理措施。将“四节一环保”及相关绿色施工技术要求，融入分部、分项工程施工工艺标准中，增加节材、节能、节水和节地的基本要求和具体措施。细化施工安全、保护环境的措施，满足绿色施工的要求；

2）大力推广应用绿色施工新技术。企业要建立创新的激励机制，加大科技投入，大力推进绿色施工技术的开发和研究，要结合工程组织科技攻关，不断增强自主创新能力，推广应用新技术、新工艺、新材料、新设备。大型施工企业要逐步更新机械设备，发展施工图设计，把设计与施工紧密地结合起来，形成具有企业特色的专利技术。中小企业要积极引进、消化、应用先进技术和管理经验。事实上，绿色施工新技术的应用与传统施工过程相比要经济得多。例如：采用逆作法施工高层深基坑；在桩基础工程中，改锤击法施工为静压法施工，推行混凝土灌注桩等低噪声施工方法；使用高性能混凝土技术；采用大模板、滑模等新型模板以及新型墙体安装技术等。此外，通过减少对施工现场的破坏、土石方的挖运和材料的二次搬运，降低现场费用；通过监测耗水量，充分利用雨水或施工废水，降低水费；通过废料的重新利用，降低建筑垃圾处理费；通过科学设计和管理，降低材料费；通过健全劳动保护，减少由于雇员健康问题支付的费用等；

3）应用信息化技术，提高绿色施工管理水平。发达国家绿色施工采取的有效方法之一是信息化（情报化）施工，这是一种依靠动态参数（作业机械和施工现场信息）实施定量、动态（实时）施工管理的绿色施工方式。施工中工作量动态变化，施工资源的投入也将随之变化。要适应这样的变化必须采用信息化技术，依靠动态参数，实施定量、动态的施工管理，以最少的资源投入完成工程任务，达到高效、低耗、环保的目的。

综上浅要分析介绍可知，绿色施工是一个长期、复杂的系统工程，它不仅受到政府、业主、施工企业影响，还和企业的施工技术、管理水平有直接关系。由此可得到如下结论：组织管理，即：施工企业以“企业—项目部—施工公司”形成“纵向”的管理体系和以建设单位为牵头单位，由设计方、施工方（项目部）、监理方参加的“横向”的管理体系；实施管理，即：明确控制要点，实施动态管理和制定专项管理措施；技术管理，即：四节一环保和应用绿色施工与信息化技术。

8. 建筑项目绿色施工的技术措施

现在我国推行绿色施工的主要依据，是建设部在 2007 年 9 月份发布的《绿色施工导则》。根据《绿色施工导则》的定义，“绿色施工”是指工程建设中，在保证质量、安全等基本要求的前提下，通过科学管理和技术进步，最大限度地节约资源与减少对环境负面影响的施工活动，实现环境保护、节能与能源利用、节材与材料资源利用、节水与水资源利用、节地与土地资源保护（简称“四节一环保”）。绿色施工是绿色施工技术的综合应用和具体体现，绿色施工技术措施是绿色施工的基本保证。根据《绿色施工导则》的规定，要求推行绿色施工的项目，应建立绿色施工管理体系和管理制度，实施目标管理，施工前应在施工组织设计和施工方案中明确绿色施工的内容和方法；还要求建立绿色施工培训制度，对具体施工工艺技术进行研究，采用新技术、新工艺、新机具、新材料，以达到“四节一环保”的目的。因此，绿色施工管理措施与绿色施工技术措施，是推行绿色施工不可或缺的两个重要方面，而技术措施的改进与突破是决定性的因素。

1. 环境保护措施

施工现场的环境保护包括资源保护、职业健康环境、扬尘控制、废气排放控制、固体废弃物排放控制及有毒有害物品的处理、光污染控制、噪声控制和生活废弃物的控制等。

（1）资源保护：

资源保护主要包括两个方面：一是水资源的保护；二是土地资源的保护。水资源保护主要是保护场地四周原有的地下水形态。在基坑施工中，尽量减少抽取地下水。对于地下水较多的工地，在支护结构外应有止水措施，以有效控制工地周边地下水的流失，如设置止水帷幕、地下水回灌等；土地资源保护主要是指施工中使用的危险品、化学品存放处污染地面，以及污物排放的过程中污染土地。一般情况是加强工人的环保意识，对其进行有毒、有害物品如何处理的教育，对废弃油罐、废弃机油等采取专门处理。

（2）人员健康：

由于施工现场是一个人员相对集中的地方，尤其是在施工高峰期，人员健康也是工程顺利进行的保障，一般应采取以下措施：

1）施工作业区和生活办公区分开设置，生活区设在上风口，并远离有毒、有害物质；

2）生活区应达到 $2m^2$/人，夏季室内设风扇，冬季能取暖，并应尽量集中提供热水；

3）从事有毒、有害、有刺激性气味和强光、强噪声施工的人员，应佩戴护目镜、面罩等防护器具。电焊人员应佩戴护目镜，电焊烟气成分因焊接材料不同而非常复杂，有很多是致癌物质，现场不具备测量的条件，主要是通过规定严格的操作规程，来控制有毒、有害成分对人体的影响；在高空、危险处作业应佩戴安全带；涂漆人员应有防护措施等。在深井、密闭环境、防水和室内装修施工时，要有自然通风或临时通风设施；

4）现场危险设备地段、有毒物品存放地设置醒目的安全标志，施工采取有效防毒、防污、防尘、防潮、通风等措施；现场配电箱、塔式起重机等危险设备及油罐、材料堆放等处设安全标志；在安全作业方面定期进行教育，如某项目在安全通道两边挂漫画式安全教育图片等，时刻起到警示作用；

5）厕所、卫生设施、排水沟及阴暗、潮湿地带，定期喷洒药水消毒；食堂各类器具清洁，个人卫生、操作行为规范。

（3）扬尘控制：扬尘是施工现场主要的环境影响指标，不仅对场地内造成危害，还会对场地外造成不良影响，严重时将引起投诉、损害企业形象，其具体做法是：

1）现场可以采取洒水清扫措施，但应尽量不使用自来水，不能因为控制扬尘而造成水资源浪费；易飞扬和细颗粒建筑材料封闭存放，余料要及时回收；在拆除混凝土临时支撑作业时，应采取降尘措施。上海某工程项目地处市中心，对爆破有强制性要求，对支撑的拆除采用了爆破防护棚，很好地控制了扬尘的产生；

2）对裸露的土方进行集中堆放，并采取覆盖措施；对裸露地面，可种容易生长的花草；对运送土方、渣土等易产生扬尘的车辆，采取封闭或遮盖措施；在市区内的施工现场进出口设冲洗池和吸湿垫，以保证进出现场车辆的清洁；

3）可以采用管道或垂直运输机械进行高空垃圾清运。如某高层建筑，对室内建筑垃圾的处理采用垂直运输和塔式起重机的方法运出室外。

（4）废气排放控制：为防止对施工周围的空气造成污染，项目施工中应尽量减少废气的排放。现场使用的车辆及机械设备的废气排放应符合国家要求，总包单位应对项目分包、设备租赁等所有的机械设备、车辆进行控制；在城市中的施工现场，生活不用煤燃料，也不用现场木材下脚料取火。现场电焊烟气的排放指标很难进行测量，尽管地下室等密闭结构做了排风设施，但是否能有效地减少空气中金属粉尘、锰等关键有毒害物质指标不好测量。在一些工业企业中，采用专门的除尘设备，能减少90％的有害粉尘，效果很好，对一些建筑的工程项目可借鉴使用。

（5）固体废弃物处置：每个项目施工中都会产生大量的固体废弃物，直接运输到城市及住地周边的垃圾场，这一座座的建筑垃圾场将城市包围。因此，如何处理固体废弃物就成了施工企业不可推卸的社会责任。固体废弃物应分类收集、集中堆放；对施工中的开挖土方尽量回填利用；碎石和土石方类废弃物，可用作地基和路基填埋材料；对废电池设置专门的回收装置；废墨盒等有毒、有害废弃物单独回收。

（6）污水排放控制：现场道路和材料堆放场周边设排水沟，并定期清理，保持通畅；现场厕所、洗浴间设置化粪池；工地厨房设隔油池。施工现场设沉淀池，工程污水和试验室养护用水经处理后，排入市政污水管道。如在高层建筑施工中，每隔5～6层设置可移动的环保厕所，以方便高层作业人员使用。

（7）光污染控制：工地设置一些大型照明灯具时，对照射的方向、角度有严格规定，以防止强光外泄。如某工地对照明设备照射角度控制，在照明灯外加上灯罩，设置固定式弧光防护罩。夜间实施对焊和电焊作业及钢结构焊接加工，应有遮光措施或设置遮光棚。

（8）噪声控制：现场除设置隔声设施外，还应设噪声监测点；实施动态监测；发现超标情况，立即查找原因，及时采取措施。合理地规划施工作业时间，使夜间施工噪声符合国家规定；优先采用先进机械、低噪声设备进行施工，并定期保养维护；产生噪声的机械设备，尽量远离施工现场办公区、生活区和周边住宅区；混凝土输送泵有吸声降噪屏罩，混凝土浇筑、振捣时，不得触动钢筋和钢模板；木工房等有降噪措施。

2. 节省材料与材料资源利用

节约材料（包括周转材料）一直是施工企业降低成本的主要手段之一，每个工程项目都根据各自的不同特点采取有效措施，最大限度地节约材料。

（1）材料的选择：

施工应选用获环保认证、有毒有害物质含量符合国家相关要求的材料；办公设施、生活区设施，可采用活动板房，周转使用。现场工作平台采用可拆卸再利用的钢平台，废弃钢材做脚手架等防护措施重复利用。现场的一些楼梯保护板采用回收的木板重复利用。利用粉煤灰、矿渣、外加剂等新材料，来降低混凝土及砂浆中的水泥用量。

（2）材料节约

包括以下内容：

1）钢筋优化设计：钢筋通过检验、下料监督、检验、精加工，减少损耗；采用机械连接，用高强度钢筋代替低强度钢筋；合理利用废钢筋，尽量减少作为废品处理等一系列措施，可以节省钢筋用料；

2）面材、块材镶贴，做到预先总体排板；

3）因地制宜，采用“几字梁”、模板早拆体系、高效钢材、高强混凝土、自防水混凝土、自密实混凝土、竹材、木材和工业废渣、废液利用等；

4）采取相应措施提高钢筋、混凝土、木材及安装工程等材料的利用率；

5）精确估计混凝土用量，对混凝土余料进行有效利用，如浇筑过梁垫块及铺设硬地等；

6）合理使用木方和木模板，并减少随意切锯；

7）对于安装工程材料应合理规划使用。

（3）资源重复和再生利用：

短木材接长再利用。木条接长采用机械接长，不仅操作简单而且节约成本，质量有保证。板材、块材等下脚料和散落的混凝土及砂浆回收利用。板材下脚料由于短小，可用作排水沟顶盖，还可用于脚手架外侧的踢脚板；对混凝土散落物，一般用于回填。

3. 节水与水资源利用措施

我们熟知，现在地球上的水资极其有限，作为用水大户的建筑施工场地，节约用水和水资源的利用就尤为重要。施工现场一般要求生产、生活用水分开计量，生活用水设施均为节水型器具，并制定每人每月定额用量，以确保节约用水人人有责。

（1）节约用水：喷洒路面、绿化浇灌使用收集的雨水或中水系统等。施工中采用先进的节水施工工艺。如地下室的防渗施工中采用在混凝土中加入防渗剂；混凝土养护用水可采用中水且采取覆盖措施，竖向构件喷涂养护液。

（2）水资源再利用：

1）合理使用基坑降水。在基坑降水工程中，某工程现场设置了降水收集井，用于道路洒水、混凝土养护等；

2）在雨水充沛地区建立雨水收集装置，可用作进出车辆的清洗，道路洒水、降尘，混凝土养护等；

3）冲洗现场机具、设备、车辆用水，应设立循环用水装置。

4. 节省能源与能源充分利用

施工现场消耗的能源主要是电能和汽油、柴油等。加强生产、生活、办公及主要耗能机械的节能指标管理，选择节能型设备，并对主要耗能设备进行耗能计量核算。根据当地气候和自然资源条件，合理利用太阳能或其他可再生能源。如某项目将太阳能热水用于办公区和生活区用水。主要耗能设备包括焊机、电梯、塔式起重机、水泵、切割机、卷扬机等，应对其节能指标进行控制。

（1）临时用电设施：对于临时用电，如果条件许可，首先应该考虑变压器的负荷，同时采用节电设备，以减少系统的电耗。某项目配置一台型号为YY0501的节电器，采用并联线路，通过抑制电路中产生的瞬流和消除谐波，有效节省用电达8%～15%；其次，合理规划配电线路、选择线缆，减少线损；再次，要考虑采用高效、节能的设备和用电器；最后，加强用电器的管理及使用。照明设计满足基本照度的规定，不得超过－10%～＋5%。采用自动控制的电流控制箱，对生活区用电和照明等设备进行自动控制。采用声控、光控等自动照明控制。

（2）机械设备：选择配置施工机械设备时，应考虑机械设备能源利用率。施工现场设备能源利用率包括机械本身的工作效率和负荷工作下的能源消耗情况。

（3）临时设施：施工临时设施结合日照和风向等自然条件，合理采用自然采光、通风和外窗遮阳设施。使用热功性能达标的复合墙体（注意防火问题）和屋面板，顶棚宜采用吊顶。

（4）材料运输与施工：工程施工使用的自行选购材料的采购和运输，应因地制宜并遵照就地取材的原则。施工中合理安排施工工序，采用能耗少的施工工艺。

5. 节约土地与土地资源保护措施

施工单位主要是对红线内的土地实施保护性使用，根据施工规模、周期及现场条件等因素，合理确定临时设施用地，如加工厂、作业棚、材料堆场、办公区、生活区的合理布置，并按地基基础工程、主体结构工程、装饰装修及设备安装工程三个阶段的平面布置，实施动态管理。

（1）节约用地：

合理布置场地，尽量减少施工用地。根据场地情况合理布置道路，对有较大场地的施工现场，场内交通道路布置宜与原有及永久道路相结合，双车道宽度不大于6m，单车道不大于3.5m，转弯半径不大于15m，尽量形成环形通道；对于特殊施工需要的，可适当增加道路宽度。对于狭小的施工场地，在满足消防要求的前提下，合理设计道路宽度。充分利用和保护原有建筑物、构筑物等；临时办公和生活用房采用多层轻钢活动板房、钢骨架多层水泥活动板房等可重复使用的装配式结构。某项目由于场地狭小，将裙房地下室顶板进行加固后，作为钢结构的临时堆放场地；还有的项目单层面积很大，实行分段流水作业，让一部分的结构作为另一部分结构施工时的钢筋加工场地，轮换施工。

（2）保护用地：

深基坑施工方案进行优化，减少土方开挖和回填量，保护用地。基坑开挖的工地，对开挖的土方和降水采取保护措施。如地下水收集利用、土方集中堆放处理、裸露土进行遮盖等，以防止水土流失。对大型基坑开挖应采取合理开挖方案，用开挖的土方进行回填，合理利用地下资源。钢筋尽量采用工厂化制作，减少对场地的占用。

通过上述工程分析介绍，在建筑工程施工过程中，可采取的绿色施工措施很多，需要项目管理者及参与人员人人重视，根据实际，遵循因地制宜的原则，结合各地区不同的自然条件和发展状况，结合项目特点，稳步、扎实地开展，既可以满足国家节能降耗的要求，也能降低工程成本和提高社会效益。

9. 外加剂在应用中重视的一些方面

自20世纪80年代以后，各种外加剂中尤其是高效减水剂，在国内的混凝土市场逐步推广应用，尤其是在高强混凝土和泵送混凝土中，已成为不可或缺的组分。多年来，混凝土技术只有少数几次重要的突破，20 世纪 40 年代开发的引气作用是其中之一，它改变了一些混凝土技术的面貌；高效减水剂是另一次重大突破，它在今后许多年里将对混凝土的生产与应用带来巨大影响。但是，任何事物都有其两面性，人们常常在重视其作用的同时，却容易忽略另一方面，包括可能出现的负面作用、应用上的局限性等。对于高效减水剂，表现为误将它作为混凝土中不可缺少的重要组成部分。以下就这一问题深入分析探讨，希能引起同行的重视。

1. 高效减水剂的一般适用范围

现在混凝土中常用的高效减水剂，在一些国家更多地称为超塑化剂。顾名思义，它非常适用于制备超塑化混凝土拌合物。当然，它最适用于拌制流动度大、浆体量多、水胶比低的拌合物，即泵送高强混凝土。但对于另一些混凝土，例如，水工大坝施工浇筑的混凝土，其骨料最大粒径大（可达 150mm）、浆体量较少且流动度不大，需要通过采用强力振捣或振动碾压作用使其密实成型，高效减水剂就未必适用了。出于保持水胶比不变，以满足结构设计要求的力学性能参数为前提，减少用水量，可以同时减少胶结材料为思路，国内许多水工大坝施工中也都在掺用高效减水剂。实际上，这样的应用是有问题的。因为早先水工混凝土里掺用的是引气剂或木质素类的普通型减水剂，它们的减水率小，而且由于有引气作用，增加了浆体量，所以当用水量与胶结材料用量同时减少，也就是浆体量减少时，可以维持大致平衡，保证有足够的填充骨料空隙、包裹骨料并提供和易性的浆体，这是拌合物在浇筑后能够密实成型的必要条件；反之，如今掺用高效减水剂的拌合物里，由于其减水率很大，用水量可以大幅度减小。若胶结材料用量也同时减少，总浆体量则明显减少。

显然，由于高效减水剂对于水泥有良好的分散作用，使得原有水泥胶团所束缚的自由水得到释放，这使得浆体可以在拌合物中更均匀地分布。也就是说，具备合适工作度拌合物所需要的浆体量在减小。但是在某些时候，上述平衡被打破，出现浆体量明显不足的现象，浇筑时出现严重的分层离析，大颗粒骨料浮在表面，硬化后骨料周边呈现浆体明显不足。这种现象笔者曾在一水电站工地比较两种减水率不同的高效减水剂时，在所浇筑的混凝土块体上见到。使用减水率更高，因此用水量与胶结材料用量更少的拌合物所浇筑的块体，骨料周边呈现浆体明显不足的现象；而掺用减水率较小的减水剂浇筑的块体，骨料周边就没有浆体不足的现象；且用前一种减水剂，但掺量适当减小时，拌合物出现离析的现象也就得到明显改善。

上述说明，水工大坝施工浇筑的混凝土中，掺用廉价得多、掺量也小得多的普通引气型减水剂，要比使用高效减水剂经济性更好、使用效果更佳。事实上，国外的水工大坝施工浇筑的混凝土，可能使用高效减水剂的例子，即使有也不会多见，当然不包括那种采用预填骨料后再压浆或细石混凝土的特殊施工工艺。再者，在浇筑混凝土路面板或桥面板时，通常所用拌合物的工作度一般也不大，坍落度控制在 30～50mm，使用高效减水剂的效果就会大打折扣。特别是在采用滑模摊铺工艺铺筑路面板时，因为由摊铺机所带的模板在 2～3min 或稍长一点的时间就会滑离，因此需要拌合物在振捣棒的振实作用一旦消失，即摊铺机向前行进时，就迅速恢复原来的黏稠状态，而不会在模板滑离时出现所谓的“塌边”现象。显然，满足这种施工工艺需要的拌合物不适合掺用高效减水剂，特别是用于预拌混凝土“保坍性”好的品种更不适用。此外，用高效减水剂降低水胶比的拌合物硬化后，抗压强度可以大幅度提高，然而抗折强度增长幅度通常相对较小，而且开裂敏感性还会增大，因此总体来说，混凝土路面板或桥面板施工要慎用高效减水剂。

其实，在配制工民建和土木工程中用量最大的 C20～C30 强度等级的泵送混凝土时，高效减水剂也并非一定适用，或者说，并非是一个必不可少的组分。尽管泵送工艺需要拌合物的流动性好，然而在高效减水剂应用前，泵送工艺就已经在国内外混凝土浇筑过程中开始应用。例如，上海宝钢建设时就采用木质磺酸盐类引气减水剂进行泵送，效果很好。而另一方面，由于配制这类拌合物所用胶结材料用量一般不很大，所以，当水胶比大幅度降低时，如上所述，若要保持浆体量的大致平衡，就需要增加胶结材料的用量。而这不仅不经济，还会因胶结材料水化温升的增大，引起开裂敏感性的提高，这也是为什么国内这种强度等级或更低一些的混凝土中，胶结材料始终居高不下的重要原因。

2. 减水剂适当配置

将高效减水剂当成不可缺少的外加剂时，忽略或小看混凝土其他组分的作用。事实上，高效减水剂只是混凝土组分的一小部分。若缺少其他诸多组分的配合，就会大大降低其作用，不能起到掺用的效果。

(1) 粗、细骨料：骨料占据混凝土主要体积。但长期以来，人们对于判别骨料品质优劣的标准存在很多误区，而其中最大的误区是其筒压强度的要求。这个误区来自对其在混凝土中的作用，即认为砂、石如同人的骨架一样，是决定混凝土强度的重要参数。因此，现今许多教科书以及很多现行的标准、规范等仍然要求骨料的强度 1.5～1.7 倍，甚至 2 倍于所配制混凝土的强度。可以认为，在早期混凝土设计等级还很低时提出这个要求，即骨料的筒压强度≥40MPa，这显然只是为了剔除那些风化程度严重的石材作为骨料；但现今混凝土设计强度已经大大提高，仍然遵循早先两者的关系，显然极其不符合实际。

事实上，国内外早已配制并应用于工程的轻骨料混凝土，所用轻骨料的筒压强度仅为 1.5MPa 或更低，而混凝土强度则可以达到 80～100MPa，骨料强度对普通强度混凝土的影响确实很小，因为骨料（除轻骨料外）的强度比混凝土中基体和界面过渡区的强度要高出数倍。换句话说，由于破坏是由其他两相决定，绝大多数天然骨料的强度几乎得不到有效利用。

另外一个重要的误区是，适用于泵送混凝土或自密实混凝土（SCC）石子的最大粒径，国内普遍认为所用骨料的最大粒径越大，拌合物需要的浆体量越少，所以通常在配制这类混凝土时仍然常用 40mm 为石子最大粒径。这个想法在配制干硬或半干硬混凝土时是正确的，但在现今配制泵送混凝土或自密实混凝土时就未必正确了。由于这类拌合物在泵管中行进和在模板中流动的过程必定存在石子之间的相对运动，而粒径越大的石子颗粒之间发生相对运动需要的砂浆润滑膜层越厚，也就是需要浆体量可能会越多。另外，国内现今常用的 5～40mm（或 5～31.5mm）的所谓“连续级配”石子，实际上 5～10mm 的颗粒往往很少，甚至没有，这样的石子不仅会增大需浆量（因为其堆积空隙率比较大），而且在应用于泵送混凝土或 SCC 时容易出现分层离析现象加重。国内配制 SCC 的技术来自日本，认为 SCC 拌合物需要足够高的塑性黏度，否则拌合物就容易出现分层离析。当然，要想配制好这样的 SCC，对骨料的要求较高。从这个角度来看，应该效仿欧洲人，非常重视砂石级配的连续性（即筛分时每个筛的通过量都很接近）的做法。

再者从试验室结果看，砂石品质的波动主要反映在细度模数或级配上，其实这也是一个误区。因为在混凝土生产中，而不是试验室检测时，砂石（尤其是砂子）品质波动对混凝土质量影响最大的是含水量，这和它们的用量大，更与水胶比是决定混凝土性能最重要的参数息息相关。不要说暴露在外任凭风吹雨打太阳晒的堆放条件，就是在能遮风挡雨较为密闭的棚子里存放，当存储空间不够大，使得砂子进场后只经过短暂的存放就投入使用的情况下，它的含水量仍然难以稳定，也就谈不上稳定控制出厂拌合物的匀质性了。

现今，国内品质良好的粗、细骨料短缺现象日益加剧，而忽略其他组分的重要性相关性，试想用户都在以低价作为进料时取舍的标准，而不是“优质优价”，那么哪家砂石厂会投资购进优良设备去生产和供应品质好的骨料？记得在 20 世纪 90 年代到某高速公路工地提供咨询服务时，便向施工单位解释使用粒形好、片针状颗粒少的石子来配制混凝土是很必要的道理，于是他们向采石场经营者提出相应的要求并允诺支付相应高一些的进价，再次去新工地时发现所用石子竟然极少有针片状不良颗粒。

（2）水泥：水泥与高效减水剂之间存在相容性适应的问题。但多数人认为，如果相容性不好，只有更换高效减水剂的品种。殊不知现今许多通过质检表明，符合国标规定的水泥仍然时不时会存在与不同品种、不同厂家生产的高效减水剂相容性不良的问题。一方面是由于国内到处都在进行大规模建设，常常是刚出磨机的水泥很快就运往用户，这样很容易造成水泥与高效减水剂之间相容性严重不良的现象。据介绍，在做试验时就遇到这种现象：外加剂品种和掺量都没变，但即使增加了好几十公斤用水量，出机口的拌合物仍然非常干稠。经了解，当天试验所用水泥是刚出磨机就拉过来的。通常都需要一两个星期的存放期，才能避开相容性不良的现象。另一方面，国内从 20 世纪 90 年代开始，运送水泥的方式从袋装改为散装，其优点有很多，但是也带来一个大问题，就是水泥仓里存放的水泥温度下降十分缓慢，尤其是夏季环境温度高时，仓内的水泥温度经常高达 90℃以上，甚至超过 100℃；即使是冬季，也曾遇见水泥温度超过 50℃以上。更严重地是，这种现象在试验室进行试配时不会发现，因为从仓里取出的少量样品拿到试验室，即便很快就进行试验，水泥也已经冷却下来，而与出仓就进入搅拌机的情况不同。

再者，近些年来国内的水泥含碱量普遍偏低，许多水泥都存在一个最佳的可溶碱含量，现今一些水泥中的可溶碱含量达不到需要的最佳值。原因是一些水泥公司为满足某些机构规定使用低碱水泥的要求（以避免可能发生或通常只是想像中的碱-骨料反应），所销售的水泥中碱含量不必要地过分低。而“用可溶碱含量低的水泥配制混凝土，不仅减水剂掺量偏小时，坍落度损失明显；当掺量超过饱和点，也会出现严重的离析和泌水”。

（3）各种矿物掺合料：掺有高效减水剂的混凝土中，同时掺有矿物掺合料已经成为越来越普遍的现象。但在人们高度重视高效减水剂减水率高低的同时，却忽视了矿物掺合料与高效减水剂同样有阻止水泥颗粒在浆体中絮凝形成胶团，产生对水泥的分散作用。只是矿物掺合料本身也是粉体颗粒，在作为浆体组分的同时也吸附水分，影响了拌合物的需水量。而粉煤灰作为一种矿物掺合料掺到混凝土中时，由于其颗粒的粒径分布、形貌以及表面特征，特别是由于它的密度比水泥明显要小，使得用等质量的粉煤灰代替水泥时，因为粉体的体积显著增大，在浆体需要量减小或相当时，拌合物的用水量可以大幅度减小。

然而，大掺量矿物掺合料（粉煤灰、磨细矿粉等）混凝土在国内外至今还难以大范围推广，这不仅和活性论的理念相关，即把矿物掺合料看做水泥的一种替代材料，按照水泥的水化机理去评价它们的可替代性，而且和以还原（简化）论思想去进行试验设计相关，即以不掺矿物掺合料的混凝土配合比作为基准，单纯地增大掺合料用量并减小水泥用量，而忽略其他重要参数，包括水胶比、温度等的决定性影响依然存在。

3. 适宜掺量减水剂有益

混凝土中掺用高效减水剂的重要问题就是适宜掺量的选用。由于人们过高地希望通过增大其掺量来达到配制出的混凝土满足预期要求的目的，而现今水泥中可溶碱的含量常偏低，致使拌合物中的高效减水剂掺量经常在饱和点附近波动。这样做在试验室里问题不很大，因为原材料组分的计量比较精准，环境条件也容易控制。但在生产过程中，波动不可避免地会放大，造成混凝土质量更大的波动甚至失控。施工配合比应允许并鼓励试验室负责人根据生产条件的变化（包括原材料、生产环境等），对外加剂掺量及配合比及时调整，以保证产品质量为准则。对于非泵送、强度等级又不高的混凝土拌合物，如上所述，或者不宜使用高效减水剂，或者采用低掺量的高效减水剂。例如，美国在 1997 年聚羧酸减水剂推向市场时，就将其纳入中效减水剂的品种之一，与木质磺酸及其盐类并列。中效减水剂的减水率在 5%～10%，并标明不延缓初凝时间。直到 2010 年美国混凝土学会出版的《混凝土实用手册》有关混凝土化学外加剂的报告，将聚羧酸减水剂列入高效减水剂（减水率为12%～40%）的同时，在中效减水剂一栏里仍列有聚羧酸减水剂。这种做法即针对不同应用范围选用适宜掺量的同一品种外加剂，因为采用低掺量聚羧酸减水剂，不仅可以充分发挥它对胶结材料的优势分散作用，又可避免由于接近饱和点掺量时的不稳定（指拌合物容易出现离析、分层、泌水现象）。希望国内也能仿效，而不是盲目地追求高减水率（试验室对减水剂的减水率试验只能用于评价其匀质性，而不能用于为工程筛选外加剂的方法）。毕竟这类混凝土的用量最大，用途最广。

4. 适合的掺用方法

采用适合的方法来评价掺外加剂混凝土拌合物的工作度、硬化混凝土的强度、耐久性，是当今混凝土技术发展所面临严峻挑战的问题，因为现行的各种试验检测与评价方法都是在以往混凝土组分少、影响参数单一、变化幅度也小的条件下建立并使用的，而在高效减水剂推广应用引发混凝土技术发生巨大变化的今天，必须重新进行考虑。

（1）拌合物的可工作度问题：现在国内无论对掺加与不掺加高效减水剂的拌合物、泵送与非泵送（吊斗、塔带机输送或运拌车、翻斗车直接到位）拌合物的工作度，仍普遍沿用坍落度，为评价指标。一般认为："坍落度试验是流行的判断新拌混凝土流变性能的标准方法，但这种方法对需要振捣和泵送的混凝土提供不了什么有用信息，有必要找到一种适用于现场、技术上有可靠原理依据的评定流变性能的试验方法"。实际上，坍落度不仅只是一个静态性能的检测，反映不出在振动外力作用下的行为，而且坍落度值大小无法反映出拌合物塑性黏度，但是塌落时的快慢在一定程度上与可泵性相关。早先在检测混凝土坍落度后，要用振捣棒从侧面敲击，称为"棍度"，也是一种有效的工作度评价；再结合肉眼观察，综合评定混凝土的和易性，这种方法应该说还比较全面。当然，对于振捣作用的评价，需要如混凝土维勃稠度仪（简称VB仪）来检测。笔者前些时候在一个水电工程施工单位时，考虑用 VB 仪来评价拌合物的工作度，因为现行用 50～70mm 坍落度来评价的做法，很脱离施工现场用成组振捣棒振捣作用的实际。

（2）对混凝土强度的影响：

掺用高效减水剂，可以大幅度减小用水量、水胶比，使混凝土的强度显著提高。然而，高强混凝土强度检测数据的离散性显著增大。这是由于混凝土越密实、强度越高时，对于存在缺陷、微细裂缝的敏感性越大，同样对于试件或芯样表面的不平整度，对于上下、受压面的平行度也都很敏感，从而使检测数据差异显著增大。这个问题在上述高性能混凝土大型讨论会上，也成为一个热门论题。为某一个工程提供 C50 混凝土，检测方用回弹仪检测发现数据稍偏低。于是，钻取芯样对强度进一步检测，发现有的强度值仅 30MPa 左右，于是判定他们的混凝土为不合格；但他们自己又取了些芯样并小心加工了端面，检测的强度值合格，但对方不承认其检测结果。这种现象已不止一次遇见，这说明传统的混凝土抗压强度检测方法，越来越不适合于今天混凝土浇筑质量优劣的评价目的，值得我们很好地思考。

（3）掺用高效减水剂对混凝土耐久性的影响：

由于高效减水剂的作用效果，促进混凝土的密实性大大提高、渗透性减小，这也是现今人们普遍认为水胶比越低的混凝土耐久性越好的道理。然而，实际上处于结构中混凝土的变形总是受不同程度的约束，而水胶比越低的混凝土自身收缩和温度变形引起的应力越大，从而开裂的敏感性越大。所以，笔者认为现今用自由变形的试件在试验室里评定混凝土耐久性，而且将试验结果应用于结构物使用寿命的评价的做法值得商榷。笔者认为，混凝土的耐久性主要取决于其开裂敏感性，而降低混凝土用水量，在保证其力学性能满足设计要求的前提下，便可以同时减少胶结材料的用量，达到同时减小混凝土的干缩、自身收缩和温度变形，从而改善混凝土的耐久性。

综合上述通过工程应用的分析探讨，在近几十年来，由于混凝土材料的服务范围扩展，同时也由于化学外加剂、矿物掺合料等多组分的掺入，混凝土技术日趋复杂。然而，在全世界范围内，生产操作混凝土的工人却是从具有丰富经验和技术向缺乏技术、缺乏经验的方向变化，这种矛盾对于混凝土领域相关的科研和教育提出了更高要求，应结合工程实际存在的问题，以整体论为导向。要想在混凝土业中采用整体论的方法，首先在混凝土技术的研究中必须是整体论的，而如果今天工程教育的主导思想在总体上没有大的转变，特别是混凝土科学的教育没有大的转变，那么混凝土技术的研究要转变为整体论是不可能的。“显而易见，混凝土技术的教育需要作全面的调整，否则就谈不上满足社会紧迫的需要”。

10. 沥青混凝土路面工程施工质量控制

无论是高速公路还是城市各等级路面工程，沥青混凝土是首选的最主要路面材料。随着沥青材料的广泛应用，在沥青混凝土道路工程中对其施工全过程质量控制进行分析探讨。

1. 施工准备阶段

（1）熟悉并掌握设计施工图、设计文件及合同约定，这些是准备阶段必须考虑的。工作的实施是由项目经理主持，并由项目技术负责人组织实施。对设计施工图及招标文件进行深入的学习了解，找到存在的问题，及时和建设方沟通处理。对项目规模准确计算出沥青混凝土的数量，为合理控制进度及材料按时进场，打下可靠、坚实的基础。

（2）人员合理安排布置，沥青混凝土路面施工协调配合极其关键，工序之间都是连续作业，人员应是熟练工人且双班制，在关键工序及环节上要配置责任心强、技术过硬的人员。每一个作业班人员都要配备充足，提前进行技术交底并提出质量要求，使每个人都明确自己干什么并达到怎样的标准。

（3）沥青混凝土的配合比设计。沥青混凝土的配合比设计是路面工程的核心，其设计必须遵循现行规范的相关要求及规定，通过热拌沥青混合料的方式进行配比，进行生产配合比及对配合比的验证几个环节，才能确定矿料级配及最优化沥青用量。这项工作由工地专门试验（室）专业人员负责进行，再由专业人员将初步配合材料送至具有一定资质的检测机构或者建设方指定的专业试验室完成配合比设计。施工配合比应及早进行，主要是考虑进场材料的早期进场，有足够的选择准备时间。

（4）沥青混凝土拌合场地的设置。拌合场地的设置，要充分考虑其位置在运输时间及距离上的经济性合理，场地宽阔、平整、坚实，运输车辆方便进出行走，周围无影响生产的干扰因素，远离居住区并不受雨水浸渍等。并且严格预防火灾安全，对燃料及沥青易燃物资及加热设备隔离存放，对电气设备要专门设安全区域，生产用动力电源或自己发电要早日安排确定。

2. 原材料的进场质量控制

原材料的质量是确保路面质量的基本保证，而沥青混凝土路面所有的使用材料，必须按规定进行抽检复试。当各种材料复试合格，达到质量标准后才能用于施工。

（1）沥青材料是最重要的胶结材料，要根据设计规定的指标要求，直接从生产厂家订购进货。现在通常使用的标号为 AH-90、AH-110。沥青运送至工地后，现场试验室要按照公路工程沥青及沥青混合物试验规程中的具体规定严格要求检验。现场试验室检验的主要内容是针入度、软化度和延伸度三项指标。如果需要，还要进行其他试验指标。沥青的贮备要用专门贮罐存放，对专用贮罐的存放安全、保温、加热和防水考虑周全。需要特别引起重视的是，沥青在贮罐中的贮存温度不得低于 130℃，加热时温度必须要认真考虑，正常情况是石油沥青的温度一般在 170℃左右，防止温度过高，使沥青老化。同时，也要重视沥青有水进入的脱水环节，如果在热沥青中含水量过多，将会产生体积膨胀及溢罐，烫伤人员并造成火灾，导致事故和造成浪费。贮存的沥青必须保证满足施工需求。

（2）粗、细骨料的选择进场。骨料是沥青路面行车承担压强的根本保证，骨料的规格是以设计配合比的面层厚度及沥青用量而确定。在实际工程应用中可知，骨料的规格主要是由面层的级配类型确定最大粒径的。如 AC-20Ⅰ型要求的最大粗粒径碎石必须小于 31.5mm。同时，要确定碎石不同粒径的分类，现阶段沥青混凝土面层技术规范中，碎石粒径与实际碎石生产商用筛子的筛孔尺寸是有不同区别的。如 AC-20Ⅰ型规范中，要求的筛孔尺寸为 31.5、26.5、19、16、13.2、9.5、4.75、2.36、1.18、0.6、0.3、0.15、0.075。0.075 以下筛孔尺寸可不考虑，而当前碎石生产商的产品筛孔尺寸是以 5mm 为模数的尺寸。从应用上分析，如果采用 AC-20Ⅰ型结构层所使用的碎石，可以用 31.5～19mm、19～16mm、16～13.2mm、13.2～9.5mm、9.5～4.75mm 共 5 种规格的碎石，即可满足需要。至于各种规格的用量及配合比例多少，确定采取图解法处理。

对于沥青混凝土面层用骨料、砂及石屑、矿粉组成混合料，理论级配中每种规格的用量是确定的。而事实上，由于单独骨料、砂及石屑、矿粉的级配并不稳定，在准备材料时要随时抽查筛分状态，不断进行微小调整。这样，整个材料的采购及贮存不会造成浪费损失。另外，工地中所有的砂、石原料都必须干燥，贮存地面要硬化，材料的堆放要分开、避免混乱，产地、规格、型号标示清楚。材料管理人员要认真负责，覆盖防雨及防尘，这样可以提高材料不受污染，达到配合比例的稳定性。

（3）设备的安装、调整、试运。沥青混凝土混合料的拌合质量及产量，与所选择沥青混凝土搅拌设备密切相关，沥青混合料搅拌设备必须满足工期要求及工作的连贯性需求。路面的平整度主要取决于摊铺机械，摊铺机应根据路面宽度及道路等级选定，尽量采用热接缝，减少和避免冷缝，摊铺机的性能要满足效率的发挥。而压路机要选择双钢轮振动型压路机及轮胎压路机的组合应用，数量由摊铺量确定。其他配合设备要同整个工序环节相匹配，防止机械发生故障，影响到面层质量。

（4）施工操作面的提供，沥青混凝土属于柔性材料，将沥青混合料摊铺在半刚性的基层之上，而基层的强度、平整度及弯沉的多少，对沥青混凝土面层影响重大。对此要求提供一个平整、坚硬、干净、有足够强度的工作面非常必要。基层表面要均匀喷布一定量的透层油，也即是粘结层油，粘结层油用的是阴离子乳化沥青，正常用量是 1.0L/m^{2}左右。沥青混凝土各面层之间要洒一层粘结油，用量在 0.3L/m^{2}左右。

3. 摊铺施工的质量控制

摊铺是路面施工的关键工序，其工序过程是：沥青混合料的拌合→运输→摊铺→碾压→检测→缺陷修补→自检→报验等。

（1）沥青混合料的拌合。沥青混合料的拌合对温度的控制极其重要，而原材料及沥青用量也是控制的重点。其沥青用量及原材料重量比是由电子秤计量，分别进行计量后，再按顺序倒入。级配的控制由两级控制，先是从各个料仓的出料斗口及皮带转速进行初控，经过混合并经运送皮带及提升机送入振动筛，由振动筛重新筛分，而振动筛的规格选择要基本与现行规范的筛分尺寸相一致。目前，振动筛的规格只有 4 级，可以取与规范的筛分尺寸接近的进行分级。由于搅拌机械的自动化程度相当高，各种数据随时可以通过操作室的指令进行调整。而现场试验室要不定期地抽查油石比例的用量比，只要各项指标正常，设置好的设备不允许随意改变数据的设置。在拌合过程中最常见的问题是沥青混凝土混合料易出现一些波动，含油量忽多忽少，温度高低产生波动，有时出现个别粒径偏离级配曲线的情况。无论如何不合格的拌合料不允许运送到施工现场，要在拌合站处理掉。

（2）沥青混合料的运输。沥青混合料的运输要用不小于 15t 的自卸斗车运送。装料前，在翻斗车内表面涂抹一层柴油与水的混合材料，防止热料粘结。另外，装好料的车辆要在上部用保温布覆盖，然后再上路。运输时间要求尽量快，最多在半小时内至施工现场。当混合料至现场后，车上保温布不要急于揭开，待到摊铺面时再掀开卸料，以减少温度损失。

（3）沥青混合料的摊铺。运料车辆到达摊铺作业面时，摊铺机在作业面部位要准备好施工的一切准备，包括控制好摊铺虚铺的厚度、宽度及边缘预控。摊铺机烫压平板的仰角要准确，行走速度要均匀、平稳，一般控制在2～4m/min为宜，找平装置要能正常工作。现在的摊铺机都配备有无接触式均衡梁，此设置是利用电脑对声纳探头获得的几个垂直点距离进行处理，及时对摊铺机烫压平板提升装置进行调控，平整度可以得到有效控制。当摊铺机处于正常状态时，方向的调整很重要，操作人员必须控制好这个环节。同时，对机械底部及声纳探头下部基层上的杂物要清除干净，指挥好卸料车辆，不要碰撞摊铺机械。摊铺机的工作是连续性的。若停机时间较长，必须抬起摊铺槽、留置横向缝，以确保路面的平整度需求。

(4) 摊铺层的碾压。对已摊铺厚度基本达到要求的表面要及时进行碾压，摊铺后、碾压前技术人员要进行检查，发现有个别离析或边缘不规则的，立即人工修补。轻型双钢轮压路机先稳压走一遍，稳压行走时必须重视起步及停止的速度，行走速度平稳，均匀、直行，但碾压长度不要大于50m。当稳压走完后再接着进行复压，复压遍数达到要求后，再用轮胎压路机进行终压，最后再用双钢轮进行碾光，压至无任何轮迹为止。压路机的行走速度应在4km/h左右，必须要有碾压轮洒水功能。碾压过程中，技术人员要及时检查，发现缺陷及早处理。

(5) 对施工缝的处理。对沥青混凝土路面施工缝的处理，关系到路面质量的整体效果。一般连续摊铺的路段平整度均匀性较好，而接缝处一般较差。因此，接缝处的控制是施工控制的重点工序。对接槎处的接头切除是关键工序，用3m长直尺检查端部平整度，以摊铺层面直尺脱离点为界限，用切割机切缝清除。新铺接缝处采取斜向碾压处理，人工配合找平，达到新旧槎处无缝并平整一致。

(6) 路面的自检及报验。当沥青混凝土路面施工段结束后，施工企业技术及质量人员自行进行检查。当发现存在质量缺陷时，及时进行处理，自检达到合格标准时，再报验现场监理工程师检查确认。

4. 施工检测及质量问题处理

（1）施工现场检测贯穿于沥青混凝土路面的全过程中，碾压成型后的路面必须满足设计要求的各项技术要求。检测主要内容包括：测定平整度、宽度、厚度、高程、密实度及弯沉等项工作。平整度目前测定的方法有两个：一个是用 6m 长铝合金尺杆（规范规定 3m 长直尺）；另一种是用车载连续平度仪。两种方法配合使用，局部用直尺，长距离用车载连续平度仪进行。而弯沉的测试则用弯沉仪进行，每 20m 一个断面。宽度及厚度用尺量，而标高必须用水平仪测量计算检验。关键的是密实度检测，在现场用取芯机取芯样，将芯样送到试验室试验，方法是用马歇尔及其他方法配合进行。经过对试验数据的处理，才能对沥青混凝土路面作出内部的力学物理性能评定。

（2）沥青混凝土路面的质量问题处理。其质量缺陷具有多样性，从车辆行走的平稳性要求，路面的主要缺陷是波浪、横缝不平整、密实度不够、局部推移、松散离析、隆起等，是施工过程中存在的。如波浪主要是摊铺机造成，混合料软弱或混合料温度变化致使材料不均匀是主要因素。消除波浪存在的办法主要是调整好摊铺机的各项控制指标，而沥青拌合料的级配及温度要保持稳定，找平系统要处于良好状态，操作人员勤检查并及时处理。横缝不平跳车主要是工艺方法问题，在处理时要将已成型的路面切齐，并在接触面上刷洒粘结层乳化沥青。摊铺机在开铺前控制准确虚铺厚度，补铺完人工配合修补。碾压时，先横向压再纵向碾压，经过处理一般会平顺、不跳车。密实度不达标的主要原因是油石比不匹配所致，压实遍数不够或压路机较轻所造成。离析是摊铺机传料器造成的，应配合人工及时处理。局部出现的推移、松散隆起还是由于基层比较软弱、油石比例偏大及混合料级配不稳定、压路机启停速度快等所造成。

（3）工程资料的收集整理。资料的收集整理工作非常重要，对于沥青混凝土路面在施工过程中各种材料的自检、复检和质量评定资料都必须收集齐全，要真实、准确地反映每一个质量环节的检验数据，还有验收批的技术资料，一并整理装订归档。其资料种类包括各种检验表格、原始记录照片及音像等，这些都是竣工验收及结算的关键依据。

综上浅要分析，探讨沥青混凝土路面施工质量的工序过程控制，由于沥青混凝土路面施工涉及的面很广，各种环境影响因素多，应努力提高项目部人员的技术素质和管理水平，选择符合质量标准要求的各种原材料，并按规定抽样进行复试，对各类机械设备配置也应根据要求配备齐全。在施工过程中不断实践总结，克服不良的习惯，勤检查，防隐患、缺陷产生，重视新材料、新工艺及新技术的应用，对整个建设项目实行有效的动态监管，关键工序及环节紧抓不放松，拌合材料是控制的核心所在。过程的跟踪检查是确保质量发现并及早处理缺陷的重要方式，只有加强管理、精心组织施工，才能铺压成高质量的路面工程，为社会车辆通行创造良好的通行环境。

11. 现代建筑墙体用夯土施工实践应用技术

传统夯土建筑技术在国内的应用历史久远，夯土墙体建筑用材料具有就地取材、施工简易、冬暖夏凉、造价低廉等特点，当前在西部地区某些农村住房建设中，夯土建筑仍然有一定的使用。然而，随着近年西部地区自然灾害的增多，农户自主建造的传统夯土农宅在抗震性能、耐久性能、功能布局等方面存在的固有缺陷日益凸显，亟需对粗糙的传统夯土技术进行改进提升，以达到夯土房屋的宜居性与安全性。

国外自 20 世纪 70 年代第一次全球能源危机开始，以夯土建筑为代表的绿色建筑也受到普遍关注。过去 40 多年中，欧美发达国家针对传统夯土建筑技术的改良和现代化进行了大量的基础研究和实践，尤其对生土建筑材料及结构的科学机理、建造工具和方法进行了深入研究，形成了一系列具有广泛应用价值的现代夯土建造技术体系。在住房和城乡建设部村镇建设司、国际生土建筑研究和应用中心以及香港无止桥慈善基金会的支持与资助下，西安建筑科技大学与香港中文大学联合甘肃省会宁县丁家沟乡马岔村村民，开展现代夯土农宅建设与村落可持续发展研究示范项目，以期在环境恶劣的西部贫困地区，探索出一条既符合当地居住习俗又能满足生态可持续发展的农房建设道路。

1. 西部传统墙体夯土建造技术状况

在我国西部传统墙体夯土建造技术中，夯土墙主要是由普通黏土或含一定黏土的粗粒土夯打紧密而成，根据夯打时墙体两侧模具的不同，分为板打墙和椽打墙。前者是将半干、半湿的土料放在木夹板之间，逐层分段夯实而成；后者是采用表面光滑、顺直的圆木代替木夹板，每侧 3～5 根圆木。当一层夯筑完后，将最下层的圆木翻上来固定好，用同样的方法继续夯筑，依次逐根上翻，循序向上进行。

传统夯土建造墙体技术具有就地取材方便、施工简易、造价低廉、节能环保等优点，但也存在一些明显不足。在施工方面工艺粗糙，夯土墙土料含水率控制不严格，夯土工具简陋，夯击能量不足，墙体的密实度较差；在构造措施方面，无可靠的构造保障措施，墙体自身强度和整体性较差；在结构安全方面，分段夯筑的墙体之间容易形成竖缝，夯土墙转角处无可靠连接，不能形成整体性，地震时墙体易开裂、向外侧闪，严重时造成倒塌；在耐久性方面，由于夯土墙密实性差，墙体防水抗渗性能较弱，墙身表面容易剥落，墙根易碱蚀、腐烂等。

2. 夯筑材料的优化与改进

（1）原状土料的选择：传统夯土房屋的夯土材料主要采用当地的原状土，也就是建造房子位置的天然土料。而西方现代夯土技术中夯土材料则是采用经过合理级配的土石混合料。土石混合料是指黏土、碎石和砂按一定比例加水混合的混合物，在国内以往作为填料，土石混合料被广泛应用于路基、堤坝等工程建设。如何将这些方面已有的技术与经验用于生土房屋建设，尚需进行诸多技术改进与应用中的实践总结。

（2）土、石、砂的粒度成分分析：在国际生土建筑研究和应用中心技术人员的指导与协助下，课题组对甘肃省会宁县丁家沟乡马岔村的夯土农宅进行了现场考察，采集了当地夯土土料、碎石、砂等材料，并按照国外标准进行了粒度分析与夯土级配设计。对现场采集到的黄土粒度分析采用筛分法和沉降法联合测定。筛分法是将风干、分散的土样通过一套自上而下、孔径由大到小的筛（mm：20、10、5、2、1、0.4、0.2、0.06），称出留在各个筛子上的干土重，即可测出粒径在 0.06mm 以上的各个粒组的相对含量。沉降分析法的理论基础是土粒在水中的沉降原理，即可测出粒径在 0.06mm 以下粒组的相对含量。石和砂的粒度成分均采用筛分法进行测定。

其土质分析结果是：

1）当地的黄土中含有砂和粉土，并且其主要成分为粉土。在 0.002～0.06mm 粒径累计曲线较为平缓，说明其粒径变化率不大，颗粒级配具有较好的连续性；

2）当地的砂粒径累计曲线呈现折线状，颗粒级配不连续，并且其粒径主要集中在 0.2～0.4mm；

3）当地的石子粒径累计曲线呈现折线状，颗粒级配不连续，并且其粒径主要集中在 10～20mm。

（3）土料的级配设计：土石混合料的最佳级配设计主要是对黄土、石、砂这三种材料进行相关的配合比例分析，进而选出夯实后密实度较高、强度较高且经济实惠的配合比。国际生土建筑研究和应用中心的 Hugo Houben 教授和 Hunbert Guillaud 教授经过大量的试验研究与分析，建立了土石混合料的粒径级配的区间范围。土石混合料的粒径级配是指混合物中土、石、砂的粒径累计乘以其配合比中所占的百分比然后叠加形成的。先根据工程经验取不同配合比进行设计，如土∶石∶砂＝6∶2∶2；5∶3∶2；5∶2∶3；5∶4∶1；4∶4∶2；4∶3∶3，再根据以上不同级配分别做粒径级配，经过对比分析，发现土∶石∶砂为 4∶3∶3，基本可以满足粒径级配区间要求。

3. 夯土机具的优化与改进

（1）模板设计与制作：模板设计主要是对传统模具进行改良，使模板的强度和刚度大幅提高，能够在多次重复夯击中不变形，并且在运输、使用过程中携带轻便，易组装和拆卸。模板由螺栓将竹夹板、角钢连接而成。模板由 2 块 Ai、2 块 Bi、1 块 Ao、1 块 Bo 组成。其尺寸如图 1 所示。

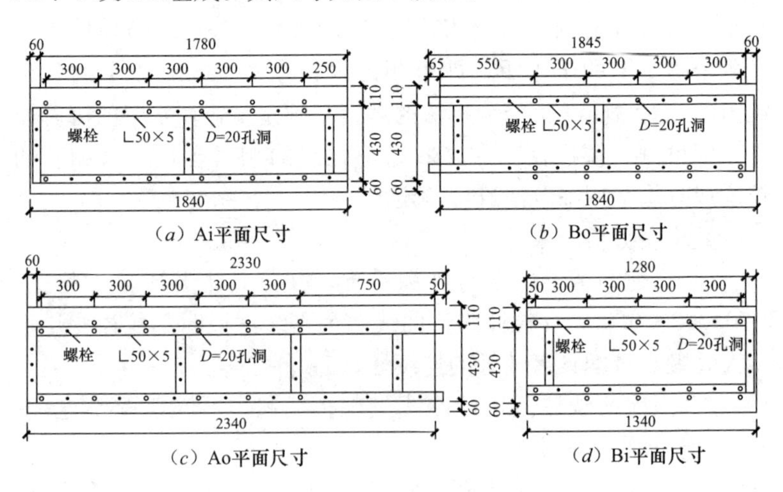

图 1　模板尺寸模数

先是模板的现场安装：模板之间采用拉结螺杆、圆盘螺母以及锚钉，使其相互组合连接，可形成 T 形、L 形，见图 2。组合方式：4 块模板可组成 L 形模板，其中 Ao 与 Bo 搭接形成 L 形外边，Ai 与 Bi 搭接形成 L 形内边；6 块模板可组成 T 形模板，其中 Ao 与 Bo 搭结形成 T 形墙的翼缘外侧模板，2 个 Ai 与 Bi 搭接形成 T 形墙的腹板及翼缘内侧腹板。其中，拉结螺杆对模板的组装与固定起着重要作用。模板组装时，模板上、下两排每隔 600mm 插入 1 根拉结螺杆，穿透模板并在其两端加木条用螺母拧紧。T 形、L 形模板使转角处夯土墙连接形成整体，增强夯土墙的整体性和抗侧刚度，避免夯土墙在转角处形成竖缝。

（2）夯筑用手执工具：夯筑工具主要有：经加工改造的气动

捣固机与夯锤等。辅助工具主要有：空气压缩机、皮管、控压阀、控油阀、喉卡等。气动捣固机以压缩空气作为动力，并且在捣固机底部焊接了一个 100mm×100mm×20mm 的钢板，具有冲击力大、频率快的特点。但在夯筑土墙时，捣固机的冲击力过大，会引起模板的不稳定和土体破坏。一般对土墙的夯击压力控制在 0.5MPa 左右，通过调节空气压缩机的控压阀来满足此压力要求。

图 2　L 形模板组配

4. 夯筑工艺的优化与改进

（1）含水率的要求：土的夯实程度与土的含水率密切相关，施工中应严格控制土料的含水量。是否加水和加水量大小，应视土的原始含水量确定。在试验过程中发现，水分偏少，土墙夯不实；水分偏大，则夯筑过后干缩裂缝较多；当土的含水率为最优含水率时，土的夯实效果最好。最优含水率可通过土工击实试验确定。在我国传统夯土建筑施工时，一般采用经验观察确定土料的含水率，即用手抓取土料，如果能“手握成团，落地开花”，则认为含水率合适。由于传统夯土基本为原状黏土或细粒土，黏粒较多，最优含水率一般在 15%～18%。实地调研得知，农村工匠为方便夯筑，一般在夯土中加水较多，往往超过 25%以上，容易形成自然干燥后的开裂现象。

施工检查中，对采集到的夯土混合料进行了多组最优含水率试验。试验结果表明，由于混合料中粗粒（砂、石）较多，且采用均匀洒水与搅拌工艺，得到的混合料最优含水率普遍较低，一般在11%～14%为宜。

（2）夯筑工艺过程控制：

1）夯筑方法。采用捣固机先快速夯击1遍，然后慢速压实夯击2遍，特别注意墙的角部需夯实。夯筑顺序：先外围后里面，先四周后中心，从外到里呈回字形夯击。夯击时，夯点之间保证连续、不漏夯。一层夯筑完成后将捣固机倾斜，使用夯锤尖角部在夯土表面打出坑槽，以保证上、下两层夯土之间的粘结；

2）夯土墙应分层交错交圈夯筑，避免出现竖向裂缝；转角处应采用L形或T形模板夯筑，加强角部的连接；

3）模板拆卸时，先松动并取出拉结螺杆，再将模板紧靠夯土墙体并侧向推离，以保证模板不粘土或受到局部破坏；

4）模板拆卸后，应把墙体端部铲成斜面，以使前后夯筑的夯土墙能够结合紧密；如果相隔时间较长，宜在夯筑时再铲成斜面，并应浇水后夯筑；

5）模板拆卸后，对土墙侧面坑坑洼洼处进行修整，用土料抹平；

6）细部做法为墙体转角处在模板内侧加入小木三角片，使墙角在夯筑后形成倒角，可以有效减少墙角的应力集中问题。

通过上述对夯土墙体施工工艺技术在应用中的实际状况和存在的不足，因夯土建筑遍及我国中西部广大农村地区，现在仍然被采用中，对此经考察并结合西方现代生土建筑技术的应用经验，对当地传统夯筑材料、夯筑机具、夯筑工艺及房屋抗震构造措施进行适宜性改进，全面提升房屋抗震防灾性能，是当前解决贫困地区农村住房问题行之有效的方法和措施。目前，在国际生土建筑研究和应用中心技术人员的指导与协助下，正在进行后续试验研究与示范农宅建设，相信随着不断的实践与工艺的逐步完善，现代夯土房屋建造体系在我国得到大范围的推广与应用，有一定的现实和长久意义。

12. 脚手架刚性连墙件系统及其施工应用

脚手架连接固定系统对于建筑物的施工安全极其关键。现在，常规应用时采取的连接墙布置件有拉结筋与顶支撑配合式、预埋钢管扣件连接式、钢管扣件柱箍连接式、预埋钢筋或构件焊接式、预埋螺栓接口螺栓连接式或穿墙螺栓固定式，也有后锚固连接等多种连接固定形式。在多年的工程实践中，改进和摸索出适用于各种建筑外墙脚手架装配式刚性连接件，可以弥补常规连接件的不足之处，其安全性能得到可靠保证。

1. 装配式刚性连接件的组成

装配式刚性连接件的组成系统，是由穿墙螺栓或穿板螺栓及一些必需的杆扣件等构成。连墙杆件仍然采用槽钢与 $\phi48\times3.5$ 脚手常用钢管制作，钢管中心线与槽钢翼缘中心线对正，周边围绕焊接；槽钢两侧翼缘中心点设有穿墙螺栓孔。以适合各种材料套管及螺杆的穿越，方便连墙件控制的水平方向调节，同时便于螺栓的双向固定，确保连墙件在槽钢部位的受力稳定性；槽钢一侧翼缘及槽钢腹板上设有穿板螺栓孔。为了确保槽钢翼缘的稳定性，槽钢翼缘两端设有支撑筋，如图 1 所示。

穿墙螺栓由螺杆、螺母、垫片及穿墙不同材质套管组成，螺栓采用大于 M14 的普通螺栓，为了适应装饰时连墙件的局部调节方便，螺杆的长度要留有一些余量，如图 2 所示。

穿板螺栓也是由螺杆、螺母、垫片、锚板、穿板及 PVC 套管等组成，螺栓采用大于 M14 的普通螺栓，螺杆与锚板采用穿孔塞焊连接。为便于穿墙螺栓的拆除，除了板内螺杆设 PVC 套管外，锚板上设隔离层（塑料薄膜或 SBS 等），如图 3 所示。

2. 刚性连墙件的机理

这种装配式刚性连墙件系统，是利用了短槽钢与脚手架钢管制作的标准连接件，把穿墙螺栓与槽钢用普通螺栓连接，采取用扣件把标准连墙件与脚手架内外主杆件连接，形成脚手架与围护墙体或梁柱的刚性水平连接体系。通过使用穿板螺栓与槽钢用螺栓的连接，利用扣件将标准连墙件与脚手架内外的主杆件连接，形成脚手架与建筑物钢筋混凝土结构板水平连接的刚性连墙系统。通过采用穿板螺栓与连墙槽钢用螺栓连接，再用扣件将标准件与脚手架的内外主杆件连接，构建成脚手架与建筑钢筋混凝土结构板斜向刚性连墙件，或是可支撑又拉结的抛撑系统，保证脚手架与建筑物的可靠刚性连接。

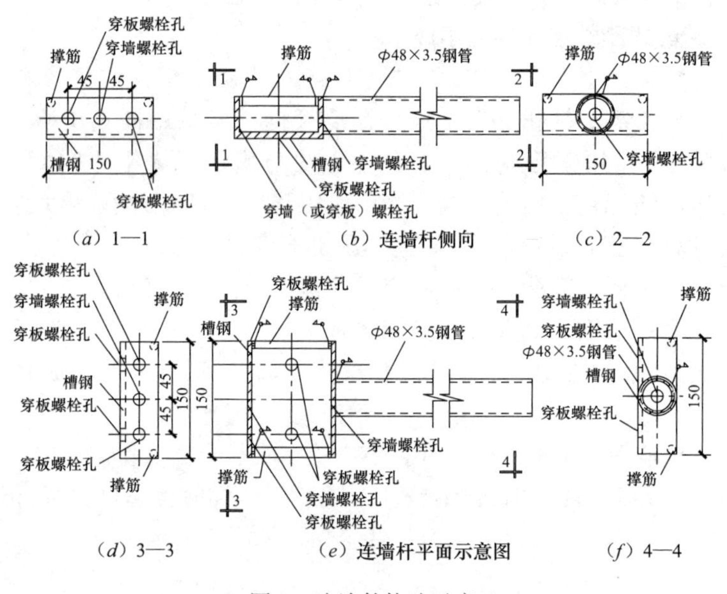

图 1　连墙件构造示意

图 2　穿墙（梁、柱等）螺栓构造示意

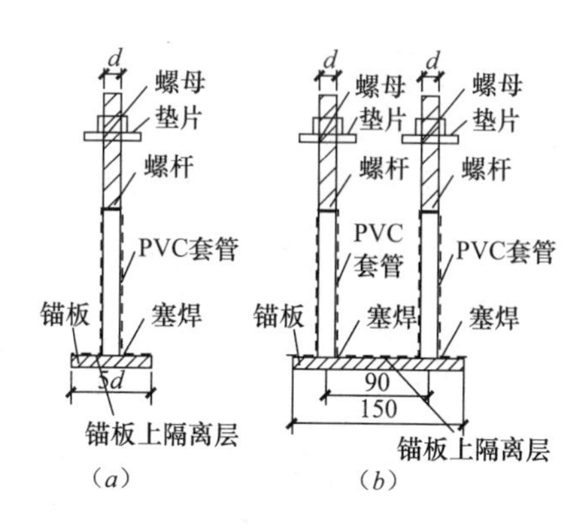

图 3　穿板螺栓构造示意
(a) 侧视；(b) 正视

3. 刚性连墙件的施工

（1）如果建筑物的外墙体是钢筋混凝土结构件，在钢筋混凝土外墙施工时，在墙内预埋穿墙螺栓，在混凝土浇筑达到一定强度后，再将穿墙螺栓与连墙件槽钢端用普通螺栓连接固定，用扣件将连墙件与脚手架内外主杆件连接，形成脚手架与建筑物钢筋混凝土墙体或梁柱水平连接的刚性连墙件系统，如图 4 所示。

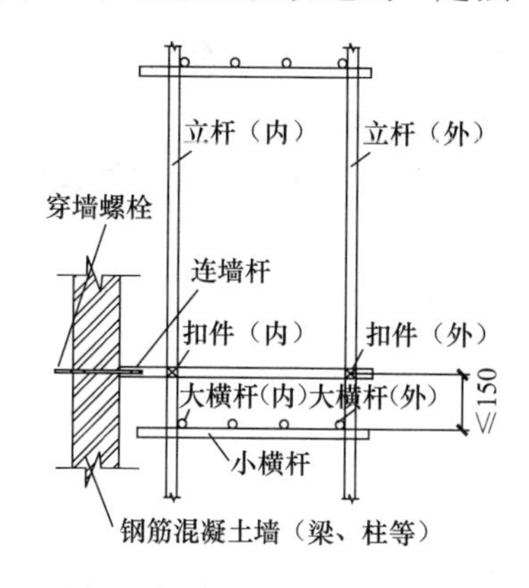

图 4　与建筑物钢筋混凝土墙（梁、柱等）水平连接的刚性连墙件系统

（2）如建筑物的外墙体为块体砌筑围护体，当连墙件设置部位无钢筋混凝土柱或圈梁构件时，墙体应设置长与宽均大于 200mm 的现浇混凝土块体，在该现浇混凝土块中埋设穿墙螺栓；当连墙件设置处有钢筋混凝土柱或者圈梁时，可以采取直接在混凝土柱或者圈梁内埋设穿墙螺栓。在混凝土达到一定强度后，把穿墙螺栓与连墙件槽钢端用普通螺栓连接固定，采用扣件将连墙件与脚手架内外主杆件连

接，形成脚手架与围护墙体水平刚性连接，如图 5 所示。

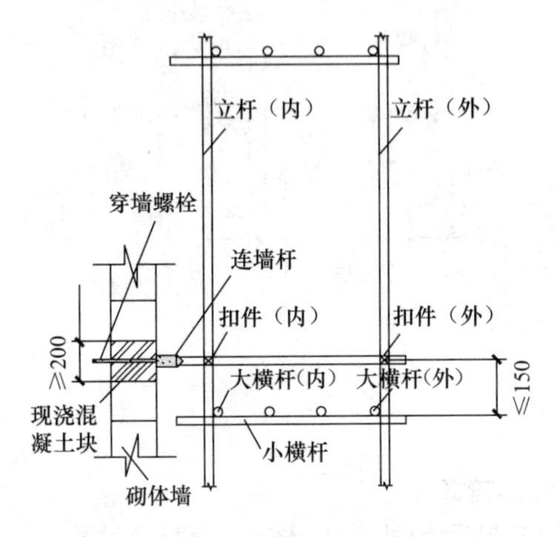

图 5　与建筑物砌体墙水平连接的刚性连墙件系统

（3）在建筑房屋楼层钢筋混凝土板施工时，要在现浇混凝土板中预埋穿板螺栓。当混凝土达到一定强度时，把穿板螺栓与连墙件槽钢端用普通螺栓连接固定，采用扣件将连墙件与脚手架内外主杆件连接，形成脚手架与围护墙体水平刚性连接系统，如图 6 所示。

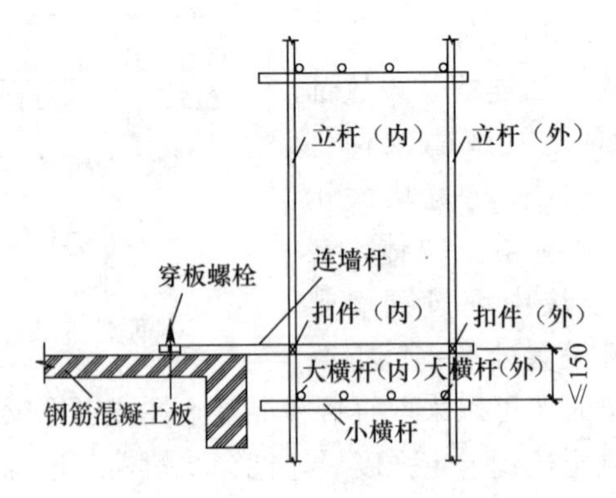

图 6　与楼层结构板水平连接的刚性连墙件系统

（4）在开始搭接脚手架时，如果在悬挑支架上开始搭接脚手架，或是房屋层较高且跨度很大时，或对整体提升脚手架提升后最上层超高的架段，水平刚性连墙件则无法布置。此时，可以在房屋楼层钢筋混凝土板结构施工中，在现浇混凝土板内预埋穿墙螺栓。当板混凝土达到一定强度后，再把穿板螺栓与连墙件槽钢端用普通螺栓连接固定，用钢管与扣件将连墙件与脚手架内外主杆件斜向连接，形成脚手架与建筑物结构板刚性抛撑连接或斜向刚性连接系统。该刚性抛撑连接及斜向刚性连接可以伴随的施工进度，按先增加后换的做法，转换为建筑外墙结构水平连接的刚性连墙系统，如图 7 所示。

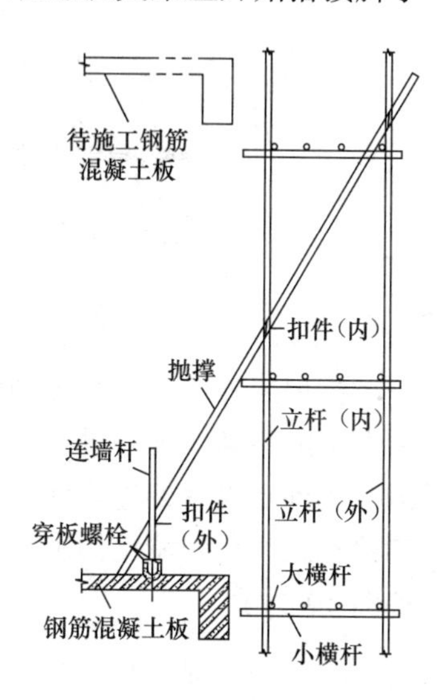

图 7　与楼层结构板连接的刚性抛撑系统或斜向刚性连墙件系统示意

4. 刚性连墙件的节点处理

在建筑物外墙结构水平连接的刚性连墙件系统，与外墙结构施工时进行定位预设，其定位预设节点大样如图 8 所示，其系统节点大样如图 9 所示。

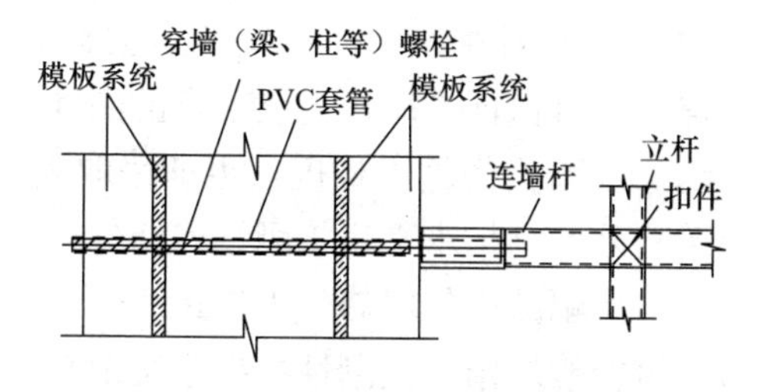

图 8　与外墙结构水平连接的连墙件预设定位节点示意

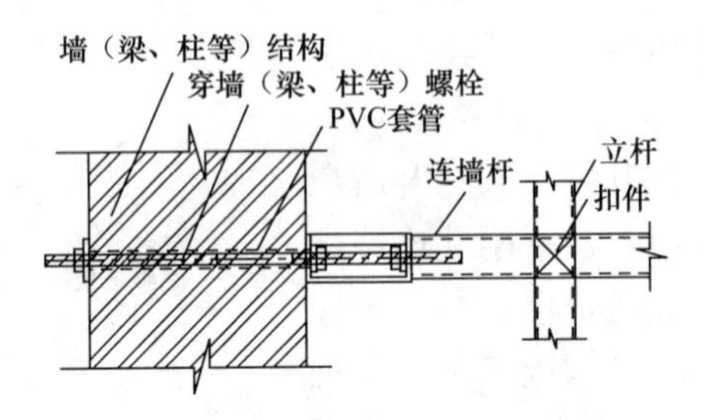

图 9　与外墙结构水平连接的刚性连墙件系统节点示意

当房屋外墙要进行装饰施工时，可以根据施工进展按先补强后调节的原则，逐一进行水平刚性连接件的水平调节，最大限度地减小外墙脚手架连墙件部位的修补量及难度，最后只留下修补螺栓孔眼。与外墙结构水平刚性连墙件系统调节合适的节点大样如图 10 所示。

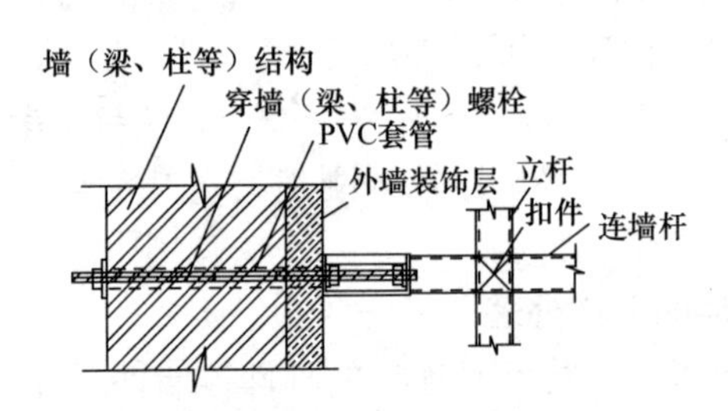

图 10　与外墙结构水平连接的刚性连墙件系统
调节后节点示意

与楼层结构板水平刚性连墙件系统节点大样如图 11 所示，穿板螺栓是双螺杆，可保证连墙杆支座节点的刚度。此连墙方式可以根据建筑物二次结构的施工进度，也即采取先增后换做法，转换成为与建筑物外墙结构水平连接刚性连墙件，以此避免在墙上留下脚手架眼，大幅减少外墙修补工作量。

脚手架与建筑物楼层结构板刚性抛撑系统及斜向刚性连墙件系统的连接节点大样如图 12 所示。此刚性刚性抛撑系统及斜向刚性连墙件可以随结构的施工进度，采取先增后换做法，转换成为与建筑物外墙结构水平接刚性连墙件系统。

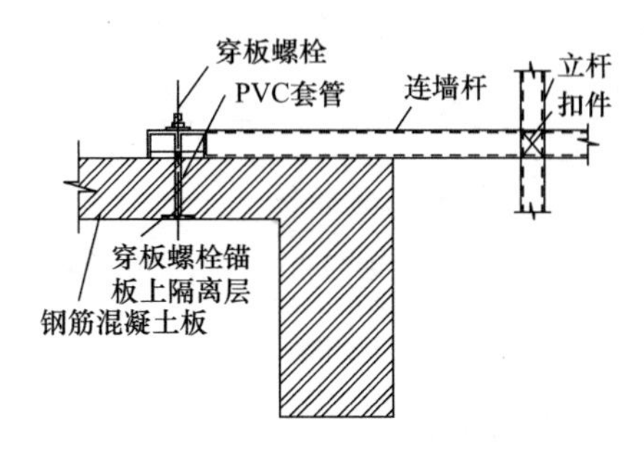

图 11　与楼层结构板水平连接的刚性连墙件系统节点大样示意

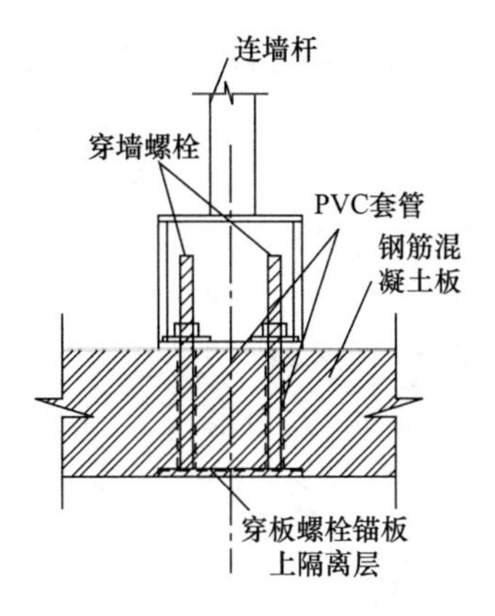

图 12　与楼层结构连接的刚性抛撑系统或斜向刚性连墙件系统节点示意

5. 连墙件的结构安全验证

根据本标准连墙杆件为例，其布置构造如图 13 所示。风荷载通过内外立杆由扣件传递给连墙件，假若扣件都达到其抗滑承载设计值即 8kN，该荷载传递至连墙杆形成的偏心弯矩值为 0.44kN·m；连墙杆系统由螺栓的拉剪作用及槽钢的撬力作用，形成连墙杆件与墙体的刚性可靠连接，并考虑扣件节点为铰接点，其受力计算简图见图 14。

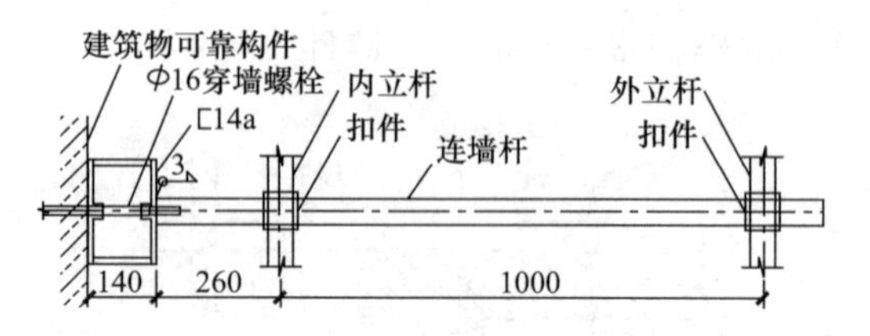

图 13　标准连墙杆布置构造尺寸示意

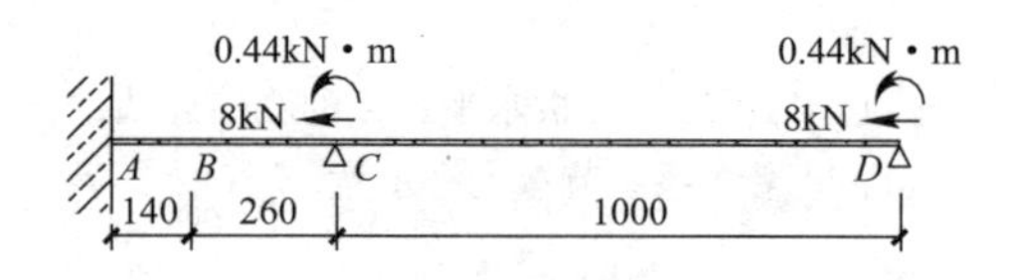

图 14　标准连墙杆系统受力计算简图

利用力学方法可以求解各节点的荷载，如图 15 所示。由图可以看出，ϕ16 穿墙螺栓受轴向力为 16kN，剪力为 0.636kN 的拉剪力，显然可以满足承载力的要求；用 $\phi48\times3.5$ 钢管连墙杆受到的轴向力最大值产生在 B-C 段，应是 16kN，并受到最大弯矩值为 0.17kN・m 的作用力，成为压弯构件；B 节点为槽钢与钢管的焊接部位，焊缝受到的压力为 16kN，而受到的弯矩仅有 0.00465kN・m。

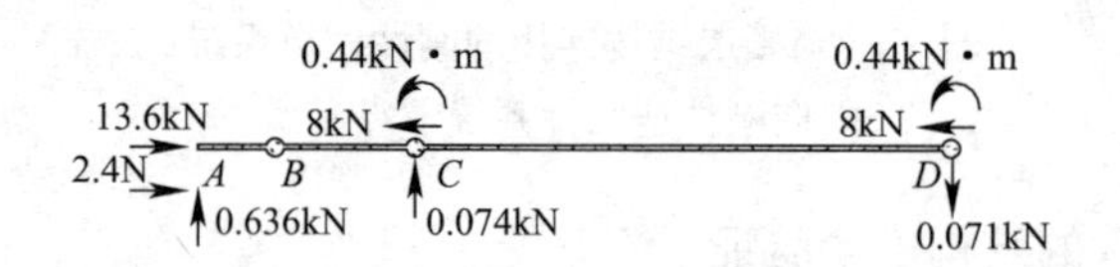

图 15　标准连墙杆系统计算结果简图

对于连墙杆钢管：

$\lambda=400\times1.5/15.8=38$，$\psi=0.892$

$\sigma=N/(\psi A)+M/W=16000/(0.892\times489)+0.17\times10^6/5078=36.64+33.48=70.123\text{N/mm}^2<205\text{N/mm}^2$

$\lambda=1000\times1.5/15.8=95$，$\psi=0.626$

而对于连墙杆钢管与槽钢焊接节点：

$\sigma=N/A+M/W=16000/330+0.00465\times10^6/2980=50\mathrm{N/mm^2}<160\mathrm{N/mm^2}$。

通过上述简单计算可以表明，采用此种刚性连接墙件结构形式具有可靠的承载能力，可用以搭设脚手架时采用。

6. 刚性连墙件的适应特点

（1）这种装配式刚性连墙件系统受力清晰、安装拆除操作简便、性能可靠，实现了连墙杆件系统的重复使用，使脚手架刚性连墙系统工厂化和装配化施工，节省了大量的脚手架材料，经济效益良好。

（2）可以适用于不同类型的建筑物外墙脚手架的搭设，不受建筑物层高的影响。当跨度较大时，对连墙件布置不受影响，不受整体提升脚手架提升后最上一层超高的架段不能布置水平连墙件系统的影响，可以严格根据脚手架设计计算连墙件的布置间距要求；根据外墙结构类型的不同形式，达到简单、灵活地布置成各种材料的外墙结构水平刚性连接，与建筑物楼层及板的水平刚性连接。

（3）能最大限度地减小连墙件可能对施工造成的影响，与楼层结构板水平连接的刚性构件系统、抛支撑及斜向刚性连墙系统、可以随房屋结构的施工进展，按先增即填充墙砌筑和结构柱浇筑上升，后换方法逐一转换为与房屋墙体水平连接；也可以根据外墙装饰施工进度，采取先补强再调节做法，逐一对水平刚性连接件在水平向调节，最大限度地减少后续外脚手架连墙件部位的修补方便性。

通过上述分析介绍其脚手架搭设系统，在结构安全可靠及使用方面，自应用以来未发生过任何安全问题，得到了工程实践的验证。同时，该技术最大限度地使材料得到充分的重复周转使用率，符合当前提倡的绿色环保施工的理念。

13. 低碳经济开启建筑施工技术快速发展

低碳经济与低碳建筑的概念：目前学界并没有明确的低碳建筑的定义，至于碳排量降低到什么程度可以称为低碳建筑，目前也没有具体的数值。定义低碳建筑，可以参照低碳经济等相关概念。低碳经济是以减少温室气体排放为目标，以低能耗、低污染为基础的经济模式，其实质是能源高效利用、清洁能源开发、追求绿色 GDP，核心是能源技术和减排技术创新、产业结构和制度创新以及人类生存发展观念的根本性转变。低碳建筑可以被认为是实现尽可能少的温室气体排放的建筑。依据低碳经济的概念，一般认为低碳建筑经济是以低能耗、低污染、低排放为基础的经济模式，其实质是能源高效利用、清洁或者绿色开发，其核心是能源技术和减排技术创新、产业结构和制度创新，以及带来的人类生存发展观念的根本性转变。中国“十一五”规划纲要提出，“十一五”期间单位国内生产总值能耗降低 20%左右，主要污染物排放总量减少 10%。这是贯彻落实科学发展观、构建社会主义和谐社会的重大举措，是建设资源节约型、环境友好型社会的必然选择，是推进经济结构调整、增长方式转变的必由之路，是维护中华民族长远利益的必然要求。

研究表明，全球建筑行业及相关领域造成了 70%的温室效应，从建材生产到建筑施工，再到建筑的使用，整个过程都是温室气体的主要排放源。在中国，目前建筑能耗约占全社会总能耗的二分之一，并且随着城镇化的快速发展，比例仍将迅速扩大。毫无疑问，建筑行业必须加快低碳模式的发展，降低能源消耗，实现节能减排。在建筑的全生命周期内，以低能耗、低污染、低排放为基础，最大限度地减少温室气体排放，为人们提供具有合理舒适度的使用空间的建筑模式。

1. 低碳建筑碳排量构成

根据广义建筑能耗的研究，可初步将建筑的碳排量分为建造碳排量、使用碳排量和拆除碳排量三部分，按照三个不同部分，可将各部分碳排量加以统计计算，并得到总的建筑碳排量。见图 1。

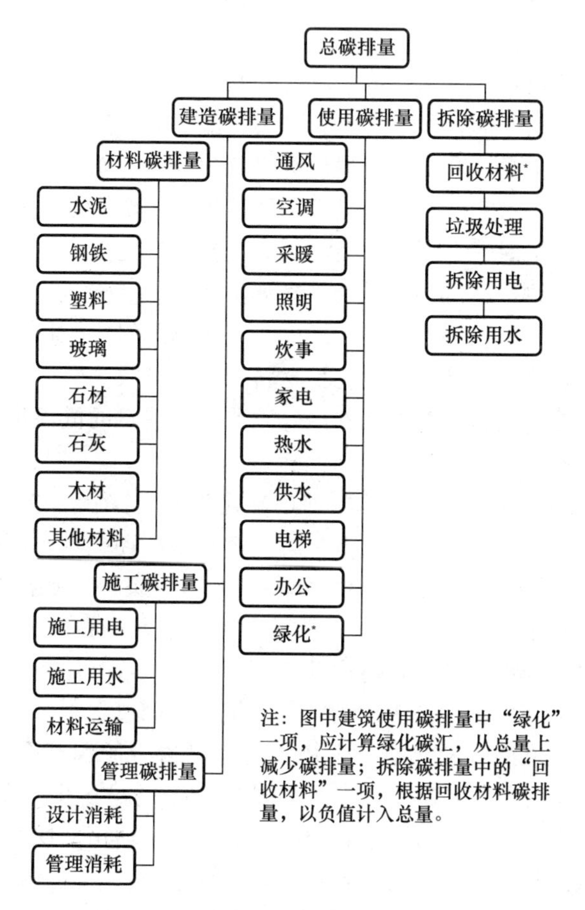

图 1　建筑碳排量总量构成图

图 1 中的有些数据具有一定可变性，需要考虑其变化范围，数据采集的方式还有待进一步研究。目前，对于绿色建筑、节能建筑的认证，英国的 BREEAM 及美国的 LEED 是实践和应用得比较早的体系，低碳建筑的评价可以在此基础上发展。

2. 低碳建筑的内涵及实现性

低碳建筑的内涵，是指建筑具有可持续发展的特性：节能减排，最大限度地减少碳源（温室气体的排放），同时增加碳汇（吸收消耗空气中的二氧化碳），减少总的碳排量，从而减轻建筑对环境的负荷；与自然环境的融合和共生，做到人与建筑、自然的和谐、持续发展；提供安全、健康、舒适的生活空间。从低碳建筑的内涵上看，我们此前提出的绿色建筑、生态建筑也是低碳的。可以说，低碳建筑的建设和发展并不是一个全新的领域，只是在低碳经济时代，低碳的概念及碳交易市场促使了低碳建筑概念的形成，要求通过碳排量计算来评价建筑。低碳经济加速了低碳建筑的研究和发展。从图 1 所列建筑碳排量组成的相关项目可以概括出，建筑的低碳化应包括材料、能源形式、资源利用、建造形式、建筑设备等多方面的内容。要实现建筑的低碳化，可采用以下一些方法：

（1）遵循就近、低碳的原则选择建筑材料。就近选择材料，减少材料的运输距离，从而减少运输过程中消耗燃料而形成的碳排量。材料的低碳应从两方面考虑：一方面选择低碳建筑材料；另一方面，采用钢结构、竹木材料、金属墙板、石膏砌块等可回收建筑材料，可提高建筑寿命期结束后资源回收利用率。

（2）增加可再生能源的利用。建筑在使用过程中，可充分利用太阳能、风能、地热能、生物质能等可再生能源（图 2），应根据环境条件和建筑的使用特点，选择合理的可再生能源类型。例如，太阳能的利用要考虑日照时间和强度；城市高层建筑和郊区风力资源较丰富时，可有效利用风力发电。

（3）回收利用水资源。地球上可供人们利用的淡水资源紧缺，建筑应考虑水的回收利用，设计中水回用系统，将灌溉、冲厕等用水与饮用水系统分离。在节约水资源的同时，减少污水过度处理过程中的能源消耗，达到间接减排的目的。

（4）合理利用建筑通风，增强建筑物门窗的气密性。建筑设计对自然风的影响要从两个方面考虑：一方面合理设置建筑门窗，引入自然通风，以满足室内换气和夏季通风散热的要求；另一方面，又需要保证建筑物的密闭性，避免空气渗透，造成热损失。

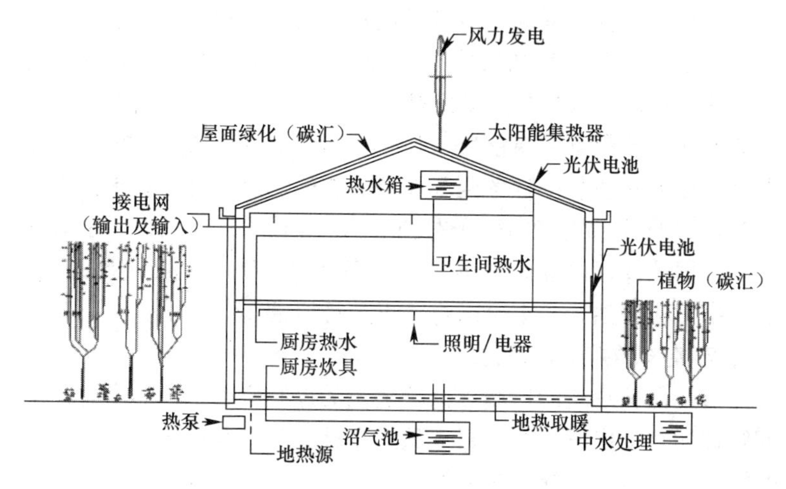

图 2　低碳建筑中部分能源供需系统示意图

（5）改善建筑物围护结构的热工性能。建筑物的屋顶、门窗和墙体是建筑室内外的热交换通道，减少围护结构的室内外传热，稳定室内温度，可以减少能量损失，进而减少采暖、空调等设备的能量消耗。

（6）采用高效的建筑设备。随着人们生活条件的改善和经济的发展，暖通空调的应用越来越广泛。当前，在暖通空调专业领域，也展开了节能减排的大量研究：通过提高设备运行效率减少能耗；采用智能中央控制系统，根据环境条件启动设备，避免过度负荷形成浪费；使用可再生能源空调系统；研究夏季利用冷凝热的热水供应等，显著提高了空调系统能源利用率。

（7）增加碳汇，减少总排量。低碳要求“节源开流”，通过上述方法，采用节能减排的方式可以减少温室气体的排放为“节源”；而另一方面，还应当考虑对二氧化碳的吸收，即增加碳汇。自然界通过植物的呼吸作用、生物的分解产生二氧化碳；同时，通过光合作用，消耗二氧化碳，达到自然界的碳平衡。目前，最实用的增加碳汇的方法是建筑结合绿化，加强建筑绿化的功能性设计，利用植物光合作用，减少建筑碳排放总量。

（8）使用者的低碳生活方式也是发展低碳建筑的一个重要方面，主要从节电节气和回收等方面改变生活细节，降低建筑能耗。低碳生活方式是日本低碳社会的一个核心内容，其中的一些生活方式直接影响建筑能耗。例如，日本环境省从 2005 年起提出民众夏天穿便装，秋冬两季加穿毛衣的倡议；夏天要求男士不打领带，将空调温度由原先的 26℃调到 28℃，秋冬可调到 20℃。据统计，仅夏天空调温度调高 2℃一项，即可节能 17％；如果换算成石油，日本全国每年可节约原油 155 万桶。

3. 低碳建筑的控制与理念

（1）低碳建筑的控制：低碳建筑的控制应当从项目全生命周期管理的角度出发，在项目立项、设计、建造及使用等各个阶段的管理中，遵循节能减排的原则。

1）项目前期立项阶段，由专业人员对节能目标进行设计，根据项目所在的环境条件，选择可再生能源的利用方式，确定建筑围护结构的性能指标、绿化方式等主要措施和控制指标，作为建筑设计的依据。

2）设计阶段是对方案的深化，必须在项目目标的指导下深入设计，确定建筑围护结构构造，对建筑设备进行系统设计。

3）施工阶段是对设计的实施，严格控制质量，并根据绿色施工要求编制施工方案。

4）在建筑使用阶段，通过低碳建筑主体及设备的合理使用和定期检修，以保证其正常性能的发挥；同时，需要使用者具有低碳生活的理念、采用低碳生活方式，例如：减少水电消耗、分类处理回收固体垃圾、控制合理的室内温度等。

5）在建筑物的最后拆除阶段，与施工阶段相似，也应当对建筑拆除方式、拆除后的建筑材料回收和垃圾处理等方式进行低碳设计。

（2）低碳建筑理念的普及教育与专业教育：从上述低碳建筑全生命周期的控制过程来看，低碳建筑理念要得到更多人的认识，并在建设和使用中加以贯彻，应当从大众领域的普及教育和建筑领域的专业教育两方面入手。一方面，低碳建筑的建设，由于前期技术和设备的投入的存在，其建造成本高于传统建筑，要使低碳建筑在高成本下得到使用者的认同，必须通过政府制定政策、大众媒体宣传、义务教育等方式，普及低碳理念，使低碳生活方式得以推广，使低碳建筑具有存在的市场基础。

另一方面，在建筑领域内需要加强专业教育。目前，节能服务正逐渐成为一个新的行业。应在高校建筑、土木、能源、管理等相关专业开设低碳建筑技术课程，为低碳建筑行业的发展培养具有低碳理念、掌握低碳技术的专业人才。

4. 低碳经济开启建筑施工新时代

据研究资料介绍，全球建筑行业及相关领域造成了70%的温室效应，从建材生产到建筑施工，再到建筑的使用，这整个过程都是温室气体的主要排放源。在中国，目前建筑能耗约占全社会总能耗的40%，并且随着城镇化的快速发展，比例仍将迅速扩大。毫无疑问，建筑行业必须加快低碳模式的发展，降低能源消耗，实现节能减排。从建筑行业的产业链条来看，要实现从高能耗发展方式向低碳发展方式的转变，就必须抓住绿色建筑的开发、建设和推广等环节。所谓绿色建筑的“绿色”，并不是指一般意义的立体绿化、屋顶花园，而是一种概念和象征，在不破坏生态平衡的前提下，建造对环境无害、能充分利用自然环境和自然资源的建筑，主要体现在最大限度地节约资源（节能、节地、节水、节材）和保护环境、减少污染。绿色建筑的推广能带来巨大的低碳效应，如北京南站采用的太阳能光伏发电技术，每年可利用太阳能发电18万度，减排170吨废气，替代65吨标准煤。绿色建筑的推广不仅能降耗减碳，为人类提供更加舒适的生活空间，而且能够带动诸多相关行业对生产和使用低碳产品的追求。

低碳经济为建筑行业提供了一次转变发展方式的良好机遇。

从这个意义上说，把建筑设计理念从概念转化为实体建筑的过程，可以通过倡导原生态、低碳理念，通过科技创新等手段，直接或者间接地降低能源消耗，达到节能减排的效果，从而使建筑行业成为低碳经济时代的中流砥柱。低碳施工是一次施工企业的管理转变。从经济学的角度来讲，施工企业实现低碳发展的过程，就是将生产中产生的外部不经济转化为内部成本，进行自我消化的过程。这个过程中所强调的是覆盖所有生产环节的碳管理和按照自然规律进行的生产经营行为。换句话说，低碳发展方式将会在施工企业中掀起一场管理模式的革命。

这场转变将涉及企业的管理理念、结构调整和科技创新等诸多方面。在低碳经济的大环境下，将“原生态、绿色、环保、智能”的建设理念植入施工管理之中至关重要。在南极，中铁建工集团将原生态的建设理念体现得淋漓尽致，拆除过的房址上看不出任何的建筑物痕迹，实现了对南极大陆环境的零破坏，得到了国际环保组织的高度评价。要实现有效的碳管理，自然离不开企业产品结构的调整。作为施工企业，只有不断地进行产品结构调整，逐步形成房地产开发、房建施工和建筑物资经营的上、中、下游完善的产业链，才能够将碳管理的足迹覆盖到整条产业链的每个环节，增强碳管理的有效性，从而将这种有管理的碳转化为企业的资本，转化为企业的竞争力。

相比理念的转变与结构的调整，科技创新对施工企业低碳发展的作用则更加直接。具体来说，施工企业实施过程绿色施工或者过程低碳施工，其一是要通过科学的施工组织设计，实现机械使用效能的最大化，以此降低机械使用带来的能源消耗和二氧化碳排放；其二，是要通过优化设计，促成绿色、环保、生态建筑材料以及低耗能设备在建筑上的使用，以及低碳、零碳建筑产品的最终实现；其三，是要通过技术创新、工艺创新，在科学可行的范围内有效节约建筑原材料，尤其是钢材、混凝土及周转材料的使用；其四，要深入、广泛推行工程项目的标准化管理，进而达到安全、优质的目标，避免伪劣、低品质建筑产品带来的更大浪费。

低碳施工正在开启建筑施工新局面。从长远来看，低碳经济能够助推施工企业提升自身技术、开拓新兴市场，实现业务结构的调整与新领域的拓展，从而获得更大收益。同时，也能给社会带来巨大的经济效益和社会效益，开启一个新的建筑时代。当然，施工企业在利用低碳进行内部挖潜的同时，更要注重对相关低碳新兴领域的开拓。这包括两个层面：一是通过提高新能源领域工程的建设能力，占领在低碳经济中新兴的建筑市场；二是通过科技合作，将碳捕捉和碳封存技术引入建筑材料之中，开拓用建筑材料吸收温室气体的绿色智能建筑，进而开创一种新的建筑文明。

低碳施工为全社会带来的经济效益和社会效益也是巨大的，以北京火车南站为例，自 2008 年投入运营以来，其以最低的运营成本和能源消耗为公众提供最优质的公共服务，充分体现了南站的现代化、人性化和公众化意识，这些都与大量低碳施工技术的运用是分不开的。冷热、电三联供与污水源热泵技术的使用，就可使天然气的利用率从 35%提高到了 85%以上，年发电量占到了整个站房用电负荷的 49%，不但实现了能源的梯级利用，还可以每年节约 600 万元的运行费用。

总体来说，低碳经济时代的到来，将使人们在利用天然条件和人工手段创造良好、健康的居住环境的同时，尽可能地控制和减少对自然环境的使用和破坏，充分体现向大自然索取和回报之间的平衡，从而实现人、建筑与自然的和谐共处、持续发展。而低碳文明是人类社会继农业文明、工业文明之后的又一次重大文明进步。在政府、企业与个人的共同参与和努力下，低碳建筑将会伴着可持续发展的步伐进入每一个人的生活，并对建筑业可持续发展、建筑经济增长、建造技术、建造方式等带来革命性变革。相信通过积极建设新的低碳建筑、将既有建筑改造成为低碳建筑，人类可以实现真正的建筑低碳，甚至是“零碳”目标。

参 考 文 献

[1] 陈雯．谈混凝土结构设计规范安全度［J］．建筑结构，2009，35（5）：235-237.

[2] 郭明卓．寻找科技和人文的结合点——羊城晚报印务中心设计［J］．建筑学报，2004（6）：66-68.

[3] 许成德等．一汽大众汽车公司轿车二厂［J］．建筑学报，2005（12）：18-20.

[4] 宋章树．大跨重载工业建筑框架结构设计与施工［J］．工业建筑，2005（1）：24-25.

[5] 芦天．修订国家标准《建筑防腐蚀工程施工及验收规范》简介［J］．化工建设工程，2002（6）：56-58.

[6] 陈炯等．钢结构中心支撑框架的抗震承载力设计［J］．钢结构，2008（9）：59-64.

[7] 陈肇元等．汶川地震建筑震害调查与灾后重建分析报告［M］．北京：中国建筑工业出版社，2008：51-55.

[8] 郭彦林等．型钢组合装配式防屈曲支撑性能及其设计方法研究［J］．建筑结构，2010（1）：30-37.

[9] 童根树等．偶撑支撑框架结构的性能及其设计方法［J］．工业建筑，2008（5）：85-88.

[10] 赵敏越．混凝土框架节点的抗震加固方法及原理［J］．建筑技术与应用，2003（4）：15-16.

[11] 李视令等．钢筋混凝土框架梁柱节点的抗震加固．建筑结构，［J］，2001（6）：376-376.

[12] 王宗昌．施工和节能质量控制与疑难处理．北京：中国建筑工业出版社，2011.

[13] 王宗昌．建筑及节能保温实用技术．北京：中国电力出版社，2008.

[14] 王宗昌．建筑工程质量控制与防治．北京：化学工业出版社，2012.

[15] 王宗昌．建筑工程施工质量控制与实例分析．北京：中国电力出版

社，2010.
[16] 王宗昌. 建筑工程施工质量控制与防治对策. 北京：中国建筑工业出版社，2010.
[17] 王宗昌. 建筑工程质量通病预防控制实用技术. 北京：中国建材工业出版社，2007.
[18] 谢浩，朱仁鸿. 屋顶花园的防水设计与施工 [J]. 建筑技术，2004 (7)：522-534.
[19] 李岳岩，周若祁. 日本的屋顶绿化设计与技术 [J]. 建筑学报，2006 (2)：37-39.
[20] 杨贻彬. 后浇带施工的重要作用和技术手段浅析 [J]. 科技资讯，2009 (14).
[21] 秦桂娟等. 建筑工程模板设计实例与安装 [M]. 北京：中国建筑工业出版社，2010.
[22] 李国胜. 高层钢筋混凝土结构设计手册 [M]. 北京：中国建筑工业出版社，2003.
[23] 全国造价工程师执业资格考试培训教材编审委员会. 工程造价计价与控制 [M]. 北京：中国计划出版社，2009.
[24] 全国造价工程师执业资格考试培训教材编审委员会. 工程造价管理基础理论与相关法规 [M]. 北京：中国计划出版社，2009.
[25] 陆惠民，苏振民，王延树主编. 工程项目管理 [M]. 南京：东南大学出版社，2002.
[26] 建设工程项目管理（第二版） [M]. 北京：中国建筑工业出版社，2010.
[27] 韩明，邓祥发主编. 建设工程质量监理 [M]. 天津：天津大学出版社，2004.
[28] 李世华. 建筑工程施工工序质量控制的技术探究 [J]. 工程科学，2003，(7).
[29] 龚小军. 市政工程施工质量管理中存在的问题和对策 [J]. 中国新技术新产品，2010 (1)：97-97.
[30] 建筑工程施工质量控制与验收 [M]. 武汉：华中科技大学出版社，2009.
[31] 李晓红，朱红等. 建筑装修工程施工质量保证要点 [J]. 房材与应用，2002 (3)：16-19.

[32] 王恩华. 建筑钢结构工程施工技术与质量控制 [M]. 北京：机械工业出版社，2010.
[33] 王先恕. 建筑工程质量控制 [M]. 北京：化学工业出版社，2009.
[34] 汤斌等. SMW 工法在深基坑支护中的应用. 建筑技术开发，2006 (9).
[35] 叶耀东. SMW 工法施工有关问题探讨. 上海地质，2005 (4).
[36] 王铁梦. 工程结构裂缝控制 [M]. 北京：中国建筑工业出版社，1997.
[37] 王赫. 建筑工程事故处理手册 [M]. 北京：中国建筑工业出版社，1998.
[38] 冯乃谦. 高性能混凝土结构 [M]. 北京：机械工业出版社，2004.
[39] 顾勇新. 清水混凝土工程施工技术及工艺 [M]. 北京：中国建筑工业出版社，2006.
[40] 张誉，蒋利学，等. 混凝土结构耐久性概论 [M]. 上海：上海科学技术出版社，2003.
[41] 陶学康，王俊. 发展绿色混凝土促进可持续发展 [J]. 施工技术，2008 (3)：5-7.
[42] 王铁梦. 王铁梦教授谈控制混凝土工程收缩裂缝的 18 个因素 [J]. 混凝土，2003，(11)：23.
[43] 刘俊贤. 大体积混凝土施工控制措施 [J]. 施工技术，2007 (7).
[44] 周冰凌，高仕旭. 混凝土结构裂缝控制措施 [J]. 四川建筑，2009 (5).
[45] 梁富会. 浅谈冬季混凝土施工的防护措施 [J]. 西部探矿工程，2005 (6).
[46] 唐聪颖. 小议建筑节能的设计与施工措施 [M]. 建筑工程，2009. 24.
[47] 董剑华. 房屋建筑节能体系施工技术应用 [M]. 山西建筑，2009. 35.
[48] 冯乃谦，顾晴霞，郝挺宇. 混凝土结构的裂缝与对策 [M]. 北京：机械工业出版社，2006.
[49] 陶学康，王俊. 发展绿色混凝土促进可持续发展 [J]. 施工技术，2008 (3)：5-7.
[50] 李立仁等. 集中荷载下高强混凝土有腹筋约束梁抗剪强度的试验研

究 [J]. 建筑结构学报，2001 (5)：32-36.
[51] 史庆轩，侯炜等. 高强箍筋高强混凝土梁受剪承载力研究 [J]. 建筑结构学报，增刊 2：98-103.
[52] 王连广. 钢与混凝土组合结构理论与计算 [M]. 北京：科学出版社，2005.
[53] 薛建阳，赵鸿铁. 型钢混凝土粘结滑移理论及其工程应用 [M]. 北京：科学出版社，2007.
[54] 智菲等. 预应力高强混凝土有腹筋 T 形截面梁抗剪承载力试验研究 [J]. 工业建筑，2007 (37)：323-324.
[55] 徐波，吴松勤等. 建筑工程施工质量监督 [M]. 北京：中国建筑工业出版社，2004：187-190.
[56] 葛兴杰等《建筑工程施工质量验收统一标准》在执行中遇到的问题及修编建议 [J]. 工程质量，2009.
[57] 王润云. 浅论建设工程质量监督管理 [J]. 山西建筑，2008 (2)：230-231.
[58] 秦振刚. 浅淡节能建筑施工技术 [J]. 四川建筑，2009. 12.
[59] 董晓明. 对建筑节能设计的有关探析 [M]. 建筑施工，2009. 25.
[60] 聂凯. 建筑施工企业项目管理要点探讨 [J]. 水力发电，2004 (1).
[61] 范立础. 桥梁工程安全性与耐久性——展望设计理念 [J]. 上海公路，2004 (1)：1-7.
[62] 于振兴等. 工程结构倒塌案例分析 [J]. 工程建设，2009 (2)：1-7.
[63] 林益恭等. 严重超载下的高速公路桥梁结构承载力状况分析 [J]. 中外公路，2009 (4)：96-100.
[64] 童林旭. 地下建筑图说 100 例 [M] 北京：中国建筑工业出版社，2007.
[65] 方亮等. 不同底模砂浆强度试验研究 [J]. 今日科苑，2009 (6)：38.
[66] 叶可明. 依靠科技创新不断提高绿色施工水平 [J]. 施工技术，2011 (1)：8-10.
[67] 张希黔等. 绿色建筑与绿色施工现状及展望 [J]. 施工技术，2011 (8)：1-7.
[68] 克里斯丁·比尔. 砌体的设计与构造细部 [M]. 5 版. 北京：化学

工业出版社，2007：118-120.

[69] 凯・席尔德，米歇尔・威尔斯. 墙体保温体系手册 [M]. 北京：机械工业出版社，2008：99-101.

[70] 雍传德等. 房屋渗漏通病与防治 [M]. 北京：中国建筑工业出版社，2003.

[71] 杨志深. 浅谈房屋建筑工程外墙渗漏的成因分析与预防措施 [J]. 山西建筑，2008（1）：167-168.

[72] 林宪德. 绿色建筑——生态、节能、减废、健康 [M]. 北京：中国建筑工业出版社，2007.

[73] 赖洪涛，江毅. 南京大屠杀遗址保护的结构设计与施工 [J]. 建筑技术，2010（9）：786-788.

[74] 尹小涛. 高层建筑技术节能设计 [J]. 中国新技术产品，2010（1）：177-179.

[75] 陈兰英等. 建筑节能的技术措施 [J]. 建筑技术开发，2006（2）：69-71.

[76] 初明进等. 钢网构架钢筋混凝土复合结构多层住宅墙体抗震性能试验研究 [J]. 土木工程学报，2009（7）：36-45.

[77] 安立宏等. 多层错列桁架钢结构大开间住宅结构分析 [J]. 钢结构，2009（2）：112-14.

[78] 刘霞等. 新型钢筋混凝土叠合结构体系研究 [J]. 混凝土，2010（7）：124-126.

[79] 严帅等. SIP 板式结构住宅体系 [J]. 新型建筑材料，2010（8）：35-39.

[80] 冯保纯. 保温砌模现浇钢筋混凝土网格剪力墙承重体系技术与应用 [J] 建筑技术 2008（1）：43-55.

[81] 袁磊等. 论中空玻璃在夏热冬暖地区的应用 [J]. 建筑科学，2009（3）：65-68.

[82] 付祥钊. 夏热冬暖地区建筑节能技术 [M]. 北京：中国建筑工业出版社，2003.

[83] 闫振甲，何艳君. 泡沫混凝土实用生产技术 [M]. 北京：化学工业出版社，2006.

[84] 李森兰等. 泡沫混凝土发泡剂评价指标及其测定方法探讨 [J]. 混凝土，2009（10）：71-73.

[85] 俞心刚，李德军等．煤矸石泡沫混凝土的研究 [J]．新型建筑材料，2008 (1)：16-19.
[86] 扈士凯等．矿物掺合料对泡沫混凝土基本性能的影响 [J]．墙材革新与建筑节能，2009 (11)：27-29.
[87] 王武祥．泡沫混凝土在自保温砌块中的应用研究 [J]．建筑砌块与砌块建筑，2009 (5)：2-4.
[88] 俞心刚等．早强剂对煤矸石-粉煤灰泡沫混凝土性能的影响 [J]．墙材革新与建筑节能，2010 (5)：25-28.
[89] 李翔宇，赵霄龙等．泡沫混凝土导热系数模型研究 [J]．建筑科学，2010 (9)：83-86.
[90] 关博文，刘开平，赵秀峰．泡沫混凝土研究及应用新进展 [J]．墙材革新与建筑节能，2008 (7)：30-32.
[91] 赵维霞，杨萍，等．现浇回填用泡沫混凝土研究与制备 [J]．混凝土，2010 (1)：45-49.
[92] 张景飞，冯明德，陈金刚．泡沫混凝土抗爆性能的试验研究 [J]．混凝土，2010 (10)：10-12.
[93] 陈峰军．泡沫混凝土在上海外滩通道综合改造工程中的研究和应用 [J]．建筑施工，2010 (12)：191-192.
[94] 吴杰．建筑保温泡沫混凝土施工技术的研究与应用 [J]．绿色建筑，2010 (3)：60-62.
[95] 大森英三．丙烯酸树脂及其共聚合物 [M]．朱传棨，译．北京：化学工业出版社，1995.
[96] 于永忠等．阻燃材料手册 [M]．北京：群众出版社，1997.
[97] 王祁青．聚苯颗粒保温浆料和建筑保温砂浆的应用问题分析 [J]．新型建筑材料，2008 (6)：26-27.
[98] 建筑施工手册 [M]．4 版．北京：中国建筑工业出版社，2001：1209-1211.
[99] 段恺等．建筑业 10 项新技术（2010 版）之绿色施工技术 [J]．施工技术，2011 (5)：38-42.
[100] 王宗昌．建筑工程施工质量问答．第二版．北京：中国建筑工业出版社，2006.
[101] 马立新．新型复合保温砌块热工性能与砌体构造 [J]．墙体革新与建筑节能，2010 (4)：19-23.

[102] 中国科学院自然科学研究所. 中国古代建筑技术史 [M]. 北京：科学出版社，2001：348-354.
[103] 高延继，周庆，邵高峰. 关于屋面发展的叙述. 工程建设防水技术 [M]. 北京：中国建筑工业出版社，2009：115-147.
[104] 王沁芳等. 轻集料混凝土空心砌块热工性能及其改善措施 [J]. 新型建筑材料，2006 (6)：58-60.
[105] 胡达明. 夏热冬暖地区外保温复合墙体热工性能指标探讨 [J]. 新型建筑材料，2007 (1)：35-37.
[106] 涂逢祥. 节能窗技术 [M]. 北京：中国建筑工业出版社，2003.
[107] 付祥钊. 夏热冬冷地区建筑节能技术 [M]. 北京：中国建筑工业出版社，2002.
[108] 袁磊，张道真，傅积闿. 论中空玻璃在夏热冬暖地区的应用 [J]. 建筑科学，2009 (3)：65-68.
[109] 张兰芬，平青梅. 高效节能 T8 荧光灯照明系统 [J]. 中国照明电器，2010 (1)：27.
[110] 周刚，张涛. 对道路照明中应用 LED 路灯的探讨 [J]. 城市亮化，2010 (1)：17-18.
[111] 金鹏，喻春雨等. LED 在道路照明中的光效优势 [J]. 光学精密工程 2011 (1)：51-54.
[112] 龙惟定. 建筑节能与建筑能效管理 [M]. 北京：中国建筑工业出版社，2005.
[113] 龙惟定. 建筑能耗比例与建筑节能目标 [J]. 中国能源，2005 (10)：23-26.
[114] 龙惟定. 民用建筑怎样实现降低 20%能耗的目标 [J]. 暖通空调. 2006 (6)：36-39.
[115] 龙惟定. 推进建筑节能的行政手段与市场机制 [J]. 建设科技，2008 (2)：9-12.
[116] 龙惟定. 试论建筑节能的科学发展观 [J]. 建筑科学，2007 (2)：23-25.
[117] 林康利. 太阳能与空气源热泵结合的热水工程设计及技术经济比较 [J]. 制冷技术，2009 (1).
[118] 李颖琳. 提高建筑给水排水施工质量的探讨 [J]. 四川建材，2008 (4).

[119] 林江涛，王守湖. 浅谈建筑给水排水施工监理 [J]. 科技创新导报，2008 (16).
[120] 张东. 高层建筑给水排水施工技术 [J]. 山西建筑，2009 (24)：176-177.
[121] 谭向东. 高层建筑给水排水施工质量控制分析 [J]. 建筑与装饰，2007 (11)：161-162.
[122] 符翠红. 超高层建筑给水排水设计与探讨 [J]. 工程建设与设计，2007 (增刊)：96-98.
[123] 曲慧. 建筑业 10 项新技术 (2010 版) 之防水技术 [J]. 施工技术，2011 (5)：43-46.
[124] 张雄. 混凝土结构裂缝防治技术 [M]. 北京：化学工业出版社，2007.
[125] 刘振印. 建筑给水排水节能节水技术探讨. 给水排水，2007 (1).
[126] 洪岩，王光辉，孙显锋. 建筑给水排水节能节水措施探讨. 建筑节能，2008 (6).
[127] 刘永刚. 建筑给水排水设计中的节能节水措施综述. 山西建筑，2008.
[128] 冯诗斌. 建筑外墙板缝构造防水施工方法探讨 [J]. 科技传播，2011 (2)：49-51.
[129] 顾自郴等. 住宅楼预制复合保温外墙板防水技术 [J]. 中国建筑防水，2010 (16)：20-23.
[130] 张浩. 苏州博物馆新馆防水设计 [J]. 中国建筑防水，2007 (4)：26-29.
[131] 郝先成，詹小玲，李廷芥. 膨胀聚苯板薄抹灰外墙保温系统施工工艺研究 [J]. 建筑节能，2007 (3)：36.
[132] 赵金平，潘玉言. 无机保温材料——岩棉板外墙外保温系统 [J]. 建设科技，2007 (8)：48-49.
[133] 佟继先. 新型膨胀珍珠岩外墙外保温系统的应用与探讨 [J]. 中国建材，2005 (12)：38-40.
[134] 王小鹏等. 复配石蜡/膨胀珍珠岩相变颗粒的热性能研究 [J]. 新型建筑材料，2011 (4)：75-78.
[135] 徐至钧. 纤维混凝土技术与应用. 北京：中国建筑工业出版社，2003.

［136］ 曹诚等．聚丙烯纤维混凝土动力学特性的影响研究［J］．混凝土，2000（5）：43-45.
［137］ 王立雄．建筑节能［M］．北京：中国建筑工业出版社，2007.
［138］ 王金平，徐强，韩卫成．山西民居［M］．北京：中国建筑工业出版社，2009.
［139］ 杜培龙，郭子雄．实施绿色施工：管理与技术双管齐下［J］．建筑，2003（15）：16.
［140］ 鲁荣利．建筑工程项目绿色施工管理研究［J］．建筑经济，2010（3）：104-107.
［141］ 郁超．施工组织设计中绿色施工技术措施的编制［J］．建筑技术，2009（2）：124-127.
［142］ 陶忠等．云南农村民居土筑墙体土工试验研究［J］．工程抗震与加固改造，2008（1）.
［143］ 曾庆明等．既有建筑物立面改造外架连墙件施工方法实践与应用［J］建筑安全，2012（3）：50-53.
［144］ 赖其淡等．各种连墙件的对比和分析［J］．建筑安全，2008（11）：40-43.
［145］ 李兆坚，江亿．我国广义建筑能耗的分析与思考［J］．建筑学报，2006（7）：30-33.